“十二五”普通高等教育本科国家级规划教材
普通高等教育“十一五”国家级规划教材

大地测量学基础

Fundamentals of Geodesy

（第二版）

吕志平　乔书波　编著

测绘出版社
·北京·

内容简介

本书系统而全面地讨论了测绘基准与大地控制网,大地水准面与高程系统,参考椭球面与大地坐标系,高斯投影、通用横墨卡托投影与平面坐标系,大地坐标系的建立等测绘学的基本问题,介绍了与之相关的各类大地测量数据采集技术。

本书可作为高等院校测绘类各专业本科生的通用教材,对于从事与测绘工程有关的技术人员也是一本值得推荐的基础性参考书。

图书在版编目(CIP)数据

大地测量学基础 / 吕志平, 乔书波编著. — 2版. — 北京: 测绘出版社, 2016.7 (2021.1 重印)
"十二五"普通高等教育本科国家级规划教材
ISBN 978-7-5030-3889-1

Ⅰ. ①大… Ⅱ. ①吕… ②乔… Ⅲ. ①大地测量学—高等学校—教材 Ⅳ. ①P22

中国版本图书馆 CIP 数据核字(2016)第 099980 号

责任编辑　雷秀丽　**封面设计**　李　伟　**责任校对**　董玉珍　**责任印制**　吴　芸

出版发行	测绘出版社	**电　话**	010—68580735(发行部)
地　址	北京市西城区三里河路50号		010—68531363(编辑部)
邮政编码	100045	**网　址**	www.chinasmp.com
电子邮箱	smp@sinomaps.com	**经　销**	新华书店
成品规格	184mm×260mm	**印　刷**	北京建筑工业印刷厂
印　张	16	**字　数**	385千字
版　次	2010年3月第1版　2016年7月第2版	**印　次**	2021年1月第6次修订印刷
印　数	12801—15800	**定　价**	38.00元

书　号　ISBN 978-7-5030-3889-1
审图号　GS(2016)437号
本书如有印装质量问题,请与我社发行部联系调换。

前 言

测绘基准和测绘系统是测绘学科的基础性问题，在测绘工程中具有十分重要的地位和作用。测绘基准是指进行测绘工作的各类起算面、起算点及其相关的参数，包括大地基准(即坐标基准)、高程基准、深度基准、重力基准等，它们是国家测绘工作的起算依据，是建立各个测绘系统的基础。测绘系统是指通过布设全国范围的各类大地控制网而实现的各类基准的延伸，包括大地坐标系统、平面坐标系统、高程系统、地心坐标系统和重力测量系统等，它们是各类测绘成果的依据。

测绘基准和测绘系统的设立、使用是否科学、完善，直接关系到国家测绘成果的精确度和实用性，我国 1959 年发布的《中华人民共和国大地测量法式》和 1992 年首次发布的《中华人民共和国测绘法》及其以后的更新版，都明确规定了我国统一的测绘基准和测绘系统的法律地位和技术原则。

作为测绘科学与技术各专业的专业基础课程，本教材以测绘基准和测绘系统为主线，以后续专业课程的需要和工程实际应用为主导，结合大地测量学科的当前进展，在我校几代人的教学实践和编著者多年教学经验的基础上编写完成。

本书共七章，其中，第一、四～七章由吕志平编写，第二、三章由乔书波编写，书中插图、算例由乔书波组织绘制、计算，张建军教授、隋立芬教授审阅了全书。第一章介绍了大地测量学的任务、作用、学科分类、发展简史和趋势。第二章概括介绍了地面边角测量、高程测量、空间大地测量、物理大地测量等大地测量数据采集技术的方法、原理等。第三章讨论了大地测量基准的概念及水平控制网、高程控制网、卫星大地控制网、重力控制网的建立方法和布网方案等。第四章介绍了地球重力场理论的基本概念，讨论了高程系统的定义并建立了各高程系统间的转换关系。第五章讨论了参考椭球的概念及有关椭球的数学性质，研究了地面边角元素与参考椭球面上边角元素的关系，建立了大地坐标系与大地极坐标系、大地空间直角坐标系的相互转换模型。第六章研究了高斯投影和通用横墨卡托投影的方法、模型，以及椭球面上大地坐标与投影平面坐标的关系和坐标换算方法；研究了把椭球面上的大地网投影到平面上，进而在投影平面坐标系中进行大地网计算的方法。第七章阐述了经典大地坐标系和现代大地坐标系的建立原理，构建了不同大地坐标系间的转换模型，并介绍了国际上的大地坐标系和中国的大地坐标系。

在本书的编写过程中，我们首先重视教材新体系的构筑，力求避免原有多门课程知识的简单拼凑，按照 21 世纪人才培养对大地测量学基础知识的要求，针对本科生的知识基础，明确教材主旨，合理选取教材内容，贯彻“少而精”的方针。因此，本书并不完全遵循已有的专业课程体系，也不受限于以往的课程设置范式。

大学专业基础教材与适当介绍学术热点、学术前沿之间似乎存在一定的矛盾，但恰好可以成为激励学生热情并融科学性、趣味性于一炉的画龙点睛之处。因此，本书在重视基础教材内容的经典性和完整性的同时，也酌情安排了一些关于学科新进展的窗口，以利于开拓学生的视野和思路，并作为大地测量专业后续专业课程的接口。

在本书完稿之际,要特别感谢我校朱华统教授、熊介教授、黄继文教授、徐正扬教授等前辈在课程建设方面长期不懈的努力,他们虽未直接参与本书的编写,但他们为我们留下的丰富教学成果和形成的我校富有特色的课程教学体系是本书得以顺利完成的前提。感谢原测量与导航工程系李广云主任和大地测量教研室张建军、柴洪洲两任主任对课程建设的领导和支持。感谢课程组其他成员的努力和协作,他们是刘长建、马高峰、赵冬青、李健、张西光、张勇、张金辉等,课程建设成果是集体智慧的结晶。

我校“大地测量学基础”课程的建设,自2003年至今分别列入军队院校“2110工程”(一期、二期和三期)课程建设项目。2008年,我校“大地测量学基础”课程被教育部评为“国家精品课程”,2013年获教育部首批“国家精品资源共享课”立项,教学资源已于2014年4月在“中国大学精品开放课程”(“爱课程”)网正式上线,网站地址为http://www.icourses.cn,欢迎读者登录本课程浏览、学习、答疑并与课程组互动。

课程建设是一项长期的任务,编著者欢迎广大读者就本教材的体系和内容给予批评指正,以推进本课程建设的不断发展。

目　录

第一章 绪 论

大地测量学是测绘学和地球科学的分支学科，在国家经济建设、国防建设、地学研究和社会信息化进程中具有重要作用。现代科学技术的成就，使大地测量学经历了划时代的革命性转变，突破了传统经典大地测量学的时空局限，进入了以空间大地测量为主的现代大地测量学的发展新阶段。本章简要介绍大地测量学的学科任务、作用以及发展简史与趋势等。

§1-1 大地测量学的任务与学科分类

一、大地测量学的任务与学科性质

根据德国大地测量学家赫尔默特(F. R. Helmert)1880 年对大地测量学的经典定义，大地测量学是“测量和描绘地球形状的科学”。这一定义也包括了确定地球外部重力场，因为从大范围看地球形状是由地球重力确定的，大多数大地测量观测量与地球重力场有关。按此定义，可将大地测量学的学科任务表述为，一是精确确定地面点位及其变化，二是研究地球重力场、地球形状和大小、地球动力学现象。通常把前者称为大地测量学的技术任务，把后者称为大地测量学的科学任务，二者密切相关。

从学科性质看，大地测量学既是一门基础性学科，又是一门应用性学科。大地测量学作为一门应用性学科，是测绘学(又称地理空间信息学)的一个分支学科。测绘学的主要研究对象是地球及其表面的各种形态，为此，要研究和测定地球的形状、大小及其重力场，并在此基础上建立一个统一的坐标系统，用以表示地表任一点在地球上的准确几何位置，所以人们常把大地测量称为测制地形图的“第一道工序”。另一方面，大地测量学作为一门基础性学科，在中国学科分类与代码国家标准 GB/T 13745—2009 中将其列为地球科学的分支学科。地球科学是以地球系统的过程与变化及其相互作用为研究对象的基础学科。对此，大地测量提供的高精度、高分辨率、动态和定量的空间几何和物理信息，是研究地球自转、地壳运动、海平面变化、地质灾害预测等地球动力学现象的重要手段之一。

二、大地测量学的学科分类

大地测量学按其所研究的地球空间的范围大小，可分为椭球大地测量学(高等测量学或理论大地测量学)、大地控制测量学、海洋大地测量学和工程大地测量学。椭球大地测量是以整个地球形体为研究对象，整体地确定地球形状及其外部重力场，建立大地测量参考坐标系。大地控制测量是在一个或几个国家范围内，在适当选定的参考坐标系中，测定一批足够数量的地面点的坐标和高程，建立国家统一的大地控制网，以满足地形图测绘和工程建设的需要。海洋大地测量是在海洋范围内布设大地控制网，实现海面和水下定位，测定海洋重力场、海面地形和海洋大地水准面等。工程大地测量是在一个局部小范围内测定地球表面的细部，通常以水平面作为参考面。

椭球大地测量学、大地控制测量学、海洋大地测量学和工程大地测量学之间存在着密切的联系。国家大地控制测量和海洋大地测量需要全球大地测量所确定的大地测量常数和参考基准，以便对观测结果进行顾及地球曲率和重力场影响的归算。而国家大地控制测量和海洋大地测量的结果又为理论大地测量学提供地球表面的几何和物理量度信息。工程测量必须与国家大地控制网相连接，以使其成果纳入国家统一的坐标系中。

大地测量学按其所研究的地球的时空属性，可分为几何大地测量学、物理大地测量学、动力大地测量学和整体大地测量学。几何大地测量是用几何方法研究地球的形状和大小，将地面大地控制网投影到规则的参考椭球面上，并以此为基础推算地面点的几何位置。物理大地测量是研究全球或局部范围内的地球外部重力场，用物理方法建立地球形状理论，并用重力测量数据研究大地水准面相对于地球椭球的起伏。动力大地测量是通过精确测定地面点的位置和地球重力场随时间的变化，研究地球的整体和局部运动，并给出物理解释。整体大地测量是将几何与物理空间统一起来，在时间空间参考系中，将大地测量学的一切几何观测量和物理观测量放在一个统一的数学模型中处理。

大地测量学按实现其基本任务的技术手段，可分为地面大地测量学(常规大地测量学，又称天文大地测量学)、空间大地测量学(卫星大地测量学)和惯性大地测量学。地面大地测量是应用光电仪器进行短距离(一般小于 50 km)地面几何测量(边角测量、水准测量、大地天文测量)和地面重力测量，以间接的方式确定地面点的水平位置和高程，并求解局部重力场参数。空间大地测量是通过观测地外目标(人造地球卫星、类星体射电源等)来实现地面点的定位，包括相对定位和相对地心的绝对定位，应用卫星重力测量技术获取全球覆盖的重力场信息。惯性大地测量是利用运动物体的惯性力学原理进行地面点的相对定位，并测定重力场参数。

随着现代科学技术的发展，大地测量学的内涵也随之有新的扩展。以空间大地测量为主体的现代大地测量技术体系已经形成，这一新的技术体系能比经典大地测量技术体系提供更为精密且更为丰富的大地测量信息，这不仅扩大了大地测量在经济和社会发展中的应用领域，提高了效能，也大大加强了它的科学性，提高了作为地球科学中基础性学科的地位。

§1-2 大地测量的作用

一、大地测量在地形图测绘、工程建设和交通运输方面的作用

在地形图测绘工作中，大地控制网的重要作用主要体现在以下方面：

(1)控制测图误差的积累。在测图工作中难免存在误差，例如描绘一条方向线、量一段距离等都会存在误差，这些误差在小范围内是不明显的，但在大面积测图中将逐渐传递和积累起来，使地形、地物在图上的位置产生较大偏差。如果以大地网作为测图控制基础，就能把误差限制在相邻控制点之间而不致积累传播，从而保证了成图的精度。

(2)统一坐标系统。国家基本地形图通常是不同部门在不同时期、不同地区分幅测绘的。由于大地控制网点的坐标系统是全国统一的，精度均匀，因此不管在任何地区任何时间开展测图工作都不会出现漏测或重叠，从而保证了相邻图幅的良好拼接，形成统一整体。

(3)解决椭球面和平面的矛盾。地图是平面的，但地球接近于旋转椭球体，其表面是不可展平的曲面，如强制展平将会出现皱褶或破裂。也就是说，不能直接把球面上的地形测绘在平

面图上。但是,大地控制点在椭球面上的位置通过一定的数学方法可以化算为投影平面上的位置,根据这些平面点位就能控制在平面上测绘地图了。

因此,测绘地形图首先要布设一定密度的大地控制点。传统大地测量作业效率低、周期长、劳动强度大、投资高,随着中国经济的高速发展,社会各界对各类中、大比例尺地图的需求迅速增长,要求有快速精密定位和快速测图技术的保障。现在,全球定位系统实时动态测量能以 5～10 min 的时间(传统方法需要几小时到几天)和厘米级精度测定一个点位;卫星大地测量用于航空摄影和地面自动测图系统,可以解决快速大比例尺成图问题。

在工程建设中,大地测量的重要作用主要体现在以下方面:

(1)在工程设计阶段建立用于测绘大比例尺地形图的测图控制网。设计人员是在大比例尺地形图上进行建筑物设计或区域规划的,大地测量的任务是布设作为图根控制依据的测图控制网。

(2)在工程施工阶段建立施工控制网。施工测量的主要任务是将图纸上设计的建筑物放样到实地,并使各建筑物按照设计的位置修建。对于不同的工程,施工测量的具体任务是不同的。例如,隧道施工测量的主要任务是保证对向开挖的隧道能按照规定的精度贯通。放样过程中,仪器所安置的方向、距离都是依据控制网计算出来的,因而在施工放样前,需建立具有必要精度的施工控制网。

(3)在工程竣工后的运营阶段建立以监测建筑物变形为目的的变形观测专用控制网。由于在工程施工阶段改变了地面的原有状态,加之建筑物本身的重量将会引起地基及其周围地层的不均匀变化。此外,建筑物本身及其基础,也会由于地基的变化而产生变形。这种变形如果超过了某一限度,就会影响建筑物的正常使用,严重的还会危及建筑物的安全。在一些大城市(如上海、天津),由于地下水的过量开采,会引起市区大范围的地面沉降,从而造成危害。因此,在竣工后的运营阶段,需对这种有怀疑的建筑物或市区进行变形监测。为此需布设高精度的变形观测控制网。

在交通运输方面,大地测量与导航定位技术为提高交通效率提供了重要保障。

在古代,指南针的发明、天文测量方法的建立开创了人类航运史,导致了美洲新大陆的发现;丝绸之路带来了唐代欧亚贸易,促进了经济繁荣。古老的大地测量技术推动着人类社会文明的发展。

交通运输对定位信息的需求量、种类、质量和实时性要求的程度取决于社会生产、经济和科技发展的水平。古代交通工具的导航定位水平是几千米到几十千米,而今天的海运和空运导航定位水平是几米到几十米。现在全球定位系统(global positioning system,GPS)导航装置能提供分米级甚至厘米级精度的实时导航,这对起降频繁的大型机场来说十分重要。目前中国公路汽车流量猛增,据统计近年中国公路交通事故的原因大都是与驾驶员不能实时确定车位和车距以及缺乏超过障碍的快速反应能力有关。目前导航仪已经普及,有效地提高了汽车行驶效率。内河航运在狭窄的航道和港区避免撞船事故也需要这类装置。高效高精度的卫星导航和定位能力,为减少交通事故、提高交通运输效率提供了重要保障。

二、大地测量在空间技术和国防建设中的作用

航天器(卫星、导弹、航天飞机和行星际宇宙探测器等)的发射、制导、跟踪、遥控以至返回都需要两类基本的大地测量保障:一是有一个精密的大地坐标系以及地面点(如发射点和跟踪

站)在该坐标系中的精确点位,二是有一个精密的全球重力场模型和地面点的准确重力场参数(重力加速度、垂线偏差等)。

大地坐标系用于描述航天器相对于地球体的运动,由分布于地球表面一定数量的已知精确地心坐标的基准点实现,大地坐标系的建立包括确定其坐标轴的定向和一个由 4 个基本参数(a、J_2、ω、GM)定义的正常地球椭球。在航天工程中,通过由测控站组成的航天测控网来确定航天器的运动状态(轨道、姿态)和工作状态,对航天器运动状态进行控制、校正并建立航天器的正常状态,对航天器在运行状态下进行长期管理等。测控站在大地坐标系中的精密位置由大地测量方法精确测定,实施测控作业时,通过测定测控站至航天器的径向距离、距离变化率、位置角等,由已知站坐标解算航天器的位置。

重力场模型提供分析、描述和设计地球表面及其外空间一切运动物体力学行为的先验重力场约束。卫星的精密定轨依赖于在其定轨动力学方程中给定的扰动重力位展开系数的准确程度,低阶地球重力场模型可保证低轨卫星分米级的定轨精度。随着行星际探测技术的发展,产生了空间微重力学这门边缘学科,研究宇宙飞船上试验物的微重力效应,高精度的地球重力场模型将提供主要依据。

洲际导弹是当今主要战略武器,射程在 7 000 km 以上,要求命中精度为几十米,影响落点精度的主要因素是扰动重力场,包括扰动重力和垂线偏差。扰动引力对 1 万~1.5 万千米射程可产生 1~2 km 落点偏差,对 3 000~5 000 km 的中远程导弹可产生 200~500 m 的落点偏差。发射点垂线偏差在这一射程上也可产生 1 km 左右的落点偏差。不论在导弹的主动段(火箭推动段)和被动段(弹头离箭段)都必须给制导系统输入扰动重力场参数以校正对预定弹道的偏离,这需要依靠制导计算机中存入的重力场模型来实现。确定发射方位角也很重要,5″的方位偏差对 1 万千米射程可产生约 200 m 落点偏差,故需要精确的方位角来限制这一误差。

军事大地测量还为中近程导弹阵地、巡航导弹阵地、炮兵阵地、雷达阵地、机场、港口、边防、海防、重要城市等重点军事地区和军事设施的联测建立基础控制网点,并为这些应用场合提供地球重力场数字模型和坐标转换模型。

当前,军事测绘在高技术战争中已直接参与指挥与决策,在指挥、控制、通信、计算机和情报系统(C^4I 系统)中,军事大地测量与卫星定位技术系统和成果,如单兵定位系统、GPS 制导系统、打击目标的精确三维坐标等起到了特殊作用,该系统的指挥、控制和决策功能必须要以实时定位信息为依托。例如,指挥官要在电子地图上选定打击目标,分配空中火力,制定参战飞机攻击系列来指挥空战行动,从统帅部指挥控制系统的大屏幕上到各指挥中心的荧光屏上都显示着真实、准确、生动的电子地图与叠加各种军事情况标号的作战要图,在数字地形信息数据库的支撑下建立起陆海空天电一体战的链路网络,保障指挥部与各参战部队之间指挥与控制信息畅通,等等。

从古代战争到现代战争,都需要相应的军事大地测量保障,在高技术条件下,军事大地测量与卫星定位的作用将更显得突出。大地测量从来就同军事结有不解之缘,由此也形成了大地测量信息的保密体制。

三、大地测量在地球科学研究中的作用

地球科学的众多分支都是从各自不同的侧面,应用不同的手段去观测揭示地球系统的组成、运动和发展。大地测量着重于研究地球空间的几何特征和最基本的物理特征——重力场,

并描述其变化。20 世纪 60 年代后期提出的板块构造学说使地球科学有了革命性的进展，其重大意义在于地球科学从此确立了“活动论”的科学观。现代大地测量学的进展，空间大地测量手段的引入，对推动地球科学发展的重要意义正是由于大地测量已能广泛地获取地球活动的信息，从而使大地测量能在更深的层次上加强在地球科学中的基础性地位，现代大地测量技术已成为支持“活动论”研究方向的强有力工具，能为当代地球科学研究提供更丰富、更准确的信息。现代大地测量的贡献主要有以下几个方面：

(1)为研究板块运动、地壳形变提供精密的大地测量信息，使建立精确的板块运动、地壳形变定量化模型有了新的手段。甚长基线干涉测量(very long baseline interferometry, VLBI)、卫星激光测距(satellite laser ranging, SLR)和 GPS 能以大致每年 1 mm 的速度精度测定板块相对运动速度，从而由实测数据直接计算板块相对运动的欧拉向量。过去 30 年已由大地测量技术获得了板块运动的大量数据，检验了由地质数据导出的现代板块运动模型的正确性，并建立了实测模型。目前大地测量正以前所未有的空间和时间分辨率测定全球、区域和局部地壳运动，据此可建立板块内部应力和应变的模型，以检验刚性板块假说的真实程度，推算板块内部形变量，为解释板块内的断裂作用、地震活动及其他构造过程提供依据。目前有些地质和构造事实还不能用板块学说解释，这一学说还要发展完善，大地测量将有可能对此做出新贡献。

(2)极移和地球自转速率的变化包含了地球构造和多种地球动力学过程的信息，空间大地测量测定地球自转参数的精密性已成为提取分辨这些信息最有效的工具。根据一定的地球构造模型(圈层结构假定、地幔地核的弹性和黏弹性假定等)，可以建立相应的自转运动方程，由此可研究地球三轴(自转轴、形状轴和动量矩轴)的岁差、章动和极移，将观测值和理论推算值进行比较可以检验和修正地球构造模型，VLBI 观测资料对 IAU 1980 章动系列提出的改正推动了重新研究地球模型就是一例。极移包括由地球弹性决定的 410～440 天周期的自由摆动(钱德勒摆动)和叠加其上的一年周期的受迫摆动，还有近一日的微小摆动(包括自由摆动和受迫摆动两项)，还观测到 25～30 年的长周期低幅摆动。这些不同周期摆动的激发因素是近代地球物理学着重研究的课题，涉及固体地球、大气、海洋和地核之间的角动量转换，潮汐摩擦耗散，气候季节性变化引起的旋转角动量变化，核幔黏弹结构，外液核磁流体动力学(地磁发电机)和核幔电磁耦合等一系列重大问题。日长变化的激励因素被认为与极移摆动大致一致。上述这些问题在地球物理学中还有不少不清楚的方面和争论。大地测量已实施了多个分布全球的地球自转监测计划，积累了大量的观测资料，结合更多的地球物理、气象和海洋学等资料，通过精密分析，可望获得上述地球结构和动力学问题的新认识，并可能有新的突破。

(3)通过一系列的卫星重力测量计划和陆地、海洋的更大规模重力测量，将提供更精细的地球重力场，这一大地测量成果也将对解决地球构造和动力学问题提供重要的分析资料。

(4)应用空间大地测量技术(特别是卫星海洋测高)可以高精度监测海面变化并确定海面地形及其变化，这些信息可用于研究地球变暖问题、大气环流和海洋环流等气象学和海洋学问题。

地球作为一个动态系统，存在着极其复杂的各类动力学过程，大地测量学以其本身独特的理论体系和测量手段，提供了有关动力学过程各种时空尺度上定量和定性的信息，联合其他有关地学学科，共同提示其本质。

四、大地测量在资源开发、环境监测与保护中的作用

资源开发，特别是能源开发是当前经济高速发展的紧迫问题。不论是陆地还是海洋资源

勘探,各种比例尺的地形图和精密的重力资料是必不可少的基础资料。例如,20 世纪 80 年代初在中国西北地区柴达木盆地建立的多普勒卫星网以及在该地区进行的重力测量对这一大油田的勘探、开发提供了精密大地测量数据。对海底大陆架油气田的勘探和开发,大地测量显得更为重要。由卫星雷达测高资料结合近海船舶重力测量,联合沿海验潮站之间的水准测量可以给出近海海域具有较高精度和分辨率的海洋大地水准面和海面地形以及重力异常图;应用 GPS 海洋定位联合声呐海底定位可建立海洋三维大地测量控制网,用于水下导航和测制大比例尺海底地形图。海洋大地测量资料结合海洋磁测,钻探岩层采样标本等海洋地球物理探测资料可判明估测海底油气构造和储量;海洋大地测量资料还可以为准确确定钻井井位、海上和水下作业、钻井平台的定位(或复位)、海底管道铺设、水下探测器的安置或回收等提供设计施工依据。卫星定位技术的实时、快速、精确的特点可以为资源勘探与开采中的动态信息管理、生产指挥决策和安全可靠运行提供必要保障。大地测量贯穿资源开发从探测到开采的全过程,先进的大地测量技术将为勘探开发矿产资源,特别是向海洋索取能源发挥重要作用。

地球温室效应以及海洋和大气污染是当今世人关注的全球性环境问题。像中国这样的发展中国家还存在地区性环境恶化问题,如森林覆盖面积缩小、草原退化等生态失衡引起的水土流失、沙漠化等;能源结构中煤炭比重过高引起的工业城市大气含尘量高,酸雨频繁出现;由工业废弃物排放失控引起的大范围水体污染等。环境恶化不仅危及人类生存条件和生活质量,也是经济发展的严重制约因素。地球温室效应的影响已引起各国科学家的普遍重视,它将引起极地冰盖厚度变薄和全球海水密度减低、海平面上升,按现在的估测值每年 3.1 mm 上升速度,几十年后造成的海岸回退、陆地减少和海水侵入使土地碱化等环境变化将严重危及海岸地区居民的生存条件,太平洋一些岛屿将被海水淹没。认真对待的战略就是精密监测这一过程,控制这一过程的人为因素(如降低二氧化碳排放量,禁止滥伐森林等)。监测这一全球变化的最有效手段是空间大地测量,主要方法是利用 GPS 将全球验潮站联测到 VLBI 和 SLR 站上,以便在精确的大地坐标系中根据长期监测结果分析海面变化。近期实施的卫星重力梯度计划(GOCE)可监测到极地冰融产生的重力变化;CryoSat-2 卫星所携带的全天候微波雷达测高仪的垂直测量精度能达到 1～3 cm,可以随时掌握两极冰盖厚度的变化情况。这些信息将有助于预测极地冰的融化会对海洋环流模式、海平面以及全球气候造成多大影响。

当今世界各国都认识到在发展经济的同时必须同时采取保护环境的对策。环境问题是一个全球性问题,巴西亚马孙河流域热带雨林和东南亚地区热带雨林的日益萎缩,非洲原始森林的破坏,一些地区沙漠化的蔓延都将严重影响全球气候,造成大的水旱灾害。为此必须建立一个全球性的环境监测系统,各个国家也应有一个完善的监测系统,主要措施是发展遥感卫星,建立动态地理信息系统(geographic information system,GIS),对环境变化定期做出准确的定量评估。发展这种监测系统也需要大地测量的支持,发射近地卫星需要精密的地球重力场模型,发射站和跟踪站需要有准确的地心坐标,建立地理信息系统也需要有点位和控制信息,尽管大地测量在这个系统中的作用是间接的,但却是重要和不可缺少的。

五、大地测量在防灾、减灾和救灾中的作用

各种自然灾害,特别是地震、洪水和强热带风暴常给人类带来巨大的破坏和损失,因此,世界各国都十分注意防灾、抗灾问题。目前除了热带风暴基本上能准确预报外,大地震成功预防率很少,反映了科学对地球的认识还很肤浅。提高人类预防和减少自然灾害影响的能力还要

做长期的努力。防灾、抗灾、减灾是包括大地测量学在内的地球科学的重要任务。

现代大地测量技术将在地震灾害的监测和预报研究中发挥越来越重要的作用。地震大多数分布在板块消减带及板内活动断裂带，根据地震的历史记载统计，一个地震带的地震活动有一定的统计学上的周期性。现在已经辨认出西北太平洋板块消减带史前大地震的地质证据，地壳应变的大地测量结果与两次地震间的弹性应变积累一致，支持了地震有重复周期的观点，重复周期的物理学根据是弹性回跳理论，这也是用大地测量方法长期监测地震带地壳应变活动能为地震的中短期预报提供信息的理论根据。大地测量可以监测震前、同震、震后应变积累和释放的全过程，结合钻孔应变仪、台站伸缩仪和蠕变仪等地球物理监测结果，有可能建立发震前兆模式。1975 年海城短期地震预测的成功，就是利用了明显的短期地震前兆。地震与全球板块运动有关，当相对运动速率明显偏离了长期运动平均速率，表明板块边界带应变积累超常，有孕震的可能。现在一些国家，如美国和日本都在地震带建立了密集的大地测量形变监测系统，包括 GPS、VLBI 和 SLR 站，美国在圣安德烈斯断层带部署了 GPS 自动监测网。当然，地震预测是极其复杂的，至今人类几乎从未有过精确的地震预报。我们可能大致知道某区域会发生地震，但估计在 100 年内还不可能预测地震发生的日期、震中位置、震源深度等其他重要信息。

大地测量在预防其他地质灾害中同样发挥着重要作用，例如监测滑坡和泥石流等。1986 年用大地测量监测方法准确地预测了长江新滩附近的严重滑坡，防止了居民的伤亡，减轻了损失。

厄尔尼诺现象是另一种影响大、持续时间长的灾变，它是由于海水温度分布和大洋环流的异常，通过海洋和大气的相互作用造成大气圈质量分布的异常变化，致使地球一部分地区发生雨涝和洪水，另一部分地区则出现干旱。由于角动量交换，大气质量分布的变化使地球角动量变化，影响地球自转速度。1982～1983 年厄尔尼诺现象开始时，地球自转速度急剧放慢，现在应用 VLBI 和 SLR 技术可精确测定地球转速的变化，使提前几年（如 3 年）预测这一灾害现象成为可能。

世界上每年都会发生各种灾难事件，空难、沉船、陆上交通事故、人员在恶劣环境下被困失踪等。如何及时进行有效救援历来引起人们的重视，过去是用无线电 SOS 信号呼救，但往往因为不能准确判断出事地点位置，影响了救援时效，现在国际上已建立了卫星救援系统，关键是利用 GPS 快速定位和卫星通信技术，使国际救援组织能迅速判明出事地点及时组织救援行动。

§1-3　大地测量学的发展简史与趋势

一、大地测量学的发展简史

大地测量学是伴随人类认识地球的不断深化而逐渐形成和发展起来的。

（一）萌芽阶段

在 17 世纪以前，大地测量只是处于萌芽状态。公元前 3 世纪，希腊的埃拉托色尼（Eratosthenes，也译为“厄拉多塞”）首先应用几何学中圆周上一段弧 AB 的长度 S、对应的中心角 γ 同圆半径 R 的关系，估计了地球的半径长度（见图 1-1）。由于圆弧的两端 A 和 B 大致位于同一子午圈上，以后在此基础上发展为子午弧度测量。公元 724 年，中国唐代的南宫说等

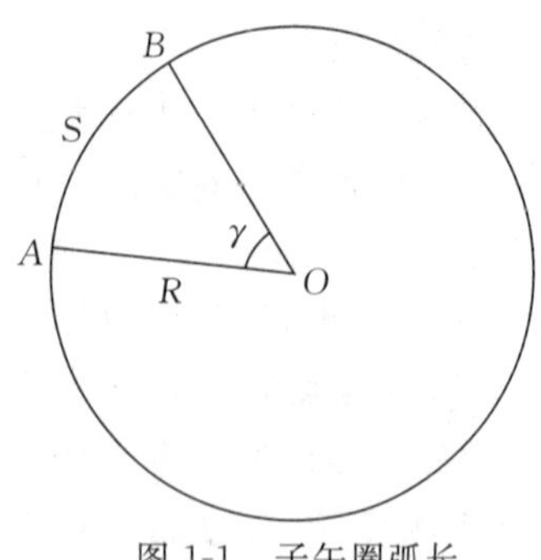

图 1-1 子午圈弧长

人在张遂(一行)的指导下,首次在今河南省境内实测了一条长约 300 km 的子午弧。其他国家也相继进行过类似的工作。然而由于当时测量工具简陋,技术粗糙,所得结果精度不高,只能看作是人类试图测定地球大小的初步尝试。

(二)大地测量学科的形成

人类对于地球形状的认识在 17 世纪有了较大的突破。继牛顿(I. Newton)于 1687 年发表万有引力定律之后,荷兰的惠更斯(C. Huygens)于 1690 年在其著作《论重力起因》中,根据地球表面的重力值从赤道向两极增加的规律,得出地球的外形为两极略扁的扁球体的论断。1743 年法国的克莱罗(A. C. Clairaut)发表了《地球形状理论》,提出了用重力测量方法求定地球形状的克莱罗定律。惠更斯和克莱罗的研究为由物理学观点研究地球形状奠定了理论基础。

此外,17 世纪初荷兰的斯涅耳(W. Snell)首创了三角测量。这种方法可以测算地面上相距几百千米,甚至更远的两点间的距离,克服了在地面上直接测量弧长的困难。随后又有望远镜、测微器、水准器等的发明,测量仪器精度大幅度的提高,为大地测量学的发展奠定了技术基础。因此可以说大地测量学是在 17 世纪末叶形成的。

(三)弧度测量的发展

1683～1718 年,法国的卡西尼父子(G. D. Cassini 和 J. Cassini)在通过巴黎的子午圈上用三角测量法测量了弧幅达 8°20′的弧长,由其中的两段弧长和在每段弧两端点上测定的天文纬度,推算出地球椭球的长半轴和扁率。由于天文纬度观测没有达到必要的精度,加之两个弧段相近,以致得出了负的扁率值,即地球形状是两极伸长的椭球,与惠更斯根据力学定律所做出的推断正好相反。为了解决这一疑问,法国科学院于 1735 年派遣两个测量队分别赴高纬度地区拉普兰(位于瑞典和芬兰的边界上)和近赤道地区秘鲁进行了子午弧度测量,全部工作于 1744 年结束。两处的测量结果证实纬度越高,每度子午弧越长,即地球形状是两极略扁的椭球。至此,关于地球形状的物理学论断得到了弧度测量结果的有力支持。

另一个著名的弧度测量是德朗布尔(J. B. J. Delambre)于 1792～1798 年间进行的弧幅达 9°40′的法国新子午弧的测量。由这个新子午弧和 1735～1744 年间测量的秘鲁子午弧的数据,推算了子午圈一象限的弧长,取其千万分之一作为长度单位,命名为一米。这是米制的起源。

从 18 世纪起,为了满足精密测图的需要,继法国之后,一些欧洲国家也都先后开展了弧度测量工作,并把布设方式由沿子午线方向发展为纵横交叉的三角锁或三角网。这种工作不再称为弧度测量,而称为天文大地测量。

中国清代康熙年间(1708～1718 年)为编制《皇舆全图》,曾实施了大规模的天文大地测量。在这次测量中,也证实高纬度的每度子午弧比低纬度的每度子午弧长。另外,康熙还决定以每度子午弧长为 200 里来确定里的长度。

(四)几何大地测量学的发展

19 世纪起,许多国家都开展了全国天文大地测量工作,其目的并不仅是为求定地球椭球的大小,更主要的是为测制全国地形图提供大量地面点的精确几何位置。为此目的,需要解决一系列理论和技术问题,这就推动了几何大地测量学的发展。首先,为了检校天文大地测量的大量观测数据，消除其间的矛盾，并由此求出最可靠的结果和评定观测精度，法国的勒让德(A. M. Legendre)于 1806 年首次发表了最小二乘法的理论。事实上，德国数学家和大地测量学家高斯(C. F. Gauss)早在 1794 年已经应用了这一理论推算小行星的轨道。此后他又用最小二乘法处理天文大地测量结果，把它发展到了相当完善的程度，产生了测量平差法，至今仍广泛应用于大地测量。其次，三角形的解算和大地坐标的推算都要在椭球面上进行。高斯于 1828 年在其著作《曲面通论》中，提出了椭球面三角形的解法。关于大地坐标的推算，许多学者提出了多种公式。高斯还于 1822 年发表了椭球面投影到平面上的正形投影法，这是大地坐标换算成平面坐标的最佳方法，至今仍在广泛应用。另外，为了利用天文大地测量成果推算地球椭球长半轴和扁率，赫尔默特提出了在天文大地网中所有天文点的垂线偏差平方和为最小的条件下，解算与测区大地水准面最佳拟合的椭球参数及其在地球体中的定位方法。以后这一方法被人称为面积法。

(五)物理大地测量学的发展

自从 1743 年克莱罗发表了《地球形状理论》之后，物理大地测量学的最重要发展是 1849 年英国的斯托克斯(G. G. Stokes)提出的斯托克斯定理。根据这一定理，可以利用地面重力测量结果研究大地水准面形状。但它要求首先将地面重力的测量结果归算到大地水准面上，这是难以严格办到的。尽管如此，斯托克斯定理还是推动了大地水准面形状的研究工作。大约 100 年后，苏联的莫洛坚斯基(M. S. Molodensky)于 1945 年提出了莫洛坚斯基定理，它不需任何归算，便可以直接利用地面重力测量数据严格地求定地面点到参考椭球面的距离，即大地高程。这个定理的重要意义在于它避开了理论上无法严格求定的大地水准面，而直接严格地求定地面点的大地高程。利用这种高程，可把大地测量的地面观测值准确地归算到椭球面上，使天文大地测量的成果处理不致蒙受由于归算不准确而带来的误差。伴随着莫洛坚斯基定理产生的天文重力水准测量方法和正常高系统已被许多国家采用。

(六)卫星大地测量学的发展

到了 20 世纪中叶，几何大地测量学和物理大地测量学都已发展到了相当完善的程度。但是，由于天文大地测量工作只能在陆地上实施，无法跨越海洋；重力测量在海洋、高山和荒漠地区也仅有少量资料，因此地球形状和地球重力场的测定都未得到满意的结果。直到 1957 年第一颗人造地球卫星发射成功之后，产生了卫星大地测量学，才使大地测量学发展到了一个崭新的阶段。

人造卫星出现后的不长时间内，人们用卫星法精密地测定了地球椭球的扁率。此后经过了 10 多年时间，地球椭球长半轴的测定精度达到±5 m，地球重力场球谐展开式的系数可靠地推算到 36 阶，而且还由卫星跟踪站建立了全球大地坐标系。现在的 GPS 定位技术，根据精密测定的卫星轨道根数，能够高精度地测定任一地面点在全球大地坐标系中的地心坐标；利用卫星雷达测高技术测定海洋大地水准面，利用卫星重力测量技术确定全球重力场等也已取得了很好的成效。

(七)动力大地测量学的发展

地壳不是固定不动的，由于日、月引力和构造运动等原因，它经历着微小而缓慢的运动。如果没有精密的测量手段，这样的运动是无法准确测出的。1967 年甚长基线干涉测量技术问世，在长达几千千米的基线两端建立的射电接收天线，同步接收来自河外类星体射电源的信号，利用干涉测量技术，能够以厘米级的精度求得这条基线向量在惯性坐标系中的 3 个分量。

类星体射电源距离地球极为遥远,它们相对于地球可以看作没有角运动。因此,由已知的一些类星体射电源的位置,可以建立一个极为稳定的,从而可以认为是惯性的空间参考坐标系。由长时期所做的许多短间隔的重复观测,可以求出基线向量 3 个分量的变化,并由此分解出极移、地球自转速度变化、板块运动和地壳垂直运动。因此,甚长基线干涉测量技术是研究地球动态的有效手段。结合卫星激光测距技术和固体潮观测,便形成了动力大地测量学,给予地球动力学以有力的支持。20 世纪 90 年代以后,随着 GPS 技术的成熟,GPS 测量已成为动力大地测量的主要手段。

二、大地测量学的发展趋势

大地测量学从形成到现在已有 300 多年的历史,在研究地球形状、地球重力场和测定地面点位置等方面已取得了可观的成就,当前大地测量学主要在以下方面呈现新的发展趋势。

(一)以空间大地测量为主要标志的现代大地测量学已经形成

现代科学技术的成就,特别是激光技术、微电子技术、人造卫星技术、河外射电源干涉测量技术、计算机和高精度原子计时频标技术的飞跃发展,导致大地测量出现了重大突破,产生了以人造卫星(信号)或河外射电源(信号)为观测对象的空间大地测量。这一突破,使距离和点位测定能在全球任意空间尺度上达到 $10^{-6}\sim10^{-9}$ 的相对精度,并能以数分钟或数小时的高效率确定一个地面点的三维位置,从根本上突破了经典大地测量的时空局限性。随着超导重力仪和量子重力仪的发展,地面重力测量已达到微伽级甚至更高的精度。空间大地测量所包括的卫星重力技术,可以获取包括海洋在内的全球覆盖的重力场信息。技术的突破导致学科经历了一次跨时代的革命性转变,已进入了以空间大地测量为主要标志的现代大地测量学科发展的新阶段。这一转变的主要体现是:

(1)从分离式一维(高程)和二维(水平)大地测量发展到三维和包括时间变量的四维大地测量。

(2)从测定静态刚性地球假设下的地球表面几何和重力场元素发展到监测研究非刚性(弹性、流变性)地球的动态变化。

(3)局部参考坐标系中的地区性(相对)大地测量发展到统一地心坐标系中的全球性(绝对)大地测量。

(4)测量精度提高了 2～3 个量级。

这些转变大大扩展了大地测量学科的研究领域,形成了区别于经典大地测量的现代大地测量学。

(二)向地球科学基础性研究领域深入发展

现代大地测量技术业已显示的发展潜力,表明可以在任意时空尺度上以足够的准确度更完善地监测地球运动状态及其形体和位场的变化,地球几何和物理状态的变化是其内力源和外力源作用下经历动力学过程的结果,大地测量学的任务不仅是监测和描述各种地球动力学现象的精细图像,更重要的是解释其发生的机制和预测其演变过程,这就是大地测量反演问题,包括地壳运动、地球自转变化、重力场变化的地球物理反演,即由大地测量时变观测数据反推地球内部构造形态、力源和动力学过程参数,这一大地测量与相关地学学科交叉的研究领域已形成了动力大地测量学这个新的学科分支,这是大地测量学的一个最具活力的边缘性学科分支,其发展一方面依赖于空间大地测量和物理大地测量的发展,又与相关地球科学的发展密切相关，有相对的独立性，其完整的理论体系和方法仍在建立之中。

现代大地测量的发展方向将主要面向和深入地球科学，其基本任务是：

(1)建立和维持高精度的惯性和地球参考系，建立和维持地区性和全球的三维大地网，包括海底大地网，以一定的时间尺度长期监测这些网随时间的变化，为大地测量定位和研究地球动力学现象提供一个高精度的地球参考框架和地面基准点网。

(2)监测和解释各种地球动力学现象，包括地壳运动、地球自转运动的变化、地球潮汐、海面地形和海平面变化等。

(3)测定地球形状和地球外部重力场精细结构及其随时间的变化，对观测结果进行地球物理学解释。

这些任务将在现代科学技术的支持下，在与相关地球学科的交叉发展中得到实现，大地测量将成为推动地球科学发展的前沿学科之一。

(三)空间大地测量主导着学科未来的发展

空间大地测量在大地测量学科未来发展中的主导地位已经为它本身所显示的广泛应用前景和巨大潜力所确定。就常规测图和一般工程控制目的来说，GPS定位技术已经基本取代了以经纬仪和测距仪为工具的地面测量技术，这是因为这一卫星定位技术的精度、作业效率、劳力和财力投入都优于地面技术；就大地测量学的科学目的来说，监测和研究各种地球动力学和地球物理学现象及过程将成为其主要任务，这就要求大地测量技术在空间和时间尺度两方面都有实现这一科学目的的能力，即要求能达到足够高的时空采样率。在空间尺度上，要求有进行地区和全球尺度高精度定位和确定高精度高分辨率全球重力场的能力；在时间尺度上，要求能够监测从地震突发地壳形变到板块长期缓慢运动，在构造活动强烈、人口密集的地震带还要求能自动连续监测，位移监测精度要求达到 $10^{-8}\sim10^{-9}$(相当于 ±1 mm)，重力异常的测量要求能以小于 30 km 的分辨率达到 1～3 mGal(1 mGal $=10^{-5}$ m/s^2)的精度。这些要求从现今科学技术水平来看，只有大力发展以卫星大地测量为主的空间大地测量才是可行的。

目前正在应用或发展的空间大地测量技术主要包括以下几类：卫星导航定位系统；卫星激光测距(SLR)；卫星测高；射电源甚长基线干涉测量(VLBI)；卫星重力梯度测量；卫星跟踪卫星测量。

(四)卫星导航定位技术扩展了大地测量学科的应用面

卫星导航定位技术能为静态或动态目标提供廉价、高效、连续而精密的定位及运动状态的描述，除了在大地测量学科本身及在相关地学研究中的应用外，作为大众化的应用技术，卫星导航定位技术大大扩展了大地测量学科的应用面，卫星导航定位设备将是信息时代人们社会经济活动和日常生活的必需品。

(五)地球重力场研究将致力于发展卫星和航空重力探测技术恢复高分辨率地球重力场

近 30 年来地球重力场研究取得了重要进展，主要有：开创了卫星重力技术时代，出现了微伽级精度的绝对重力仪和相对重力仪。

在以基础地学研究为主的现代大地测量的整体框架中，物理大地测量和空间大地测量紧密结合组成了学科的支柱，共同处于支配学科发展的地位，确定重力场结构的精细程度将是未来大地测量学科发展的主要标志之一。

重力测量技术的发展将致力于分辨重力场短波频谱和监测重力场时变量。卫星重力技术的发展将实现准确度 1～2 mGal,分辨率为 50 km 的全球重力场。最新的第五代绝对重力仪准确度可达±(1～2) μGal(1μGal=10^{-8} m/s^2),超导(相对)重力仪精度已达 0.1 μGal,航空重力测量和惯性重力测量精度大致为±(1～6)mGal,是分辨小于 50 km 短波重力场的有效技术。由于重力测量技术的发展,已有可能监测重力场时变量,为研究地球动力学提供新的重要信息。

第二章　大地测量数据采集技术概述

大地测量学的主要任务之一就是确定地面上各控制点的点位坐标，这就需要在广大的地球表面上开展各类大地测量数据采集活动。本章简要介绍大地测量中常用的地面边角测量、高程测量、空间大地测量、物理大地测量等数据采集技术的方法、原理等。

§2-1　地面边角测量

地面边角测量是经典大地测量中最基本的测量手段，包括角度测量和距离测量，其中角度测量又包含水平角测量和垂直角测量。

一、角度测量

建立大地控制网过程中，常常需要进行大量的水平角和垂直角测量，经纬仪是测定水平角和垂直角的仪器，通过特定的观测方法来进行角度测量。

(一)水平角和垂直角

1. 水平角

如图 2-1 所示，A、P_1、P_2 为地面上三个大地控制点，设 A 为测站点，P_1、P_2 为照准点。过 A 点做铅垂线 AV(重力方向线)，并做过 A 点且垂直于 AV 的平面 M，称为 A 点的水平切面。铅垂线 AV 与视准线 AP_1 构成的平面(垂直照准面)与水平切面 M 相交的线为 Aq_1，称为视准线 AP_1 在水平切面上的投影，习惯上称为 AP_1 的水平视线。同样，Aq_2 为 AP_2 的水平视线。Aq_1 与 Aq_2 之间的夹角称为 A 点对 P_1、P_2 两个方向的水平角。

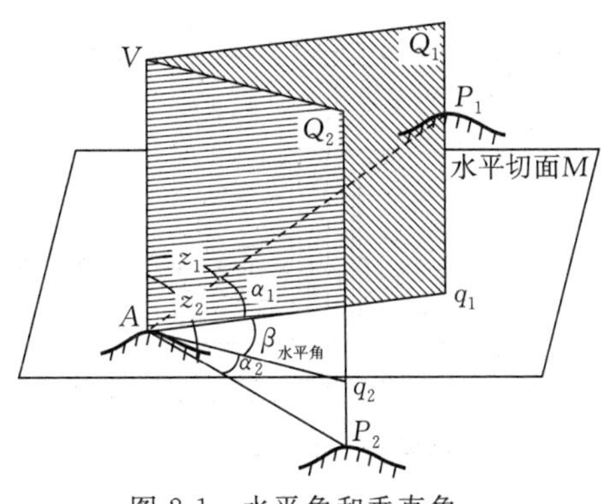

图 2-1　水平角和垂直角

水平角是在水平面上由 0°～360°的范围内按顺时针方向量取的。

2. 垂直角

视准线 AP_1 与其水平视线 Aq_1 之间的夹角，称为 A 点照准 P_1 点的垂直角，以符号 α_1 表示。同样，视准线 AP_2 与其水平视线 Aq_2 之间的夹角 α_2 为 A 点照准 P_2 点的垂直角。所以，垂直角就是视线与其相应水平视线之间的夹角。垂直角又称为竖直角或高度角。

垂直角在垂直面上由 0°～±90°范围量取，在水平视线之上的为正(如图中之 α_1)，在水平视线之下的为负(如图中之 α_2)。

视线 AP_1 和 AP_2 与铅垂线 AV(天顶方向)之间的夹角 z_1 和 z_2 分别称为 A 点照准 P_1 和 P_2 点的天顶距。

由图 2-1 看出，某一照准点的垂直角和天顶距之和为 90°，即

$$\alpha + z = 90° \tag{2-1}$$

根据这个关系式,垂直角和天顶距之间很容易相互换算。

(二)经纬仪

经纬仪是用来测量水平角和垂直角(天顶距)的仪器。经纬仪的类型很多,按物理特性划分,经纬仪经历了机械型、光学机械型和集光、机、电及微电子技术于一体的智能型三个发展阶段,各阶段的标志性产品分别为游标经纬仪、光学经纬仪和电子经纬仪。目前主要使用的是光学经纬仪和电子经纬仪。光学经纬仪利用集合光学的放大、反射、折射等原理进行度盘读数;电子经纬仪是利用物理光学、电子学和光电转换等原理显示度盘读数,电子经纬仪是现代高科技高度集成的产品。按测角精度划分,中国把经纬仪分为 DJ_{05}、DJ_{07}、DJ_1、DJ_2、DJ_6 等级别,DJ 为“大地”及“经纬仪”的首字母汉语拼音缩写,下标表示该经纬仪一测回方向观测中测角中误差(以秒为单位),简写为 J_{05}、J_{07}、J_1、J_2、J_6 等。其中 J_{05}、J_{07}、J_1 为高精度经纬仪,适用于国家一、二等控制测量;J_2 为中等精度经纬仪,适用于国家三、四等控制测量。

经纬仪的主要结构如图 2-2 所示,主要结构的相互关系是:

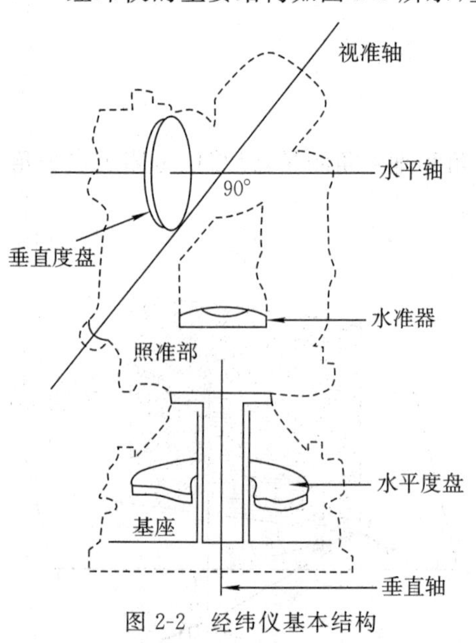

图 2-2 经纬仪基本结构

(1)垂直轴应与照准部水准器轴垂直。当水准气泡居中时,垂直轴就与铅垂线一致。从而保证仪器整平后,测量是以铅垂线为基准线的。

(2)垂直轴应与水平度盘正交,且通过其中心。当垂直轴垂直时,水平度盘就与过测站的水平面平行,此时量取的角度才是正确的水平角。

(3)水平轴应与垂直轴正交,视准轴应与水平轴正交。当垂直轴垂直而望远镜俯仰时,视准轴所形成的面才是垂直照准面。

(4)水平轴应与垂直度盘正交,并通过其中心。当垂直轴垂直、水平轴水平时,垂直度盘就平行过测站的垂直照准面,量取的角度才是正确的垂直角。

(5)垂直度盘的指标水准器气泡居中时,垂直度盘的读数指标必须水平或垂直。这样,读数指标与望远镜视准轴之间的夹角就可得到垂直角。

经纬仪的各主要部件就是按上述关系构成的。总的说,要求三轴(垂直轴、水平轴、视准轴)相互关系正确,两盘(水平度盘、垂直度盘)与三轴间的关系正确,这种关系是保证经纬仪能测出正确的水平角和垂直角的基础。

电子经纬仪是用光电测角代替光学测角仪器,为测量工作自动化创造了有利条件。电子经纬仪具有与光学经纬仪类似的结构特征,测角的方法、步骤与光学经纬仪基本相同,最主要的不同点在于读数系统——光电测角。它用数字显示来代替目视读数,采用的是电子测角技术,故又称电子数字经纬仪。电子经纬仪采用的光电测角方法有三类:编码度盘测角、光栅度盘测角及近年来出现的动态测角系统。由光学器件、机械器件、电子传感器和微处理机等构成。其轴系、望远镜、制(微)动结构的构造与光学经纬仪相同,用电子传感器来代替普通经纬仪的读数指标,通过模数转换方法,从度盘上取得电信号,再把电信号转换成角度,并由显示器输出。从总体上看,根据度盘是否转动分为动态测角和静态测角两类;根据度盘刻制方式不同又可分为编码度盘测角和光栅度盘测角两种,具体的原理,这里不再赘述。

(三)水平角观测方法

1. 方向法和全圆方向法

在每一测回中，把测站上所有待测方向逐一观测，以测得各方向的方向值。如图 2-3 所示，测站 O 上的待测方向为 A、B、…、N，选择其中一个 A 为起始方向(又称零方向)，先在盘左位置观测，照准 A 并读数，而后顺时针方向旋转照准部，依次照准 B、C、…、N，并分别读数，是为上半测回；纵转望远镜，在盘右位置观测，逆时针方向旋转照准部，按与上半测回相反的次序观测 N、…、C、B、A，是为下半测回。上、下两半测回合为一测回。这就是方向观测法。

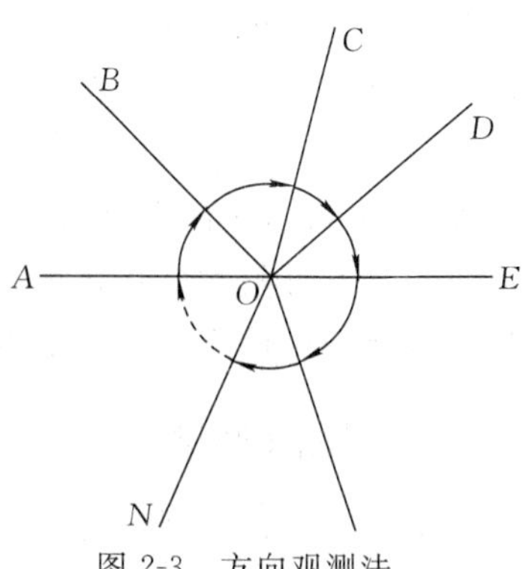

图 2-3　方向观测法

基于方向法在每半测回的末尾再测一次零方向 A (称为归零)，由于每半测回都要闭合到起始方向，故称全圆方向法。闭合到起始方向的目的在于检查半测回的观测过程中仪器座架有无变化。这两种方法基本上是一样的，可统称为方向法。当观测方向数等于或小于 3 时，一测回使用的时间较短，可采用方向法(不归零)。当方向数大于 3 时，一般采用全圆方向法。

在全圆方向法中，零方向选择是否适当对整个测站的观测精度和速度都有影响，所以，一定要选取边长适中、通视良好、目标成像清晰的方向为零方向。

方向法主要用于较低精度的角度测量。方向法观测得到的是测站上各观测方向的方向值，所选取的零方向其方向值为零，各方向之间的夹角可由两方向值之差获得。

2. 全组合测角法

方向法是一种程序简明、工作量小的观测方法。但是，国家高级控制网中边长较长，各目标的成像质量很难同时良好。此外，它一测回的时间较长，也不易取得精度很高的成果。针对这些缺陷，出现了全组合测角法。全组合测角法的主要特点是：每次只测两个方向间的夹角。这种测角方法可以克服各目标成像不能同时清晰稳定的困难，又大大缩短了一测回的观测时间，易得到高精度的成果，所以它是高精度水平角观测中必须采用的方法。

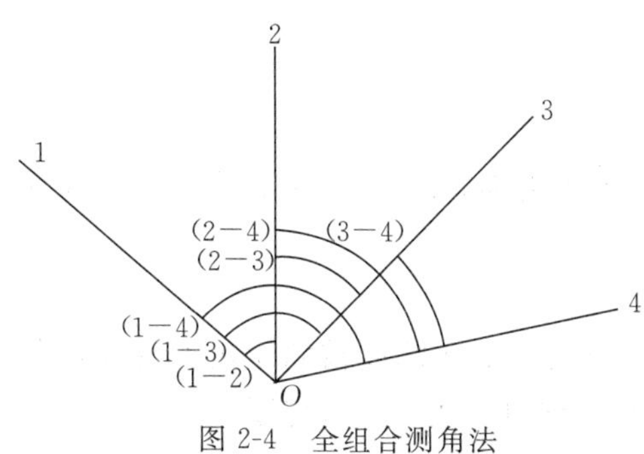

图 2-4　全组合测角法

将测站上应观测的所有方向每次取两个组合成的全部单角称为全组合角。例如，测站要观测的方向共有 4 个，可组成 6 个单角：(1—2)、(1—3)、(1—4)、(2—3)、(2—4)、(3—4)，如图 2-4 所示。若测站上有 n 个方向，则组合角总数为

$$K=\frac{1}{2}n(n-1) \tag{2-2}$$

观测时每个测回只观测一个单角，各组合角的测回数相同。其特点是同一测回内上、下半测回的照准部旋转方向相同，目的是为了更完善地消除照准部旋转时的带动误差。但是整份成果和各单角的各测回应有一半测回顺旋、一半逆旋，以便更好地减弱其他误差。为此，在每一观测时间段内测至半数测回时，应改变照准部的旋转方向；或采用测回间改变照准部的旋转方向，交替进行。

以上是方向法和全组合测角法的基本观测方法，其中方向法主要优点是观测程序简单，作业量小；缺点是若测站观测方向数多时很难保证所有方向的目标都清晰，另外也会因一测回时

间较长而受外界条件影响较大,难以得到高精度的观测结果。全组合测角法的优点是每角测回可灵活选择清晰目标观测单角,观测时间短,成果受外界影响小;缺点是观测程序比较复杂,其组合单角的数量随测站方向的增加而急增,作业量大。因此方向法是适应于较低精度的水平度观测方法,全组合测角法适用高精度水平角观测。

对于垂直角测量其观测方法和观测精度要求并不高,只需上、下半测回对目标用望远镜的横丝观测即可构成一个完整测回,可算出垂直角。

二、距离测量

数百年来,人们测量距离的方法,都是用一根带分划的尺子(测绳、皮尺、钢尺)采取直接比对的方法来求得距离。这种方法的主要缺点是易受测线上地形条件的限制。要想测得较高精度的距离成果,必须花费很大的人力、物力来选取和整理测量路线,不但工作量大、成本高,而且,一旦碰到测线上有如河流、湖泊乃至山冈、沟壑,测距便无法进行。

20 世纪 40 年代,出现了最早的电磁波测距仪:光电测距仪。之后又相继出现了微波测距仪、激光测距仪和红外测距仪,直至目前出现的集测角测距于一体的全站型电子速测仪,形成了用电磁波测距方法取代分划尺直接比对方法以及光学视距间接测距方法的新时代。

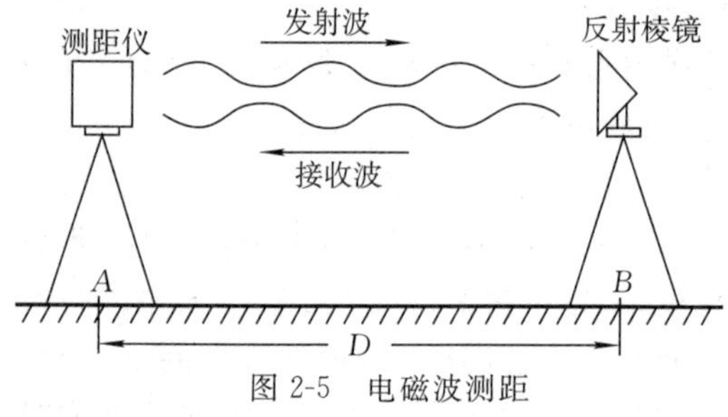

图 2-5 电磁波测距

(一)电磁波测距的基本原理

如图 2-5 所示,安置于距离端点 A 一端的测距仪,向安置于距离另一端点 B 的反射器,发射电磁波,到达 B 点后,又返回到 A 点,被测距仪接收。测距仪本身可以测出电磁波在 A、B 两点间往返传播的时间 t_{2D},根据公式

$$D=\frac{1}{2}Vt_{2D} \tag{2-3}$$

可以求得 A、B 两点间的距离。式中,V 是电磁波在大气中的传播速度

$$V=\frac{c}{n} \tag{2-4}$$

其中,c 为真空中的电磁波速度,n 为电磁波大气折射率。

大气折射率 n 的数值与电磁波的波长 λ 有关,还与大气的温度 t、压力 p、湿度 e 等气象元素有关,它们的关系式可表示为

$$n=f(\lambda,\ t,\ p,\ e) \tag{2-5}$$

电磁波测距的基本原理,就是利用仪器直接或间接地测出电磁波在被测距离上的往返传播时间 t_{2D},同时测出大气的温度 t、气压 p 及湿度 e,然后按照上述公式求得距离。

不难看出,利用电磁波测距的方法,能直接在端点测量出两点的距离。只要测程可以达到,中间没有障碍物遮挡视线,任何地形条件下的距离均可测量。高山之间、江河两岸,甚至星球之间(卫星激光测距仪),也能够直接测量,这就大大加快了测量的速度。

(二)电磁波测距的基本方法

电磁波测距有三种基本方法:

(1)脉冲法测距。直接测定发射脉冲(主波)与由目标反射回来的反射脉冲(回波)之间的传播时间 t,按式(2-3)可算出到目标的距离 D。这种方法一次测量便可求得被测距离,测程

近的为几千米、十几千米，最远的可达几十万千米，精度一般可达到“厘米级”。主要用于低精度或长距离的测量中。如战术前沿侦察，地球对月球和地面与人造卫星的距离测量等。

(2)相位法测距。直接测定连续测距信号的发射波与反射波之间的相位差从而间接测得信号的传播时间。这种测距方法精度比较高，优于“毫米级”，测程在几十千米以内。目前地面上的精密测距，一般采用相位测距法。

(3)干涉法测距。利用光学干涉原理进行精密测距，精度高于相位法测距，一般精度可达“微米级”，多用于计量单位的长度量具检定及短距离的精密测距。

(三)电磁波测距仪的分类

目前，由于电磁波测距仪的迅速发展和新产品的不断问世，电磁波测距仪种类繁多，有多种不同的分类方法。

(1)按照测定电磁波往返传播时间 t 的方法不同(直接测定或间接测定)分为脉冲式和相位式测距仪两类。

脉冲式测距仪可直接测定仪器所发射的脉冲信号往返于被测距离的传播时间，从而求得距离值。脉冲式测距仪的主要优点是测程远，但由于脉冲宽度和计数器时间分辨能力的限制，直接测定时间一般达到 10^{-8}s，相应测距精度为±(1～5)m，精度较低。卫星激光测距仪和地月激光测距仪就属于脉冲式测距仪。然而锁模激光器的问世为脉冲式测距仪的高精度测距创造了条件。现在已经有多个厂家生产出了用于常规测量、精度达到 2 mm+(1～2)×$10^{-6}D$ 的脉冲式测距仪。

相位式测距仪是测定仪器所发射的连续测距信号往返于被测距离的滞后相位来间接推算信号的传播时间 t，从而求得所测距离。相位式测距仪与脉冲式测距仪相比较，测距仪测程较短，但测距精度高，目前测绘作业中所用测距仪多为相位式测距仪。

(2)按照载波源的不同又分为光波测距和电波测距。电波测距是指微波测距，而光波测距包含两类，一类是可见光测距，另一类则是不可见光的红外测距。

第一台电磁波测距仪 1947 年在瑞典诞生，载波光源为白炽灯，后来的测距仪载波光源改进为高压水银灯，这类早期的仪器既笨重耗电，测程又不远。1960 年激光器的出现为光波测距仪提供了理想的光源，第二年就研制出世界上第一台激光测距仪。随着激光测距技术不断发展进步，激光测距仪的体积越来越小，重量越来越轻，耗电越来越少，测程越来越远，精度也越来越高。目前激光测距仪基本上是采用氦氖(He-Ne)气体激光器作光源，波长为 0.632 8 μm。激光测距仪由于测程长、精度高，主要用于中远程测距。近年来，在全站仪上使用了新的脉冲激光测距技术，近距离的距离测量不用反光镜，全站仪既可进行长边控制测量，又能方便地进行地形、地籍测量。

红外测距仪使用的载波为电磁波的红外线波段，光源为砷化镓发光二极管，发出波长为 0.72～0.94 μm 的红外线光。砷化镓发光二极管发出的红外光的光强可随注入电信号的强度而变化，因此这种发光管兼有载波源和调制器的双重功能。又由于电子线路的集成化，红外线测距仪可以做得很小，现一般与测角仪器结合使用，或与电子经纬仪设计成一体，成为电子全站仪。红外线测距仪一般为相位式测距仪，其测程较短。现有的测距仪与电子全站仪以采用红外测距仪的居多。

微波测距仪的载波为无线电微波。目前生产的微波测距仪使用的波长有 10 cm、3 cm、8 cm 三种。由于无线电微波的穿透能力强，工作中对大气能见度没有什么要求，在有雾、小雨、小雪时均可测量,并且观测时只需概略照准。还可以利用仪器内的通信设备随时通话联系,使用比较机动灵活。微波测距仪以前精度较低,现已经提高到或基本达到与红外测距仪相当的水平。微波测距仪较适合于军事测量,民用测量中较少使用。归纳如图 2-6 所示。

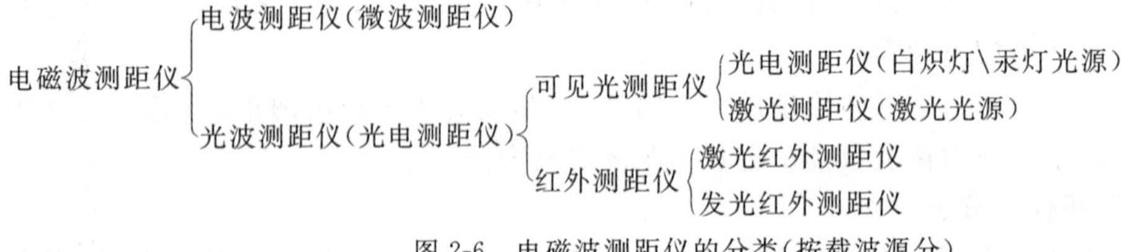

图 2-6 电磁波测距仪的分类(按载波源分)

(3)按照测程的长短可分为短程光电测距仪、中程光电测距仪和远程激光测距仪。

短程光电测距仪:测程在 3 km 以内,测距精度一般在 1 cm 左右。这种仪器可用来测量三等以下的三角网的起始边,以及相应等级的精密导线和三边网的边长,适用于工程测量和矿山测量。如瑞士的 ME3000、DM 502、DI3S、DI4,瑞典的 AGA-112、AGA-116,美国的 HP3820A,英国的 CD6 ,日本的 RED2、SDM3E,德国的 ELTA 2、ELDI2 等,中国的 HGC-1、DCH-2、DCH3、DCH-05 等。

中程光电测距仪:测程在 3～15 km 的仪器称为中程光电测距仪,这类仪器适用于二、三、四等控制网的边长测量。如中国的 JCY-2、DCS-1,瑞士的 ME5000、DI5、DI20,瑞典的 AGA-6、AGA-14A 等。

远程激光测距仪:测程在 15 km 以上的光电测距仪,精度一般可达 $\pm(5\ \mathrm{mm}+1\times10^{-6}D)$,能满足国家一、二等控制网的边长测量,如瑞典的 AGA-8、AGA-600,美国的 Range Master,中国研制的 JCY-3 等。

进入 21 世纪后,单独用于大地测量的测距仪逐渐停产,被集成了测距仪功能的全站仪替代。现有的测距仪产品主要是建筑测量工具类手持测距仪,其测程最高一般不超过 200 m,并大部分用于室内测量,这里不再介绍。

(四)全站仪

在实际测量作业中,常常是既需要测角又需要测距,因而大多数仪器公司将测角与测距集成于仪器一体,这种既能测角又能测距的仪器叫作全站仪。全站仪是一种集光、机、电为一体的高技术测量仪器,是集水平角、垂直角、距离(斜距、平距)、高差测量功能于一体的测量仪器系统。因其一次安置仪器就可完成该测站上全部测量工作,所以称之为全站仪。广泛用于地上大型建筑和地下隧道施工等精密工程测量或变形监测领域。

1. 全站仪按测量功能分类,可分成五类

(1)经典型全站仪。

经典型全站仪也称为常规全站仪,它具备全站仪电子测角、电子测距和数据自动记录等基本功能,有的还可以运行厂家或用户自主开发的机载测量程序。其经典代表为徕卡公司的 TC 系列全站仪。

(2)机动型全站仪。

在经典全站仪的基础上安装轴系步进电机,可自动驱动全站仪照准部和望远镜的旋转。在计算机的控制下,机动型全站仪可按给定的方向值自动照准目标,并可实现自动正、倒镜测量。徕卡 TCM 系列全站仪就是典型的机动型全站仪。

(3)无合作目标型全站仪。

无合作目标型全站仪是指在无反射棱镜的条件下,可对一般的目标直接测距的全站仪,也称免棱镜型全站仪。因此,对不便安置反射棱镜的目标进行测量,无合作目标型全站仪具有明显优势。如徕卡 TCR 系列全站仪,无合作目标距离测程可达 1 000 m,可广泛用于地籍测量、房产测量和施工测量等。

(4)智能型全站仪。

随着光电技术、计算机技术等新技术在全站仪中的应用,全站仪逐步向自动化、智能化方向发展。在机动型全站仪的基础上,配置目标自动识别与照准的新功能,无须人工照准目标,实现了全站仪的智能化。在相关软件的控制下,智能型全站仪在无人干预的条件下可自动完成多个目标的识别、照准与测量。因此,智能型全站仪又称为"测量机器人",典型的代表有徕卡的 TCA 系列,拓普康公司的 800A、GPT 系列,蔡司公司的 Elta S 系列等。

(5)自动陀螺全站仪。

由陀螺仪与无合作目标全站仪组成的自动陀螺全站仪能够在 20 min 内,最高以$\pm 5''$的精度测出真北方向。如 GTA1800R 实现了陀螺仪和全站仪的有机整合,GTA1000 陀螺仪上架于 RTS812R5 系列全站仪。GTA1800R 在全站仪的操作软件里实现和陀螺仪的通信轻松完成待测边的定向。GTA1800R 可以实现北方向的自动观测,减少了人工观测的劳动量和不确定性。

2. 全站仪按测距仪测距分类,可分为三类

(1)短距离测距全站仪。

测程小于 3 km,一般精度为$\pm(5\ \text{mm}+5\times 10^{-6}D)$,主要用于普通测量和城市测量。

(2)中测程全站仪。

测程为 3～15 km,一般精度为$\pm(5\ \text{mm}+2\times 10^{-6}D)$,$\pm(2\ \text{mm}+2\times 10^{-6}D)$,通常用于一般等级的控制测量。

(3)长测程全站仪。

测程大于 15 km,一般精度为$\pm(5\ \text{mm}+1\times 10^{-6}D)$,通常用于国家三角网及特级导线的测量。

三、大地天文测量

天文学是研究天体(包括地球)的运动、构造、起源与发展的自然科学。主要研究内容有:天体在空间的实际位置,确定其质量、大小和形状;天体的化学组成成分,表面的自然条件及内含矿藏;星体和星系的起源与演化等。

根据天文学的研究对象和方法,可分为球面天文学、大地天文学、天体力学等多个分支。与本课程关系最大的就是大地天文学。

作为天文学的一个特殊分支——大地天文学主要是研究用天文测量的方法,确定地球表面点的地理坐标及方位角的理论和实践问题。又因为测量地面点的地理坐标(天文经度、天文纬度及天文方位角)时必须要知道观测天体时的时刻,所以精确测定观测时刻也是大地天文学要研究的问题。

用天文测量方法确定经度和纬度的点称为天文点,同时进行大地测量和天文测量确定经度和纬度的点称为天文大地点。在天文大地点上同时测定方位角的点称为拉普拉斯点,经垂

线偏差改正后的天文方位角称为大地方位角,在拉普拉斯点上确定的大地方位角称为拉普拉斯方位角,以区别于用大地测量计算得到的方位角。

在天文大地点上推求出的垂线偏差资料可用于研究大地水准面(或似大地水准面)相对参考椭球的倾斜及高度,为研究地球形状提供重要的信息。天文测量还可以给出关于国家大地网起算点的起始数据,天文坐标可用于解决关于参考椭球定位、定向,大地测量成果向统一坐标系的归算等问题。

大地天文学是一门较古老的学科。由于天文经纬度和天文方位角可以独立地测定,故以前它被用于无图区或海上定位,随着科技的进步,这些已被其他技术手段取代,但天文测量的应用领域仍较为广泛,并将不断地发展。20 世纪 70 年代以前,大地天文测量还只能在地球表面上进行,但随着人造地球卫星发射成功,打开了天文学发展的新纪元。人们对天体(包括地球)的研究不仅可以通过地面观测进行,而且可借助人造卫星及空间飞行器进行观测。

大地天文测量是利用天文方法观测天体(主要是恒星)的位置来确定地面点在地面上的位置(天文经度和天文纬度)和某一方向的天文方位角的技术。其结果可作为大地测量的起算或校核数据,以及在进行地质、地理调查和其他有关工作时做控制之用。

(一)天文坐标系的定义

天文坐标系是以大地水准面和铅垂线为基准建立的。以地面点铅垂线和水准面为基准,通过大地天文测量方法可测得地面点的天文经度、天文纬度和天文方位角,它们构成了天文坐标系的基本要素。天文坐标系是基于野外测量得到的坐标系,某点的天文经纬度可以表示出该点的地理位置,因此野外测量的基准面、线分别是该点的水准面和铅垂线。而大地测量计算的基准面、线又分别是参考椭球面和法线。因此在计算时,又需要将天文经纬度转换成以参考椭球面和法线为基准的大地经纬度。有关参考椭球的问题将在后面的章节详细介绍。

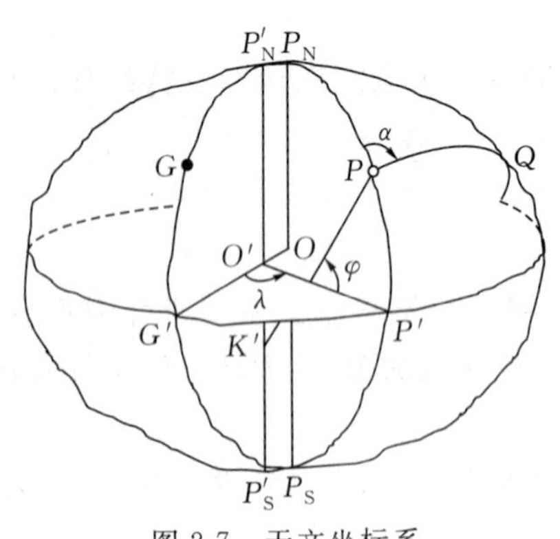

图 2-7 天文坐标系

如图 2-7 所示,P_NP_S 为地轴,它与地球相交的点 P_N、P_S 分别为北极和南极;O 为地心;通过地心垂直于地轴的平面为地球赤道面;P 为某一地面点,PK' 为 P 点的铅垂线方向;包含 P 点铅垂线方向的平面称为 P 点的垂直面,其中平行于地轴的垂直面 $P'_NPP'P'_SK'$ 称为 P 点的天文子午面。为了标定经度,需要定义一个起始子午面作为经度的起算面。1884 年国际经度会议决定,以通过英国格林尼治(Greenwich)天文台(Ariy 中星仪十字丝中心)的子午面 $P_NGG'P_S$ 为起始天文子午面。起始子午面与地球表面的交线称为起始子午线,也称为本初子午线或首子午线。

天文经度:地面某点的天文经度,是该点天文子午面与起始天文子午面的夹角,以 λ 表示。由起始天文子午面向东、向西量度,各有 0°~180°。向东称为东经,向西称为西经。东经为正,西经为负。

天文纬度:地面某点的天文纬度,是该点铅垂线方向与地球赤道面的夹角,以 φ 表示。由地球赤道面向南北两极量度,各有 0°~90°。向北称为北纬,向南称为南纬。北纬为正,南纬为负。

天文方位角：设 P 为测站点，Q 为照准点，则包含 P 点铅垂线和 Q 点的垂直面，就是 PQ 方向的照准面。所以，PQ 方向的天文方位角，就是 P 点的天文子午面与包含 Q 点的垂直面间的夹角，以 α 表示，其值在测站的水平面上，从正北方向起，顺时针方向量度，取 0°～360°。

(二)天文经度测量的基本原理

测站的经度等于测站与格林尼治天文台在同一瞬间同类正确时刻之差，这就是测定经度的理论依据。目前传统测量中多采用无线电法。无线电法测定经度就是用收录时号的方法解决两地同一瞬间的时刻问题。无线电法测经度主要包含收录时号和测定钟差两项工作。

1. 恒星天顶距法测定钟差的基本原理

设观测恒星瞬间的钟面时为 s'，相应观测瞬间的正确恒星时为 s，则

$$s = s' + u = \alpha + t \tag{2-6}$$

式中，u 为钟差，α 为赤径，t 为时角。从而可以得出钟面时 s' 的钟差为

$$u = \alpha + t - s' \tag{2-7}$$

可知，只要求得 t，即可求得 u，由球面天文基本公式(可参阅《球面天文学》)

$$\cos t = \frac{\cos z - \sin\delta\sin\varphi}{\cos\delta\cos\varphi} \tag{2-8}$$

式中，φ 为测站纬度，z 为天顶距，δ 为赤纬。可知，只要知道测站的纬度 φ，观测的恒星天顶距 z，即可求得时角 t，从而求得钟差 u。

2. 恒星中天法测定钟差的基本原理

由式(2-6)可知，若在子午圈上观测一恒星，则其时角 $t=0$，于是有

上中天

$$u = \alpha - s' \tag{2-9}$$

下中天

$$u = \alpha - s' + 12\ \text{h} \tag{2-10}$$

由此可知，只要测出恒星中天瞬间的钟面时 s'，即可算出 s' 的钟差 u。

3. 双星等高法测定钟差的基本原理

设在很短的时间内观测两颗等高的恒星 $\sigma_1(\alpha_1,\delta_1)$ 和 $\sigma_2(\alpha_2,\delta_2)$，其钟面时为 s_1' 和 s_2'，相应钟差为 u_1 和 u_2，则可列出下面两个方程式

$$\cos z = \sin\varphi\sin\delta_1 + \cos\varphi\cos\delta_1\cos(s_1' + u_1 - \alpha_1) \tag{2-11}$$

$$\cos z = \sin\varphi\sin\delta_2 + \cos\varphi\cos\delta_2\cos(s_2' + u_2 - \alpha_2) \tag{2-12}$$

因为观测两颗星相隔的时间很短，可认为 $u_1 = u_2 = u$，因此，按上面两式可解得唯一的未知数即钟差 u 。

(三)天文纬度测量的基本原理

1. 恒星天顶距法测定纬度的基本原理

根据天文学基本公式

$$\cos z = \sin\varphi\sin\delta + \cos\varphi\cos\delta\cos t \tag{2-13}$$

式中，$t = s - \alpha = s' + u - \alpha$。$s'$ 为观测瞬间的钟面时，u 为钟差，α、δ 可查星表得到，t 可通过授时得到，故只要测得 z 即可求得测站纬度 φ。

2. 南北星中天高差法测定纬度的基本原理

恒星中天时有下面的关系:

南星 σ_S

$$\varphi = \delta_S + z_S \tag{2-14}$$

北星 σ_N

$$\varphi = \delta_N - z_N \tag{2-15}$$

根据式(2-14)和式(2-15)可知,若观测一对南北星(σ_S、σ_N)的子午天顶距 z_S、z_N,则可以算得两个纬度值 φ_S、φ_N,取其平均值 φ,则有

$$\varphi = \frac{1}{2}(\delta_S + \delta_N) + \frac{1}{2}(z_S + z_N) \tag{2-16}$$

或

$$\varphi = \frac{1}{2}(\delta_S + \delta_N) + \frac{1}{2}(h_N - h_S) \tag{2-17}$$

式中,h 为恒星的地平纬度(高度)。

由式(2-16)和式(2-17)可知,只要在子午圈上测出南星和北星的天顶距(或高度)之差,就可以算得纬度值。

3. 双星等高法测定纬度的基本原理

设观测两颗等高的恒星 $\sigma_1(\alpha_1、\delta_1)$ 和 $\sigma_2(\alpha_2、\delta_2)$,则可列出下面两个方程式

$$\cos z_1 = \sin\varphi\sin\delta_1 + \cos\varphi\cos\delta_1\cos(s'_1 + u_1 - \alpha_1) \tag{2-18}$$

$$\cos z_2 = \sin\varphi\sin\delta_2 + \cos\varphi\cos\delta_2\cos(s'_2 + u_2 - \alpha_2) \tag{2-19}$$

因为 $z_1 = z_2$,将式(2-18)、式(2-19)相减,则可以消去 z,得到

$$\tan\varphi = \frac{\cos\delta_1\cos(s'_1 + u_1 - \alpha_1) - \cos\delta_2\cos(s'_2 + u_2 - \alpha_2)}{\sin\delta_2 - \sin\delta_1} \tag{2-20}$$

于是式中就只有一个未知数 φ,故可以计算出测站纬度。

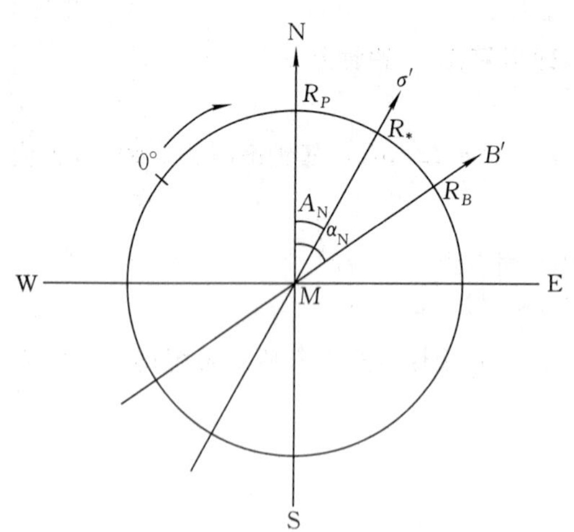

图 2-8 方位角测定原理

(四)天文方位角测量的基本原理

测站至地面目标的方位角是通过测站和目标的垂直面与测站子午面之间的夹角。如图 2-8 所示,MN、$M\sigma'$、MB' 分别表示测站 M 至北天极 P、恒星 σ、地面目标 B 的方向在测站 M 水平面上的投影方向。按照定义,MB' 与 MN 之间的夹角 α_N 即为测站 M 至地面目标 B 的天文方位角。显然,只要测得地面目标 B 方向和北天极 P 方向的水平度盘读数 R_B 和 R_P,则可以得到目标方位角 α_N。

设在测站 M 测得地面目标 B 的水平度盘读数 R_B 和恒星 σ 在钟面时 s' 瞬间的水平度盘读数 R_*,相应这瞬间恒星的方位角为 A_N,则北极 P 方向的水平度盘读数为:$R_P = R_* - A_N$,于是地面目标方位角为:$\alpha_N = R_B - R_P = R_B - (R_* - A_N)$,式中的 A_N 可由式(2-21)计算

$$\cot A_{N}=\frac{\sin\varphi\cos t-\cos\varphi\tan\delta}{\sin t} \tag{2-21}$$

式中，$t=s'+u-\alpha$。

根据上述测定方位角的基本原理，这一方法需要读取观测恒星瞬间的钟面时 s' 以确定观测瞬间恒星的时角 t 。

(五)天文测量的方法

1. 传统天文测量方法

目前，天文测量多采用传统方法，即以接收天文台发布的时号来确定时刻，用计时器记录时刻；观测中所用仪器主要是 T4 经纬仪和 60°等高仪。普遍采用的方法有以下几种：

(1)用 T4 采用塔尔科特法测定一等天文纬度。

(2)用 T4 采用东西星等高法(津格尔法)测定钟差，从而测定一等天文经度。

(3)北极星任意时角法测定天文方位角。

(4)用 60°等高仪(由 T3 加上 60°棱镜等组成)采用多星等高法同时测定二、三等及等外天文经纬度。

2. 新型天文测量方法

新型天文测量方法主要是利用具有授时功能的 GPS OEM 板接收卫星信号进行授时，用电子经纬仪代替光学经纬仪进行观测，用便携式计算机采用编程等技术取代计时器及时钟进行时间比对和授时，并实现观测数据的自动记录、解算。目前采用的方法是：

(1)利用多星近似等高法同时测定一、二等天文经纬度。

(2)利用北极星多次时角法测定一、二等天文方位角。

§2-2　高程测量

在野外测绘作业中，常常需要获取不同地面点的相对高低关系。这就需要通过测量的方式确定各点的高程，即高程测量。高程测量的基本方法主要包括水准测量法、三角高程测量法及电磁波测距高程导线法等。其中水准测量是精度最高的方法，主要用于高精度的高程测量中，三角高程测量用于精度较低的高程测量，或作为辅助的方法用于不便于开展水准测量的山区的高程测量。

一、水准测量

水准测量是一种相对高程测量方法，它利用地面上两点间的几何高低关系来测定两点间高差的方法，又被称为“几何水准测量”。是用水准仪和水准尺高精度地测定地面上两点间高差的方法。通常自水准原点或任一已知高程点出发，沿选定的水准路线逐站测定各点的高程。如图 2-9 所示。

(一)水准测量原理

水准测量的基本原理是：在待测定高差的两点上，垂直竖立有精密分划的标尺，用水平视线在标尺上读数，两标尺读数之差就是此两点的高差。如图 2-9 所示，A、B 为待测高差的两地面点，分别垂直竖立标尺 R_1、R_2，在 A、B 中间的点 S_1 上安置水准仪，借助仪器的水平视线对标尺 R_1 读数，得 a(称后视读数)，再对 R_2 读数，得 b(称前视读数)，则 A、B 两点的高差为

$$h_{AB}=a-b \tag{2-22}$$

式中,h_{AB} 叫作 B 对 A 的高差。当 $a>b$ 时,高差为正;$a<b$ 时,高差为负。

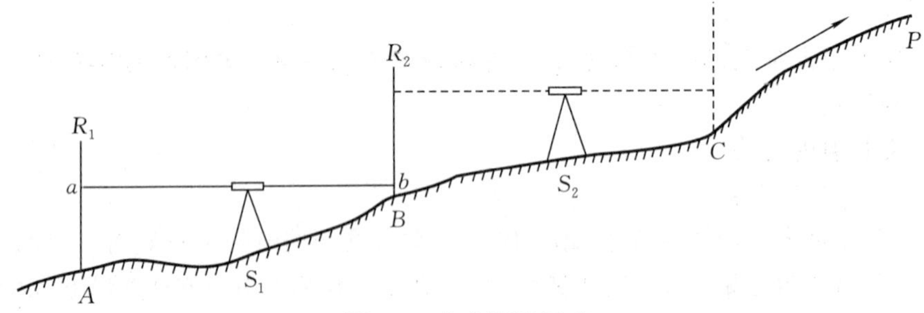

图 2-9 水准测量原理

若已知点 A 的高程为 H_A,就可以算出点 B 的高程 $H_B=H_A+h_{AB}$,如果测定任意点 P 的高程 H_P,则在测定 A、B 高差后,将水准仪迁到 S_2 处,同时将标尺 R_1 移至点 C,测定 B、C 的高差 h_{BC},依此类推,A、P 之间的高差即为

$$h_{AP}=h_{AB}+h_{BC}+\cdots$$

点 P 的高程为

$$H_P=H_A+h_{AP} \tag{2-23}$$

这种传递高程的方法称为几何水准法。

(二)水准仪和水准标尺

1. 水准仪

由水准测量的基本原理可知,水准测量的关键是必须能建立水平视线,水准仪就是能为水准测量提供水平视线的仪器。为此,水准仪应具备一个构成视准轴的望远镜;必须有一个能够引导视准轴居于水平位置的元件(水准器是这种元件中最简单的一种);为了将视准轴整置在水平位置,并能做水平旋转,需要有脚螺旋和垂直轴。这些部件结合起来,就可以构成一台最简单的水准仪,如图 2-10 所示。这些基本部件之间应满足以下条件:① 视准轴应与水准器轴平行;② 水准器轴应与垂直轴垂直。

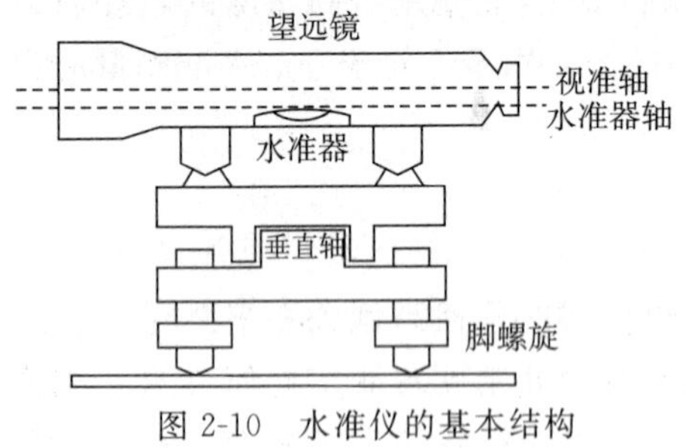

图 2-10 水准仪的基本结构

这样,当仪器按水准器整平后,视准轴在各个方向上都水平了。

水准仪按精度分为精密水准仪和普通水准仪。有 DS05、DS1、DS3、DS10 四种型号的仪器。D、S 分别为“大地测量”和“水准仪”汉语拼音的第一个字母;数字 05、1、3、10 表示该仪器的精度。通常简写为 S05、S1、S3 等,如 S3 型水准仪,表示该型号仪器进行水准测量每千米往、返测高中数的精度可达 3 mm。S05、S1 型为精密水准仪,主要用于高精度的高程测量,如国家一、二等水准测量和精密工程测量。S3、S10 型为普通水准仪,用于国家三、四等水准测量及普通水准测量,如工程建设和地形测量中的高程测量。

2. 精密水准仪

精密水准仪通常指的是光学精密水准仪。它与普通水准仪的主要区别是精密水准仪安装了用来精确读数的光学测微器。精密水准仪的种类很多,目前大地测量中常用的有 DS05(如蔡司 Ni004、威特 N3、徕卡 NAK2＋测微器、苏州一光 DSZ2＋FS1 等)和 DS1 型(如北光 SZ1532＋测微器、南方测绘 NL2 等)。现今生产的 DS05 和 DS1 型光学水准仪多为自动安平水准仪。精密水准仪每千米测量中误差低于±0.5 mm 或±1 mm,可用于国家一、二等水准测量、大型工程建筑物施工及地下建筑测量、建筑物垂直位移(沉陷)监测等。

3. 激光水准仪

由于激光技术的发展,激光水准仪在工程建设中的应用日趋广泛。激光水准仪就是在原来水准仪结构的基础上,安装发射激光光束的发射器,以便提供一条水平光束,从而为在标尺上自动读数提供了可能。它不仅可沿线路测定高差,而且可以迅速扫描以测定一块地的高低起伏(又称面水准),提高了测量速度和效率。

激光水准仪的关键是如何将水准仪和激光发射器结合好。在仪器结构和制造上要考虑到:使激光射线长时间保持水平和稳定,形成可见光束,除了仪器固定平稳外,必须保证激光发射器的谐振器受温度影响要小,保证在不同视线长度时观测精度相同,并能实现激光光束中心探测及自动化的要求。激光水准仪主要包括:

1)用水准器定平的激光水准仪

水准仪上面装配激光发射器的激光水准仪(如瑞士 Wild-3 型激光水准仪)。它的特点是激光光束与望远镜的视准轴重合。发射器所发射的激光束,经光导管两次反射进入望远镜,与视准轴重合后发射出去。

另一种激光水准仪的激光束不与视准轴重合,而是与它相互平行,如德国的 HK1 激光水准仪。

2)自动安平激光水准仪

在自动安平水准仪上加上激光发射器就构成了自动安平激光水准仪。除了有补偿器的激光器水准仪(如蔡司 Ni025 及 Ni007)以外,还有一种瑞士生产的光电水准仪,也属于这一类型。

3)具有旋转激光束的面水准仪

具有旋转激光束的面水准仪的特点是激光光束可以绕仪器的水平面进行扫描,形成一个连续的闪光面。瑞典 AGA 公司的 Geoplan300 面激光水准仪就是这种仪器。仪器配有专用的水准标尺,可以目视读数,也可以根据标尺上装的光电检波器的指示读数。这种仪器测量高差的精度为±2 mm/100 m。工作范围,目视记录可达 100 m,光电记录可达 150 m,仪器及脚架重 8 kg。中国一些仪器厂家,也已开始生产自动激光扫平仪。它能在一定范围内,长时间为建筑工地提供一个统一的水平基准,无须埋设大量的标桩,与普通水准仪相比,效率大为提高,可广泛用于广场、机场、体育场等大面积施工的基础扫平。对大型建筑和高层建筑的施工测量也很方便。

4. 电子水准仪

电子水准仪是在仪器望远镜光路中增加了分光镜和光电探测器(CCD 阵列)等部件,采用条形码分划水准标尺和图像处理电子系统构成光、机、电及信息存储与处理的一体化水准测量系统。电子水准仪又称数字水准仪。与光学水准仪相比,电子水准仪的特点是:①用自动电子读数代替人工读数,不存在读错、记错等问题,没有人为读数误差;②精度高,多条码(等效为多划分)测量,削弱标尺分划误差,多次测量取平均值,削弱外界环境变化的影响;③速度快、效率高,实现自动记录、检核、处理和存储,可实现水准测量外业数据采集到最后成果计算的内外业一体化;④电子水准仪一般是设置有补偿器的自动安平水准仪,当采用普通水准尺时,电子水准仪又可当作普通自动安平水准仪使用。

电子水准仪的关键技术是电子自动读数及数据处理。目前,采用的数据处理方法有相位法、几何法和相关法。徕卡 NA 系列采用相关法读数,拓普康 DL 系列采用相位法读数,蔡司 DiNi 系列采用几何法读数。

1990 年 3 月,世界上第一台精密电子水准仪(NA3003)由徕卡公司研制成功,这是集电子技术、编码技术、图像处理技术、计算机技术于一体的新型水准仪,代表了水准仪的发展方向。目前,世界上有多家公司生产这种水准仪。现在又在 NA3003 的基础上推出了第二代精密电子水准仪 DNA03 和 DNA10。此外还有蔡司公司的 DiNi10、DiNi20;拓普康公司的 DL-101、DL-102 等。

5. 水准标尺

水准标尺是测量高差的标准尺,是水准测量的重要工具。在水准测量中,水准标尺必须与水准仪配套使用。不同种类、不同型号的水准仪所配套使用的水准标尺一般都不一样。

精密水准标尺有一条宽 26 mm、厚 1 mm 的因瓦合金带,安装在木质尺身的沟槽内,一端固定在尺身的底板上,另一端由弹簧引张在尺身顶端的金属构架上。标尺的分划是线条式的,漆在合金带上,分划的标称漆在两侧的木质尺身上,标尺全长约 3.1 m。

标尺的分划间隔有 10 mm 和 5 mm 两种,随所用水准仪测微尺的测微范围而定。分划都漆成左右两排。

在水准标尺的尺身后面两侧都装有扶尺环,供扶尺用。为了将标尺竖立在稳固的基础上,还配有尺台或尺桩。

二、三角高程测量

三角高程测量也是一种相对高程的测量方法。该方法是利用两地面控制点的距离和所观测的垂直角计算两点间的高差,进而计算控制点高程的方法。与几何水准测量相比,具有观测方法简单灵活、不受地形条件限制、传递高程迅速等优点。缺点是推算高程的精度稍低。如果在一定密度水准测量的控制下,用三角高程测量既可保证测定大地控制点的精度,又能克服地形条件的限制,提高了工作效率。

(一)三角高程测量的基本原理

如图 2-11 所示,A、B 为地面上两点,其高程分别为 H_1、H_2,点 A 观测点 B 垂直角为 α_{12},S_0 为两点间的水平距离,i_1 为点 A 仪器高,a_2 为点 B 的目标高,则 A、B 两点间的高差为

$$h_{12}=H_2-H_1=S_0\tan\alpha_{12}+i_1-a_2 \quad (2\text{-}24)$$

如测定的是斜距 d,则高差公式为

$$h_{12}=d\sin\alpha_{12}+i_1-a_2 \quad (2\text{-}25)$$

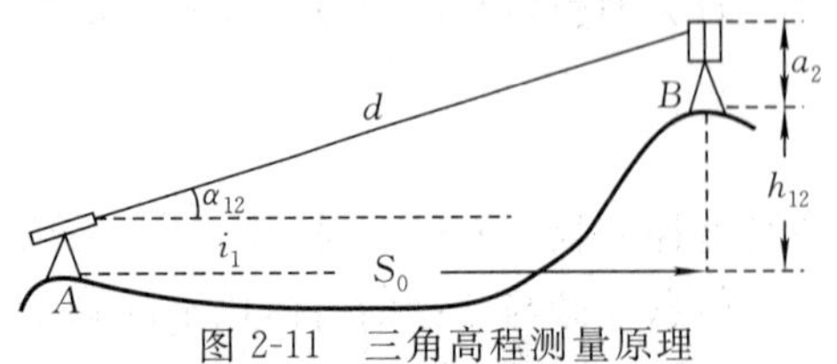

图 2-11 三角高程测量原理

式(2-24)和式(2-25)是三角高程测量测定高差的基本关系式。若点 A 高程已知,就可求得点 B 高程为

$$H_2=H_1+h_{12} \quad (2\text{-}26)$$

(二)电磁波测距高程导线

电磁波测距高程导线也称精密三角高程测量。随着电磁波测距仪的发展,测边和测角的精度有了很大的提高,测边精度达 1/10 万以上,测角精度达 0.5″,为精密三角高程测量

提供了有利的条件。目前三、四等水准测量可完全由测距高程导线替代，国家有关部门已制定了相应的技术标准。在山区和丘陵地区用测距高程导线替代水准测量其经济效益是非常显著的。

测距高程导线的方法有：每点设站法、隔点设站法和单程双测法。每点设站法是在每一测点上安置仪器进行往、返对向三角高程测量。隔点设站法是仪器安放在两标志中间，逐站前进，标志交替设置，测站数应设为偶数，类似于水准测量，但不同的是采用倾斜视线代替水平视线进行测量。单程双测法是在第一种和第二种基础上，每站变换仪器高做两次观测或每站对上、下两个标志做两次观测。以上方法都是用特制的觇板作为照准标志的。如图 2-12 为特制固定在水准标尺上的觇板，觇板上有上、下两个照准标志，在觇板的下面安装了一个用于测量距离的棱镜。

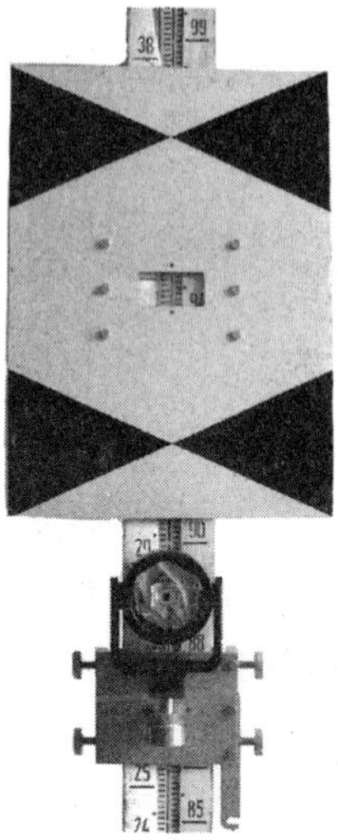

图 2-12　测距高程导线特制觇板

1. *电磁波测距高程导线的基本原理*

每点设站法实际上就是对向三角高程测量，若考虑大气垂直折光影响则相邻测站间观测高差公式为

$$h = S\sin\alpha + \frac{1-k}{2R}(S\cos\alpha)^2 + i - a \tag{2-27}$$

式中，S 为经过各项改正后的斜距，α 为观测垂直角，R 为测区地球平均曲率半径，i 为仪器高，a 为觇板照准标志高，k 为大气垂直折光系数。

相邻测站间对向观测的高差中数取平均作为这两点的高差值。

对于隔点设站法如图 2-13 所示，电子速测仪放置在前后照准觇板中央位置 O，设仪器高为 i，仪器分别测前后觇板上标志的垂直角和斜距为 α_1、S_1 和 α_2、S_2，前后觇板照准标志高设为 a_1 和 a_2，则仪器点 O 到两尺点 1、2 的高差分别为

$$h_{O1} = S_1\sin\alpha_1 + \frac{1-k_1}{2R}(S_1\cos\alpha_1)^2 + i - a_1 \tag{2-28}$$

$$h_{O2} = S_2\sin\alpha_2 + \frac{1-k_2}{2R}(S_2\cos\alpha_2)^2 + i - a_2 \tag{2-29}$$

式中，k_1 和 k_2 分别为仪器到后尺和到前尺的垂直折光系数。则立尺点 1 和点 2 的高差为

$$h_{12} = h_{1O} + h_{O2} = -h_{O1} + h_{O2}$$

由于仪器放置在两立尺点中间位置，则仪器距前后照准方向的垂直折光系数可近似认为相等，可得点 1 和点 2 的高差为

$$h_{12} = S_2\sin\alpha_2 - S_1\sin\alpha_1 + a_1 - a_2 \tag{2-30}$$

若仪器搬到下一站，则 h_{23} 的公式为

$$h_{23} = S_4\sin\alpha_4 - S_3\sin\alpha_3 - a_1 + a_2 \tag{2-31}$$

如果在测段上设置偶数测站且标志高保持不变时，则测段之间的高差为

$$h = \sum S_{前}\ \sin\alpha_{前} - \sum S_{后}\ \sin\alpha_{后} \tag{2-32}$$

$S_{前}$、$\alpha_{前}$ 为所测前标志的斜距和垂直角；$S_{后}$、$\alpha_{后}$ 为后标志斜距和垂直角。若采用的是水平距离 D，则式(2-32)可变为

$$h = \sum D_{前}\ \tan\alpha_{前} - \sum D_{后}\ \tan\alpha_{后} \tag{2-33}$$

式(2-32)和式(2-33)即为隔点设站法高差计算的基本公式。从式中可看出不用量取仪器高,若在观测中采用前后尺交替进行,且保持尺上觇板固定,也无须量取觇板标志高。这样在实际作业过程中,仅测垂直角和距离,加快了高差传递速度。

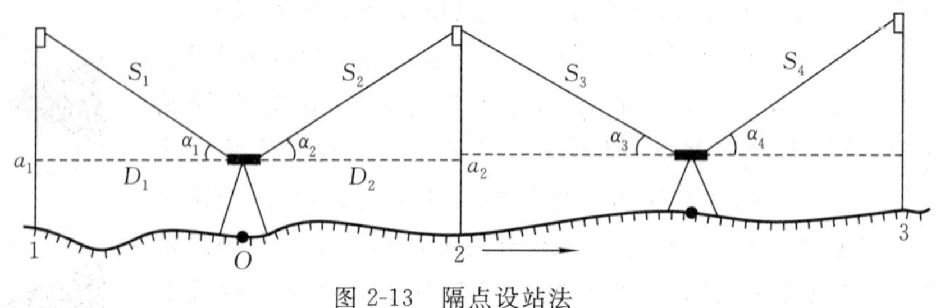

图 2-13 隔点设站法

2. 观测方法及要求

(1)高程导线测量应依据测区地形情况,采用每点设站法或隔点设站法。一般情况下,若跨越较宽的河流、山谷时,适合采用每点设站法。而在一般地形的测区,适合用隔点设站法。

(2)斜距和垂直角应在成像清晰、稳定的条件下观测。

(3)每点设站法的往返测均要独立测量边长,往测时先测边长后测垂直角,返测时先测垂直角后测边长。气象元素与测量边长同时测定。

(4)隔点设站先测测站至后、前砚板的距离,再测垂直角。观测垂直角程序为先照准后觇板上标志测两测回,再旋转经纬仪照准前觇板上标志测四测回,再照准后觇板上标志测两测回。这就完成了对觇板上标志的垂直角观测,观测下标志垂直角的程序与上标志类同。

(5)隔点设站法觇板安置顺序应交替前进,且每条高程导线的测站数为偶数,以消除觇板零点不等差的影响。

(6)距离观测两测回,每测回照准棱镜一次,测距四次。

(7)垂直角按中丝双照准法观测。

(8)每点设站法仪器高和觇板上下标志高在观测前后,用经过检定的尺子各量一次,估读至 0.5 mm,若仪器高难以量取,可用水准仪或解析法量算出。隔点设站观测,不量仪器高,若在作业过程中固定觇板可不量觇板高。

以上是测距高程导线的基本作业方法和要求。测距高程导线的观测、记录和计算是比较复杂的,但可借助电磁波测距仪与计算机连接,用程序控制完成上述工作。

§2-3 空间大地测量

随着空间技术及卫星导航定位技术的迅猛发展,空间大地测量新技术得到了广泛的发展和应用。使得大地测量经历了一场划时代的革命性变革,克服了传统的经典大地测量学的时空局限,进入了以空间大地测量技术为主的现代大地测量的新阶段。空间大地测量技术极大地提高了定位能力和对地观测能力,同时也极大地拓展了大地测量的研究和应用领域,为国民经济建设和社会发展、国家安全以及地球科学和空间科学研究等提供了重要的信息和技术支持。目前,常用的空间大地测量技术主要包括:GNSS(global navigation satellite system)测量、卫星激光测距、甚长基线干涉测量和卫星测高等技术,本节主要介绍这些数据采集技术。

一、GNSS测量

全球导航卫星系统(GNSS)是所有在轨工作的全球导航卫星定位系统的总称。GNSS主要通过采集卫星的数据为用户提供高精度、全天时、全天候的定位、导航和授时服务。目前，GNSS包含美国的全球定位系统(Global Positioning System，GPS)、俄罗斯的格洛纳斯导航卫星系统(Global Navigation Satellite System，GLONASS)、欧盟的伽利略卫星导航系统(Galileo Satellite Navigation System)和中国的北斗卫星导航系统(BeiDou Navigation Satellite System，BDS)。除此之外，GNSS还包括相关的增强系统，如美国的广域增强系统(Wide Area Augmentation System，WAAS)、欧洲的静地导航重叠系统(European Geostationary Navigation Overlay Service，EGNOS)和日本的多功能运输卫星增强系统(Multi-functional Satellite Augmentation System，MSAS)等，还涵盖在建和以后要建设的其他卫星导航系统。国际GNSS系统是个多系统、多层面、多模式的复杂组合系统。在全球各卫星导航系统中，GPS凭借其在导航定位的精度、有效性、可靠性及使用的方便性等方面的绝对优势，在导航定位领域处于霸主的地位。目前，全球导航定位的应用领域中有90%以上的用户使用的是GPS。

(一)GNSS的四大导航定位系统简介

目前全球四大卫星导航系统中GPS和GLONASS正在提供全球导航定位服务，伽利略卫星导航系统已完成试验系统的建设，北斗卫星导航系统已能够提供覆盖亚太地区的区域导航定位服务，正在做全球系统的组网工作。下面简要介绍四大系统的基本情况。

1. GPS

1973年12月，美国国防部批准陆、海、空三军联合研制新的军用卫星全球定位导航系统——navigation by satellite timing and ranging (NAVSTAR) Global Positioning System (GPS)，它是美国的第二代卫星导航系统。

GPS是一项耗资巨大的工程，全部投资约为300亿美元。系统经历了方案论证、工程研制和生产作业3个研制阶段。方案论证阶段，其工作主要集中在对用户设备的测试，即利用安装在地面上的信号发射器代替卫星，通过大量试验，证实GPS接收机在该系统中能获得很高的精度。工程研制阶段，主要是发射GPS试验性卫星，检验GPS全球卫星定位系统的基本性能，为生产作业阶段发射GPS工作卫星做好全面的技术准备。1978年2月22日，第一颗GPS试验卫星的发射成功，标志着工程研制阶段的开始。1989年2月14日，第一颗GPS工作卫星的发射成功，宣告GPS系统进入了生产作业阶段。1994年3月完成了信号覆盖率达到98%的GPS工作星座，1995年7月美国政府宣布GPS具有完全运行能力。在GPS系统研制过程中，GPS卫星也在不断地补充和更新换代中，从第一代的GPS试验卫星BLOCK Ⅰ到第二代的正式工作卫星BLOCK Ⅱ及其改进型BLOCK ⅡA、BLOCK ⅡR和BLOCK ⅡF型及第三代GPS卫星BLOCK Ⅲ等，卫星的结构、性能、参数、功能、信号等也都在不断地优化和改进中。截止到2016年4月，GPS系统实际发射卫星总数为60余颗，GPS在轨卫星32颗，其中31颗提供正常服务，1颗在轨试验。

2. GLONASS

苏联在全面总结CICADA第一代卫星导航优劣的基础上，认真地吸取了美国GPS系统的成功经验，自1982年10月开始，不断发射第二代导航卫星，以便建成自己的第二代卫星导航系统——GLONASS。苏联解体后,该项目由俄罗斯负责建设。1995 年 12 月 14 日,俄罗斯建成了由 24 颗卫星组成的 GLONASS 卫星工作星座。所有的 GLONASS 卫星均采用铯原子钟作为卫星信号的频率基准。

但是,GLONASS 卫星的在轨工作寿命过短。例如,1987 年 4 月至 1988 年 5 月发射的 12 颗 GLONASS 卫星,除去 6 颗发射失败的卫星,其余 6 颗在轨工作的卫星的平均工作寿命仅为 22 个月,而 GPS 卫星工作寿命的最高者达到了 13.5 年。1995 年 12 月建成的 24 颗 GLONASS 卫星工作星座,到 1998 年 6 月,仅有 12 颗卫星能够提供导航定位服务。20 世纪末期的 GLONASS 星座,只有 7 颗卫星能够提供导航定位服务,其他卫星均因种种原因不能提供导航定位服务。例如,2001 年 9 月 3 日,在中国中部地区只能见到 3 颗 GLONASS 卫星,这就大大限制了 GLONASS 的应用。

为了改变 GLONASS 星座工作卫星不足的状况,俄罗斯在 2000 年、2001 年和 2002 年各发射了 3 颗卫星,截至 2002 年年底,GLONASS 星座的在轨工作卫星仅为 11 颗。2008 年 3 月 20 日,在轨正常工作的卫星达到 16 颗。之后,随着 GLONASS 现代化的推进,俄罗斯不断发射新的卫星,直到建成(24+3)颗的新的 GLONASS 工作星座。截至 2016 年 4 月,GLONASS 实际在轨卫星有 30 颗,其中正常运行 25 颗。

3. 伽利略卫星导航系统

伽利略卫星导航系统是欧盟和欧洲航天局(European Space Agency,ESA)共同负责的民用卫星导航服务行动计划,该系统是世界上第一个基于民用的全球卫星导航定位系统。2002 年 3 月 24 日,欧盟首脑会议冲破美国政府的再三干扰,终于批准了建设伽利略卫星导航系统的实施计划。欧盟原计划在 2011 年以前建成伽利略卫星导航系统,从而结束欧洲对美国 GPS 的依赖。然而,欧盟挑选出八家欧洲公司组成的产业联盟,因公司之间的职权斗争妨碍了伽利略卫星导航系统的发展。使得计划一拖再拖。2005 年 12 月和 2008 年 4 月发射了两颗在轨试验卫星 GIOVE-A 和 GIOVE-B,2011 年 10 月首批两颗伽利略试验卫星发射升空。2013 年底和 2014 年初发射了两颗具有完全运行能力的工作卫星,之后开始陆续发射卫星,预计 2018 年前完成伽利略卫星导航系统的卫星组网。

伽利略卫星导航系统的主要特点是多载频、多服务、多用户。它除具有与 GPS 系统相同的全球导航定位功能以外,还具有全球搜寻援救功能。为此,每颗伽利略卫星还装备一种援救收发器,接收来自遇险用户的求援信号,并将它转发给地面援救协调中心,后者组织对遇险用户的援救。与此同时,伽利略卫星导航系统还向遇险用户发送援救安排通报,以便遇险用户等待援救。

4. 北斗卫星导航系统

北斗卫星导航系统是中国正在实施的自主发展、独立运行的全球卫星导航系统,致力于向全球用户提供高质量的定位、导航、授时服务,并能向有更高要求的授权用户提供进一步服务,军用与民用目的兼具。中国为北斗卫星导航系统制定了"三步走"发展规划,1994 年开始发展的试验系统(北斗一号卫星导航系统,简称"北斗一号")为第一步,2004 年开始发展的正式系统(北斗二号卫星导航系统,简称"北斗二号")又分为两个阶段,即第二步与第三步。至 2012 年,此战略的前两步已经完成。根据计划,北斗卫星导航系统将在 2020 年全部完成,届时将实现全球的卫星导航功能。

2000 年,中国自行研制的两颗"北斗导航试验卫星"分别于 2000 年 10 月 31 日和 12 月

21 日在西昌卫星发射中心发射升空，准确进入地球同步轨道(geostationary earth orbit，GEO)，构成了“北斗卫星导航试验系统”(北斗一号)。北斗一号采用主动式定位原理，用户设备既接收来自两颗北斗一号卫星的导航定位信号，又要向卫星转发该信号，进而由地面中心站解算出各个用户的所在点位，并用通信方式告知用户所测得的坐标值。这种主动式定位原理，不仅需要采用高程约束解算出用户位置，而且用户不能自主解算出自己所在点位的坐标值。

北斗二号，是中国的第二代卫星导航系统，英文简称 BDS。“北斗卫星导航系统”一般用来特指北斗二号。此卫星导航系统的发展目标是为全球提供无源定位，与 GPS 相似。在计划中，整个系统将由 35 颗卫星组成，其中 5 颗是静止轨道卫星，与使用 GEO 卫星的“北斗一号”兼容。

(二)GNSS 系统的组成部分

GNSS 系统由三大部分构成：GNSS 卫星星座(空间部分)、地面监控系统(控制部分)和 GNSS 信号接收机(用户部分)。整个系统的工作原理可简单描述如下：首先，空间星座部分的各颗卫星向地面发射信号；其次，地面监控部分通过接收、测量各个卫星信号，进而确定卫星的轨道，并将卫星的轨道信息发送给卫星，让卫星在其发射的信号上传播这些卫星轨道信息；最后，用户设备部分通过接收、测量各颗可见卫星的信号，并从信号中获取卫星的运行轨道信息，进而确定用户接收机自身的空间位置。

虽然以上只是对 GNSS 工作原理的简单概括，但它清楚地表明了 GNSS 的三个组成部分之间的信号传递关系。特别要注意的是，空间卫星星座部分与用户设备部分有联系，但这个联系是单向的，信号、信息只从空间星座部分向用户设备部分传递。

下面简要介绍 GNSS 各组成部分及功能，从中可以进一步认识 GNSS 整个系统的工作机制及其实现定位的基本原理。

1. GPS 系统的组成

1)卫星星座部分

GPS 星座，是用 GPS 卫星信号进行导航定位的核心。它的建设，不仅要选用适宜的卫星轨道，而且要给 GPS 卫星装配性能优良的星载设备。美国科学家经过近 20 年的研究试验和开发，于 1994 年 3 月全面建成了 GPS 卫星工作星座。

GPS 的设计星座由 21 颗工作卫星和 3 颗备用卫星构成。24 颗卫星分布在 6 个轨道上，每个轨道上不均匀地分布着 4 颗卫星，如图 2-14 所示。各轨道面相对于赤道面的倾角均为 55°，各个轨道平面间相距 60°，即它们的升交点赤经相差 60°。在每一个轨道平面内各颗卫星之间的升交点角距相差 90°，任意轨道平面上的卫星比西边相邻轨道平面上的相应卫星超前 30°。GPS 卫星属于地球中轨卫星，卫星轨道的平均高度约为 20 200 km，运行轨道是一个接近正圆的椭圆，运行周期为 11 h 58 min。

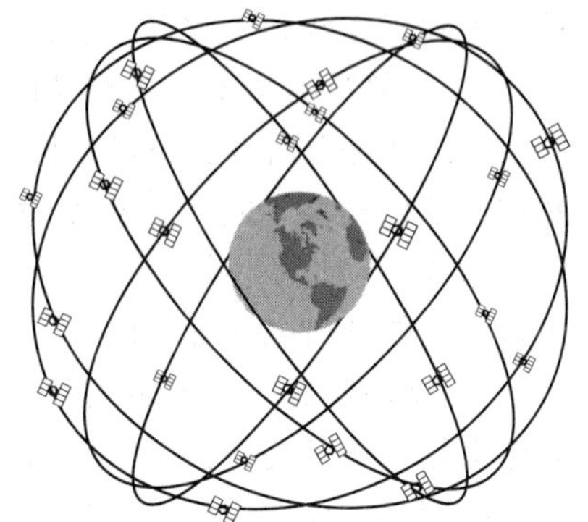

图 2-14　GPS 卫星星座

GPS 卫星的硬件主要包括无线电收发装置、原子钟、计算机、太阳能电池板和推进系统。卫星信号中包含着信号发射时间的精确信息，这是用户设备用来准确测量其本身到卫星距离的一个必要条件。鉴于此，每颗二代 GPS 卫星配置有四台原子钟，包括两台铷(Rb)原子钟和两台铯(Cs)原子钟，而每颗三代卫星则配置有三台铷原子钟。高精度的原子钟是卫星的核心设备,它不但为卫星发射信号提供了基准频率,而且为确定整个 GPS 系统的时间标准提供了依据。

GPS 卫星的基本功能可总结如下:接收从地面监控部分发射的卫星位置等信息,执行从地面监控部分发射的控制指令,进行部分必要的数据处理,向地面发送导航信息,以及通过推进器调整自身的运行姿态。

2)地面监控部分

GPS 的地面监控系统包括一个主控站、三个注入站和五个监控站。主控站位于美国本土科罗拉多州 (Colorado)的联合空间执行中心(Consolidated Space Operation Center, CSOC)。三个注入站分别设在大西洋、印度洋和太平洋的三个美国军事基地上,即大西洋的阿森松岛(Ascension Island)、印度洋的迪戈加西亚(Diego Garcia)和太平洋的夸贾林(Kwajalein) 。五个监测站除了位于主控站和三个注入站的四个站以外,还有一个独立的监测站设立在夏威夷,这五个监测站也称为空军跟踪站。此外,还有美国国家图像制图局 NIMA 的七个跟踪站。

监测站是在主控站控制之下的一个数据自动采集中心,其主要装置包括双频 GPS 接收机、高精度原子钟、计算机等各一台和环境数据传感器若干。监测站的主要任务是通过接收机对 GPS 卫星进行连续观测和数据采集,同时通过环境传感器采集有关当地的气象数据。监测站将所有的测量数据略做处理后再传送给主控站。

注入站的主要设备包括一台直径为 3.6 米的天线、一台 S 波段发射机和一台计算机。它的主要任务是在主控站的控制下将主控站发送来的卫星导航电文和控制命令等转发给各相应卫星以确保传输信息的准确性。

主控站是地面监控部分,相当于整个 GPS 的核心。它负责协调和控制地面监控部分工作,接收、处理所有监测站传来的数据。拥有以大型电子计算机为主体的数据收集、计算、传输、诊断等设备。

地面监控系统的主要功能如下。

(1)监测 GPS 信号。各个监测站对飞越其上空的所有 GPS 卫星,进行伪距等项测量,并将其测量值发向主控站。

(2)收集数据。主控站收集各个监测站所测得的伪距和积分多普勒观测值、气象要素、卫星时钟和工作状态的数据、监测站自身的状态数据以及海军水面兵器中心发来的参考星历。

(3)编算导航电文。主控站除了控制和协调各个监测站和注入站的工作以外,主要是根据所收集的数据及时计算每颗 GPS 卫星的星历、时钟改正、状态数据以及信号的大气传播改正,并按一定格式编制成导航电文,传送到注入站。

(4)注入电文。对飞越注入站上空的 GPS 卫星,注入站用 S 波段的注入信号(10 cm),依序将它们的导航电文分别注入各自的 GPS 卫星。

(5)诊断状态。主控站还肩负监测整个地面监控系统是否工作正常,检验注入给卫星的导航电文是否正确,监测卫星是否将导航电文发送给了用户。

(6)调度卫星。当某一颗 GPS 卫星离分配给它的轨道位置太远时,主控站能够对它进行轨道改正,将它“拉回来”,而且还能进行卫星调度,让备用卫星取代失效的工作卫星。

3)用户设备

用户设备即 GPS 接收机,它主要由接收机硬件、数据处理软件、微处理机和终端设备组成,其中接收机硬件一般又包括主机、天线和电源。用户设备的主要任务是跟踪可见 GPS 卫星，对接收到的卫星无线电信号经过数据处理后获得定位所需的测量值和导航信息，最后完成对用户的定位、导航任务。

2. GLONASS 系统的组成

1)空间部分

GLONASS 系统由苏联于 1976 年开始研究规划，于 1995 年底建成并正式投入使用，由俄罗斯国防部控制。GLONASS 系统的空间星座部分包含(23＋1)颗工作卫星，1 颗备用部分。卫星分布在 3 个等间隔的椭圆轨道面内，每个轨道面上分布有 8 颗卫星，同一轨道面上的卫星间隔 45°。卫星轨道面相对地球赤道面的倾角为 64.8°，轨道偏心率为 0.001，每个轨道平面的升交点赤经相差 120°。卫星平均高度为 19 100 km，运行周期为 11 h 15 min。由于 GLONASS 卫星的轨道倾角大于 GPS 卫星的轨道倾角，所以在高纬度(50°以上)地区的可见性较好。在星座完整的情况下，在全球任何地方、任意时刻最少可以观测 5 颗卫星。GLONASS 星座如图 2-15 所示。GLONASS 提供两种类型的导航服务：标准精度服务(CSA)和高精度服务(CHA)。CSA 类似于 GPS 的标准定位服务(standard positioning service，SPS)，主要用于民用。CHA 类似于 GPS 的精密定位服务(precise positioning service，PPS)，主要用于特许用户。GLONASS 的导航精度要比 GPS 的导航精度低。

图 2-15　GLONASS 卫星星座

GLONASS 在 1996 年初正式投入运行，但由于 GLONASS 卫星寿命较短，原来在轨卫星陆续退役，之后由于经济困难无力补网，使得 GLONASS 在很长一段时间都无法维持系统的正常工作。1998 年 2 月只有 12 颗卫星正常工作，2000 年时仅有 6 颗卫星工作。随着全球定位系统重要性日益提高，俄罗斯也提出了 GLONASS 的现代化改造，着手健全和发展 GLONASS 系统。目前已研制并发射了多颗改进型的 GLONASS-M 卫星，增加了第二民用频率，卫星寿命可达到 7 年；新研制的第三代 GLONASS-K 卫星，将增加用于生命安全的第三民用频率。2016 年 2 月 7 日一颗 GLONASS-M 卫星从普列谢茨克成功发射。截止到 2016 年 4 月，GLONASS 在轨卫星数量达到 30 颗。

2)地面监控部分

由于俄罗斯不像美国一样拥有全球范围内的跟踪和监测网，所以 GLONASS 的卫星监控站只能在其国土范围内进行监控。另一方面，GLONASS 系统还需要提供全球范围内精度均匀的导航能力。为了解决这两者之间的矛盾，GLONASS 卫星的星座设计中，使卫星在一个恒星日绕地球运行 2.125 周，如果某一轨道面上 A 位置的卫星在某天的某一时刻穿过赤道面，则相邻位置($A-45°$)的卫星将在第二个恒星日的同一时刻穿过赤道。每一个恒星日，地球自转 360°，所以在一个固定的观测站的同一个方位、同一高度上，每天可以观测一个轨道面的一颗卫星通过。这样的设计使一个区域性的地面监控部分完全可以监测和控制所有卫星，从而实现对整个系统的控制和维护。

GLONASS 的地面系统，由位于莫斯科的卫星控制中心，以及分布在俄罗斯全境内的指令跟踪站和量子光学跟踪站组成。指令跟踪站为 St. PeterBurg、Ternop-ol、Eniseisk、

Komsomolskna-Amure 四个。每个指令跟踪站内都有高精度时钟和激光测距装置，其主要功能是跟踪观测 GLONASS 卫星，进行测距数据采集和监测。系统控制中心的主要功能是收集和处理指令跟踪站采集的数据。最后由指令跟踪站将 GLONASS 卫星状态、轨道参数和其他导航信息上传至卫星。

3)用户设备

与 GPS 接收机类似，GLONASS 接收机的功能同样是接收卫星发出的信号，测量伪距、对导航电文进行处理等。接收机的微处理器对所有输入的数据进行处理后，推算出位置、速度、时间等信息。

GLONASS 系统工作基于单向伪码测距原理，与 GPS 信号的分割体制不同。GLONASS 使用频分多址(frequency division multiple access，FDMA)扩频体制区分不同的卫星，即不同 GLONASS 卫星发射频率不同的信号，但所有卫星信号上调制的伪随机码都相同；而 GPS 采用码分多址(code division multiple access, CDMA)方式，所有卫星都使用相同的频率，而在载波上调制的伪随机码随卫星不同而不同。由于 GLONASS 系统的信号接收技术比较复杂，增大了接收机开发的难度，因此与 GPS 系统相比，生产 GLONASS 接收机的厂家较少，相应的市场占有率较小，从而影响了 GLONASS 的广泛应用。

1989 年前，由于苏联没有对外公布生产 GLONASS 接收机的参数，所以生产厂家极少，且生产的接收机为专用型。这期间生产的 GLONASS 接收机一般称为第一代接收机。它的主要特点是接收通道少(1～4 通道)、体积大、质量大。1990 年后，俄罗斯采取了较为积极的政策，公布了 GLONASS 接口控制文档后，出现了较多的生产厂家，此时生产的接收机称为第二代接收机。它的特点是通道数多(6～12 通道)、体积和质量减小，并且出现了 GPS/GLONASS 兼容型接收机。

3. *伽利略卫星导航系统的组成*

1)空间部分

伽利略卫星导航系统星座由均匀分布在 3 个轨道上 30 颗中高度轨道卫星构成，其中每个轨道面上有 10 颗卫星，9 颗为正常使用卫星，1 颗为备用卫星。卫星的轨道高度为 23 222 km，轨道倾角为 56°，卫星运行周期约为 14 h。卫星设计寿命为 20 年，将携带导航用有效载荷，以及搜救用收发异频通信设备。卫星载荷中将包括多项当代最先进、最精密的仪器，例如高性能原子钟，代表目前世界最高性能的天线等。伽利略卫星导航系统将提供五种服务，包括公开服务、商业服务、生命安全服务、公共特许服务以及搜寻救援服务，不同类型的数据是在不同的频带上发射的。伽利略卫星导航系统星座如图 2-16 所示。

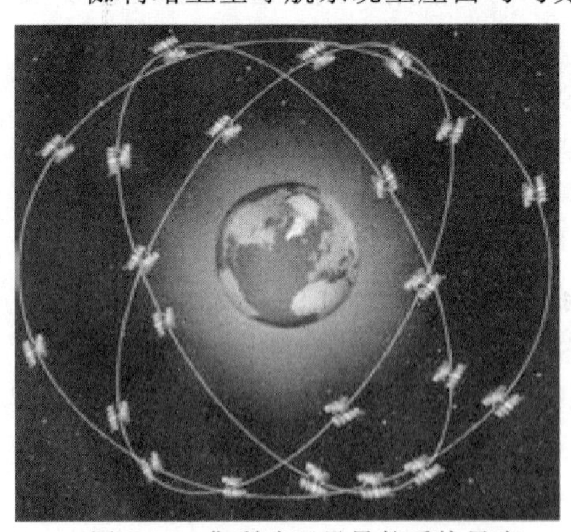

图 2-16 伽利略卫星导航系统星座

2)地面监控部分

伽利略卫星导航系统的地面段是连接空间星座部分和用户部分的桥梁，它的主要任务是承担卫星的导航控制和星座管理，为用户提供系统完好性数据的监测结果，保障用户安全、可靠地使用伽利略卫星导航系统提供的全部服务。主要地面部分的基础设施包括：

(1)主控中心。主控中心共有两个,均位于欧洲,主要功能是卫星星座控制、卫星原子钟同步、所有内部和外部数据完好性信号的处理和分发,两个主控中心既相互独立又互为备份,以应对突发情况的影响。

(2)传感器监测站。全球共分布29个传感器监测站,它们通过接收卫星信号和进行被动式测距以进行定轨、时间同步和完备性监测,同时对系统所提供的服务进行监管。

(3)上行站。全球共有10个上行站,每个站最多备有4个C波段的蝶形天线,以实现完备性数据的实时分发。其主要功能是通过C波段上行注入更新的导航数据、完备性数据、搜索和救援信号,以及其他与导航有关的信号。

(4)遥测、跟踪和指令站。负责控制伽利略卫星和星座,共有5个分布于全球。

(5)全球网络。由天基和陆基的专用线路或租用线路组成一个全球互联的高性能通信网络,实现地面基础设施间的通信。

(6)其他地面管理和支持设施。包括管理中心、服务中心、外部区域完好性系统等设施,其主要工作是:管理星座、计划卫星补网发射、针对伽利略卫星导航系统的改进、向地面站提供安全保障、评估系统服务性能、检查系统操作运行中的异常、工作人员培训、仿真与试验、提供面向通用协调时的界面、提供地球方位的参数、提供太阳系主要行星星历表、验证系统改进等。

3)用户部分

伽利略卫星导航系统用户部分主要由导航定位模块和通信模块组成,包括用于飞机、船舰、车辆等载体的各种用户接收机。由于伽利略卫星导航系统尚未建成,目前市场上还没有商品化的用户设备。伽利略卫星导航系统计划中专门安排了"用户部分设计和性能"的研究工作,其内容包括一系列标准:坐标系统和时间系统标准;多星座组合导航坐标框架及时间系统标准格式;空间信号接口标准;接收机导航定位输出格式;差分信号格式。根据以上标准,伽利略卫星导航系统的用户设备正在研制中。

从伽利略卫星导航系统提供的多种应用与服务的模式来考虑,其用户接收机的设计和研制分为高、中、低三个档次。低档接收机一般只接收伽利略卫星导航系统的免费单频信号;中档接收机可接收双频商业服务信号;高档接收机计划可兼容Galileo/GPS/GLONASS系统的信号,从而获得更高的定位精度、保障导航和定位信息的安全性、完好性和连续性。

4. 北斗一号系统的组成

1)空间卫星星座部分

空间卫星部分由3颗对地静止轨道卫星组成(位于东经80°和140°的2颗工作卫星,位于东经110.5°的1颗备用卫星),主要任务是执行地面中心站与用户设备之间的双向无线电信号中继业务。每颗卫星上的主要载荷是变频转发器,以及覆盖定位通信区域的全球波束或区域波束天线。保证系统正常工作需要两颗卫星,第三颗卫星为备份星,增加系统可靠性。两颗工作卫星升交点赤经相隔60°作用最好,这使得系统有良好的几何精度因子又使系统有较大的覆盖范围。

2)地面监控系统部分

地面监控系统部分由主控站和计算中心(二者合在一起称为地面中心站,它配有数字化地形图)、测轨站、气压测高站、校准站等组成(全国分布有20多个测轨及标校站)。地面中心站连续产生和发射无线电测距信号,接收并快速捕获用户设备转发来的响应信号,完成全部用户定位数据的处理工作和通信数据的交换工作,把地面中心站计算得到的用户位置和经过交换的通信内容分别送给用户设备。

3)用户设备部分

北斗一号用户设备是具有全向收发天线的接收发送设备。其基本功能:一是接收地面中心站通过卫星转发的信号,从中提取信息并对其进行必要测量;二是将测量信息或通信信息按一定的时间要求通过卫星发往地面中心站。

5. 北斗二号卫星导航系统的组成

1)卫星星座部分

北斗二号卫星导航系统的空间部分计划由 35 颗卫星组成,包括 5 颗静止轨道卫星,27 颗中圆地球轨道卫星及 3 颗倾斜同步轨道卫星。5 颗静止轨道卫星定点位置分别为东经 58.75°,80°,110.5°,140°和 160°,中圆地球轨道卫星运行在 3 个轨道面上,轨道面之间为相隔 120°均匀分布。

至 2012 年底北斗亚太区域导航正式开通时,已为正式系统发射了 16 颗卫星,其中 14 颗组网并提供服务。这 14 颗卫星分别为 5 颗静止轨道卫星、5 颗倾斜地球同步轨道卫星、4 颗中圆地球轨道卫星(均在倾角 55°的轨道面上)。北斗二号导航卫星星座和卫星组成如图 2-17 所示。

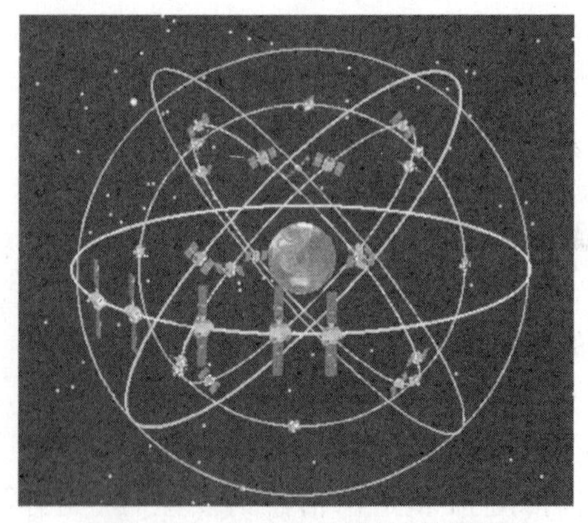

图 2-17 北斗二号导航卫星星座

2)地面监控部分

系统的地面段由主控站、注入站和监测站组成。

(1)主控站用于系统运行管理与控制等。主控站从监测站接收数据并进行处理,生成卫星导航电文和差分完好性信息,而后交由注入站执行信息发送。

(2)注入站用于向卫星发送信号,对卫星进行控制管理,在接受主控站的调度后,将卫星导航电文和差分完好性信息发送给卫星。

(3)监测站用于接收卫星的信号,并发送给主控站,可实现对卫星的监测,以确定卫星轨道,并为时间同步提供观测资料。

3)用户设备部分

用户段即用户的终端,既可以是专用于北斗卫星导航系统的信号接收机,也可以是同时兼容其他卫星导航系统的接收机。接收机需要捕获并跟踪卫星信号,根据数据按一定的方式进行定位计算,最终得到用户的经纬度、高度、速度、时间等信息。

(三)GNSS 的现代化

近年来,随着人们对导航服务的需求不断增加,以及无线电定位技术的不断发展,学界越发感受到了当前 GNSS 存在的不足之处以及升级空间。于是,GNSS 现代化进程越发受到各国重视。首先是美国的 GPS,美国为保持其在导航领域的霸主地位,不惜重资对 GPS 进行升级。同时,俄罗斯也在力所能及的范围内大力加强 GLONASS 的建设与改进,一方面补齐因苏联解体而导致的 GLONASS 缺失,另一方面将系统从频分多址形式改进为与 GPS 一样的码分多址形式。欧洲的伽利略卫星导航定位系统由于出现较晚,且欧洲的技术实力较强,其设强，其设计之初就对现有的 GNSS 提出了很多改进之处，故其本身就是 GNSS 现代化过程中的一部分。

1. GPS 的现代化

GPS 现代化的核心是 Block Ⅲ型卫星的设计与实现。其现代化主要时间节点及标志性事件如下：

(1)2009 年 3 月 24 日成功发射 Block Ⅱ R-20(M)卫星，该卫星于 4 月 10 日开始发播 L5 信号，标志着 GPS 现代化第一阶段的完成。L5 信号更快的码速率能够有效改善相关函数特性，进一步降低多路径和观测噪声，进而有利于提高信号获取能力。

(2)2010 年 5 月 28 日成功发射新一代 Block Ⅱ F 卫星，标志着 GPS 现代化建设全面启动。Block Ⅱ F 卫星在 Block Ⅱ R 增发 L5 频率信号基础上，增强了 M 码的发射功率。2016 年 2 月 5 日，美国成功发射第 12 颗 Block ⅡF 卫星。至此，12 颗 Block ⅡF 卫星全部部署完成。截止到 2016 年 4 月，在轨工作卫星为 32 颗。

(3)GPS 现代化最高阶段即发射 BlockⅢ卫星，计划用 20 年左右时间，发射由中圆轨道卫星和地球静止轨道卫星相结合共计 33 颗卫星的新型 GPS 混合星座。新型卫星在 Block Ⅱ F 基础上进一步增大了抗干扰能力，是现有能力的 1 000 倍以上，授时精度 1 ns，定位精度 0. 2～0. 5 m。届时 GPS 可能继续保持其在 GNSS 中的领先地位。与 GPS 空间部分匹配的地面控制部分现代化也同步启动。美国计划于 2016 年 9 月具备 Block Ⅲ卫星的初始发射条件。然而，由于新一代“运行控制系统”(operational control system，OCX)的拖延，GPS 运行控制系统在 2018 年前才能具备支持 Block Ⅲ卫星运行的能力，也就是说，即使首颗 Block Ⅲ卫星能够在 2016 年或 2017 年发射，也不能投入正常运行。因此，Block Ⅲ卫星与 OCX 的拖延已经对 GPS 系统持续、稳定的运行构成了潜在威胁。

2. GLONASS 的现代化

2003 年 10 月 12 日，第一颗 GLONASS-M 卫星入轨运行，并于 2004 年 12 月 9 日开始向广大用户发送导航定位信号，这标志着 GLONASS 现代化迈出了坚实的第一步。目前已建成由 24 颗卫星构成的 GLONASS 星座。GLONASS 现代化的主要内容是：

(1)2003 年开始发射 GLONASS-M Ⅰ 卫星和 GLONASS-M Ⅱ 卫星。它们的设计工作寿命分别为 5 年和 7 年；它们的在轨质量分别为 1 480 kg 和 2 000 kg；且在 GLONASS-M Ⅱ 卫星上增设第二个民用导航定位信号。

(2)2009 年开始研发第三代 GLONASS 导航卫星，称之为 GLONASS-K 卫星。该新型卫星上增设第三个导航定位信号；并将 GLONASS-K 卫星的设计工作寿命延长为 10 年。该种卫星是一颗基于非加压平台建造的全新小型卫星，较之以前所有的 GLONASS 卫星更加轻便，所以发射成本也较低廉。GLONASS-K 卫星增设的第三个导航定位信号的载频为 1 201. 74～1 208. 51 MHz。2010 年重新建成由 GLONASS-M 卫星和 GLONASS-K 卫星构成的 24 颗卫星工作星座。

(3) 2015 年开始发射新型的 GLONASS-KM 卫星，增强系统的整体功能，扩大 GLONASS 的应用领域，提高 GLONASS 与 GPS 的竞争能力。

随着 GLONASS 现代化建设的启动，GLONASS 在加紧补网的同时，也开始向码分多址技术转变，并已实现了 GPS/GLONASS 在 L_1 频点上的兼容与互操作。随着 2014 年下半年，俄罗斯与中国关于 GLONASS 与 BDS 相互在对方境内增建系统地面跟踪控制站官方协议的签订,俄罗斯将在中国的长春和乌鲁木齐设站,这将使得 GLONASS 迈出了在全球范围内布设跟踪与监测卫星的实质性一步。

(四)GNSS 定位原理

在测量学中,常常用距离交会方法确定点位的位置,即前方交会法和后方交会法。与其相似,GNSS 的定位原理就是利用空间分布的卫星以及卫星与地面点的距离交会得出地面点位置。简言之,GNSS 定位原理是一种空间距离的后方交会原理。

就无线电导航定位来说,设想在地面上有三个无线电信号发射台,其坐标为已知,用户接收机在某一时刻采用无线电测距的方法分别测得了接收机三个发射台的距离 d_1、d_2、d_3。只需以三个发射台为球心,以 d_1、d_2、d_3 为半径做出三个定位球面,即可交会出用户接收机的空间位置,也称为三球交会法。如果只有两个无线电发射台,则可根据用户接收机的概略位置交会出接收机的平面位置。这种无线电导航定位方法是迄今为止仍在飞机、轮船上使用的一种导航定位方法。

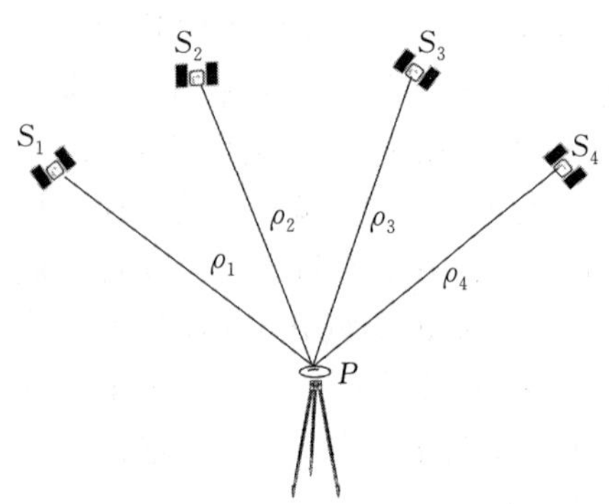

图 2-18 GNSS 定位基本原理

将无线电信号发射台从地面点搬到卫星上,应用三球交会的原理,就可以由三个以上地面已知点(控制站)交会出卫星的位置,反之利用三颗以上卫星的已知空间位置又可交会出地面未知点(用户接收机)的位置,这就是 GNSS 卫星定位基本原理。

GNSS 卫星向用户不断地发射测距信号和导航电文,导航电文中含有卫星的位置信息。理论上,用户接收机在某一时刻同时接收三颗以上的 GNSS 卫星信号,测出测站点(接收机天线中心)P 至卫星的距离,并已知该时刻 GNSS 卫星的空间坐标,据此利用距离交会法解算出测站 P 的坐标。如图 2-18 所示,假设此时接收机只接收到三颗卫星的信号,设时刻 t_i 在测站点 P 用 GNSS 接收机同时测得 P 点至三颗 GNSS 卫星 S_1、S_2、S_3 的距离 ρ_1、ρ_2、ρ_3,通过 GNSS 卫星向用户发送的星历信号解算出三颗卫星的三维坐标(X^j, Y^j, Z^j),$j=1,2,3$,用距离交会的方法求解 P 点的三维坐标(X,Y,Z)的观测方程为

$$\left.\begin{aligned}\rho_1&=\sqrt{(X-X^1)^2+(Y-Y^1)^2+(Z-Z^1)^2}\\\rho_2&=\sqrt{(X-X^2)^2+(Y-Y^2)^2+(Z-Z^2)^2}\\\rho_3&=\sqrt{(X-X^3)^2+(Y-Y^3)^2+(Z-Z^3)^2}\end{aligned}\right\}\tag{2-34}$$

根据式(2-34),就可以解算出接收机 P 的坐标。

以上是理想情况下的定位原理。实际情况与理想情况是有一定差别的。例如,对于 GPS、GLONASS、伽利略卫星导航系统及 BDS,测距为单程测距模式。需要分别使用卫星钟和接收机钟来记录信号的发送和接收时刻,为了精确测距就涉及卫星钟与接收机钟的同步问题。卫星钟的钟差是可以通过地面控制系统对卫星监测、跟踪并计算得到,而接收机钟差是未知的,因而在观测方程中又增加了一个未知数。因此,在一般情况下,GNSS 的定位至少需要同时观测 4 颗卫星才可以定位,如图 2-18 所示。此时的观测方程为

$$\left.\begin{aligned}\rho_1&=\sqrt{(X-X^1)^2+(Y-Y^1)^2+(Z-Z^1)^2}+c(\delta t_i-\delta t^j)\\\rho_2&=\sqrt{(X-X^2)^2+(Y-Y^2)^2+(Z-Z^2)^2}+c(\delta t_i-\delta t^j)\\\rho_3&=\sqrt{(X-X^3)^2+(Y-Y^3)^2+(Z-Z^3)^2}+c(\delta t_i-\delta t^j)\\\rho_4&=\sqrt{(X-X^4)^2+(Y-Y^4)^2+(Z-Z^4)^2}+c(\delta t_i-\delta t^j)\end{aligned}\right\}\tag{2-35}$$

式中，c 为光速，δt_i 为接收机钟差，δt^j 为卫星钟钟差。

对于北斗一号系统，测距是双程测距模式，信号的发送和接收都是以地面控制中心的钟为准的，不涉及站星间的时间同步问题。而实际上该系统只有两颗工作卫星，其定位原理则是测站至两卫星间的距离和测站所在的高程交会出来的位置。可形象地看成是两球加地球交会的结果。

通过以上分析可知，GNSS 定位中，要解决的问题是两个：一是观测瞬间 GNSS 卫星的位置。GNSS 卫星发射的导航电文中含有 GNSS 的卫星星历，通过卫星星历可以实时确定卫星的位置信息。二是观测时刻测站至 GNSS 卫星之间的距离。站、星之间的距离是通过测定 GNSS 卫星信号在卫星和测站点之间的传播时间延迟来确定的。距离测量主要采用两种方法：一种是 GNSS 卫星发射的测距码信号到达用户接收机的传播时间，即伪距测量；另一种是测量具有载波多普勒频移的 GNSS 卫星载波信号与接收机产生的参考载波信号之间的相位差，即载波相位测量。因此 GNSS 在实际定位中又有多种不同的定位方法。此外，不同的导航定位系统，其测距方法不尽相同，例如 GPS 以码分多址的方式测距，GLONASS 以频分多址的方式测距，因此具体的定位原理也有差别。

(五)GNSS 定位方法

GNSS 定位的方法是多种多样的，用户可以根据不同的用途采用不同的定位方法。在大地测量中，主要应用的是 GPS 技术，其他的 GNSS 系统由于某些原因还未大范围地应用到大地测量的数据采集作业中。这里主要介绍 GPS 的定位方法。其他的系统与 GPS 相似。

1. GPS 卫星的信号

GPS 卫星发射三种民用频率的载波信号，即频率为 1 575.42 MHz 的 L_1 载波、频率为 1 227.60 MHz 的 L_2 载波、频率为 1 176.45 MHz 的 L_5 载波，它们的波长分别为 19.03 cm、24.42 cm 和 25.48 cm。在 L_1、L_2 和 L_5 上又分别调制着多种信号，这些信号主要有 C/A 码 、P 码、D 码等。

C/A 码又被称为粗捕获测距码，是 1.023 MHz 的伪随机噪声码(PRN 码)，其码长为 1 023 位(周期为 1 ms)。由于每颗卫星的 C/A 码都不一样，因此，我们经常用它们的 PRN 号来区分。

P 码为精密测距码，是 10.23 MHz 的伪随机噪声码。

D 码为导航电文，每秒 50 bit，载有卫星位置、状态信息等。

2. GPS 定位服务

GPS 定位服务包括精密定位服务(PPS)和标准定位服务(SPS)。

(1)PPS：授权的精密定位系统用户需要密码设备和特殊的接收机，包括美国军队、某些政府机构以及批准的民用用户。PPS 的定位精度为 15～7 m，时间精度为 100 ns。

(2)SPS：对于普通民用用户，美国政府对于定位精度实施控制，仅提供 SPS 服务。SPS 服务可供全世界用户免费、无限制地使用。美国国防部通过所谓的选择可用性(SA)方法有意将 SPS

的精度降低至 100 m。SA 已于 2000 年取消。SPS 的定位精度为 10 m,时间精度为 340 ns。

3. GPS 定位方法的分类

1)根据定位所采用的观测值划分

(1)伪距定位。伪距定位所采用的观测值为 GPS 伪距观测值,所采用的伪距观测值既可以是 C/A 码伪距,也可以是 P 码伪距。伪距定位的优点是数据处理简单,对定位条件的要求低,不存在整周模糊度的问题,可以非常容易地实现实时定位;其缺点是观测值精度低,C/A 码伪距观测值的精度一般为 3 m,而 P 码伪距观测值的精度一般也在 30 cm 左右,从而导致定位成果精度低。

(2)载波相位定位。载波相位定位所采用的观测值为 GPS 的载波相位观测值,即 L_1、L_2 载波或它们的某种线性组合。载波相位定位的优点是观测值的精度高,一般优于 2 mm;其缺点是数据处理过程复杂,存在整周模糊度的问题。

2)根据定位的模式划分

(1)绝对定位。绝对定位又称为单点定位,这是一种采用一台接收机进行定位的模式,它所确定的是接收机天线的绝对坐标。这种定位模式的特点是作业方式简单,可以单机作业。绝对定位一般用于导航和精度要求不高的应用中。

(2)相对定位。采用两台或两台以上的接收机,同时对一组相同的卫星进行观测,以确定接收机天线间的相互位置关系。

3)根据获取定位结果的时间划分

(1)实时定位。实时定位是根据接收机观测到的数据,实时地解算出接收机天线所在的位置。

(2)非实时定位。非实时定位又称后处理定位,它是通过对接收机接收到的数据进行后处理获得接收机天线所在位置的方法。

4)根据定位时接收机的运动状态划分

(1)动态定位。所谓动态定位,就是在 GPS 定位时,接收机的天线在整个数据采集过程中的位置是变化的。也就是说,在数据处理时,将接收机天线的位置作为一个随时间的改变而改变的量。

(2)静态定位。所谓静态定位,就是在 GPS 定位时,接收机的天线在整个数据采集过程中的位置是保持不变的。即在数据处理时,将接收机天线的位置作为一个不随时间的改变而改变的量。静态定位一般用于高精度的测量定位,其具体观测模式是由多台接收机在不同的测站上进行静止同步观测,时间有几分钟、几小时甚至数十小时不等。

(六)GPS 接收机

1. 导航接收机

GPS 伪距导航是 GPS 最基本的服务方式。GPS 导航以距离作为观测量,利用观测到 4 颗以上卫星的距离(即包含有误差的伪距观测量),计算出接收机相对于卫星的位置。导航型(区别于测量型)GPS 接收机通常只是利用 C/A 码或 P 码进行伪距和多普勒测量,它接收导航电文并能实时求得位置和速度。除美国军方及特许用户外,一般只能使用 C/A 码,这类接收机可用于军事和民用导航,可提供中等精度的定位和较高精度的时间传递,是目前应用最广的接收机。

GPS 导航接收机的产品种类很多,功能和操作也有不同,但其基本功能相差不多,基本工作过程也类似。一般的导航接收机的基本工作过程是：

(1)接通电源。

(2)等待搜索卫星。接收机自动寻找天上可观测的卫星，完成锁定。这要等待一段时间，不同接收机的等待时间不同，大约几秒钟到几分钟。

(3)显示定位结果。接收机锁定4颗(或4颗以上)卫星即开始定位并显示。一般将显示位置和速度，它们是经度、纬度、高程，向北速度、向东速度和向上速度。接收机按选定的数据更新率，不断更新定位、定速结果。

2. 相位测量接收机

由于载波的波长远小于测距码的波长，所以在分辨率相同的情况下，载波相位的观测精度远较码相位的观测精度为高。例如，对载波 L_1 而言，其波长为 19 cm，所以相应的距离观测误差约为 2 mm；而对载波 L_2 的相应误差约为 2.5 mm。载波相位观测是目前精度最高的观测方法。近年来已有不少公司生产出不同型号的 GPS 相位测量接收机。美国 Litton Aero Service 公司生产的 MacrometerV-1000 是一种单频(L_1)相位测量接收机，这是最早推出的商用相位测量接收机。近年来 GPS 接收机的发展趋势是向小型化、高精度和高稳定性方向发展。

二、卫星激光测距

卫星激光测距(satellite laser ranging，SLR)是 20 世纪 60 年代中期兴起的一项新技术。它是利用激光测距仪在地面上跟踪观测装有激光反射器的卫星，测定测站至卫星距离的技术和方法。1946 年 10 月，美国在 BE-B 卫星上实现了人造卫星激光测距，当时的精度为米级。1976 年美国宇航局发射了激光地球动力卫星 LAGEOS-1，1992 年美国和意大利合作发射了动力卫星 LAGEOS-2，扩大了地球上 SLR 的观测范围。法国、苏联、日本和德国等先后都发射了 SLR 卫星。经过 40 多年的发展，SLR 系统的测距精度由开始的 1 m 提高到现在的 1 cm，已成为卫星精密定位观测的主要技术手段之一。它是目前各种空间观测技术中单点采样精度和绝对定位精度最高的技术，它在全球地心坐标系的建立和维护中起着决定性的作用，在现代板块运动的实测、地球重力场模型和地心引力常数的改进、地球自转参数的精确测量等方面也都取得了丰硕的成果。

(一)卫星激光测距和定位原理

卫星激光测距是一种以激光器为光源，以光脉冲飞行时间来度量的物理测距方法。其主要特点有：

(1)激光器输出的功率可以达到 10^9 瓦量级，它在单位面积上的光能密度可高于太阳表面，所以作用距离可到达几万千米处的人造地球卫星，甚至到月球表面。

(2)激光的谱线都非常尖锐，半宽为 5Å 左右，有利于在接收光学系统中采用窄带滤光片来消去天空背景噪声，提高观测信噪比。

(3)激光器输出的光束发散角非常小，在 1 mas(毫角秒，1 mas＝0.001″)左右，通过光学系统准直，发散角可进一步被压缩，因此在很远的距离上，光能量仍然可集中在很小的范围内。

(4)脉冲激光器的激光脉冲宽度可以达到很小的量级，而脉宽是决定测距精度的主要因素之一，因而激光测距可以达到很高的精度。

正是由于激光的上述特点，使得实现远程激光测距成为可能。激光测距的方法有三种：脉冲法、相位法、干涉法。目前卫星激光测距一般都采用脉冲法，其基本原理较简单，类似§2-1

介绍过的电磁波测距的原理。用安置在地面测站上的激光测距仪向配备了后向反射棱镜的激光卫星发射激光脉冲信号,经被测卫星反射后,激光脉冲信号回到测距仪接收系统,测出发射和接收该激光脉冲信号的时间差 Δt,就可按下式求出卫星至地面站的距离 ρ

$$\rho = \frac{1}{2}c\Delta t \tag{2-36}$$

式中,c 为光速。设卫星在地心惯性系的运动方程为

$$\dot{\boldsymbol{X}} = F(\boldsymbol{X}, \boldsymbol{P}_d, t),\ \boldsymbol{X}(t_0) = \boldsymbol{X}_0 \tag{2-37}$$

式中,$\boldsymbol{X}$ 为卫星在 t 时刻的状态向量,$\boldsymbol{X} = [r \quad r_0]^{\mathrm{T}}$ 或 $\boldsymbol{X} = \boldsymbol{\sigma}$,$\boldsymbol{\sigma}$ 为 6 个轨道根数,$\boldsymbol{X}_0$ 为卫星初始时刻 t_0 的状态向量,$\boldsymbol{P}_d$ 为待估的物理参量。式(2-37)的解可以表示为

$$\boldsymbol{X} = Q(\boldsymbol{X}_0,\ \boldsymbol{P}_d, t) \tag{2-38}$$

设卫星的观测量为 Θ_O(观测量为卫地距离),其相应的理论值 Θ_C 可表示为

$$\Theta_C = \Theta(\boldsymbol{X}, \boldsymbol{R}),\ \boldsymbol{R} = \boldsymbol{PNSR}_0 \tag{2-39}$$

式中,$\boldsymbol{R}$、$\boldsymbol{R}_0$ 分别表示测站在惯性系和地固系的位置矢量,$\boldsymbol{P}$、$\boldsymbol{N}$、$\boldsymbol{S}$ 分别表示岁差、章动和地球自转矩阵。

以上为卫星动力测地的一般测量原理,在实际工作中应当根据不同的情况、不同的目的和要求,选择适当的参数作为平差量,其他参数采用理论值保持不变,但无论哪一种动力测地一般都需要把卫星轨道作为平差量,即都有一个定轨和测轨的过程。

(二)卫星激光测量系统

卫星激光测距系统主要分为地面的激光测距仪和空间的激光卫星两大部分。其中测距仪的硬件设备主要由激光器、望远镜、光电头、脉冲位置测量系统、时间频率系统、伺服系统和计算机七个部分组成(见图 2-19)。

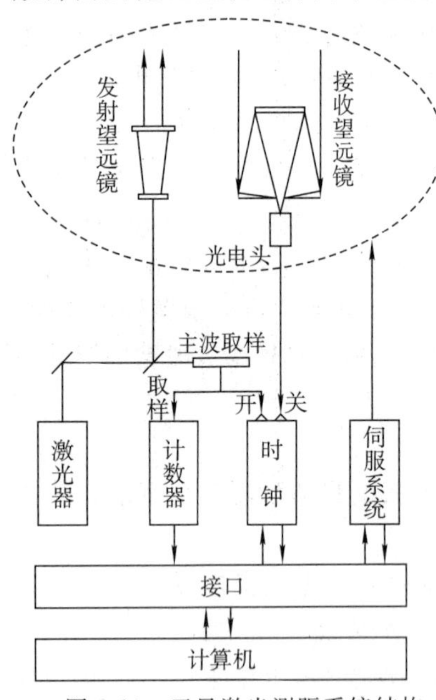

图 2-19　卫星激光测距系统结构

其工作原理是,激光器产生的光脉冲经导向光路引入发射望远镜,发射望远镜将光束准直后射向作为目标的激光卫星。在发射光束中取出一小部分,通过主波取样电路形成两个电脉冲,一个称主波脉冲,用来启动激光飞行时间间隔计数器,当它的开门信号;另一个电脉冲用来从时钟中取样,记录激光发射时刻。激光脉冲从卫星上反射回地面后,由接收望远镜接收。在接收望远镜的焦点上装有微光探测设备,检测到的回光由光电转换变成电信号,放大、整形以后形成回波脉冲,用来作为计数器的关门信号,停止计数器计数。这样计数器就记录了主波和回波脉冲的时间间隔,即激光在测站和卫星间往返飞行的时间。

测距仪的望远镜有发射、接收激光和瞄准卫星三个功能。可以设计成三台各自独立的望远镜,也可以设计成在同一架望远镜上,同时实现三种功能。其时频系统有两个功能,其一是为计数器、激光器、计算机等设备提供稳定的频率源,计数器的频率稳定应好于 10^{-10}。其二是记录激光发射的时刻,在厘米级精度的测距仪中,时刻记录的精度为 1 μs,好的石英钟或铷钟均可满足上述要求。由于测距仪要发射高强度的激光到卫星上,所以 SLR 系统中的测距仪设备都比较庞大。如图 2-20 所示为中国典型的 SLR 系统中的激光测距仪。

上海站

北京站

流动站

图 2-20　中国代表性的 SLR 测距仪

激光测距仪只可对配备了专用反射镜的卫星进行观测。入射至卫星的激光必须完成沿发射激光的同一方向返回。这种类型的反射镜也被称为后向反射镜，主要是由玻璃棱镜构成的。为得到要求的精度，反射镜必须仔细设计以适合专用卫星的几何形状和轨道高度。为使发射激光与接收光子的能量平衡得到调整，反射镜尺寸应设计得足够大，以便反射回足够的能量。大部分情况下，几个直径为 2～4 cm 的单反射镜按一定阵列组合，可以获得必要的能量。单个反射镜的准直调整要极其注意，以免引起信号重叠而使脉冲变形。反射镜是无源装置，极易作为附件安装在卫星上。带有激光反射器的卫星称为激光测距卫星，亦称激光卫星。激光测距卫星可分为两大类。

第一类是专为激光测距目的的卫星。例如：Starlette、LAGEOS-1、LAGEOS-2、ETALON-1、ETALON-2、Stella、GFZ、WESTPAC 等。这类卫星都是球形，表面布满激光反射器，除此之外没有别的仪器，完全是被动卫星。这些卫星大部分体积小、重量大，面质比小，受各摄动因素的影响较小，因而轨道稳定，有利于精密定轨。

第二类是装有激光反射器的应用科学卫星。目的利用激光测距技术为卫星精密定轨，支持和完成卫星的科学目的。例如："欧洲遥感卫星"（ERS-1、ERS-2）、海洋卫星（TOPEX/Poseidon）等。有的卫星（如 ERS-1，GFO-1）上的无线电测量手段失效后，完全依赖 SLR 手段来精密定轨，发挥了关键作用。由于激光反射器可靠性高，因此以后计划发射的这类应用卫星中仍将装有激光反射器。

目前，已有几十颗卫星可用于激光测距观测。全部激光测距卫星中，两颗"激光地球动力学卫星"（LAGEOS-1、LAGEOS-2）最为重要。因为这两颗卫星的轨道最稳定，激光反射器分布较好，测距精度较高。面质比小，球形对称，观测资料积累时间长，特别适用于大地测量研究和观测，图 2-21 显示的是 LAGEOS 卫星的形状，它是一个直径为 60 cm 的球，其表面装有 426 个激光反射器。根据这两颗卫星观测资料得到的研究成果丰硕，科学贡献很大。

图 2-21　LAGEOS 卫星

三、甚长基线干涉测量

甚长基线干涉测量（very long baseline interferometry，VLBI）技术是 20 世纪 60 年代后期发展起来的射电干涉观测技术。它能把相距几千甚至上万千米的两台射电望远镜组合成一个分辨率非常高的射电干涉测量系统。两台站间的连线称为基线，因此 VLBI 被称为甚长基线干涉。VLBI 的分辨率随基线的延伸也得到了提高,目前已经达到 0.1 mas 的量级。VLBI 技术的超高分辨率促成了其在天文、地球物理、大地测量和空间技术等领域得到了广泛的应用,包括射电天文、地球自转参数精确测定、地壳形变监测、深空探测及电离层探测等。

(一)VLBI 大地测量原理

VLBI 技术的观测目标是距地球非常遥远的河外射电源,它们一般都在距离地球一亿光年以外的宇宙空间。当天体辐射的电磁波到达地球表面时,传播距离远远大于 VLBI 的基线距离,可以认为此刻波前面是平行传播的,也称为平面波。由于两天线到某一射电源的距离不同,有一路程差 L,则射电信号的同一波前面到达两天线的时间也将不同,有一时间延迟 τ_g。根据图 2-22 的几何关系可得

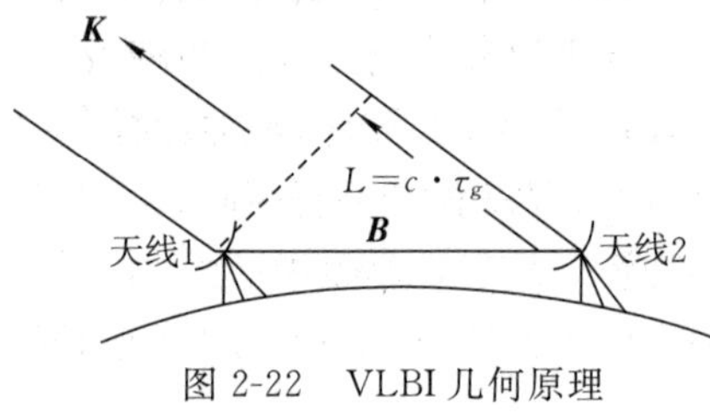

图 2-22 VLBI 几何原理

$$L = c \cdot \tau_g \tag{2-40}$$

式中,c 为真空光速。若设 $\boldsymbol{B}$ 为天线 1 到天线 2 的基线向量,$\boldsymbol{K}$ 为被观测电源的方向,则有

$$\tau_g = -\frac{1}{c}(\boldsymbol{B} \cdot \boldsymbol{K}) \tag{2-41}$$

由于地球的运动,向量 $\boldsymbol{K}$ 相对于基线向量 $\boldsymbol{B}$ 的方向将发生变化,使得 τ_g 是时间的函数,它对时间的导数称为延迟率 $\dot{\tau}_g$,即

$$\dot{\tau}_g = -\frac{1}{c}\frac{\partial}{\partial t}(\boldsymbol{B} \cdot \boldsymbol{K}) \tag{2-42}$$

大地测量所采用的 VLBI 观测量主要就是延迟和延迟率。

式(2-41)和式(2-42)中的 $\boldsymbol{B}$、$\boldsymbol{K}$ 必须是同一坐标系中的量。但通常射电源方向是用天球坐标系中的赤经和赤纬(α,δ)表示的,而基线向量是用地球坐标中的向量 $\boldsymbol{b} = (\Delta X, \Delta Y, \Delta Z)$ 表示的。实际计算时需将 $\boldsymbol{b}$ 转换到天球坐标系中,即

$$\boldsymbol{B} = \boldsymbol{PNSWb} \tag{2-43}$$

式中,$\boldsymbol{P}$、$\boldsymbol{N}$、$\boldsymbol{S}$、$\boldsymbol{W}$ 分别为岁差旋转矩阵、章动旋转矩阵、地球周日自转旋转矩阵和极移旋转矩阵。

为简明起见,在讨论 VLBI 原理时,暂不考虑岁差、章动和极移的影响,则式(2-43)可表示为

$$\boldsymbol{B} = R_z(-\theta_g)\boldsymbol{b} = \begin{pmatrix} \Delta X\cos\theta_g - \Delta Y\sin\theta_g \\ \Delta X\sin\theta_g - \Delta Y\cos\theta_g \\ \Delta Z \end{pmatrix} \tag{2-44}$$

将式(2-44)代入式(2-41)、式(2-42)整理可得

$$\tau = -\frac{1}{c}[\Delta X\cos\delta\cos(\theta_g - \alpha) - \Delta Y\cos\delta\sin(\theta_g - \alpha) + \Delta Z\sin\delta] \tag{2-45}$$

$$\dot{\tau} = -\frac{1}{c}[\Delta X\omega_g\cos\delta\sin(\theta_g - \alpha) + \Delta Y\cos\delta\cos(\theta_g - \alpha)] \tag{2-46}$$

式中,θ_g 为格林尼治地方恒星时,ω_g 为地球自转速度。

式(2-45)、式(2-46)就是利用 VLBI 延迟和延迟率观测量解算有关大地测量参数的原理公式。通过分析可知,VLBI 参数解算具有下列特点:

(1)VLBI 延迟和延迟率是纯几何观测量,其中没有包含地球引力场的信息,因此观测量的获得也不受地球引力场的影响。

(2)VLBI 是相对测量,利用 VLBI 技术只能测定出两个天线之间的相对位置,即基线矢量,不能直接测出各天线的地心坐标。为确定 VLBI 站的地心坐标,通常是一个测站上同时进行 VLBI 和激光测卫(SLR)观测。以 SLR 技术测量的地心坐标为基准,进而推算出其他 VLBI 站的地心坐标。

(3)由于射电源的赤经(α)和地球自转的变化(θ_g)之间有直接关系,无法独立从延迟和延迟率观测量中解算出来。因此,VLBI 技术不能独立地确定射电源参考系的赤经原点,它必须用其他技术来测定。

(4)延迟率观测量中不包含基线 ΔZ 分量的影响,所以仅由延迟率观测无法解算出基线 ΔZ 分量。另外,将延迟率的数据加到延迟数据中,并不会减少为求得所有未知参数所需观测的射电源数目。目前延迟率仅作为辅助观测参加数据处理和参数解算,而起决定作用的是延迟观测量。

(二)VLBI 系统

VLBI 系统结构如图 2-23 所示,由天线、接收机、记录设备和相关处理机等单元组成。以下结合各单元的基本功能,简要介绍 VLBI 观测量数据采集过程。

(1)首先由组成系统的两个天线接收被测射电源发射的射电信号,并将其聚焦在天线抛物面的焦点上,之后由馈源将收集到的电磁波转换成高频电流,传输给接收机。天体测量与大地测量 VLBI 观测量(时延、时延率)的观测精度与系统的信噪比成正比,而信噪比与天线口径成正比,由于河外射电源的信号一般非常微弱,为使时延和时延率的观测能获得足够的信噪比,VLBI 的天线口径一般都在 20 m 以上。

(2)接收机接收射电信号,并对信号进行处理。接收机的主要作用是利用高频放大器将该信号放大成射频信号,之后由混频器变频为具有一定带宽的中频信号。混频器混频时需要一个本振信号,本振信号是由台站的本机振荡器提供的。

(3)接收机将中频信号送达数据记录终端设备。目前 VLBI 台站上采用的数据记录终端设备有 MARK3 系统或升级版的 MARK4 和 MARK5 系统。其中,MARK3 记录系统主要包含 2 个中频分配器、14 个视频变换器和格式单元的数据采集系统、1 个磁带记录机、1 台控制数据采集系统和磁带机运行的计算机。来自接收机的中频信号被送到中频分配器后,再分送给 14 个视频变换器,视频变换器的功能是将中频频段内不同频段的信号转换为能被磁带机记录的 0～2 MHz 的视频信号(也称基带信号,base band)。视频变换器输出的视频信号被送到格式单元,它的主要功能是将视频信号数字化,由格式编码器对数据进行编码,把信号和必要信息编制成特定格式。经格式化后的数据由磁带记录机按照特定的模式记录到专用的磁带上。这里需要指出的是,每个频率转换器都有独立本振,它们会引起相位漂移,因此需要进行相位校准。相位校准系统是由 1 个脉冲发生器组成,每 1 μs 发出 1 个脉冲注入信号中,这个脉冲注入点被定义为延迟的参考点。由于 VLBI 观测数据量非常大,一般计算机所使用的硬盘容量很难满足 VLBI 的观测数据量,所以 VLBI 的数据记录系统通常采用的是专用磁带或磁盘阵列。从 MARK1 到 MARK4 数据采集系统都是把观测数据记录在磁带上的,从 MARK5 开始,采用磁盘阵列记录 VLBI 数据。记录容量和数据率有了较大提高,同时出现了全频谱记录系统,可以不再需要中频分配器。

(4)最后,由磁带记录机记录的观测数据被送到相关处理系统,首先对数据进行回放,再输入给对应通道的相关器进行互相关计算,得到相关函数值,即干涉条纹,然后在计算机上利用软件系统进行条纹拟合计算,从而获得所需的时延和时延率观测值。

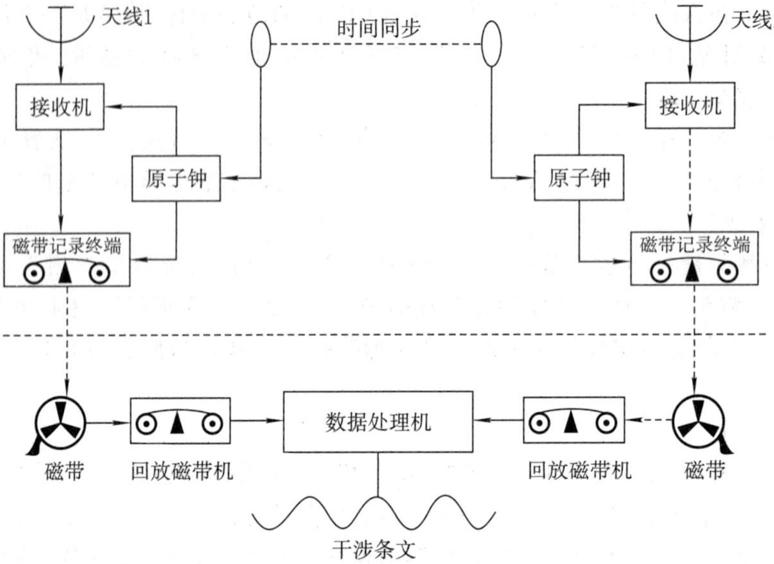

图 2-23　VLBI 系统结构

(三)射电天线(射电望远镜)

射电天线是 VLBI 系统中的核心设备。其主要功能为对准并跟踪观测的射电源,接收射电源的射电辐射,然后输出给接收机做进一步信号处理用。从而解算出观测目标的位置、天线的位置及与地球的运动相关的许多有价值的参数。这种观测模式就好像人们拿着望远镜去观测遥远的射电源,因而形象地把 VLBI 天线称为射电望远镜。

由于 VLBI 观测的射电源一般都非常遥远,大多在 1 亿光年以远,所以信号十分微弱,其流量密度只有几个 Jy 甚至于更低(Jy 为射电源的流量密度单位,$1\ \mathrm{Jy}=1\times10^{-26}\ \mathrm{W/(m^2\cdot Hz)}$)。要接收到这么微弱的信号,需要有高灵敏度且口径很大的天线才可以实现。所以射电天线的口径较大,一般为几十米,甚至上百米。对于天体测量与大地测量应用的固定 VLBI 观测站,天线口径一般为 20～30 m。早在 1946 年,英国曼彻斯特大学就开始建造直径 66.5 m 的固定抛物面射电望远镜, 1955 年建成当时世界上最大的 76 m 直径的可转抛物面射电望远镜。与此同时,澳、美、苏、法、荷等国也竞相建造大小不同和形式各异的早期射电望远镜。除了一些直径在 10 m 以下、主要用于观测太阳的设备外,还出现了一些直径 20～30 m 的抛物面望远镜,发展了早期的射电干涉仪和综合孔径射电望远镜。20 世纪 60 年代以来,相继建成的射电望远镜有美国国立射电天文台的(42.7 m)、加拿大的(45.8 m)、澳大利亚的(64 m 全可转抛物面)、美国的(305 m 固定球面)、工作于厘米和分米波段的射电望远镜以及一批直径 10 m 左右的毫米波段的射电望远镜。

2012 年 10 月亚洲最大的射电望远镜在上海建成,其天线口径为 65 m,总体性能在国际上处于第四位。这台 65 m 的射电天文望远镜如同一只灵敏的耳朵,能仔细辨别来自宇宙的射电信号。它覆盖了从最长 21 cm 到最短 7 mm 的八个接收波段,涵盖了开展射电天文观测的厘米波段和长毫米波段,是中国目前口径最大、波段最全的一台全方位可动的高性能的射电望远镜,总体性能仅次于美国的 110 m 射电望远镜、德国的 100 m 射电望远镜和意大利的 64 m 射电望远镜。图 2-24 为 65 m 天线建成后的照片。

图 2-24　上海 65 m 射电望远镜

世界最大单口径射电望远镜——500 m 口径球面射电望远镜（FAST 工程）将于 2016 年在贵州建成。该天线的口径为 500 m，大小相当于 30 个足球场的面积，如图 2-25 所示。FAST 是“十一五”国家重大科技基础设施建设项目，是世界上口径最大、最具威力的单天线射电望远镜。该项目建设工期为 5.5 年，建设地点在贵州省黔南州平塘县大窝凼洼地。项目于 2011 年 3 月动工，工程进展如期推进，截止到 2016 年 5 月 1 日已完成 4 290 块反射面面板安装，工程进入收尾阶段。FAST 的反射面总面积约 25 万平方米，由 4 450 块反射面板组成，用于汇聚无线电波供馈源接收机接收。反射面安装工程预计 2016 年 5 月下旬完成，5 月底进入整体调试阶段。到 2016 年 9 月，FAST 将完成全部工程并投入使用。

FAST 被喻为“天眼”，它的主要目标是探测宇宙中的遥远信号和物质，在开展从宇宙起源到星际物质结构的探讨、对暗弱脉冲星及其他暗弱射电源的搜索、高效率开展对地外理性生命的搜索等方面实现科学和技术的重大突破。FAST 与号称“地面最大的机器”的德国波恩 100 m 望远镜相比，灵敏度提高约 10 倍；与被评为人类 20 世纪十大工程之首的美国 Arecibo 300 m 望远镜相比，其综合性能提高约 2.25 倍。作为世界最大的单口径望远镜，FAST 将在未来 20～30 年保持世界一流设备的地位。

图 2-25　500 m 口径球面射电望远镜（FAST 工程）

(四)空间 VLBI 技术

为了提高 VLBI 技术的分辨能力,国际上从 1970 年开始提出了空间 VLBI 的概念,以及建立空间 VLBI 系统的各种设想。到了 1980 年空间 VLBI 在理论和技术实现上已比较成熟。1997 年人类历史上的第一颗空间 VLBI 卫星(VSOP)在日本发射成功。虽然空间 VLBI 是为天体物理学研究而提出来的,但从概念上讲,它比地面 VLBI 有更大的优势应用于大地测量等领域,因此它必将成为大地测量的一种更加有效的观测技术。

从 VLBI 的原理来说,空间 VLBI 与地面 VLBI 没有什么不同,空间 VLBI 站可视为地面 VLBI 网向空间延伸的一个组成部分,它与地面天线的作用一样,用于接收射电源发出的信号并与地面天线接收的信号进行相关处理,获得各种科学研究所需的观测数据。但由于将天线放置在空间,使得它在技术实现上与地面 VLBI 有所不同,其主要特点是:

(1)空间站本振的相位锁定在地面跟踪站的氢脉冲频标上,这个频标由跟踪站通过一条向上无线电通道发送给空间站。

(2)空间站接收到的射电信号以及其他数据通过一条向下无线电通道发回给地面跟踪站。

(3)空间站上必须配备高精度的天线姿态调整、轨道控制和检测系统。

(4)空间站的能源是通过接收太阳能来提供的。

(5)须有全球覆盖的、能与空间站保持不间断通信的地面支持系统。图 2-26 为空间 VLBI 系统的示意图。

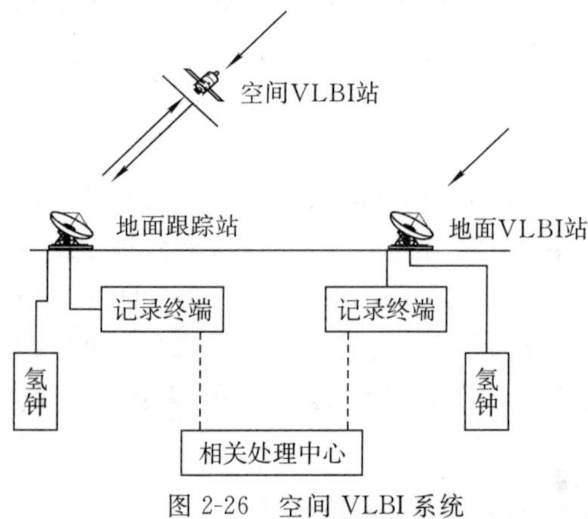

图 2-26 空间 VLBI 系统

空间 VLBI 应用于大地测量在技术上一个最显著的优势就是将地面 VLBI 的几何测量变为动力测量。在前面已经指出,由两个地面 VLBI 站组成基线进行的测量,从大地测量的角度来看是几何测量,只能测定两站的相对位置,而不能独立测定地心坐标。引入空间 VLBI 后,由于它的轨道是在地心坐标系中描述的,其运动受到各种地球动力学因素的影响,这样通过空间站与地面站组成基线时便可形成一个动力测量系统,从而直接测定出地面站的地心坐标。由于世界上所有的 VLBI 天线都将参加空间 VLBI 的观测,所以可利用空间 VLBI 技术本身独立地建立一个完整的地球参考系。因为空间 VLBI 站不仅能作为地面上各种人卫跟踪站的被观测体,而且它本身也将作为人卫轨道上的一个空间观测站,直接观测河外射电源,从而能实现人卫动力学参考系与射电源参考系的直接连接和统一。除此之外,借助于空间 VLBI,就可在 VLBI 技术的内部建立起协议地球参考系与天球参考系的转换,从而形成一个统一的天球和地球参考系统(即有公共定义的原点,统一的旋转和尺度系统)。这种坐标系统的统一对大地测量及相关领域的研究是很有意义的。

四、星载多普勒定轨定位系统

星载多普勒定轨定位系统(Doppler orbitography and radio-positioning integrated by satellite,DORIS),也译作多里斯系统,是由法国国家空间研究中心、法国国家大地测量研究所和法国国家地理研究所经过近十年的共同努力研制成功的,该系统主要用于卫星精密定轨和地面精确定位。DORIS系统的精密定轨和精确定位是基于精确测定星载DORIS信号接收机接收的来自地面DORIS信标机发射的无线电信号的多普勒频移，因而像子午仪卫星系统一样属双频多普勒方法。DORIS系统由于采用了较高的卫星射电频率（2 036.25 MHz和401.25 MHz）、超稳定晶体振荡器（短期稳定度为5×10^{-13}）、地面钟与星载钟的严格同步以及DORIS全球均匀分布跟踪网，使该系统除具有子午仪卫星系统的特点（全天候、全自动、数据多）外，在提高测轨和定位精度方面有了较大的进展。在TOPEX/Poseidon海洋卫星上的DORIS系统，使该卫星的轨道径向精度在3 cm以内，而DORIS网的信标位置精度平均已达1～2 cm。这使DORIS系统像SLR、VLBI等空间技术一样，进入了大地测量和地球物理研究的许多新领域，它也使我们能依靠该技术改进地球引力场模型以及加深人们对电离层的了解。

（一）DORIS系统的概况

1984年开始建立信标机，1990年1月31日随SPOT-2卫星上天的第一台DORIS接收机开始运作。现在已在TOPEX/Poseidon和SPOT-3卫星上装载了DORIS接收设备。DORIS系统由星载设备、固定的定轨信标机组成的网、主信标机以及定位信标机组成。

地面信标机发出的无线电信号为星载DORIS接收机所接收。该接收机接收双频（2 036.25 MHz和401.25 MHz）多普勒频移，一旦提供了很好的卫星运动的力学模型，这样的观测量通过数学处理（例如统计定轨方法）就可以精确确定搭载该接收机的飞行器的轨道。这些轨道计算的结果随后被用来计算需定位的信标机的位置和速度。当前DORIS系统可用于任意倾角的低轨道（200～2 000 km）卫星上，今后可望也适用于较高轨道的卫星上。

1. 星载设备

DORIS星载设备是一个分离式部件，如果条件合适的话可放到其他卫星或飞船上。它包括一个全向天线；一个超稳定晶体振荡器，10～100 s的短期稳定度为5×10^{-13}；一个径向速度测量装置，基本上是由两个分别在401.25 MHz和2 036.25 MHz频率上工作的接收电路和解调器、计数器和存储器组成。总重17 kg，功耗20 W。

2. 定轨信标机

由一个发射天线、三个气象资料传感器（气温、气压和湿度）、一组蓄电池、一个微处理器和一个超稳定振荡器组成。

定轨信标机设计成实验室条件下工作，从而有适当的温度环境和外接电源。停电时，蓄电池组还可保证振荡器再连续工作50 h以上，在400 MHz频道上还调制了信标机识别码、工作状态、气象资料等技术参数。微处理器可进行定时、发射程序设置、故障诊断等工作，振荡器的频率可进行微调。信标机在全自动状态下运行，一般不需人工连续监护。

3. 定位信标机

定位信标机与定轨信标机功能完全相同，但它是为野外工作设计的。每分钟只发射10 s、20 s或30 s，并且只是当卫星可见时才发射。因此，功率要比定轨信标机小一个量级。定位信标机只部署在那些需要精密定位的点上，工作一段时间后就可转走。

4. 主信标机

两个主信标机分别位于法国图卢兹和法属圭亚那的库鲁，这是专用的定轨信标机。它们与DORIS控制中心相连，是控制中心与星载部件间的联系。控制中心通过它们在卫星每次飞过时发射工作程序给星上设备。星上接收机就可确定哪些信标机要考虑接收其信号并计算出估算的多普勒偏值以便进行预置。同时，通过主信标机使星载主钟与地面钟同步并控制星载振荡器的频偏及频漂。

此外,地面部门还包括计算中心、控制中心、地面台站设备安装维护中心和用户服务部门等。

(二)DORIS 数据处理和模型

DORIS 系统的测轨定位方法就是双频多普勒方法。星载 DORIS 接收机接收地面 DORIS 信标机以 f_S 频率发射的无线电信号之多普勒频移 Δf ($\Delta f = f_g - f_r$,f_r 为卫星接收到的信号频率)。

f_S 测量多普勒频移 Δf,实际上就是测量接收频率 f_r,因为信标机发射频率 f_g 是已知的。但由于 f_r 是高频而且是瞬时变化的数值,不可能精确测量。因此,一般是在接收机中另增加一已知的固定频率 f_S,称为接收机的本机振荡频率(简称"本振频率")。将本振频率 f_S 与接收频率 f_r 进行混频,以求得 f_S 与 f_r 的差频 $\Delta f'$,即

$$\Delta f' = f_S - f_r$$

为了避免 $\Delta f'$ 出现负值,一般使 f_S 大于 f_r。从而多普勒频移为

$$\Delta f = f_g - f_r = f_g - f_S + \Delta f'$$

由于本振频率 f_S 和信标机发射频率 f_g 都是已知的,所以只要测量出差频 $\Delta f'$,即可求得多普勒频移 Δf。

差频 $\Delta f'$ 常用多普勒计数来代替。设信标机在 t_1 和 t_2 两时刻发射无线电信号,多普勒计数 N_{12} 是$(t_2 - t_1)$时间间隔内整周期波数,它与差频 $\Delta f'$ 的关系为

$$N_{12} = \int_{t_1}^{t_2} \Delta f' \mathrm{d}t \tag{2-47}$$

经过简单数学运算,得积分型多普勒接收机的多普勒计数 N_{12}(观测的基本量)为

$$N_{12} = (f_S - f_g)(t_2 - t_1) + \frac{f_S}{c}(\rho_2 - \rho_1) \tag{2-48}$$

f_S、f_g 和 c 均为已知量,t_1、t_2 可由信标机发射的电文确定,$(\rho_2 - \rho_1)$为卫星在时刻 t_2 和 t_1 到测站的距离差。由此可知只要星载 DORIS 接收机测得多普勒计数 N_{12},就可以确定测站到两个时刻的卫星的距离差

$$(\rho_2 - \rho_1) = \frac{c}{f_S}[N_{12} - (f_S - f_g)(t_2 - t_1)] \tag{2-49}$$

距离差如作为观测量来参加 DORIS 数据处理,尚需对原始多普勒计数 N_{12}^0(仪器测量值)进行许多改正(系统误差),即上式的 N_{12} 为已进行过这些系统误差改正的量。这些改正包括接收机时延改正 N_δ,电离层折射改正 N_{IONO},对流层传播延迟改正 N_T,相对论效应改正 N_R。

因而进入观测量公式的 N_{12} 为

$$N_{12} = N_{12}^0 + N_\delta + N_{IONO} + N_T + N_R \tag{2-50}$$

而距离差的观测量

$$(\rho_2 - \rho_1)_0 = \frac{c}{f_S}\left[\frac{N_{12}^0 + N_\delta + N_{IONO} + N_T + N_R}{(t_2 - t_1)} - (f_S - f_g)\right] \tag{2-51}$$

距离差的计算量为

$$(\rho_2 - \rho_1)_c = \Delta\rho + \Delta\rho_{cm} \tag{2-52}$$

式中,$\Delta\rho = \rho_2^* - \rho_1^*$,为欧几里得斜距离。$\rho_i^* = [(\boldsymbol{r}_i - \boldsymbol{r}_g)^T(\boldsymbol{r}_i - \boldsymbol{r}_g)]^{\frac{1}{2}}$,$i = 1,2$。$\boldsymbol{r}_i$、$\boldsymbol{r}_g$ 分别

为 t_i 时刻卫星及信标机在地固系中的位置向量。$\Delta\rho_{cm}$ 为 DORIS 信标机发射天线的 2 GHz 参考点相位中心改正。

(三)DORIS 系统的应用

1. 精密定轨

DORIS 系统的低速度测量噪声(0.3 mm/s)和 DORIS 定轨信标网的全球均匀性使观测可覆盖轨道 70%～80%的优点，再加上用 DORIS 资料改进的引力场模型(例如 GRIM-4)的使用以及某些新算法(如“简化动力学法”)的采用，使载有 DORIS 接收机的卫星定轨精度大大提高，测量中误差已接近观测噪声，达 0.5 mm/s。例如利用 DORIS 系统对 TOPEX/Poseidon 海洋测高卫星进行定轨，轨道的径向精度已好于 3 cm，接近 SLR 技术达到的定轨精度，展示该技术精密定轨的潜力。

2. 实用大地测量

DORIS 系统特别适用于需要快速定位，但精度要求又不太高的大地测量中。目前对地球表面的定位精度情况是：1 天的测量，可给出定位精度为 20～30 cm；5 天测量，定位精度可达 10 cm；而 15 天测量，定位精度已达 4 cm。因而 DORIS 技术能使区域性大地测量网联结到全球的大地测量参考系中。DORIS 与实用大地测量有关的工作有：①将孤立点(如岛屿、科学实验基地、海洋石油钻探平台、基准参考点等)连接到区域网或全球网上；②将区域性的大地水准面连接到全球范围的大地测量参考系上；③建立大地控制网；③测定站坐标的缓慢漂移，以维持大地控制网；④作为独立技术，校验其他空间测地技术的精度。

此外，DORIS 地面定位信标机的高度自动化，特别适于安放在高危区域(如地震、火山活动区域、陆地沉降明显区域)，进行形变的遥控测量。

3. 地球引力场

空间技术监测和跟踪人造卫星运动是一种间接但又是很精确的方法，用以获取至少是长波段(1 000 km 以上，对应于卫星的高度 800～1 000 km)的地球引力场信息。

DORIS 卫星(SPOT-2、TOPEX)测定作为其他 30 颗卫星的光学、激光或多普勒测量资料的补充资料，已用于 GRIM-4 引力场模型的确定中。由 SPOT-2 卫星的 DORIS 资料提供的信息主要涉及地球引力场 1 000～2 000 km 波长的信息。GRIM-4 引力场模型通过半动力法确定的 SPOT-2 和 TOPEX/Poseidon 卫星的轨道与 DORIS 观测拟合的残差偏差为 0.5 mm/s 量级，比 DORIS 的观测噪声 0.3 mm/s 稍大，但比以前的引力场模型对应的轨道精度好 10 倍以上。

五、卫星测高

20 世纪 80 年代，随着计算机技术、空间技术和卫星遥感遥测技术的应用和发展，产生了卫星测高技术，它利用卫星上装载的微波雷达测高仪、辐射计和合成孔径雷达等仪器，实时测量卫星到海面的距离、有效波高和后向散射系数，并通过数据处理和分析，来研究大地测量、地球物理和海洋学方面的问题。

由于卫星测高技术可测定海洋大地水准面，解算海洋部分的重力异常，以弥补海洋地区重力测量资料的空白，因此对建立高精度、高分辨率的地球重力场模型具有重要作用。美国大地测量委员会指出：海洋测高卫星 Seasat 在三个月内所做的工作相当于用海洋重力测量花费 200 年的时间和 20 亿美元费用的工作量。此外，卫星测高资料还可用于海洋学研究，如测定洋流的宽度与边界及运动速度、潮汐起伏、海面地形、海平面变化等。

(一)基本原理

卫星测高是以卫星为载体,由其上装载的微波雷达测高仪向海面发射微波信号,该雷达脉冲传播到达海面后,经过海面反射再返回到雷达测高仪。根据回波理论,返回到卫星后可以得到三种观测量:①雷达脉冲行程(卫星—海面—卫星)的往返时间,即卫星高度的测量值;②回波信号的波形,包括回波信号的前沿上升区、平顶区及后沿衰减区;③回波信号的幅度,即信号的自动增益控制值。对回波信号的波形和结构、回波信号的往返时间进行分析,就可以得到海平面高、海面倾斜、海流、有效波高、海面后向散射系数及风场等信息。

在卫星测高技术中,卫星被作为一个移动平台,平台上的雷达测高仪将微波脉冲发送到地面,并接收从地面反射回来的信号。设卫星在地球表面的高度为 a,信号传播速度为 c,则可以根据观测到的雷达信号往返传播时间 Δt 计算出

$$a = c\,\frac{\Delta t}{2} \tag{2-53}$$

由于水有良好的反射特性,所以这一方法特别适用于海洋。雷达信号可以在瞬间辐射海面上半径为几千米的环形区域内(通常称为信号的“足迹”),环形区的大小与入射微波束的空间分辨率有关。因此,观测值是相对一平均瞬时海面的高程,它与大地水准面高的差值为 $\overline{H}$。设卫星相对于参考椭球面的高度为 h,它可根据卫星相对于地心参考系的轨道计算推导出来,如果忽略有关的附加改正,则可得出简化的卫星测高基本方程为

$$h = N + \overline{H} + a \tag{2-54}$$

图 2-27 表明,雷达测高仪可以用来直接扫描海面,从而也可近似地扫描海洋大地水准面。因此,卫星测高是直接绘制大地水准面图的有效方法,其重要性主要在于它能在相当短的时间内扫描很大的海洋区域,而且能以很高的时空分辨率确定出一个详细的海面表达式。$\overline{H}$ 对于建立大地水准面而言,意味着是一种干扰(噪声),而对于海洋动力学研究则构成了一种观测的信号。可通过对 $\overline{H}$ 的大量分析,对洋底结构和海底下方的构造特点有重要的了解。

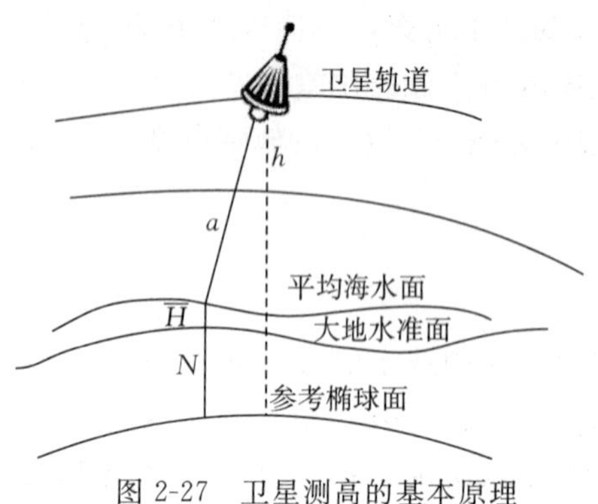

图 2-27　卫星测高的基本原理

(二)卫星测高仪及工作原理

卫星测高仪是一种星载的微波雷达。它通常由发射机、接收机、时间系统和数据采集系统组成。一般采用 13.9 GHz 的发射频率,发射功率达到 2 kW,作用距离达到 800 km。雷达天线采用直径为 0.6～1 m 的抛物形天线。为了同时保证测量精度、分辨率以及作用距离等指标的要求,发射的雷达脉冲必须具有较大的时频宽度,于是采用了脉冲压缩技术进行发射和接收。压缩后的脉冲宽度可以达到纳秒级(10^{-9} s)。脉冲压缩技术解决了无线电理论中脉冲的时域和频域宽度不能同时做很大的矛盾。脉冲的时、频宽之积称为压缩比。

测高仪的工作原理:发射机通过天线以一定的脉冲重复频率向地球表面发射调制后的压缩脉冲,经海面反射后,由接收机接收到返回的脉冲,并测量出发射脉冲与接收脉冲的时间差。根据此时间差及返回的波形,便可以测量出卫星到海面的距离。由于卫星发射的雷达波束宽

约为 1°，所以到达海面的足迹半径为 3～5 km。因此，测高仪测得的距离相当于卫星到这个半径为 3～5 km 圆形面积内海面的平均距离。在此基础上，还必须进行仪器校正、海面状况改正、对流层折射改正、电离层效应改正以及周期性海面影响改正等。

(三)测高观测量及误差分析

式(2-54)给出了测高仪器的简明观测方程，在实际应用中需对其进行精化。图 2-28 给出了卫星测高的几何学关系，由此可得

$$h = N + H + \Delta H + a + d \tag{2-55}$$

式中，h 仍为根据轨道计算的测高仪卫星的大地高，N 为大地水准面高，H 为海面地形，ΔH 为瞬间潮汐效应，a 仍为测高仪的观测值，d 为计算的轨道与真实的轨道之差。

$H + \Delta H$ 等于式(2-54)中的 $\overline{H}$。测高仪的观测量 a 应作大气影响的改正，这一改正应参照卫星的质量中心。大地水准面与平均海水面间的差称为海面地形，其差可达 1～2 m。平均海水面被定义为不随时间变化的静止海面，海平面与大地水准面之差与海水的含盐度、温度、大范围的气压差及强潮流等的不同有关。对于优于 2 m 的分辨率，用平均海水面来逼近大地水准面的方法已不再有效，而要把与各种验潮结果结合在一块的高程系统连续起来，也会有很多的困难。

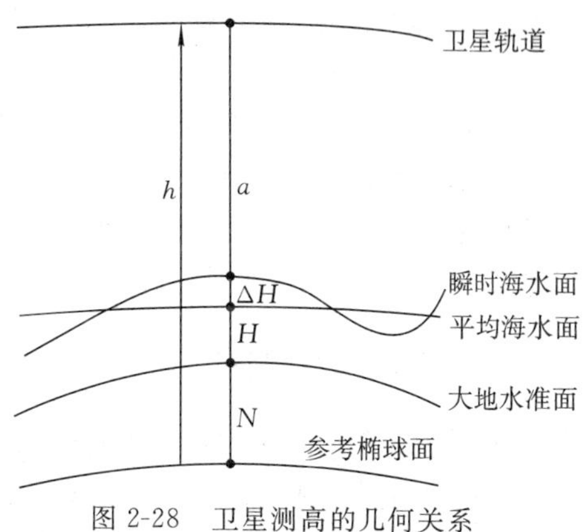

图 2-28　卫星测高的几何关系

测高观测量中包含的误差和改正项主要有三类：真实轨道与计算轨道之差(轨道误差)；信号传播路径上的影响；瞬间海水面与大地水准面之差。

轨道误差主要是由下列原因引起的：用于轨道计算的地球重力场模型的精度；跟踪站的坐标误差；跟踪系统的误差或局限性；轨道计算中的模型误差。其中最主要的影响一般来自于地球重力场。由于每颗卫星只对球谐系数的某一子集特别敏感，因此对于特定卫星的观测量来研制特定的重力场模型是很有效的方法。例如将 GEM10 重力模型用于 GEOS-3 测高卫星，就使其轨道精度从 10 m 提高到 1～2 m。跟踪系统是影响轨道精度的第二个重要的因素。为获得高精度的轨道，可采用星载 GPS 定轨技术。跟踪站的地心坐标也应采用 SLR、VLBI、GPS 等技术精确测定，并随着新的观测量的增加而不断改善，目前的精度达到了几个厘米。即使如此，剩余的轨道误差仍比测高仪的精度大得多。因此，必须改进轨道计算模型、应用一些非动力学的方法等。

信号路径上的影响可分为仪器误差和传播误差。最主要的仪器影响包括：雷达天线相位中心和卫星质量中心之间的距离；测高仪电子线路中的传播延迟；测量系统中的计时误差等。在制造测高仪器时，可将这些影响减小到最低程度并可以估算。仪器误差的全部影响应在精度勘测过的试验区内进行测高仪标定时加以测定和控制。信号传播误差是由电离层折射引起的，为 5～20 cm，这取决于电离的强度，其影响可以用双频来改正。对流层折射的影响大约是 2.3 m，因为只使用了垂直方向上的观测量，其影响可以用适合的大气折射模型很好地加以改正，精度可达到几厘米。传播误差中还包括实际海况对反射信号的影响。

瞬时海水面与大地水准面的偏差可分为不随时间变化的 H 部分以及随时间变化的 ΔH

部分。在用测高观测量确定平均海水面之前,应先对随时间变化的分量加以改正。由波浪引起的海水面变化已在测高仪观测过程中被平滑掉了,可以忽略不计。因此要考虑的改正项主要是因潮汐等引起的海水面变化。

卫星测高直接测得的海面高的分辨率与精度可达到 5 km 和 5 cm 的水平,但由于受海面地形、海洋潮汐环境改正模型误差的影响,海洋大地水准面的精度很难达到优于±10 cm。

§2-4 重力测量

研究地球的形状、大小及质量分布等物理特性,是大地测量的基本任务之一。为了精确描述地球的物理特性,除了在地面上进行几何大地测量的边角、高程等数据采集及空间大地测量的数据采集外,还需要进行大量的重力数据采集。在大地测量中,重力测量指的是测定某点的重力加速度值。重力是矢量,其方向可用天文测量方法确定。测定重力值大小可利用与重力有关的物理现象,例如在重力作用下的自由落体运动、摆的摆动、弹簧的伸缩振动等。这种直接测量重力的方法分为绝对重力测量和相对重力测量两类。也可以利用地球重力场的建立间接地获得空间一点的重力值,这种间接测量重力的方法如卫星重力测量。

一、绝对重力测量

绝对重力测量是指能直接测定一点重力值(实际上是指一点的重力加速度)的测量技术。绝对重力测量有两种方法:一种是利用可倒摆测定,另一种是运用物体的自由落体运动测定。这里仅介绍后一种方法,该法自 20 世纪 60 年代起是绝对重力测量的主要方法。

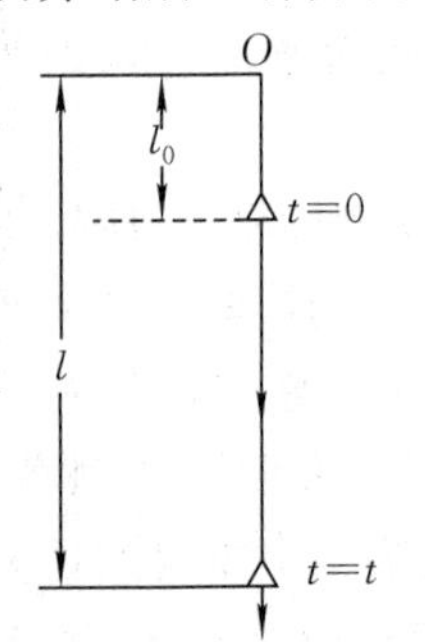

图 2-29 物体的自由运动

所谓自由落体运动是指物体在只受重力作用下沿垂线所做的加速直线运动。根据力学知识,假定在运动路程中的重力加速度 g 为常数,则其运动方程为

$$l = l_0 + V_0 t + \frac{1}{2} g t^2 \tag{2-56}$$

式中,V_0 和 l_0 分别为在计算时刻($t=0$)落体的运动速度和离路程起算点 O 的距离,l 为经 t 时间段后落体离 O 点的距离,如图 2-29 所示。

运用物体的自由落体运动测定重力值可以用两种方法来实现:自由下落(简称下落法)和对称自由运动(简称上抛法)。下面分别叙述它们的原理。

(一)下落法

从式(2-56)可看出,要避免测定 V_0 和 l_0,至少要在三个位置上进行观测。设在时刻 t_1、t_2 和 t_3 落体与 O 点的距离分别为 l_1、l_2 和 l_3,图 2-30 给出了运动情况的图解,横轴表示时间,纵轴表示路程。由式(2-56),对每一时刻可以写出一个方程,因而有

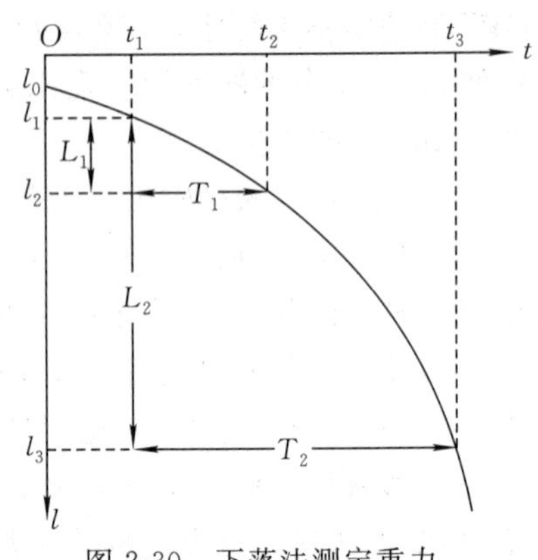

图 2-30 下落法测定重力

$$l_1 = l_0 + V_0 t_1 + \frac{1}{2} g t_1^2$$

$$l_2 = l_0 + V_0 t_2 + \frac{1}{2} g t_2^2$$

$$l_3 = l_0 + V_0 t_3 + \frac{1}{2} g t_3^2$$

将第二式和第三式分别减第一式得到

$$\left.\begin{aligned} L_1 &= V_0 T_1 + \frac{1}{2} g T_1 (t_1 + t_2) \\ L_2 &= V_0 T_2 + \frac{1}{2} g T_2 (t_1 + t_3) \end{aligned}\right\} \tag{2-57}$$

式中，$L_1 = l_2 - l_1$ 和 $L_2 = l_3 - l_1$ 分别为第一位置至第二和第三位置的距离，$T_1 = t_2 - t_1$ 和 $T_2 = t_3 - t_1$ 分别为落体由第一位置运动至第二和第三位置所用的时间。为了消去 V_0，将式(2-57)的两个公式分别除以 T_1 和 T_2，再相减，得到

$$\frac{L_1}{T_1} - \frac{L_2}{T_2} = \frac{1}{2} g (t_2 - t_3)$$

因为

$$t_2 - t_3 = T_1 - T_2$$

最后得到 g 的计算式

$$g = \frac{2}{T_2 - T_1}\left(\frac{L_2}{T_2} - \frac{L_1}{T_1}\right) \tag{2-58}$$

由此可见，利用下落法测定重力需要测定在两个时间段（T_1 和 T_2）内物体下落的距离 L_1 和 L_2。

(二)上抛法

上抛法是将物体垂直上抛然后再自由下落。为了求得重力加速度 g，需在物体运动途径上先取两个位置 S_1 和 S_2，分别测定落体两次通过每一个位置时的时间间隔 T_1 和 T_2。图 2-31 给出情况的图解，横轴表示时间，纵轴表示落体的垂直位置。设 H_1 和 H_2 分别为两个观测位置与落体运动的最高点的距离，依据式(2-56)可以写出(这里 $l_0 = 0, V_0 = 0$)

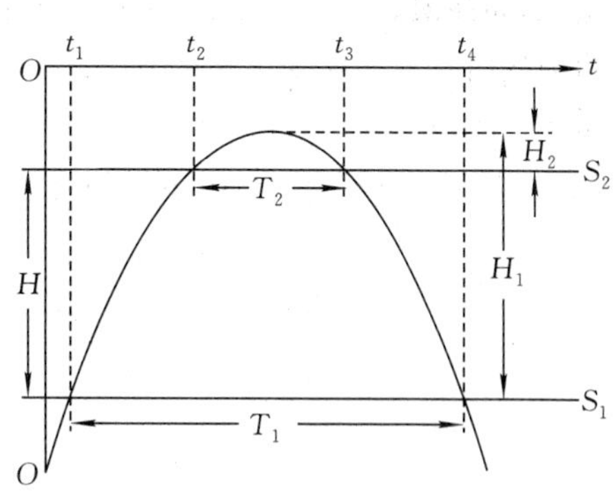

图 2-31　上抛法测定重力

$$H_1 = \frac{1}{2} g \left(\frac{T_1}{2}\right)^2$$

$$H_2 = \frac{1}{2} g \left(\frac{T_2}{2}\right)^2$$

用 H 表示两个位置之间的距离，则有

$$H = H_1 - H_2 = \frac{1}{2} g \left[\left(\frac{T_1}{2}\right)^2 - \left(\frac{T_2}{2}\right)^2\right]$$

整理后可得 g 的计算公式

$$g=\frac{8H}{T_1^2-T_2^2} \tag{2-59}$$

由此可见,用上抛法测定重力需要测定物体上升和下落两次分别通过相距 H 的两个位置的时间间隔 T_1 和 T_2。

二、相对重力测量

相对重力测量是先测定两点之间的重力差,然后通过至少一个已知重力值的点,逐点推求各点重力值的测量技术。

静力法是利用一种力(例如弹簧的弹力)来平衡物体所受的重力,重力的变化将引起平衡位置(弹簧位置)的变化,只要测出平衡位置的变化(弹簧的升缩量),就可算出重力的变化(运用虎克定律),也就是测定了两地的重力差。

目前常用的重力仪基本上都是以弹簧的弹力来平衡重力,这些重力仪称为弹簧重力仪。例如北京地质仪器厂制造的ZSM型石英弹簧重力仪和美国的拉科斯特(LCR)金属弹簧重力仪,它们都是由弹性系统、光学系统、测量机械装置、仪器面板及保温外壳等组成。ZSM测量重力差范围为80～120 mGal,测量精度一般为0.1～0.3 mGal。LCR重力仪又分为G型和D型,G型的直接测量范围可达7 000 mGal,用它可在全球范围内进行相对重力测量,测量精度可以达到±20 μGal。D型的直接测程只有200 mGal,一般用于局部地区的重力普查,其测量精度略高于G型。

三、航空重力测量

航空重力测量是以飞机为载体,综合应用重力仪、GPS、测高仪以及姿态确定设备测定近地空间重力加速度的重力测量方法(见图2-32)。它能够在一些难以开展地面重力测量的特殊地区,如沙漠、冰川、沼泽、原始森林等地进行作业。可以快速、高精度、大面积及分布均匀地获取重力场信息。它较之经典的地面重力测量技术,无论是测量设备、运载工具、测量方法,还是数据采集方式、数据归算理论等,都截然不同。充分体现了当代高新技术在大地测量领域的综合应用,对大地测量学、地球物理学、海洋学、资源勘探以及空间科学等都具有非常重要的意义。

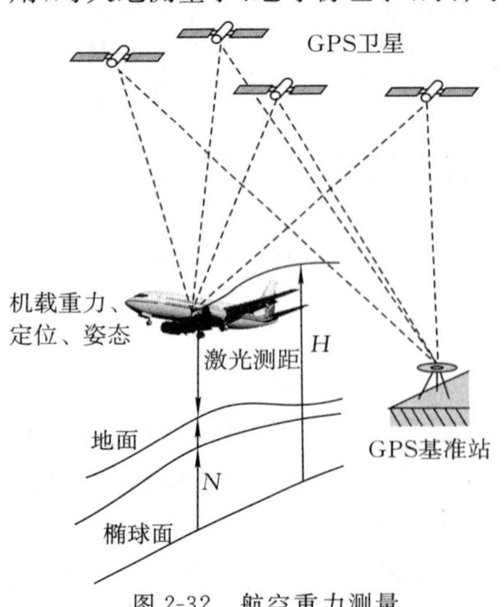

图2-32 航空重力测量

国际上首次航空重力测量试验是1958年进行的,由于导航手段的精度很低而无法保证飞机垂直扰动加速度的测定精度优于10 mGal,故直到20世纪70年代末,航空重力测量技术的发展实际上处于停滞状态。GPS技术的问世,特别是厘米级动态差分GPS的实现,使得以10 mGal级精度分离作用于运动载体上的重力和非重力成为可能。航空重力测量可以分为标量法和矢量法两种,前者仅能测定重力加速度的大小,而后者可同时测定重力异常和垂线偏差。目前航空矢量重力测量技术仍处在攻关研制阶段,而航空标量重力测量因只需测定沿某一固定轴方向的重力大小,观测信息简单,相对较易实现。本节将重点介绍航空标量重力测量技术的基本原理、系统配置和数据处理方法等。

(一)航空重力测量的基本原理

航空重力测量的基本原理是利用飞机携带的机载重力仪测出飞行剖面各时刻相对于地面基准重力点的重力变化,然后算出各扰动改正项并通过一定的数据处理方法推算出相应时刻空中点的重力加速值,最后采用延拓方法将其归算为地面点的重力值。航空重力测量是相对重力测量,即在飞机起飞前,应当与地面已知重力点进行联测。其基本的数据模型为

$$\Delta g_h = g_b + \delta g - A_v - A_E - A_h + 0.3086H - \gamma_0 \tag{2-60}$$

式中,Δg_h 是高程 H 处的空间点的重力异常,g_b 为地面重力基准点的重力值,δg 为机载重力仪实测的相对于 g_b 的重力变化,A_v 为飞机垂直加速度改正,A_E 是厄特沃什改正,A_h 为水平加速度倾斜改正,γ_0 表示观测点在参考椭球面上的正常重力值(参见§4-1),$0.3086H$ 为正常重力的空间改正。

飞机的垂直扰动加速度 A_v 主要是飞机的垂直运动和机身自震造成的,机身自震以高频为主,可采用低通滤波器和重力仪敏感元件的强阻尼等方法消除;飞机的垂直运动则采用连续测量其飞行的高度,通过适当的计算方法来修正。测定飞行高度变化在海面上比较容易实施,直接用测高仪测定飞机到海水面的变化即可;但在陆地上,测高仪测量的是飞机至地面高度的变化,因此要推求飞机的高度变化,还须同时已知航线上的地形高度变化。

重力是地球质量的万有引力与地球自转产生的离心力的合力。当在运动的载体上测量重力时,载体速度与地球自转速度合成而使离心力产生变化,这种变化即为厄特沃什改正,其计算公式为

$$A_E = \left(1 + \frac{H}{R}\right)\left(2\omega V \sin A \cos\varphi + \frac{V^2}{R}\right) \tag{2-61}$$

式中,H 为飞行高度,R 为地球平均半径,V 为载体运动速度,A 代表运动方位角,ω 为地球自转角速度,φ 是测点的地心纬度。

观测重力时,重力仪应与水准面应严格平行。在航空重力测量中,如果重力仪平台与水准面不严格平行,则除了对重力加速度产生影响外,还对水平加速度的垂直分量产生影响,这种影响称之为水平加速度倾斜改正。设 g 为实际重力值,g_t 为重力仪实测值,θ 是平台平面与水准面倾角,A_e 表示横向水平加速度,则水平加速度倾斜改正可表示为

$$A_h = g(\cos\theta - 1) + A_e \sin\theta \tag{2-62}$$

由式(2-62)可以分析,当 $A_e = 500$ mGal,$\theta \leqslant 3.4'$时,A_b 可小于 1×10 mGal。由于陀螺平台水平精度达 0.2′,故此项改正通常可以忽略,相应的误差小于 0.05 mGal。

(二)航空重力测量系统

航空重力测量系统是由现代重力传感器、卫星定位、惯性和精密测高等技术集合而成的,主要由五个分系统组成。

(1)重力传感器系统。它主要包括机载重力仪和平台。机载重力仪应有足够的动态范围,能测出随飞机起飞和着陆过程中产生的巨大短时加速度等信息,以便计算各类重力扰动改正项。

(2)动态定位系统。该系统的主要作用是采用 GPS 技术来保证最佳的实时导航,提供初始轨道和精密的位置信息,计算与载体运动有关的加速度。实时导航仪用伪距观测量即可,为获得精确的飞行轨迹,则需综合利用伪距、相位及多普勒观测信息。

(3)姿态传感器系统。飞机的飞行姿态通常以俯仰角、横滚角和方位角来表示，并由惯性测量设备来获取。由于惯性测量设备价格昂贵、漂移较大、难以维护等缺陷，近年来发展了测量姿态精度高、无漂移、价格低等 GPS 姿态测定设备。

(4)高度传感器系统。该系统的主要作用是采用微波测高仪、雷达测高仪、气压测高仪或 GPS 技术等提供用于计算厄特沃什改正、空中重力异常归算至地面改正的高程信息。

(5)数据采集处理系统。它包括机载数据采集设备和地面数据处理设备。机载设备用于同步记录重力传感器、导航定位、姿态及测高各分系统的输入数据，要求记录的每组数据均带有精确统一的时标，以便于地面设备计算处理。

四、卫星重力测量

卫星重力测量的主要手段有：地面跟踪卫星，卫星跟踪卫星(satellite to satellite tracking，SST)，卫星重力梯度测量(satellite gravity gradiometry，SGG)和卫星测高(satellite altimetry，SA)。

(一)地面跟踪卫星测定地球重力场

地面跟踪卫星测定地球重力场的技术有 SLR、DORIS 等。地面跟踪卫星的观测量主要包括地面跟踪站至卫星的方向、距离、距离变化率、相位等。根据这些观测数据，可以建立卫星轨道与地面跟踪站之间的几何和物理的函数关系，而卫星轨道是地球重力场等摄动因素的隐函数，由此可以推算地球重力场。

(二)卫星跟踪卫星测量地球重力场

卫星跟踪卫星技术可以分为高低卫星跟踪(SST-hl)和低低卫星跟踪(SST-ll)两大类。SST-hl 利用低轨卫星(LEO，高度 400 km 左右)上的星载 GPS 接收机与 GPS 卫星星座(高度 21 000 km 左右)构成高低卫星的空间跟踪网，测定低轨道卫星的三维位置、速度和加速度，即重力位的一阶导数。SST-ll 利用两个相距 200～400 km 的相同卫星，对两者之间的相对运动——卫星间的距离变化用微波干涉仪做精密的测量，利用星间距离变化率，确定地球引力场的系数。

德国的 CHAMP(challenging mini-satellite payload for geophysical research and aplication)卫星采用 SST-hl 跟踪模式，如图 2-33 所示。CHAMP 卫星于 2000 年 7 月 15 日在德国发射升空，由德国地球科学研究中心(GFZ)独立研制，圆形近极轨道，轨道倾角 83°，偏心率 0.004，近地点约 470 km。其基本原理是低轨 CHAMP 卫星上的星载双频 GPS 接收机，接收高轨 GPS 卫星信号精密确定低轨卫星的轨道，利用卫星上安装的三轴加速度计测量非保守力，如大气阻力、太阳光压等，从而精确获得低轨卫星的位置、速度和加速度，进而建立其与重力位的关系，解算重力场。此外，星载设备还装配了反射棱镜和地磁探测仪，用于激光测距、磁场测量、大气和电离层探测等。CHAMP 卫星的主要科学任务包括：确定全球重力场的中长波静态部分及其随时间的变化；测定全球磁场和电场；大气和电离层探测。CHAMP 卫星的设计寿命为 5 年，实际于 2010 年 9 月进入大气层，结束任务。

GRACE(gravity recovery and climate experiment)卫星由美国和德国联合开发，采用 SST-hl 和 SST-ll 组合跟踪模式，如图 2-34 所示。研制 GRACE 卫星的重要科学目标是提供高精度和高空间分辨率的静态及时变地球重力场，由两颗卫星组合而成，于 2002 年 3 月 17 日发射升空。通过 K 波段微波系统精确测定出两颗星之间的距离及速率变化来反演地球重力场，圆形近极轨卫星，倾角为 89°，初始平均轨道高度为 500 km，两颗星之间的距离为 220 km。

GRACE 卫星的主要特点包括：卫星轨道低，对地球重力场敏感度高；利用差分观测方式，抵消了测量中的许多公共误差；星载 GPS 接收机能同时接收到多颗 GPS 卫星，使确定的卫星轨道精度提高；星载三轴加速度仪直接测量了非保守力摄动加速度，不再需要把大气阻力、太阳光压等非保守力模型化；卫星上的 K 波段微波测距和测速系统实现了两颗星之间速率变化的测定精度好于 10^{-6} m/s；卫星上装有激光发射镜，实现了 SLR 的辅助定轨和轨道的检核；卫星上还装载了确定卫星方位的恒星照相机阵列及其他设备，给出了高精度的卫星姿态，星载加速度数据的正确解释。

2004 年 8 月底，GRACE 资料全球公开，极大地推动了 GRACE 卫星观测资料的研究，其主要研究内容集中在以下几方面：利用 GRACE 资料确定高精度地球重力场，研究大地水准面和重力异常，利用 GRACE 时变重力场研究地球表面流体质量的季节性分布变化，特别是全球水质量分布变化。GRACE 卫星设计寿命为 5 年，实际远超设计寿命，坚持运行到了 2015 年。

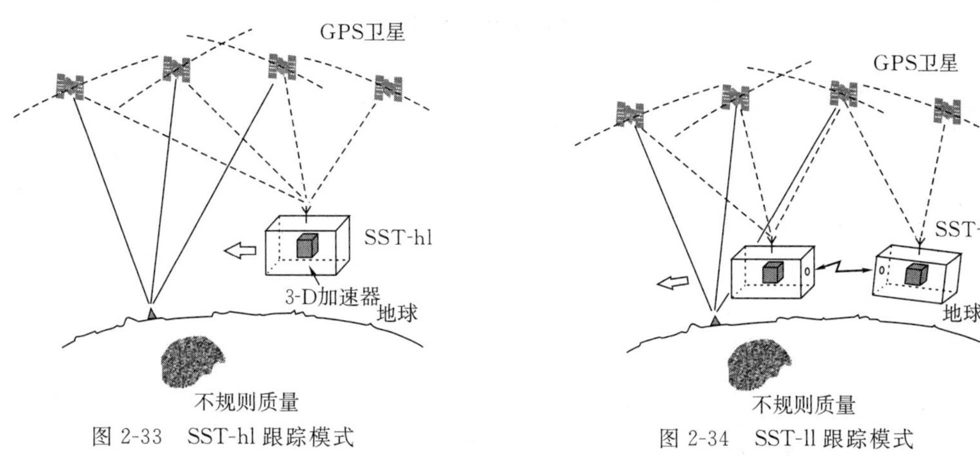

图 2-33　SST-hl 跟踪模式　　图 2-34　SST-ll 跟踪模式

（三）卫星重力梯度测量

卫星重力梯度测量是利用卫星内一个或多个固定基线（大约 70 cm）上的差分加速度计来测定三个互相垂直方向的重力加速度差值，测量到的信号反映了重力加速度分量的梯度，即重力位的二阶导数。非引力加速度（例如空气阻力）以同样的方式影响卫星内所有加速度计，取差分可以理想地被消除掉。它的任务之一是以更高时空分辨率探测地球重力场及其变化。

欧洲航天局（ESA）的 GOCE（gravity and ocean circular exploration）卫星，采用 SGG 模式，如图 2-35 所示。GOCE 卫星于 2009 年 3 月 17 日发射升空，轨道高度为 295 km，轨道倾角为 96.7°。GOCE 卫星是 ESA 研制和发射的最先进的探测卫星之一，被认为是欧洲首颗利用高精度和高空间分辨率技术提供全球重力场模型的卫星，重约 1 吨，装备有 1 套能够对地球重力场的变化进行三维测量的高灵敏度重力梯度仪。ESA 可根据 GOCE 卫星收集的数据绘制高清晰度地球水准面和重力场图，以便于对地球内部结构进行深入研究。其主要科学目标是：测定地球重力场的精度达到 1 mGal；确定大地的水准面精度达到 1～2 cm；并且实现上述的空间分辨率优于 100 km。2010 年 7 月 8 日，GOCE 卫星无法向地面接收站传回科学数据。之后通过 GOCE 缓慢传回地面站的数据，利用软件补订对故障进行了排除，卫星最终得以修复。2013 年 11 月 10 日,GOCE 卫星燃料耗尽,分解成诸多碎片,随后坠落至地球表面以上 80 km 处。坠落后大部分残骸在大气层中烧毁,只有 25%左右落到地球表面上。

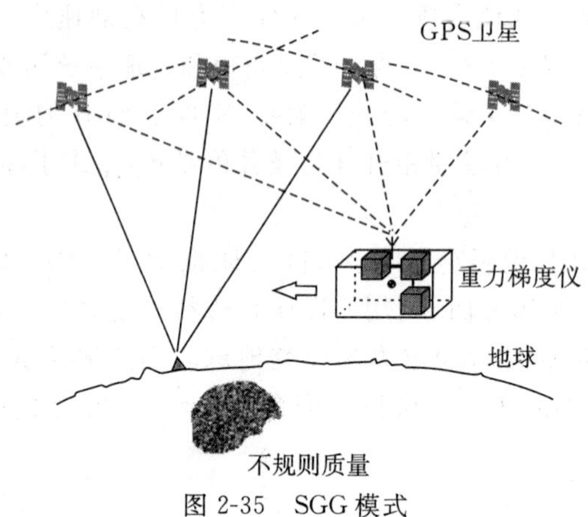

图 2-35 SGG 模式

第三章　测绘基准与大地控制网

测绘地球表面上各种地形、地物及点位的坐标、高程和重力值，必须要有相应的测量参考点（称为基准点）和参考面（称为基准面），即测绘基准，它们是测绘成果的起算依据。测绘基准主要由大地基准（本书称为坐标基准，包括水平坐标基准、三维坐标基准）、高程基准、深度基准和重力基准等构成。测绘基准为各种测绘工作提供起算数据，是确定地理空间信息的几何形态和时空分布的基础，是在数据空间里表示地理要素在真实世界的空间位置的参考基准。测绘基准的建设任务包括确定和定义坐标系统、高程系统和重力参考系统，建立和维持坐标框架（水平控制网、卫星大地控制网）、高程框架（高程控制网）和重力测量框架（重力控制网）。

水平坐标基准和高程基准是采用经典大地测量方法实现的，其控制范围有限，只能作为区域性的基准，一般情况下只适用于某一个国家范围内。三维坐标基准和重力基准既可以作为全球性基准又可以作为区域性基准。各种基准是通过一系列控制点的点位坐标、高程及其重力值来体现的，具体地说，是通过建立不同的大地控制网来实现的。水平控制网、高程控制网、卫星大地控制网、重力控制网分别实现了水平坐标基准、高程基准、三维坐标基准和重力基准的延伸。

经典的大地测量技术在测定地面点的水平坐标和其高程时所采用的方法是不同的，三角测量法、导线测量法只能获得地面点的水平二维坐标 (x,y) 或(L,B)，地面点的高程 H 则需通过水准测量或三角高程测量获得。由于水平坐标和高程的测定在原理和方法上均有本质区别，无法将它们统一起来，因而经典大地控制网的建立是将水平控制网与高程控制网分离独立进行建立的。水平控制网确定了地面点的水平坐标基准，高程控制网确定了地面点的高程基准。这种分别由两套系统建立的控制网也称为“2＋1”维网，该方法目前仍在生产中广泛使用。现代大地测量中，水平控制网一般由卫星大地测量技术建立。

本章主要讨论测绘基准问题及建立大地控制网的方法、原则和布网方案等问题。

§3-1　水平坐标基准与水平控制网

水平坐标基准是由一系列大地控制点的水平坐标实现的，它是确定地面点水平坐标的基础，通常通过建立水平控制网的方法来实现。

一、大地原点与水平坐标基准

（一）大地原点

大地原点是国家水平控制网中推算大地坐标的起算点。在国家大地网中选一个比较适中的点，在该点上高精度测定它的天文经纬度及其到另一个点的天文方位角，根据参考椭球定位的方法，求得该点的大地经纬度、大地高和该点到另一测量点的大地方位角，这些数据称为大地基准数据，用于大地坐标系的建立。该点就是大地原点，通过该点，可以实现大地基准的建立。有关参考椭球的定位及大地坐标系的建立等概念将在第七章中详细介绍。

1954 北京坐标系的大地原点在苏联普尔科沃天文台。20 世纪 70 年代末,中国决定建立自己独立的大地坐标系统,即 1980 西安坐标系,需要选择一个位于中国境内、位置适中的点作为新的大地原点。通过实地考察、综合分析,最后将中国的大地原点确定在陕西省泾阳县永乐镇石际寺村境内,具体坐标(经纬度)为:34°32′27.00″N ,108°55′25.00″E,于 1978 年建成。中国大地原点的整体设施,由中心标志、仪器台、主体建筑、投影台四大部分组成。如图 3-1 所示,主体建筑高出地面 26 m,共 7 层,顶层为观察室,内设仪器台。顶部是由玻璃钢制成的半圆形屋顶,采用电控自动启闭,以便进行大地天文测量。大地原点的中心标志埋设于主体建筑的地下室中央,该标志采用红色玛瑙石制成,直径 10 cm,精美而坚固(见图 3-2)。

图 3-1 大地原点的外观

图 3-2 大地原点的标志表面

(二)水平坐标基准

水平坐标基准是一个国家平面坐标的全面基础,是建立国家大地坐标系统和推算国家水平控制网中各点大地坐标的基本依据,它包括一组起算数据,即指国家大地控制网起算点(大地原点)的大地经度、大地纬度和至相邻点方向的大地方位角。

水平坐标基准通过一系列控制点构成水平控制网来延伸。在经典大地测量中,控制点的坐标由大地原点起算,通过导线测量、三角测量等经典大地测量方法推算得到。目前在现代大地测量中,水平坐标基准主要由 GPS 技术和方法实现(见 § 3-3)。

二、建立水平控制网的方法

(一)导线测量法

在地面上选定相邻点间互相通视的一系列大地控制点 P_1、P_2、P_3… 连成一条折线,称为导线,如图 3-3 所示。在导线点上测量相邻点间的边长和点上的角度,并把这些边长和角度都化算到平面上。设 D_{12}、D_{23}…为各导线的平面边长,β_i 为各导线点上的转折角。若已知点 P_1 的平面坐标为 x_1、y_1,P_1P_0 的坐标方位角为 T_{10}。从 T_{10} 起可逐次推得各导线边的坐标方位角,即

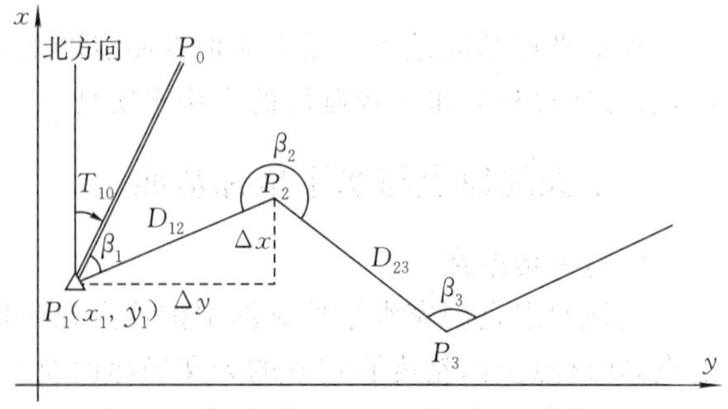

图 3-3 导线测量法

$$T_{12}=T_{10}+\beta_1$$
$$T_{23}=T_{12}+180^\circ+\beta_2$$
$$\vdots$$

根据这些方位角和各边边长，由点 P_1 的坐标开始，可推算其他各导线点的坐标，有

$$P_2:\begin{array}{l}x_2=x_1+D_{12}\cdot\cos T_{12}\\ y_2=y_1+D_{12}\cdot\sin T_{12}\end{array}$$
$$P_3:\begin{array}{l}x_3=x_2+D_{23}\cdot\cos T_{23}\\ y_3=y_2+D_{23}\cdot\sin T_{23}\end{array}$$
$$\vdots$$

以上就是用导线法建立水平控制网的基本原理。

(二)三角测量法

在地面上选择一系列点 P_1、P_2、P_3…使它们与周围相邻的点通视并按三角形的形式连接起来构成三角网，如图 3-4 所示。测定 P_1P_2 边的长度和方位角，作为网的起算边长和起算方位角，观测网中各三角形的角，把边长和这些角度化算到平面上。设点 P_1 的已知坐标为 x_1、y_1，P_1P_2 的平面边长和平面坐标方位角为 D_{12} 和 T_{12}，各观测角为 A_i、B_i、C_i。由 P_1P_2 边开始可以推得全网各边的边长和坐标方位角。有

$$D_{13}=D_{12}\frac{\sin B_1}{\sin A_1},\quad T_{13}=T_{12}+C_1$$
$$D_{14}=D_{13}\frac{\sin B_2}{\sin A_2},\quad T_{14}=T_{13}+C_2$$
$$\vdots\qquad\qquad\vdots$$

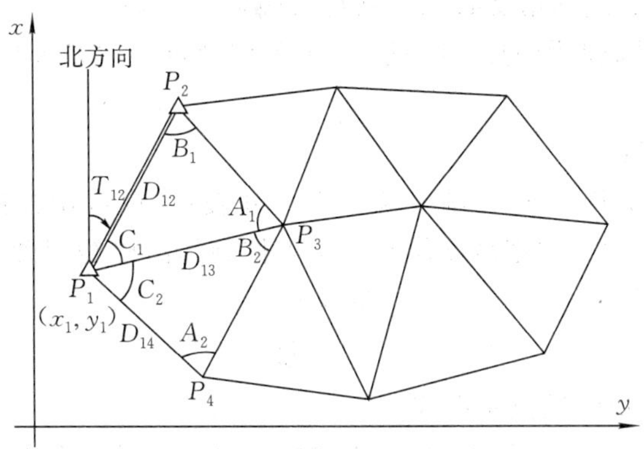

图 3-4　三角测量法

根据这些边长和方位角就可推算全网点的坐标。即

$$x_3=x_1+\Delta x_{13}=x_1+D_{13}\cos T_{13}$$
$$y_3=y_1+\Delta y_{13}=y_1+D_{13}\sin T_{13}$$
$$\vdots$$

以上就是用三角测量法建立水平控制网的基本原理。

(三)三边测量法和边角同测法

三边测量法的结构和三角测量法一样，但只测量网中所有三角形边长，各内角则通过计算

求得。如果在测角网基础上加测部分边长或全部边长，则称为边角同测法或边角全测法。

三、国家水平控制网的布设原则

国家水平控制网是一项基本建设工程，需要从国家的实际情况出发，根据布网理论和实际经验，正确处理质量、数量、时间和经费之间的关系，拟定出具体原则，作为布设大地控制网的依据。

(一)分级布网逐级控制

国家水平控制网可以采用一个等级的布设方法，也可采用多级布设的方法。对于领土不大的国家通常布设一个等级的控制网，可以使全网精度均匀，平差计算工作量不大，且可直接作为测图控制基础。对于领土广阔的国家常采用从高到低分级布设的方法，先在全国范围内布设精度高而密度较稀的首级控制网，作为统一的控制骨架。再根据各个地区建设的需要，分期分批逐次加密控制网，各级控制网的边长逐级缩短，精度逐级降低。这种布设方法是在统一的坐标系骨架中，按不同地区有先有后地布设其余各级三角网，这既能满足精度需要，又能达到快速、节约的目的。

中国国家水平控制网分为四个等级，先以高精度较稀疏的一等三角锁，纵横交叉布满全国，形成统一坐标系的骨干网。然后根据实际需要，在不同地区分期分批地布设二、三、四等水平控制网。

(二)应有足够的精度

国家水平控制网在建立过程中，一、二等网除作为国家统一坐标的控制骨架外，还要满足基本比例尺地形图的测图需要和现代科学技术发展的需要，如航天技术、精密工程、地震监测、地球动力学等。而三、四等水平控制网主要用于地形图图根点的高一级控制和基本工程建设的需要。因此各等级控制点的精度必须要满足实际需要。如一、二等大地控制点其精度应该满足1∶5万基本比例尺地形图的需要，而三、四等控制点点位精度应满足1∶1万地形图测图的需要。

(三)应有必要的密度

控制网点的密度以平均若干平方千米一个点来表示，也可用控制网中间点的平均边长表示。网中边长越短，大地点的密度就越密。每点控制的面积 Q 按平均边长 S 来表示，即

$$Q = S^2$$

$$S = \sqrt{Q} \tag{3-1}$$

式(3-1)是边长与控制面积的近似关系式。

国家控制点的密度必须满足测图要求，而测图比例尺和成图方法的不同，对点的密度要求也不同。一般要求每个图幅平均有3～4个大地点，以满足加密控制点的需要。而对于不同的工程建设，可能对点的密度要求不同，应根据实际情况而定。

(四)应有统一的规格

中国领土辽阔，建立国家控制网的任务相当繁重，需要花费巨大的人力、物力和财力，要有很多单位共同努力来完成。国家控制网基本建成后，各部门根据本单位的需要，还要对大地网的某些部分不断进行加强、改造和补充。为了避免重复和浪费，便于相互利用，必须有统一的布设方案和作业标准，使各测绘部门所测成果的精度、布设规格合乎要求，构成统一的整体，成为国家大地控制网的组成部分。有关布设的总体方案、预期的精度指标、基准选取等问题在大

地测量法式中体现。具体实施方案、使用仪器、操作方法、限差规定和成果验收等问题在相应的技术标准中具体规定。

四、国家水平控制网的布设方案

中国国家水平控制网在 20 世纪 50 年代建立时主要是以三角测量方法布设的，在困难地区兼用导线测量的方法，下面主要介绍各等级三角锁网的布设情况。

(一)一等三角锁系

一等三角锁系是国家首级三角网，其作用是在全国领土上迅速建立一个统一坐标系的精密骨架，以控制二等以下三角网的布设，并为研究地球形状大小和地球动力学等提供资料。控制测图不是直接目的，因此，着重考虑的是精度而不是密度。

一等三角锁一般沿经纬线方向交叉布设，如图 3-5 所示。两交叉处间的三角锁称为锁段，纵横锁段围成一周称为锁环，许多锁环构成锁系。锁段长约 200 km，通常由单三角形组成，也可包括一部分大地四边形或中点多边形。锁中三角形平均边长为 20～25 km，三角形的任一角不小于 40°，大地四边形或中点多边形的传距角要大于 30°。按三角形闭合差计算的测角中误差不大于±0.7″。

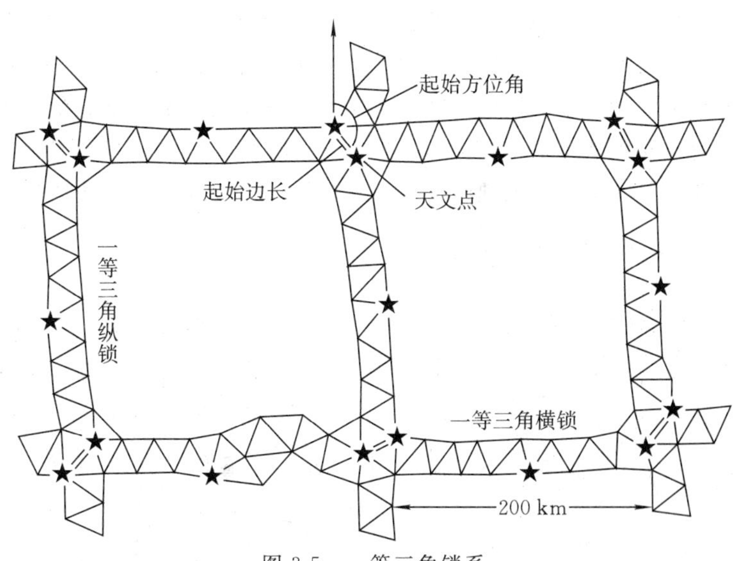

图 3-5　一等三角锁系

在锁段交叉处要测定起始边长，其相对精度不低于 1/350 000。在起始边两端点测定天文经、纬度和天文位角，并在锁中央一个点上测定天文经、纬度。天文经、纬度和天文方位角的测定中误差分别小于±0.3″、±0.3″和±0.5″。凡测定天文经、纬度的点都为计算垂线偏差提供资料。由于布设方案中要进行天文测量，所以，国家水平控制网又称为天文大地网。

(二)二等三角网

二等三角网布设在一等锁环所围成的范围内，它是加密三、四等网的全面基础，如图 3-6 所示。二等网平均边长为 13 km，就其密度而言，基本上满足 1∶5 万比例尺测图要求。它与一等锁同属国家高级网，所以，主要应考虑精度问题，而密度只做适当照顾，其按三角形闭合差计算的测角中误差应小于±1″。在网中央布测一条起始边长和起始方位角，对于较大的锁环要加测起始方位角。网中三角形的角度不小于 30°，一等三角锁两侧的二等网应与一等锁边

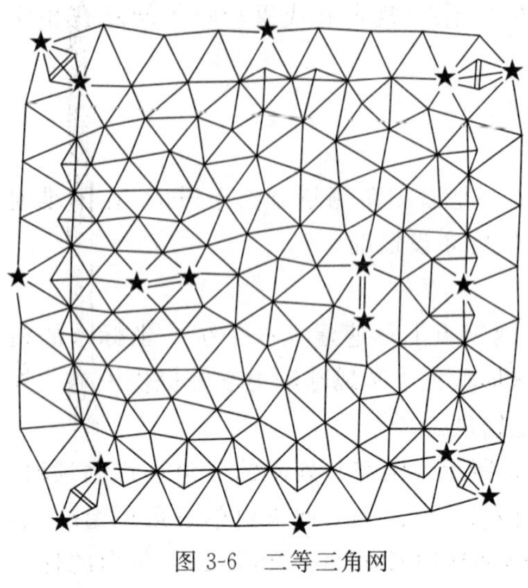
图 3-6　二等三角网

连接成连续三角网。

(三)三、四等三角网(点)

三、四等三角网(点)是在二等三角网基础上进一步加密布设的,以满足测图和工程建设的需要。它是图根测量的基础,其布设密度必须与测图比例尺相适应。三等三角网平均边长为 8 km,每点控制面积约 50 km^2,基本上满足 1∶2.5 万测图需要。四等三角网平均边长为 4 km,每点控制面积约 20 km^2,可满足 1∶1 万和 1∶5 000 测图需要。

三、四等点每点都要设站观测,由三角形闭合差计算测角中误差:三等应小于 $\pm 1.8''$;四等应小于 $\pm 2.5''$。在实际布设中,尽可能地采用插网法,也可采用插点法布设。

所谓插网法就是在高等级三角网内,以高级点为基础,布设次一等级的连续三角网,连续三角网的边长根据测图比例尺对密度的要求而定,可按两种形式布设。一种是在高级网中(双线所示)插入三、四等点,相邻三、四等点与高级点间连接起来构成连续的三角网,如图 3-7 左图所示,这适用于测图比例尺小,要求控制点密度不大的情况;另一种是在高等级点间插入很多低等级点,用短边三角网附合在高等级点上,不要求高等级点与低等级点构成三角形,如图 3-7 右图所示,此种方法适用于大比例尺测图,要求控制点密度较大的情况。

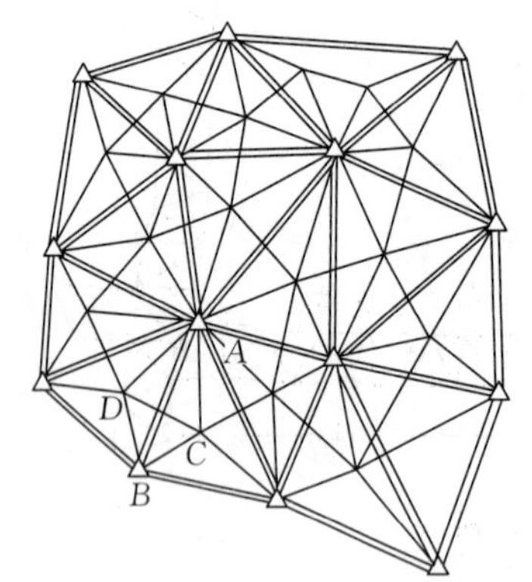

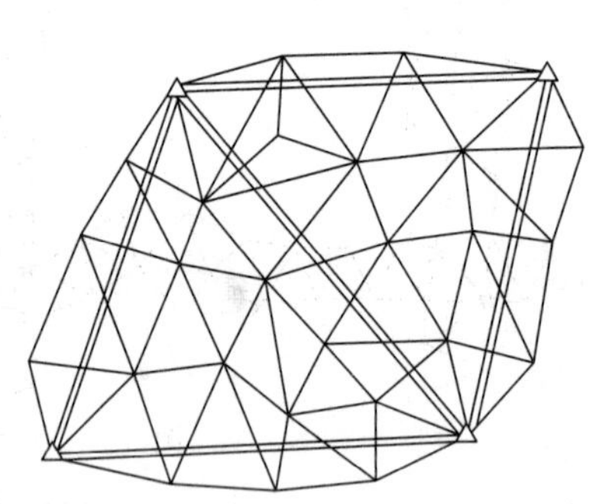

图 3-7　插网式三、四等网

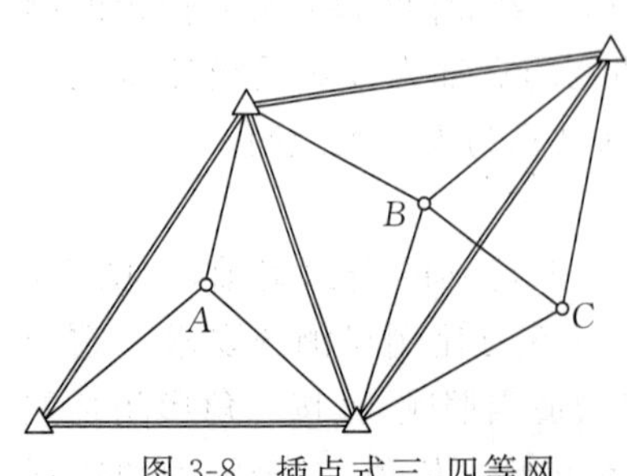

图 3-8　插点式三、四等网

插点法是在高等级三角网的一个或两个三角形内插入一个或两个低等级的新点。如图 3-8 所示,插入 A 点的图形是三角形内插一点的典型图形。而插入 B、C 两点的图形是三角形内外各插一点的典型图形。

在用插点法加密三角点时,要求每一插点须由三个方向测定,且各方向均双向观测,并应注意新点的点位。当新点位于三角形内切圆中心附近时,插点精度高;新点离内切圆中心越远精度越低。

国家相应技术标准中规定采用插网法(插点法)布设三、四等网时,因故未联测的相邻点间距离(例如图 3-8 中的 AB 边),三等应大于 5 km,四等应大于 2 km,否则必须联测。因为不联测的边,当其边长较短时边长相对中误差较大,给进一步加密造成困难,为克服上述缺点,当 AB 边小于上述限值时必须联测。

(四)导线控制网

虽然导线测量在控制面积,检核条件及控制方位角传算误差时不如三角测量,但是它具有布设灵活、推进迅速、易克服地形障碍等显著的优点。在 20 世纪 60 年代初,中国青藏高原大部地区就是采用导线法布设稀疏的一、二等控制网的。随着全站仪的普及,电磁波测距仪在提高精度、增大测程、减轻重量等方面的不断改进,使导线测量的应用越来越广。在低等控制网加密,用来代替三、四等三角网控制大比例尺测图中,导线测量就具有上述优点,另外,导线测量还是军事上阵地联测的重要方法。

导线测量的布设原则和三角测量布设原则基本相同,它也分为四个等级,各等级导线测角测边的精度要求,应使导线推算的各元素精度与相应等级三角锁网推算的精度大体一致。

一等导线一般沿主要交通干线布设,纵横交叉构成较大的导线环,几个导线环连成导线网。图 3-9 为导线布设示意图。一等导线网与邻接的三角锁要妥善连接,构成整体大地控制网。一等导线环周长一般在 1 000～2 000 km。二等导线布设在一等导线(或三角锁)环内,两端闭合在一等导线(或三角锁)点上,成附合形式。二等导线间也构成互相交叉的导线环,并连接成网。二等导线环周长一般在 500～1 000 km。一、二等导线边长可在 10～30 km 范围内变动。为了控制导线边的方位角误差和减少导线的横向误差,一、二等导线每隔 100～150 km,和它与一、二等三角锁网连接处,以及所有一、二等导线交叉处,需测定导线边两端点的天文经纬度和天文方位角,以求定该边的起始方位角。由于导线结构不及三角网强固,方位角传算误差积累较快,因此导线的起始方位角的间隔要小。两端有方位角控制的导线称为导线节,导线节要尽量布成直伸形式。导线网内两交叉点之间走向大体一致的若干导线节合称为导线段。方位角传算误差随边数增加而增大,因此一、二等导线每一导线节的边数不得多于 7 条。

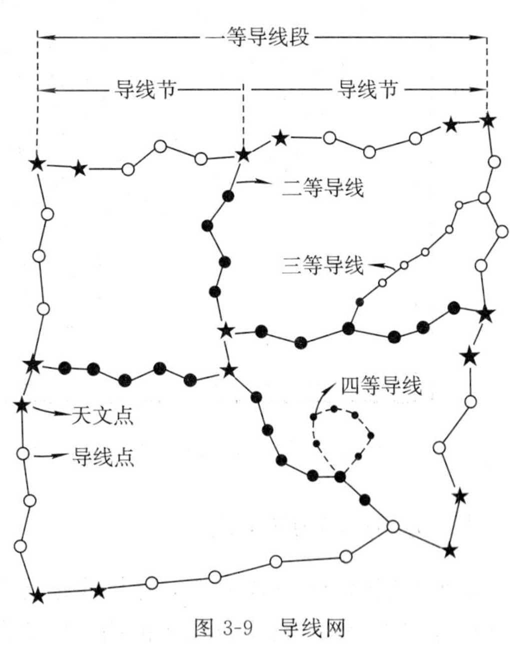

图 3-9　导线网

三、四等导线是在一、二等导线网(或三角锁网)的基础上进一步加密,应布设为附合导线。单个附合导线总长三等不超出 200 km,四等不超出 150 km。布设几条附合导线时,应尽量连成网状,以增强导线结构。三、四等导线边长的选择,可根据测边测角仪器的性能以及所需大地点的密度而定。一般三等边长在 7～20 km 范围内变通,四等在 4～15 km 范围内变通,作业时应尽量采用较长的边。

(五)中国天文大地网简介

中国一等三角锁系和二等网合称天文大地网,从 1951 年开始布设,于 1975 年完成。一等锁全长约 8 万千米,包括 400 多个锁段构成 100 多个锁环,共有 5 000 多个一等三角点,具体布设形状如图 3-10 所示。1982 年完成了天文大地网整体平差工作,网中包括一等三角锁系、二等三角网、部分三等网和导线,有近 5 万个控制点,467 条起始边和 916 个起始方位角。共组成约 30 万个误差方程式和 15 万个法方程式。平差结果表明,网中离大地原点最远点的点位中误差为±0.8 m,相邻点的相对精度大部分小于 1/200 000。

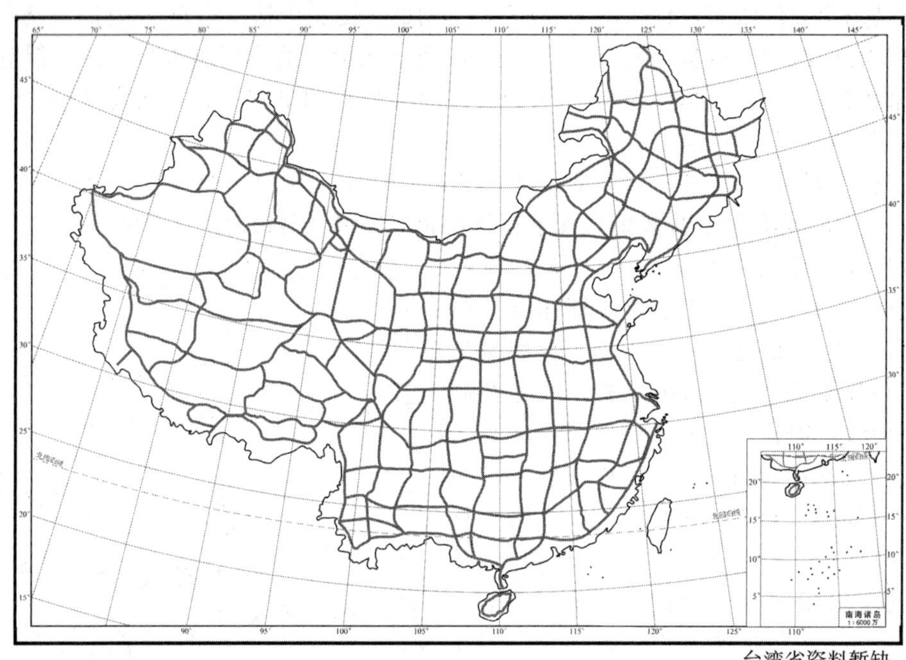

图 3-10 中国天文大地网(曲线表示一等三角锁系,曲线围成的四边形内空白处表示二等三角网)

五、水平控制网布设

水平控制网布设包括:技术设计、实地选点、觇标建造、标石埋设、距离测量、角度测量和平差计算等主要步骤。这里仅简述前四部分的内容。

(一)对控制点点位的要求

不论是技术设计还是实地选点,水平控制网点的位置应满足下列要求:

(1)控制点间所构成的边长、角度、图形结构应完全符合相应技术标准的要求。

(2)点位要选在展望良好、易于扩展的至高点上,以便于低等点的加密。

(3)点的位置要保证所埋中心标石能长期保存,造标和观测工作的安全便利。因此点位应选在土质坚实而排水良好的高地上,离开公路、铁路、高压电线和其他建筑物一定的距离。

(4)为保证观测目标成像的清晰稳定和减弱水平折光的影响,以提高观测精度,视线应尽量避免沿斜坡或大河大湖的岸线通过。视线要超越及旁离障碍物相应的距离,在山区一、二等方向应不小于 4 m、2 m,在平原地区一、二等方向应不小于 6 m、4 m。

(二)技术设计

1. 收集资料

在拟订计划前必须收集测区有关资料,包括:测区的各种比例尺地图、航空像片图、交通图和气象资料;已有的大地点成果;测区的自然地理和人文地理情况,交通运输和物资供应情况等。对这些资料加以分析和研究,作为设计的依据和参考。

2. 图上设计

图上设计是技术设计中的主要项目。图上设计应考虑得细致周密,这样在实地选点时就非常容易,否则会给野外作业带来困难。

图上设计的一般步骤和方法如下:

(1)把测区内的1∶5万或1∶10万地形图拼接起来,在图上标绘出已布设的三角锁网、GPS网、导线网和水准路线。

(2)依据对控制点点位的要求,并考虑布设最佳图形,从已知点开始逐点向外扩展。布点的基本步骤是由高等到低等、由已知点到未知点、由内到外逐点布设。

(3)按照相应技术标准对高程起算点的密度要求,拟订水准联测路线。对测区内旧有的网点应尽量利用,并提出联测方案。

(4)在选点时确保通视。对没有确实把握的点位或方向,应设计几套备用方案。

(三)实地选点

实地选点的任务是将图上设计的布网方案落实到实地,以对控制点点位的要求选定点的最适宜位置,并填写点之记或点位证明。

(四)造标和埋石

1. 造标

由于国家三角点或导线点之间相距较远,一般情况下直接看不到对方,因此常常要造大地觇标用来指示点的具体位置,作为被照准的目标。大地觇标一般分为寻常标和高标两类。寻常标仅仅作为被照准的目标用,其高度为4.3 m、6.3 m,而高标主要用于两相邻点间不通视的情况使其升高仪器和升高照准点的位置。在经典水平控制网的布设中,造标通常是必需的工作。随着科学技术的进步,GPS测量技术凭借其布网容易、操作方便、高精度及高效率等优点,已取代了水平控制网布设的经典方法。由GPS技术建立的水平控制网不需要造标,节省了大量的人力、物力和经费。

2. 中心标石的埋设

中心标石是控制点位的永久性标志。野外观测是以标石的标志中心为准,最后算得点的平面坐标和高程,就是标志中心的位置。如果标石被破坏或发生位移,测量成果就失去作用,点的坐标就毫无意义了。因此,在埋石时要严格贯彻质量第一的原则,标石灌注要十分坚实,埋设要十分稳固,确保能长期保存。

标石又分为一、二等三角(导线)点标石和三、四等三角(导线)点标石,标石一般用混凝土灌制,也可用规格相同的花岗岩、青石等坚硬石料凿成。标石分盘石和柱石两部分。柱石、盘石的顶部中央均嵌入一个标志,标志中心就是标石中心。标志可用金属或釉瓷制成,标石类型很多,在保证稳固并能长期保存的原则下,依等级和埋设地区的不同而有所差别。在一般地区内,一、二等点的标石由柱石及上、下盘石组成,如图3-11所示;三、四等点的标石由柱石和一块盘石组成。

在经过以上技术设计,选点造标和埋石后,水平控制网中各控制点的位置已经在地面上明确表示出来,但要求得其坐标还需进行大量的角度测量、边长测量直至最后的平差计算,最终确定出它的坐标。

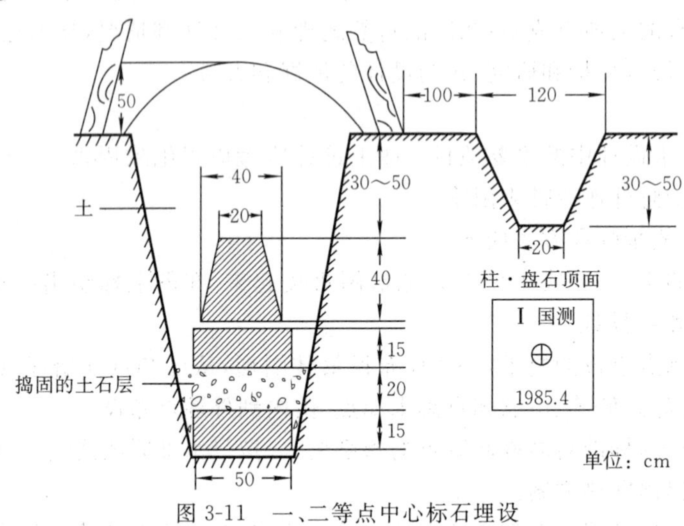

图 3-11　一、二等点中心标石埋设

§3-2　高程基准与高程控制网

高程基准由高程控制网实现,是确定地面点高程的基础。高程控制网是以水准测量为主、以三角高程测量为辅的方法建立的,故也称为水准网。水准测量分为四个等级,其中一、二等称为精密水准测量,三、四等称为普通水准测量。相应的高程控制网(水准网)也分为四个等级。

一、水准原点与高程基准

高程基准定义了陆地上高程测量的起算面,是推算国家高程控制网中所有高程的起算依据,它包括一个高程起算面和一个永久性水准原点。世界上绝大多数国家和地区都选取平均海水面(海水面在一定时期的平均位置)作为高程起算面,因为这一起算面是实际存在、相当稳定,并可以精确地测定的,而且全球的平均海水面与地球的自然表面很接近。

为了确定平均海水面,通常在沿海的合适地点设立验潮站,积年累月记录该处的海面位置。由于许多外界环境和地球内部因素的不断变化,尤其是月球和太阳位置的变动,海水面也随之变化。这种变化是周期性的,其长周期是天文潮汐周期。一个天文潮汐周期大约是18.61年。统计数据证明,长周期的海水面平均位置基本上是不变的,可以认为是该地区的海水平均位置。

从长期性海面资料分析发现,平均海水面处于每年几毫米长期上升中,其原因是近百年间气温上升使海水面随之上升,其中一方面为海水的热膨胀,另一方面则为气温上升使积雪和冰川溶解所致。平均海水面的这一长期变化使高程基准存在长期变化的改正。

作为高程起算面,将平均海水面的高程定义为零,其所在位置称为水准零点。为了明显而稳固标志出高程起算面(水准零点)的位置,还要建立一个永久性水准点,用精密水准测量将它与平均海水面联系起来,作为国家或地区控制网的高程起算点,这个水准点称水准原点。

中国的水准原点位于青岛观象山，由一个原点和五个附点构成水准原点网，附点用于监测原点的稳定性及保证联测精度。为了保护水准原点，将水准原点建在一幢小石屋内，石屋建筑全部由崂山花岗岩砌成，顶部中央及四角各竖一石柱，雕凿精细，玲珑别致。小石屋建筑面积 7.8 m^2，石屋外面有两层高栅栏，石屋内还有三道铁将军把门。俄式建筑风格，1954 年建成，如图 3-12 所示。室内墙壁上镶有一块刻有“中华人民共和国水准原点”的黑色大理石石碑，室中有一约 2 m 深的旱井，旱井底部，有一个价值不菲的拳头大小的黄玛瑙，玛瑙标志上有铜制和石制两层护盖，玛瑙上一个红色小点，这就是水准原点的标志，如图 3-13 所示。

图 3-12　水准原点的外观照片

图 3-13　水准原点标志的表面

中国是以黄海海平面为高程基准面的，取自位于青岛大港一号码头西端的验潮站，地理位置为东经 120°18′40″，北纬 36°05′15″。室内有一直径 1 m，深 10 m 的验潮井，有三个直径分别为 60 cm 的进水管与大海相通。所用仪器初为德国制造的浮筒式潮汐自记仪，观测记录始于 1900 年。抗日战争期间遭到破坏。1947 年更新验潮仪恢复验潮工作。新中国成立后重新整修建筑更新设备，现用仪器为 HCJ1 型（又称瓦尔代）水位计、美国进口 SUTRON 9000 自动水位计以及国家海洋局技术研究所生产的 SCA6-1 型声学水位计。每天观测三次，时间分别为：07:45～08:00，13:45～14:00，19:45～20:00。根据长年获取的潮位资料，经严格的测量计算，得到青岛验潮站海平面作为国家高程基准。

1959 年中国颁布的《中华人民共和国大地测量法式》规定：“国家水准点的高程以青岛水准原点为依据。按 1956 年计算结果，原点高程定为高出黄海平均水面 72.289 m。”这个起算面称为“1956 年黄海平均海水面”。

计算“1956 年黄海平均海水面”所采用的资料是 1950 年至 1956 年的验潮结果，时间较短，不尽理想。1987 年 5 月中国启用了“1985 国家高程基准”。新基准采用青岛验潮站 1952～1979 年的潮汐观测资料，用中数法计算该域的黄海平均海水面位置。经精密水准测量联测水准原点的高程为 72.260 4 m，比“1956 年黄海平均海水面”升高了 0.028 6 m，如图 3-14 所示。

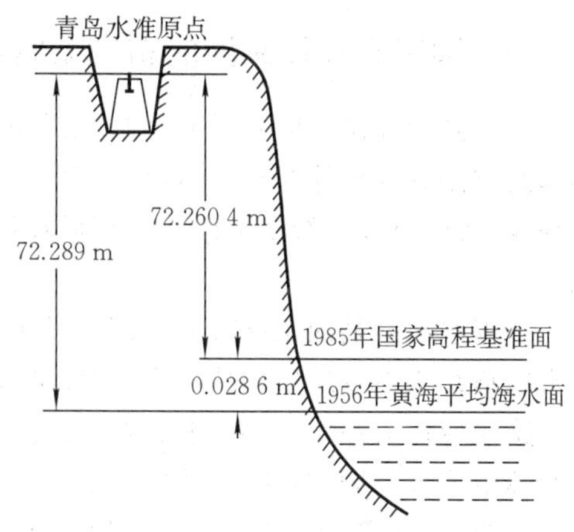

图 3-14　不同高程基准面与水准原点的关系

二、深度基准

(一)深度基准概念

在海洋测绘领域,为描述海底地物地貌特征及进行相应的水深测量,需要用到深度及深度基准的概念。深度是指在海洋(主要指沿岸海域)水深测量所获得的水深值,是从测量时的海面(即瞬时海面)起算的。由于受潮汐、海浪和海流等因素影响,瞬时海面的位置会随时间发生变化,因此,同一测深点在不同时间测得的瞬时深度值是不一样的。为此,必须规定一个固定的水面作为深度的参考面,把不同时间测得的深度都化算到这一参考水面上去。这一参考面即称为深度基准面。

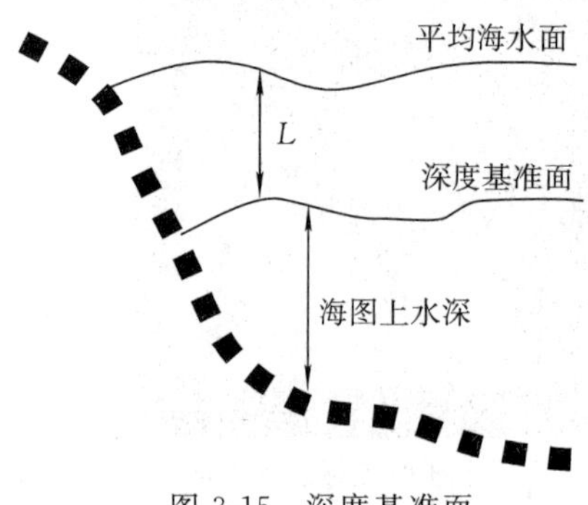

图 3-15 深度基准面

深度基准面是海图上水深和潮汐高度的起算面。又称海图基准面。在限定的海域内通过长期潮汐观测和选定的数据模型计算求出,以当地平均海面与国家统一高程系统联测,通常选定在当地多年平均海面下某一距离 L 的位置上(见图 3-15)。确定深度基准面既要考虑舰船航行的安全,又要考虑航道的利用率,所以深度基准面应位于平均海面以下,接近于最低潮位置的特征潮面。世界各国根据其海域潮汐特征,采用不同的计算公式来确定 L 值的大小,因此有各种深度基准面,如理论最低潮面、最低天文潮面、平均低低潮面、最低低潮面、大潮平均低低潮面、印度大潮低潮面、平均低潮面、大潮平均低潮面及赤道大潮低潮面等。

海图上标有主要港口的潮汐数据,把海图上的深度注记值加上从潮汐表中查出的某时刻的潮高,即可得到某时刻的实际水深。当深度基准面和潮汐高度基准不一致时,则需另加改正数。

(二)中国采用的深度基准面

中国 1956 年以前采用略最低低潮面作为深度基准面,1956 年以后采用弗拉基米尔斯基理论最低潮面(简称理论最低潮面),作为深度基准面。

三、国家高程控制网的布设方案及精度

国家高程控制网的布设原则与水平控制网布设原则类似,也采用由高级到低级,从整体到局部的方法分四个等级布设,逐级控制,逐级加密。而且各级水准路线一般都要求自身构成闭合环线,或闭合高一级水准路线上构成环形,以控制系统误差的积累和便于低一级水准路线的加密。

一等水准网是国家高程控制网的骨干,同时也是进行有关科学研究的主要依据。因此,一等水准路线应沿着地质构造稳定、路面坡度平缓的交通路线布设,以适合高精度水准观测的要求。路线应构成环形,环线周长在平原丘陵地区应在 1 000～1 500 km 之间,一般山区应在 2 000 km 左右,这样的密度对于地域辽阔的中国是比较合适的。

二等水准网是国家高程控制网的全面基础,应沿铁路、公路、河流布设,并构成环形。环线周长一般规定为 500～750 km 之间,在平坦地区,根据建设需要可适当缩短,在山区或困难地区可酌情放宽。

三、四等水准网是直接为地形测图和工程建设提供必需的高程控制点。三等水准路线是在高等级水准网内加密成闭合环线或附合路线。其环线周长规定不超过 300 km。四等水准路线一般是在高等级水准点间布成附合路线，其长度规定不超过 80 km。

各等级水准测量的精度，是用每千米水准测量的偶然中误差 M_Δ 和全中误差 M_w 表示，它们的限差规定于表 3-1 中。

表 3-1　国家水准测量精度　　单位：mm

水准测量等级	一等	二等	三等	四等
M_Δ 的限差	0.45	1.0	3.0	5.0
M_w 的限差	1.0	2.0	6.0	10.0

1984 年底，中国完成了覆盖全国大陆和海南岛的国家一等水准网的外业工作，它的布设情况如图 3-16 所示。

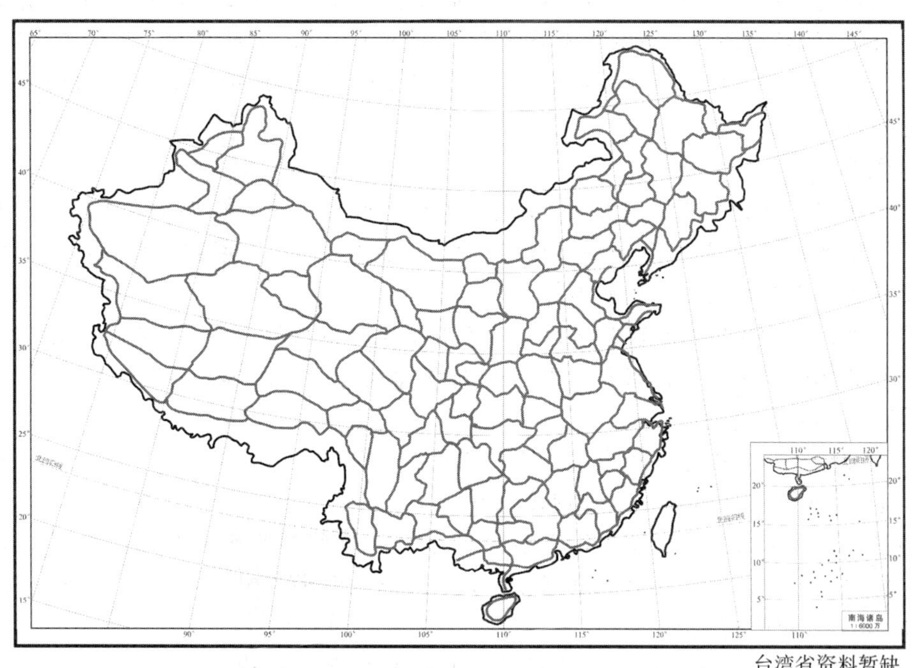

图 3-16　国家一等水准网布设图

国家一等水准网共有 100 个水准环，289 条路线，水准路线全长 93 360.8 km，1986 年底完成整体平差，采用 1985 国家高程基准，青岛水准原点为起算点，为正常高系统。实测精度如表 3-2 所示。

表 3-2　水准路线精度

实测精度/mm	$<\pm 0.3$	$\pm(0.3\sim 0.5)$	$>\pm 0.51$
路线数	2	285	2

国家水准网的全面复测工作在 1991～1997 年进行，复测基本上是对原一等水准网进行的，对个别路线、结点做了调整，支线不安排复测。复测路线总长约 94 000 km，99 个环，273 条路线。平差后精度指标为：每千米高差中数偶然中误差 $M_\Delta \leqslant \pm 0.45$ mm，依 99 个环的闭合

差计算的每千米高差中数全中误差 $M_w \leqslant \pm 1.0$ mm。

四、水准路线的设计、选点与埋石

(一)技术设计

技术设计是根据任务要求和测区情况,在小比例尺地图上,拟定最合理水准网或水准路线的布设方案。为此,设计前应充分了解测区情况,收集有关资料(例如测区地形图、已有水准测量成果等)。在设计时应尽量沿坡度较小、施测方便的交通道路布设水准路线。但为了使观测少受外界干扰,水准路线要避开城市、火车站等繁闹地区,还要避免跨越河流、湖泊、山谷等障碍物。拟设的水准路线应注意与原测路线重合时,若旧点符合要求应尽量利用,否则应重新埋设,但对旧点必须联测。

(二)选点

图上设计完成后,须进行实地选线和确定水准点位置。实地选线的目的在于使设计方案能符合实际情况,确定切实可行的水准路线和水准点位置。选定水准点位置要考虑到稳定、安全、能长久保存并便于观测使用,不可选在易于淹没、土质松软、易受震动和地势隐蔽而不便于观测的地点埋石。

(三)埋石

经过实地选线确定水准点位置后,要用水准标石和标志将它长期标志出来,以供联测使用。按照用途区分,水准标石分为基本水准标石、普通水准标石和基岩水准标石三大类。以下分别说明各种水准标石的用途和基本特点。

基本水准标石的作用在于较长久地保存水准测量精确成果,以供随时联测新设水准点和检测或恢复破坏的旧水准点的高程。基本标石埋设在一、二等水准路线上,每隔 20～30 km 一座,荒漠地区 60 km 左右一座。

普通水准标石的作用是直接为地形测量或其他工程测量提供高程基础,它埋设在各等级水准路线上,一般要求每隔 4～8 km 埋设一座。

普通基岩水准标石是与岩层直接联系的永久性标石,是研究地壳和地面垂直运动的主要依据。一般情况下规定在一等水准路线上每隔 500 km 埋设一座,在大城市或地震带附近可适当增加,以满足科学研究的需要。

图 3-17 和图 3-18 分别为基本水准标石和普通水准标石的具体形式、规格及埋设情况。

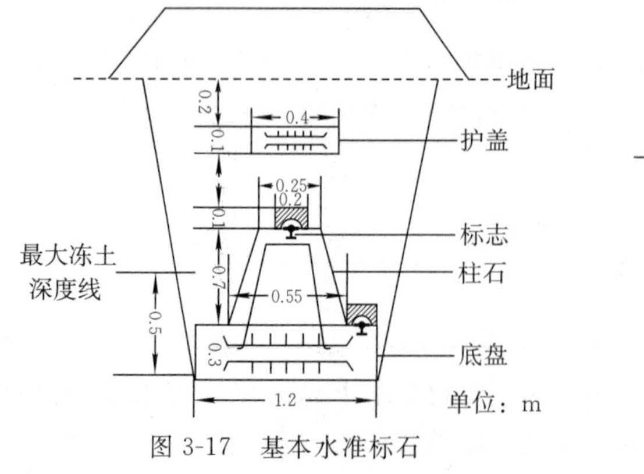

图 3-17　基本水准标石

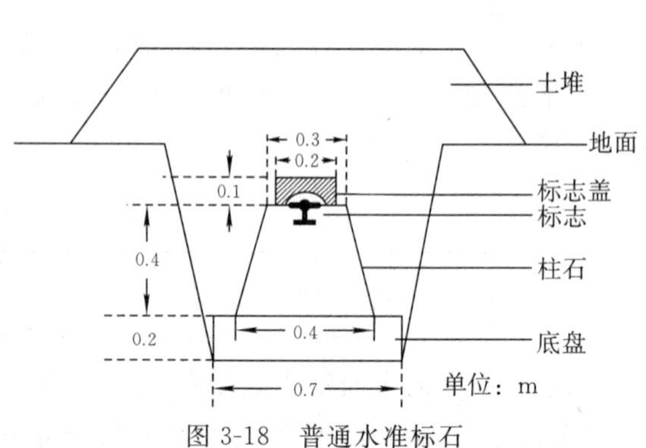

图 3-18　普通水准标石

在完成水准路线的设计、选点和埋石后，就可以利用水准测量的方法获得地面水准点高程。

高程控制网的建立除水准测量作为主要方法外，还可以利用三角高程测量、GPS 测量得到地面点的高程，后两种方法的优点是建网的速度快，一般是和水平控制网同时测定，主要缺点是精度没有精密水准测量高。

§3-3　三维坐标基准与卫星大地控制网

卫星大地控制网同样是由地面上一系列大地控制点连成网状而构成。与经典水平控制网、高程控制网不同的是，通过布设卫星大地控制网可获得控制点的三维坐标，即实现三维坐标基准。建立卫星大地控制网的技术手段必须是具备能够提供三维坐标的 GNSS、VLBI、SLR 等空间大地测量技术，经典的大地测量手段（如三角测量、导线测量、水准测量等）是无法实现的。

一、三维坐标基准

经典大地测量的水平坐标与高程坐标采用两种不同的基准，且水平控制网与高程控制网无法实现统一，使其在实际工作中受到了许多局限。例如，在研究卫星、航天器技术及地球自转、板块运动等地球动力学问题时则必须参考地心位置的三维基准。空间大地测量技术能够测定或解算出地面点的三维坐标，可实现大地测量的三维基准。

（一）全球性的三维坐标基准

随着 GNSS、VLBI、SLR、DORIS 等空间大地测量技术的发展，为建立全球性的三维基准创造了条件。全球性的三维基准是利用分布在全球范围内的上述空间大地测量台站连成相应的全球性控制网来实现。每一种空间技术分别由相应的国际机构 IGS（International GNSS Service）、IVS（International VLBI Service for Geodesy and Astrometry）、ILRS（International Laser Ranging Service）、IDS（International DORIS Service）等进行组织、协调和管理。各种单一空间大地测量技术实现的大地网经联合平差后，形成综合性的三维基准，即国际地球参考框架（ITRF）。

1. 全球 IGS 网

1991 年国际大地测量协会（International Association of Geodesy，IAG）决定在全球范围内建立一个 IGS（原名为“International GPS Service”，于 2005 年 3 月更名为“International GNSS Service”）观测网，并于 1992 年 6～9 月实施了第一期会战联测，中国借此机会由多家单位合作，在全国范围内组织了一次盛况空前的“中国 92 GPS 会战”，参加 IGS 观测网的主要有上海、武汉、台北、昆明、西安和乌鲁木齐等主要城市。参加全球 IGS 合作，目的是在全国范围内确定高精度的地心坐标，建立起中国新一代的地心参考框架及其与国家坐标系的转换参数；以优于 10^{-8} 量级的相对精度确定站间基线向量，布设成国家高精度卫星大地网的骨架，并奠定了地壳运动及地球动力学研究的基础。

IGS 是覆盖全球范围的 GNSS 连续运行站网和综合服务系统，它无偿向全球用户提供 GPS、GLONASS 的各种信息，如卫星精密星历、快速星历、预报星历、IGS 站坐标及其运动速率、IGS 站所接收的卫星信号、地球自转速率等。在大地测量和地球动力学方面支持了无数科学项目,包括电离层、气象、参考框架、地壳运动、精密时间传递、高分辨地推算地球自转速率及其变化等。

IGS 的基准站遍布世界各国,在 1992 年时全球的 IGS 台站仅有 22 个,经过 20 余年的发展,台站的数量已经增至 440 余个。这些站隶属于不同国家的 100 多个科研机构、大学或政府组织。在 IAG 的协调下,成立了由各国设站机构和政府部门组成的协调委员会,其中又组成了董事局。董事局是 IGS 的授权管理机构,管理若干数据中心和分析中心,负责提供服务与产品发布,并负责组织国际合作研究与攻关项目。自 1994 年开始提供高质量的开放的 GNSS 数据服务,其服务内容与产品包括以下方面:

(1)GPS 卫星星历服务,产品包括预报、快速和最终三类精密星历,精度分别是 25 cm、5 cm 和优于 5 cm;延时分别是 0 h、17 h 和 13 d。GLONASS 卫星只提供最终星历,精度大约为 30 cm。

(2)GPS 卫星钟差服务,产品包括预报、快速和最终三类钟差,精度分别是 5 ns、0.2 ns 和 0.1 ns;延时分别是 0 h、17 h 和 13 d。

(3)连续运行站(跟踪站)坐标(包括相应的框架、历元)和站运动速率服务,产品包括测站水平、垂直位置和水平、垂直运动速率,其水平和垂直位置精度分别是 3 mm 和 6 mm,相应的年运动速率精度是 2 mm/a 和 3 mm/a。IGS 站坐标所采用的坐标参考框架和 IERS 是互相协调的。

(4)地球自转参数服务,产品包括快速和最终极移、短期章动、日长变化等。IGS 公布的最终每日极坐标,其精度为±0.1 mas,快报的相应精度为±0.2 mas。

(5)大气参数服务,产品包括最终对流层参数,精度为天顶延迟 4 mm,发布延时为 4 周。进一步还将提供电离层格网电子密度分布参数。

以上这些产品可以用于地球科学的诸多领域,比如改进国际地球参考框架,监测地球形变,监测地球自转,监测对流层和电离层,测定科学卫星的轨道等。

IGS 网是全球最大的卫星大地控制网,其台站在全球分布如图 3-19 所示(引自 IGS 官方网站 http://igs.org/network)。IGS 网与全球 IVS 网、ILRS 网和 IDS 网,它们共同建立和维持 ITRF 以实现全球的三维坐标基准。

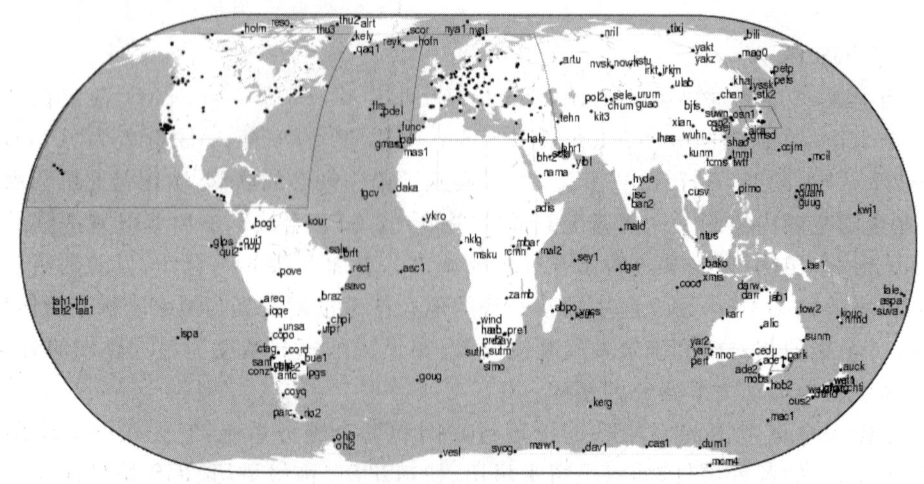

图 3-19 全球 IGS 网台站

2. 全球 ILRS 网

SLR 在建立国际地球参考框架中是确定参考架原点位置不可缺少的技术。为了组织国际联合观测、加强合作和协调，在原来 SLR 专业委员会的基础上，经过重新讨论和选举，于 1998 年 11 月成立了“国际激光测距服务(ILRS)”。中央局设在美国宇航局(NASA)的戈达德(Goddard)空间飞行中心(GSFC)。ILRS 是国际大地测量协会(IAG)下属的空间大地测量服务之一，也是 IAG 的全球测地观测系统的成员之一，主要为监测地球系统的全球性变化提供重要的观测数据。ILRS 提供的主要产品包括：①地面台站的精确地心位置以及运动；②卫星轨道；③地球重力场分量及其时间变化；④地球定向参数；⑤月球精密星历以及月球内部结构信息。ILRS 提供上述相关产品用于支持大地测量、地球物理、月球科学以及基本常数等领域的研究。除此之外，ILRS 主要发展激光测距技术方面的全球标准以及通过协议鼓励国际成员组织之间的合作。ILRS 的数据主要存放在 CDDIS 和 EDC 两个数据中心。

目前，隶属于 ILRS 的 SLR 台站在全球共有 50 余个。由于 SLR 设备昂贵、观测成本高及布站复杂等原因，全球的 SLR 台站数量并不太多，且分布不是很均匀。在南半球、赤道区域以及极区还缺少台站，其中还有一些站正在修建或更新之中。其分布如图 3-20 所示(引自 ILRS 官方网站 http://ilrs. gsfc. nasa. gov/network/stations/index. html)。ILRS 网又可分为若干子网，下面分别介绍。

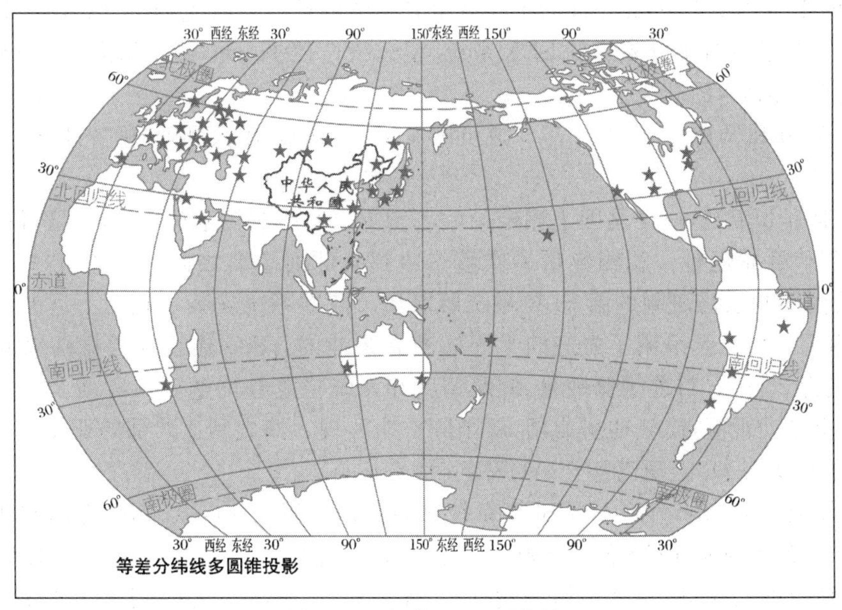

图 3-20　全球 ILRS 网台站

1)美国宇航局(NASA)网

20 世纪 70 年代末，已有 MOBLAS 移动式激光测距站、McDonald 天文台和夏威夷 Haleakala 等 5 个站。20 世纪 80 年代，又增加了 4 个小型流动站 TLRS 1～4。目前有 9 台仪器，分布在美国本土、南太平洋的塔希提(Tahiti)岛、南美洲秘鲁的阿雷基帕(Arequipa，TLRS 3)及澳大利亚的亚勒加迪(Yarragadee)等地。这些台站均是第三代系统，采用 Quantel International 公司(现改名为 Continuum 公司)的 Nd：YAG 主被动锁模激光器，脉冲能量是 100～140 mJ(532 nm)，脉冲宽度 200ps，重复频率 4～5 Hz。望远镜口径：MOBLAS 为

76 cm,TLRS 为 25～30 cm。光电接收器采用微通道板光电倍增管(MCP-PMT),多光子接收。LAGEOS 卫星单次测距精度为 1～1.5 cm,其中 MOBLAS 由于回波很强,精度高,可达 7～8 mm,处于国际领先水平。TLRS-2,能量较小,仅 10 mJ,信噪比差,单次测距精度仅为 2 cm。20 世纪 90 年代以来,由于经费不足,小型流动站不再流动,较少运转。为了充分发挥已有仪器的能力,NASA 重新分布了 5 台 MOBLAS,1998 年一台搬到南太平洋塔希提岛上。2000 年,一台搬到南非哈特比斯特胡克(Hartebeesthoek)。

NASA 网长期处于国际 SLR 界的领先地位,技术先进,测距精度高,观测数量约占全球常规运行的 50 多个站的一半。

2)欧洲网(Eurolas)

欧洲网成立于 1989 年。现有 18 个站。其中最重要的台站是英国赫斯特蒙苏(Herstmonceux)、奥地利格拉茨(Graz)、法国格拉斯(Grasse)、德国韦特采尔(Wettzell)和波茨坦(Potsdam)、瑞士齐美尔瓦尔德(Zimmerwald)、意大利马泰拉(Matera)等。欧洲台站的天气情况不如美国和澳大利亚,观测数量相对较少。但是赫斯特蒙苏站系统稳定性好,观测数量很多。奥地利格拉茨站硬件比较先进,LAGEOS 单次测距精度 8 mm,欧洲第一。格拉斯站天气较好,观测数量较多。韦特采尔站历史悠久、设备先进,现还拥有一套大型综合测量设备——TIGO,包括多种测量手段,如 SLR、VLBI、GPS、PRARE 以及重力仪、地震仪、气象仪器等,其中 SLR 系统采用了最先进的半导体激光泵浦的钛宝石激光器,可以进行双波长测距。马泰拉站新安装了一台十分先进的 SLR 系统,望远镜口径 1.5 m,测距精度与 NASA 相同。

3)西太平洋网(WPLTN)

西太平洋 SLR 网成立于 1994 年。成员国有中国、日本、澳大利亚、俄罗斯和沙特阿拉伯,共 17 个站。

澳大利亚有 2 个站,一个是国土测绘局(AUSLIG)的奥罗拉尔(Orroral)站,位于堪培拉,20 世纪 70 年代开始运行。观测数量和质量均达到全球前 5 名之内。1998 年 11 月关闭,由 EOS 公司为国土测绘局研制的新 SLR 系统所取代。此新系统安装在相距不远的斯特罗姆洛(Stromlo)山上。新系统采用了先进的半导体激光泵浦的 YAG 连续锁模振荡级和再生放大级,脉冲宽度为 25 ps。目前观测数量、测距精度和系统稳定性均达到国际前 3 名之内。现已在试验无人全自动观测,已获初步成功,属国际首次实现。澳大利亚西部的亚勒加迪站的仪器是 NASA 的 MOBLAS 5,现已移交 AUSLIG 负责运行。

日本基斯通(Keystone)的 4 台 SLR 系统属通信综合研究所(CRL),是专门监测东京附近地壳形变的,由澳大利亚 EOS 公司研制。全套系统很先进,1996～1997 年投入观测。1999 年已实现比较稳定的白天测距,测距精度达到 1～1.5 cm。遗憾的是,由于经费原因,这 4 个站有可能不再进行常规观测。水路部下里(Shimosato)站是个老站,仍坚持常规观测。

俄罗斯有 5 个 SLR 站,是台站较多的国家之一。其中参加国际联测较多的有共青城(Komsomolsk)和迈丹内克(Maidanak)(现属乌兹别克斯坦)2 个站。单次测距精度为 4～6 cm。每站每年观测圈数为 400～600 圈。

3. 全球 IVS 网

VLBI 观测的特点之一为多台站组网观测,因此,它必须要求广泛的国际合作。为了更有效地开展 VLBI 观测和技术发展方面的国际合作,建立了国际性的 VLBI 组织(International VLBI Service for Geodesy & Astrometry,IVS),负责为全球性的 VLBI 应用于天体测量和地球动力学方面的合作组织，开展 VLBI 观测、数据处理及技术发展的国际合作并提供服务。IVS 协调有关 VLBI 技术的各种活动，为其提供支持。其目标是：①为大地测量、地球物理以及天体测量学领域的研究与观测的实施提供支持；②推进天体测量、大地测量领域的 VLBI 技术研究和技术开发；③实现与 VLBI 各种研究结果的用户团体的交流并将 VLBI 技术集成到全球地球观测系统中。IVS 的主要产品包括地球参考框架、天球参考框架和地球定向参数等。中国的上海佘山站和乌鲁木齐南山站均为 IVS 的站点。全球 IVS 台站的分布如图 3-21 所示（引自 IVS 官方网站 http://ivscc.gsfc.nasa.gov/stations/ns-map.html）。

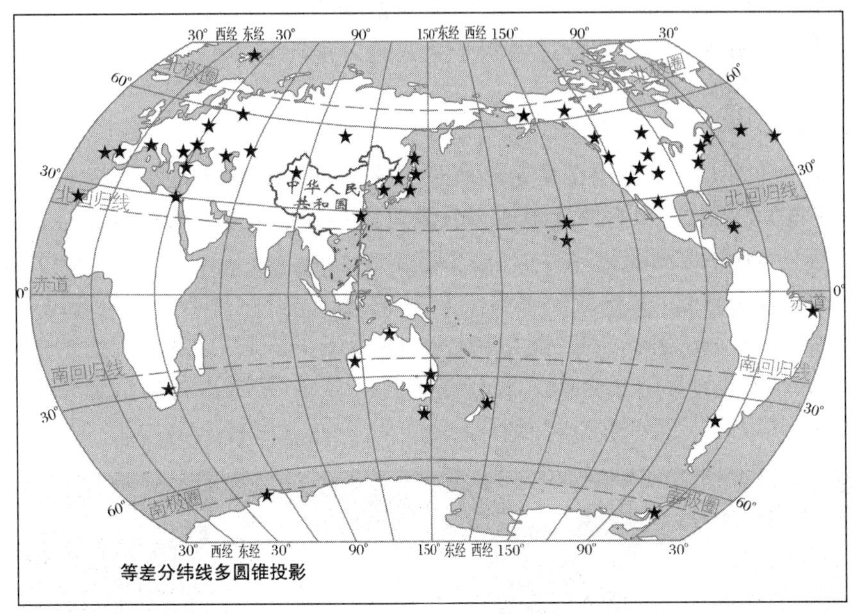

图 3-21　全球 IVS 网台站

大部分台站都隶属于欧美发达国家，亚洲仅中、日、韩三国有 IVS 的台站。且分布主要集中在北半球。IVS 网由于其观测目的不同又可分为如下的子网和组织：

(1)EVN：European VLBI Network(欧洲 VLBI 网)的缩写，它首先由欧洲国家发起成立的 VLBI 组织。自 1994 年起，中国的上海和乌鲁木齐 VLBI 站也参加了该组织，所以目前实质上为“欧亚 VLBI 网”。EVN 提供天体物理及某些天体测量课题的观测及进行 VLBI 技术发展的国际合作。

(2)APT：Asia-Pacific Telescope(亚太射电望远镜)的缩写，它是由亚太地区 VLBI 组织或台站组成的，每年不定期地组织天文学和地球动力学方面的 VLBI 观测，并组织学术交流。

(3)CORE：Continuous Observation Rotation of Earth(地球自转连续观测)的缩写，它为美国宇航局(NASA)的一项研究计划，由美国 NASA 的 GSFC 主持，全球大多数具有天体测量与大地测量能力的 VLBI 台站都参加了该项计划。其主要科学目的为高精度连续测量地球自转参数，同时也为天球参考系、地球参考系的建立和维持及现代板块运动观测提供高精度数据。

(4)VSOP：VLBI Space Observatory Program(VLBI 空间观测站计划)的缩写。它是日本文部省宇宙科学研究所主持的一项空间 VLBI 计划，它将一台等效口径 8 m 的天线发射至地球卫星轨道上，构成了一个空间 VLBI 站，其远地点为 2 万余千米。全球大多数地面 VLBI

站均参加了该项计划的空-地 VLBI 观测，所以它也形成了一项全球性 VLBI 合作计划。

由于原有测地 VLBI 观测设备的老化，新技术的不断发展，以及科学研究的新需求。IVS 在 2005 年组建了下一代 VLBI 观测设备 VLBI2010 的工作组，致力于推进全新一代的测地 VLBI 观测网。相对于旧的测地 VLBI 网，VLBI2010 的主要特点包括：①在全球尺度上获得 1 mm 的位置精度和 0.1 mm/a 的速度精度；②连续观测(EOP 和基线长度的时间序列)；③快速获取结果(从观测到获取结果的时间少于 24 h)；④低造价和运行费。目前，国外许多国家和地区也正在建立 VLBI2010 的台站，比如澳大利亚 3 台站的 AuScope 网，新西兰在奥克兰(Auckland)的新台站，韩国的 KVN 网(部分参与测地 VLBI)，西班牙和葡萄牙的 4 台站的 RAEGE 网，以及德国在韦特采尔建造的双子望远镜。预计到 2017 年，IVS 将增加 20 多个新的台站可参与 VLBI 2010 的观测。

4. 全球 IDS 网

DORIS 系统的两大主要作用是精密定轨和精确定位。DORIS 的信标站位置精度平均已达 1～2 cm，使得 DORIS 这项空间大地测量技术可以很好地用于三维坐标基准的服务。为了协调全球 DORIS 台站的测量工作，成立国际多普勒服务(International DORIS Service, IDS)。2003 年 7 月 1 日起，IDS 成为隶属于 IAG 的成员。IDS 现有 7 个研究组(3 个在法国，2 个在美国，另 2 个分别在俄罗斯和荷兰)在处理 DORIS 的资料，这些研究组的绝对定位的精度一致性达 1 cm，速度为每年几毫米。目前 IDS 网已有 60 多个永久的信标站均匀分布于全球 30 多个国家，其台站分布如图 3-22 所示。

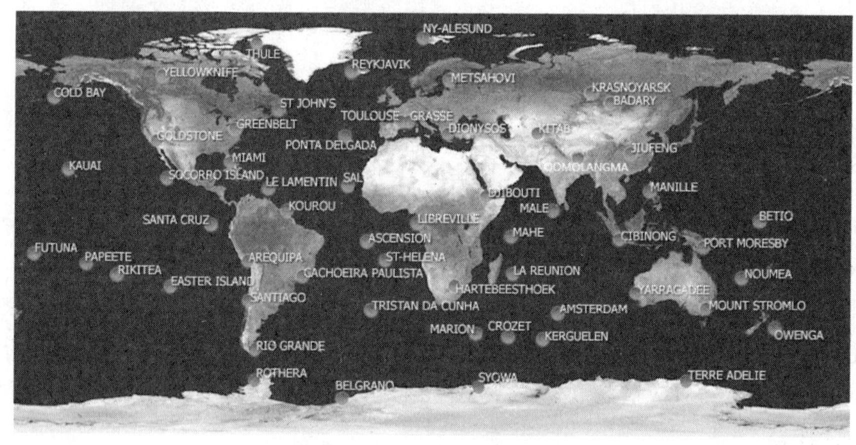

图 3-22 全球 IDS 网台站

IDS 网的一个很突出的特点就是其台站在全球分布非常均匀，这对于建立全球性的三维基准是非常有利的，现在 IDS 网的数据已经是建立 ITRF 不可缺少的数据。1994 年以前，IERS 主要使用 SLR、LLR、VLBI 和 GPS(自 1993 年起使用)4 种空间大地测量技术来建立和维持 ITRF，这包括确定全球约 200 个大地测量点的位置和速度，其精度为 1 cm 量级，甚至个别点达到几个毫米的量级。由于 DORIS 高精度的定位结果，IERS 于 1994 年正式接受 DORIS 为建立和维持 ITRF 的另一项新的技术。DORIS 观测的密集和全球均匀分布已经改善了以前 IERS 的全球地面观测网的不均匀性，特别是对南半球的观测覆盖完全是 DORIS 观测网加入的功劳。作为一种独立的观测技术 DORIS，它对 IERS 获取可靠的亚厘米级精度的 ITRF 起着重要的作用。除了在全球性的三维坐标基准的建立方面的贡献外，IDS 网对于板块运动研究及电离层的研究都有很大的贡献。

VLBI 和 SLR 等空间大地测量技术仅用几年的资料测定的现代板块的相对运动速度非常接近于过去 300 万年地质资料构造的 NUVEL-1 板块运动模型所预测的运动速度。但是 SLR 和 VLBI 网的全球分布非常不均匀，主要集中在欧洲、北美，12 个板块中仅有 4 个板块的运动在 DORIS 系统运行前被仔细分析过。而由于 IDS 网的站点分布优势使其特别适合于研究地壳板块的大尺度运动。自载有 DORIS 接收机的 SPOT-2 卫星升天以来，GRGS 的科研人员一直在分析 DORIS 的多普勒观测资料，以研究与地球物理有关的全球板块运动。通过对 SPOT-2、SPOT-3 和 TOPEX/Poseidon 的 DORIS 观测资料的综合分析。目前对 IDS 网的信标的绝对定位精度估计已好于 1.5 cm，并对某些板块(如南极洲、非洲)首次利用 DORIS 资料测定了它们的运动。研究表明 DORIS 与 GPS 技术一样有能力使用几年收集的资料测定板块的漂移，而且随着时间的积累，也将能测定板块边界以及板内的形变。

电离层是大气高度离子化的部分，高度约 60～1 000 km。电离层中已电离的自由电子和正离子干扰着各种无线电波的传播。无线电波穿越电离层会引起信号的衰减和传播时间的延迟。这种效应不扣除将大大影响无线电测量的精度。DORIS 使用的 2 GHz 频率，受这种电离层的影响相当于轨道误差达几米。这种电离层效应对不同频率的无线电波影响是不一样的，频率越高，影响越小。因而利用双频观测，有可能测出这种电离层效应的主要部分，进而对原始观测量做出修正，这就是电离层效应修正。当然我们也可以利用这种电离层效应，通过 DORIS 观测来反测电离层的电子密度。DORIS 观测网的密集和全球均匀性，使 DORIS 技术测定电离层电子密度具有全球性，一天的 DORIS 观测就可以绘制出全球的电离层电子密度分布图。

(二)中国的三维坐标基准

对于区域性的三维坐标基准，VLBI、SLR 等空间大地测量技术由于其设备昂贵、布设测站要求较高等原因，在区域内不可能有数量较多的台站，因而区域性的 VLBI 网和 SLR 网等往往作为全球网的组成部分参与国际协作来提供全球的三维基准。在区域范围内往往作为其他方面的使用，例如，中国的 VLBI 网除了参与到 IVS 网中建立全球参考框架外，主要作为测轨网用于嫦娥系列卫星等深空探测中，同样中国的 SLR 网除了参与到 ILRS 网中建立全球参考框架外，主要用于定轨和地球自转参数的测定。相对而言，GNSS 技术具有测量方便、快捷、建站方便等特点，因而建立区域性的三维控制网主要采用 GNSS 技术。下面分别介绍中国的三维控制网。

1. 中国 SLR 网

中国 SLR 网目前在国内有 5 个固定站和 2 个流动站，是拥有 SLR 台站数较多的国家之一。国内的固定台站分别位于北京、上海、武汉、昆明和长春。此外，中国在阿根廷的圣胡安建立了一个 SLR 站，并且将在新疆乌鲁木齐建立一个新的 SLR 站。

1971～1972 年华北光电所(与北京天文台合作)和中国科学院上海天文台(与上海光机所合作)在国内最早开始 SLR 试验。第一代系统采用红宝石调 Q 激光器，单次测距精度 1～2 m。1980 年中国科学院上海天文台首次采用 Nd:YAG 调 Q 倍频器件进行卫星测距，并采用了恒比鉴别器、高精度时间间隔计时器等，使测距精度提高到 20～30 cm。1983 年，由中国科学院组织、几个研究所协作完成的第二代 SLR 系统在中国科学院上海天文台投入运转，测到了 8 000 km 远的 LAGEOS 卫星，单次测距精度达到 15 cm，并参加了 MERIT 国际地球自转联测。

中国科学院长春 SLR 站于 1992 年正式参加国际联测。1997 年 8 月,SLR 系统有重要改进,单次测距精度从 5 cm 提高到 1～2 cm,观测数量和质量均有了显著改进。每年观测数约为 2 600 圈,进入世界前 10 名。北京 SLR 站属国家测绘地理信息局,从 1994 年参加国际联测。1999 年以来有了重要改进。目前的测距精度也达到了 1～2 cm,每年可获得约 1 500 圈数据。武汉 SLR 站由中科院测量与地球物理所和中国地震局地震研究所联合建立。1988 年开始参加国际联测。由于地处市区,天气不好,资料较少,2000 年搬到郊区,观测条件大为改善。中国科学院云南天文台于 1998 年参加国际联测,目前的测距精度约为 3 cm,该系统望远镜口径 1.2 m,激光能量强,具有很强的测距能力。将来有可能成为月球测距站。

两台 SLR 流动站均由地震研究所研制,其中一台隶属西安测绘研究所,一台隶属地震研究所。这两台流动站主要用于监测中国地壳运动。

中国 SLR 网成立于 1989 年,由上述国内 5 个固定台站组成,由中科院上海天文台负责管理。上海天文台负责观测的组织协调,统一观测规范,合作进行技术改造。上海天文台还是 SLR 区域数据中心和数据分析中心,负责国内 SLR 资料的归档,观测资料的评估,每周发表全球观测资料的评估报告。同时,利用国内及国际的 SLR 资料,进行天文地球动力学和大地测量等应用研究。台站分布如图 3-23 所示。

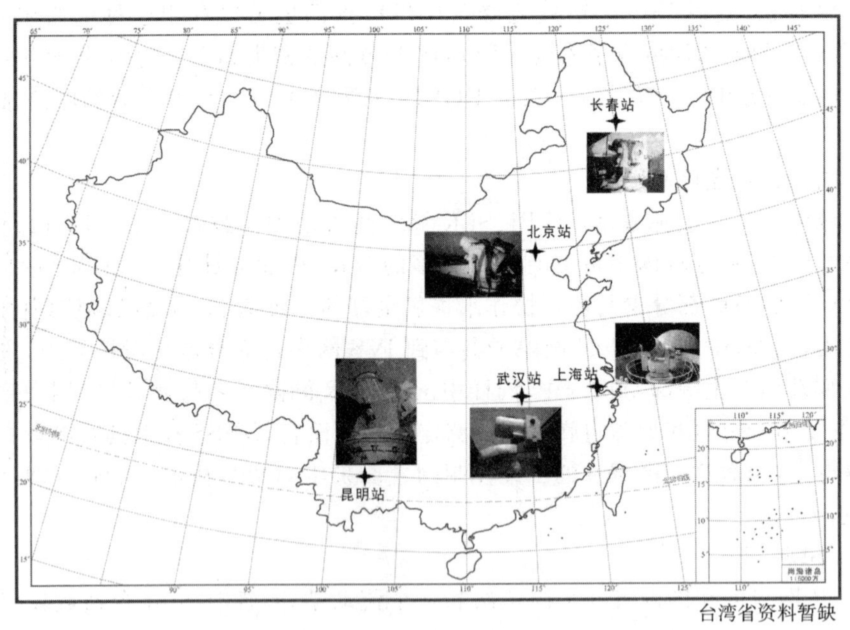

图 3-23 中国 SLR 网固定台站分布及相应激光测距仪

2. 中国 VLBI 网

近年来,由于人类对深空探测的需要,利用 VLBI 对人造卫星及航天器进行跟踪观测及定位的作用和意义日益受到关注。美国、日本等国家和欧洲都逐步建立了 VLBI 航天网,并在进一步完善中,通过 VLBI 网对航天器进行跟踪,已经取得了很好的应用结果。由于美国在航天领域的主导地位,VLBI 技术在空间探测中的应用也发展得最为成熟,已在多个空间探测项目中成功运用了 VLBI 技术(如阿波罗 16 号、先锋号、旅行者号、伽利略号等),其定位精度从初期的 10 mas 提高到 20 世纪 90 年代好于 1 mas。日本计划中的探月项目(SELENE 计划)也应用了 VLBI 技术。

中国 VLBI 的发展开始于 20 世纪 70 年代后期。1979 年正式提出建立中国的 VLBI 干涉仪和台站系统,初步包括上海、乌鲁木齐和昆明 3 个台站和 1 个相关处理中心,并决定首先在上海建立一个 25 m 的射电天线。上海的佘山站于 1987 年 11 月建成并投入调试运行,于 1988 年 4 月开始实施多项国际天文地球动力学 VLBI 联合观测计划,如中日 VLBI 合作观测、中德 VLBI 大地测量合作计划、美国(NASA)的 CDP (Crustal Dynamics Project)、DOSE (Dynamics of Solid Earth)及 CORE (Continuous Observations of the Rotation of the Earth)计划的 VLBI 观测,以及 APSG (Asia-pacific Space Geodynamics) VLBI 观测等。

1994 年 10 月乌鲁木齐的南山站建成,使得中国的 VLBI 技术有了进一步的发展。1998 年底总参测绘局研制的 3 m 口径天线的 VLBI 流动站投入调试运行,主要放置在云南的昆明。这一年里,上海的佘山 VLBI 站参加了三次由美国宇航局组织的火星全球勘探者的差分 VLBI 定位观测,获得成功。1999 年佘山站与南山站一起成为 CORE 计划的基准站。2003 年这两个 VLBI 测站对地球空间探测"双星计划"的赤道卫星的发射过程进行了成功的 VLBI 跟踪观测,并得到了质量很好的观测数据。

2004 年 1 月,国家航天局宣布,中国将正式启动月球资源探测卫星工程("嫦娥工程")立项进程,标志着中国的深空探测进入了实际操作阶段。"嫦娥工程"以中国的统一 S 波段(unified S-band, USB)测控系统为主,以中国科学院的 VLBI 测量系统为辅进行轨道监测。为此,在原有中国 VLBI 网的基础上,组建了昆明(40 m 天线)和北京(50 m 天线)两个 VLBI 站,同时改造扩充了原有的上海(25 m 天线)和乌鲁木齐(25 m 天线)VLBI 观测站的功能,建立了 VLBI 站与相关处理中心的实时数据快速传递通道、实时相关处理机和相关处理中心。在嫦娥探月工程实施过程中,通过中国科学院和上海市的合作,在上海松江佘山基地成功新建一台 65 m 口径全方位可动的大型射电天文望远镜系统,以确保圆满完成探月工程二期和三期的 VLBI 测轨和定位任务。该系统已于 2012 年 10 月顺利完成安装、调试。中国的 VLBI 网也将原来的上海 25 m 天线替换成了 65 m 新天线,组成新的深空探测测轨网,在嫦娥系列探测器的发射、跟踪中发挥着重要作用。例如该系统在 2013 年 12 月 2 日的"嫦娥三号"卫星的成功发射及顺利完成在月球上软着陆及完成探测任务中发挥了重要作用。上海 65 m 射电望远镜目前是国内领先、亚洲最大、国际先进、总体性能在国际上同类项望远镜中名列前四名的全天线可转动的大型射电望远镜。目前的中国 VLBI 网已成为一个具有 5 个固定台站和 1 个相关处理中心的实时观测网,如图 3-24 所示(上海原来 25 m 天线与新的 65 m 天线离得很近,故在图中只标出了新的 65 m 天线的位置)。

在众多的空间大地测量技术中,由于 VLBI、SLR、DORIS 等设备昂贵、布设测站比较困难,这些空间大地测量技术实现的台站数量在全球分布较少且很不均匀,因而在某区域内很难联成有效的控制网,在实际工作中它们只能在全球范围内联成三维控制网,通过国际协作的方式参与全球性的联测来实现全球性的三维基准。

3. 2000 国家 GPS 控制网

2000 国家 GPS 控制网是中国范围最大、点位数量最多、分布最广的三维控制网。它是 2000 国家大地坐标系的框架点,是 2000 国家大地坐标系的具体实现。有关 2000 国家大地坐标系的相关问题将在第七章详细介绍。

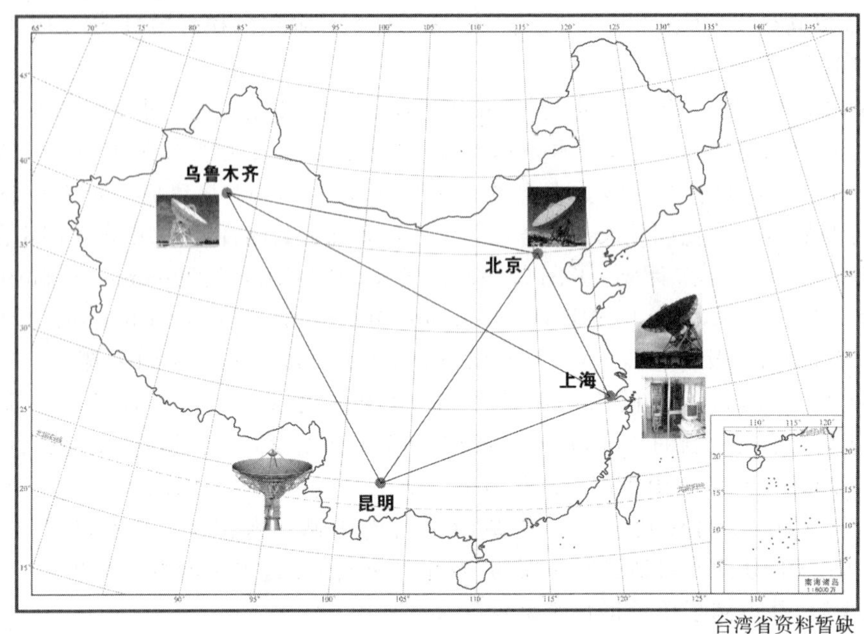

图 3-24 中国 VLBI 网

2000 国家 GPS 控制网由以下 GPS 网构成:①国家高精度 GPS A、B 级网(国家测绘地理信息局布设);②全国 GPS 一、二级网(总参测绘局布设);③中国地壳运动观测网(由中国地震局、总参测绘局、中国科学院、国家测绘地理信息局共建);④GPS 地壳运动监测网(中国地震局布设);⑤若干区域 GPS 地壳形变监测网(中国地震局布设)。由于构成 2000 国家 GPS 控制网的各个子网是在不同时期由不同的作业单位、作业人员利用不同的测量仪器采用不同的数据处理方法得到的,因而在构建 2000 国家 GPS 控制网的时候将各个 GPS 子网进行了统一的数据处理。最后经过筛选和相邻点合并,选取了国内 2 523 个 GPS 点(其中 CORS 站 25 个)和国外 64 个站,共 2 587 个点参加了 2000 国家 GPS 大地控制网的数据处理。

数据处理时选取了 47 个高精度的国际 IGS 站作为基准,通过联合数据处理,将框架点坐标统一归算到一个坐标参考框架下(ITRF97 参考框架,参考历元为 2000.0)。处理后网点的相对精度优于百万分之一,2000 国家 GPS 控制网提供的地心坐标的精度优于 3 mm。其精度可满足现代测量技术对地心坐标的需求,同时为建立中国新一代地心坐标系统奠定了坚实的基础。2000 国家 GPS 控制网的点位分布如图 3-25 所示。下面简要介绍 2000 国家 GPS 控制网的主要组成部分。

1)国家 GPS A、B 级网

国家 GPS A 级网于 1992 年结合国际 IGS92 会战,由国家测绘局、中国地震局等单位布测,全网 27 个点,平均边长约 800 km。1996 年国家测绘局进行了 A 级网复测,经全网整体平差后,地心坐标精度优于 0.1 m,点间水平方向的相对精度优于 2×10^{-8},垂直方向优于 7×10^{-8}。

B 级网由国家测绘局于 1991～1995 年布测,包括 A 级点共 818 个点。B 级网的结构在东部地区为连续网,点位较密集;中部地区为连续网与闭合环结合,点位密度适中;西部地区布设成闭合环与导线型网,点位密度较稀疏。B 级网 60%的点与中国一、二等水准点重合,其余进行了水准联测。B级网点间重复精度水平方向优于 4×10^{-7}，垂直方向优于 8×10^{-7}。国家GPS A、B级网点分布如图3-26所示。

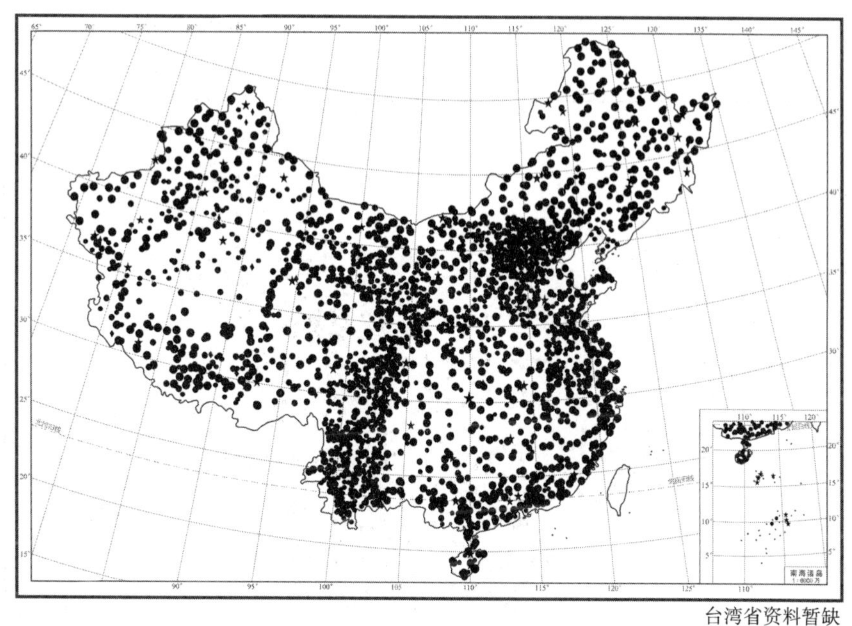

台湾省资料暂缺

图3-25　2000国家GPS控制网

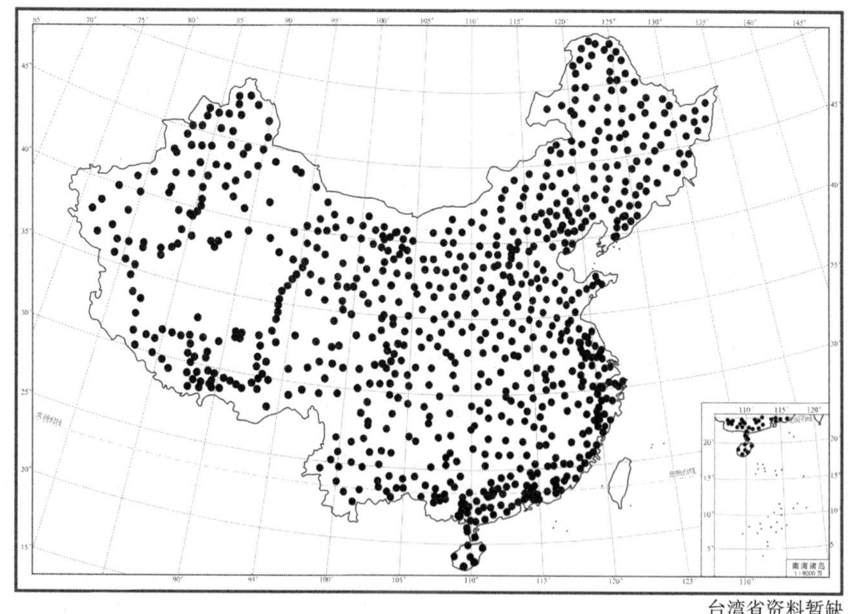

台湾省资料暂缺

图3-26　国家GPS A、B级网

2）全国GPS一、二级网

总参测绘局为了满足军事测绘和国防建设的需要，于1991～1997年在全国范围内布测了高精度的GPS网，分为一、二级网，称为全国GPS一、二级网。其规模和精度大体与国家GPS A、B级网相同，其点位分布如图3-27所示。全网534个点，在全国陆地（除台湾省）、海域均匀分布，还包括南沙重要岛礁。一级网44点，平均边长约800 km，于1991年5月至1992年4月观测;二级网分7个测区(南海岛礁、东北测区、华北测区、西北测区、华东测区、东南测区、青藏云贵川测区)观测,先后于1992～1997年施测。二级网在一级网基础上布测,平均边长约200 km,一、二级网点均进行了水准联测。经平差计算后,一级网的精度约为3×10^{-8},二级网精度为1×10^{-7}。

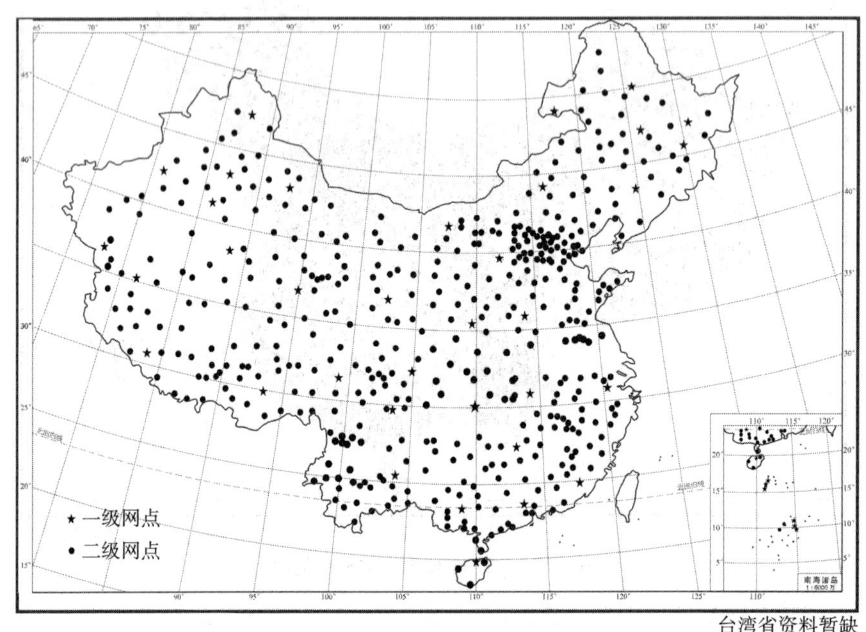

图 3-27 全国 GPS 一、二级网

3)中国地壳运动观测网络

中国地壳运动观测网络由中国地震局、总参测绘局、国家测绘局、中国科学院四单位于1998年开始布测,是以地震预报为主要目的并兼顾大地测量需要的监测网,网点的布设主要分布在中国的大板块和地震活跃区附近。全网包括基准网点、基本网点和区域网点共1 081点,其中基准网点25个,间距1 000 km左右,为GPS常年连续观测点,基本网点56个,间距约500 km,为定期复测点。基准网和基本网主要分布于国内较大的板块,区域网点间距几十到上百千米,为不定期复测点,全国范围内分布不均,较密集地分布在地壳运动活跃地区,站点分布如图3-28所示。地壳运动观测网络基本情况如表3-3所示。

表 3-3 地壳运动观测网络基本情况

	基准网	基本网	区域网
点数	25	56	1 000
分布	国内板块	国内板块	地壳运动活跃地区
观测	连续观测	定期复测	不定期复测
水平精度		2.5 mm	1.8 mm
垂直精度		4.8 mm	4.9 mm
基线年变精度	1.3 mm		
定轨精度	0.5 m		

4)中国大陆构造环境监测网络

中国大陆构造环境监测网络,简称陆态网络,是"十一五"期间国家投资建设的国家重大科

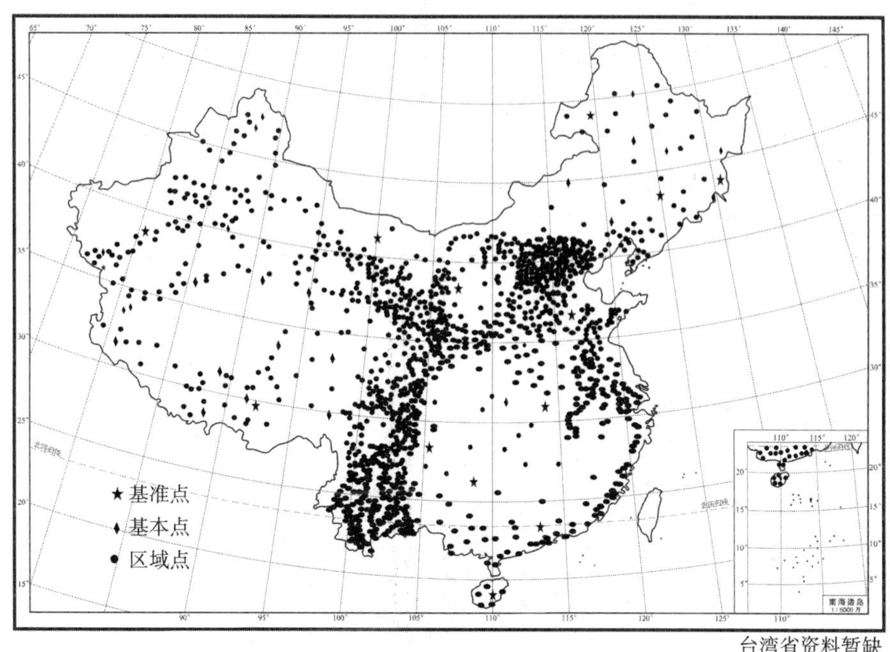

图 3-28　中国地壳运动观测网络

技基础设施，由中国地震局、总参测绘局、中国科学院、国家测绘局、中国气象局和教育部共同承担建设。法人单位为地壳运动监测工程研究中心。陆态网络项目于 2006 年 10 月立项，2007 年 12 月正式开工建设，2012 年 3 月通过国家验收。

陆态网络是中国国家级地球科学综合监测网络，是中国重大科学工程“中国地壳运动观测网络工程”的延续，包括基准网、区域网、数据系统三大部分。陆态网络是以 GNSS 技术为主、以 VLBI 和 SLR 技术为辅，并结合精密重力测量和水准测量等多种技术手段，建成的由 260 个连续观测和 2 000 个不定期观测站点构成的、覆盖中国大陆区域且具有高精度、高时空分辨率和自主研发数据处理系统的观测网络。

陆态网络主要用于监测中国大陆地壳运动、重力场形态及变化、大气圈对流层水汽含量变化及电离层离子浓度的变化，为研究地壳运动的时—空变化规律、构造变形的三维精细特征、现代大地测量基准系统的建立和维持、汛期暴雨的大尺度水汽输送模型等科学问题提供基础资料和产品。

陆态网络主要由基准网、区域网和数据系统三大部分组成。基准网由全国 260 个固定连续的 GNSS 观测站组成。为地壳运动监测、地震预测、地球动力学、大地测量学、大气科学、空间科学等提供连续的基础观测数据。主要进行 GPS 观测，也可扩充 GLONASS、伽利略卫星导航系统和北斗卫星导航系统观测，辅之以环境气象参数和精密重力、精密水准观测，部分站点并置 VLBI、SLR。具体包含 260 个 GNSS 基准站，8 套可移动 GNSS 基准站，31 个连续重力站，7 个 SLR 站改造，3 个 VLBI 站改造及 1 套运维保障系统。其中 209 个 GNSS 基准站与水准联测，100 个 GNSS 站与绝对重力联测，700 个 GNSS 站与相对重力联测。GNSS 基准站的设备包括 Trimble NetR8 接收机和扼流圈天线(接收信号能力为 76 通道，GPS、GLONASS 所有民用信号，WAAS、EGNOS、MSAS 增强改正信号，最高采样率为 50 Hz，内置存储容量 4 GB)。另外还包含辅助设备：三要素气象仪、网络附属存储器(NAS)、铷原子钟(频率准确度

优于 1×10^{-12},频率稳定度优于 3×10^{-12}/s)及地震信息网(每站带宽 2 Mbit)和卫通(18 站,64 kbit/s)等通信设备。将 GNSS 基准站的设备放置于汽车内,组成可移动基准站。可移动基准站能任意快速地设立在 GNSS 基准站稀疏地区或需要特别增加密度的地区,起到临时 GNSS 基准站和局域差分基准站的作用,同时,可移动基准站能接收到数据处理中心的数据,并能处理、存储和发送数据处理结果。满足特殊地区的导航与快速定位、地震预测预报、气象预报等。基准站的站点分布如图 3-29 所示。

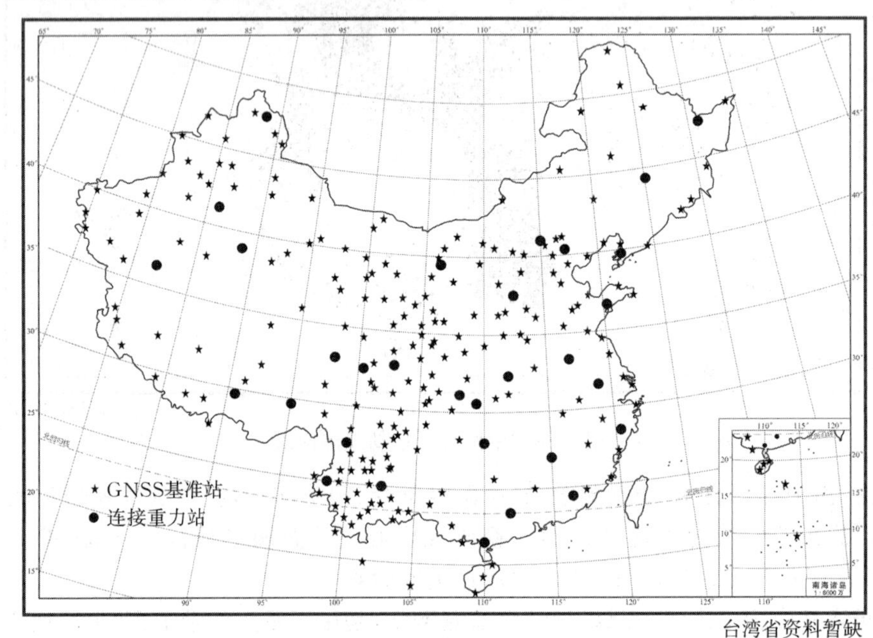

图 3-29 陆态网络基准站

区域网是对基准网的补充和加密,由 2 000 个 GNSS 区域站和 70 个 InSAR 角反射器站组成。2 000 个 GNSS 区域站包含“中国地壳运动观测网络”中的 1 000 个区域站及陆态网络新建的 1 000 个站。采用定期复测,获得中国大陆主要活动构造细部特征,用于地震应急监测、军事测绘、灾害性天气监测等。其点位分布如图 3-30 所示。

数据系统是建立一个开放的、完善的和统一的应用平台,实现与各站点观测设备的通信和监控,以及数据汇集、数据存储、数据处理、数据服务、数据安全等功能。数据系统由国家数据中心、数据共享子系统和专业软件系统三部分组成。数据系统的功能如图 3-31 所示。

(三)GNSS 连续运行基准站网

GNSS 连续运行基准站网,即 CORS(continuous operational reference system),是当前建立区域性三维基准的主要技术。由于卫星定位技术、信息技术、网络技术的飞速发展,CORS 网已经遍布世界,有全球型的大型网也有区域性的小型网。正如大地原点和水平控制网是经典水平坐标基准的定义及其延伸那样,CORS 站网和 GPS 网是三维坐标基准的定义及其延伸。

1. CORS 系统的基本组成

作为三维控制网的基准,CORS 系统是卫星定位技术、计算机网络技术、数字通信技术等高新科技多方位、深度结晶的产物。CORS 系统由基准站网、数据处理中心、数据传输系统、定位导航数据播发系统、用户应用系统五个部分组成,各基准站与监控分析中心间通过数据传输系统连接成一体,形成专用网络。

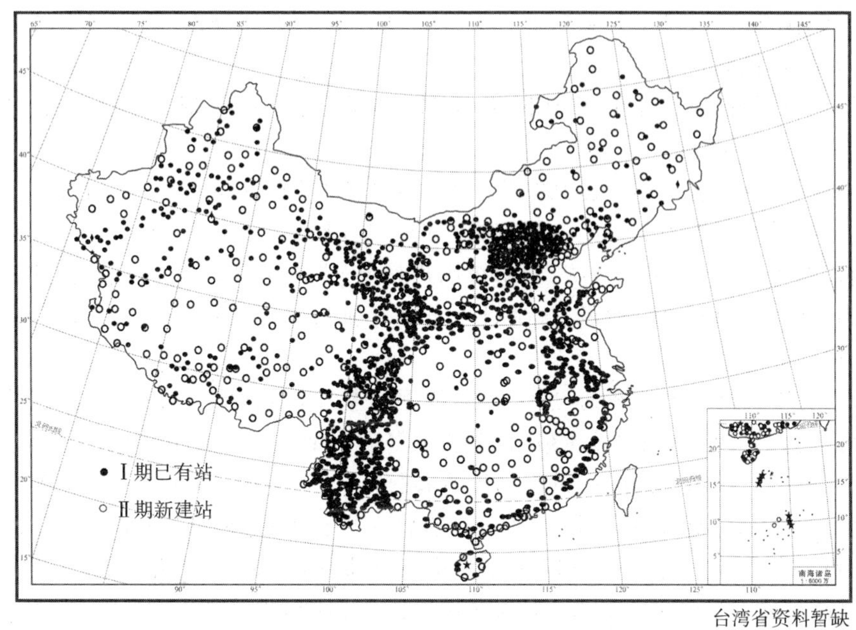

图 3-30　陆态网络区域网

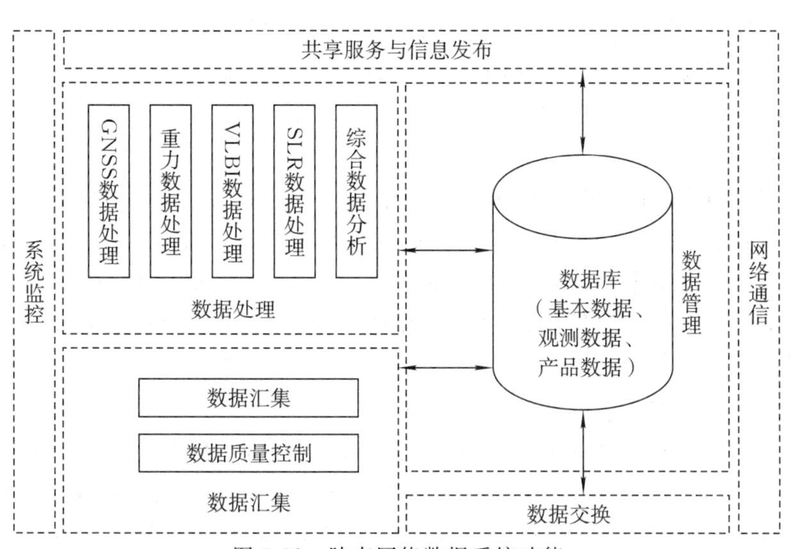

图 3-31　陆态网络数据系统功能

(1)基准站网:基准站网由范围内均匀分布的基准站组成。负责采集 GNSS 卫星观测数据并输送至数据处理中心,同时提供系统完好性监测服务。

(2)数据处理中心:系统的控制中心,用于接收各基准站数据,进行数据处理,形成多基准站差分定位用户数据,组成一定格式的数据文件,分发给用户。数据处理中心是 CORS 的核心单元,也是高精度实时动态定位得以实现的关键所在。中心 24 小时连续不断地根据各基准站所采集的实时观测数据在区域内进行整体建模解算,自动生成一个对应于流动站点位的虚拟参考站(包括基准站坐标和 GNSS 观测值信息)并通过现有的数据通信网络和无线数据播发网,向各类需要测量和导航的用户以国际通用格式提供码相位与载波相位差分修正信息,以便实时解算出流动站的精确点位。

(3)数据传输系统:各基准站数据通过光纤专线传输至监控分析中心,该系统包括数据传输硬件设备及软件控制模块。

(4)数据播发系统:系统通过移动网络、UHF 电台、互联网等形式向用户播发定位导航数据。

(5)用户应用系统:包括用户信息接收系统、网络型 RTK 定位系统、事后和快速精密定位系统以及自主式导航系统和监控定位系统等。按照应用的精度不同,用户服务子系统可以分为毫米级用户系统、厘米级用户系统、分米级用户系统、米级用户系统等;而按照用户的应用不同,可以分为测绘与工程用户(厘米、分米级)、车辆导航与定位用户(米级)、高精度用户(事后处理)、气象用户等几类。

CORS 系统不仅是一个动态的、连续的定位框架基准,同时也是快速、高精度获取空间数据和地理特征的重要的技术手段。CORS 系统更多应用则是对某一小区域(如城市)提供三维基准。在区域内向大量用户同时提供高精度、高可靠性、实时的定位信息,并实现城市测绘数据的完整统一。例如在城市中应用 CORS 系统,将对现代城市基础地理信息系统的采集与应用体系产生深远的影响。它不仅可以建立和维持城市测绘的基准框架,更可以全自动、全天候、实时提供高精度空间和时间信息,成为区域规划、管理和决策的基础。该系统还能提供差分定位信息,开拓交通导航的新应用,并能提供高精度、高时空分辨率、全天候、近实时、连续的可降水汽量变化序列,并由此逐步形成地区灾害性天气监测预报系统。此外,CORS 系统可用于通信系统和电力系统中高精度的时间同步,并能就地面沉降、地质灾害、地震等提供监测预报服务,研究探讨灾害时空演化过程。

2. 国外 CORS 网简介

随着全球定位技术、计算机技术、网络和通信技术的迅速发展,建立区域卫星定位导航服务网络取代传统的静态定位控制网是今后实时导航定位的发展趋势。目前世界各国已将 CORS 系统作为现代空间定位技术应用的重点研究对象,加大推进 CORS 应用的力度,不断扩大其应用范围。目前世界上较发达的国家都建立或正在建立 CORS 系统。下面介绍一些有代表性的系统。

1)美国的连续运行参考站网系统

美国的 CORS 系统由美国国家大地测量局(NGS)负责,包括 NGS 的跟踪网、美国海岸警备队(United States Coast Guard, USCG)差分网、美国联邦航空局(Federal Aviation Administration, FAA)的 WAAS 网、美国工程兵团(United States Army Corps of Engineers, USACE)的跟踪网等 137 个 GPS 参考站组成。

目前美国本土已有 2 000 多个 GPS 连续运行参考站,覆盖全美(包括阿拉斯加),构成了美国新一代动态国家参考系统。系统的所有参考站都配置双频全波型 GPS 接收机和抑径圈天线。每天卸载当天的数据,数据记录格式为 1 s、5 s、15 s、30 s 的 RINEX 格式。通过互联网向全美和全球用户提供参考站坐标和 GPS 卫星跟踪观测站数据。此外,还提供其他如大地水准面、坐标系转换等服务。用户用一台 GPS 接收机在美国任意位置观测,然后通过互联网下载若干参考站数据,即可进行事后精密定位。

NGS 可以通过网络向用户提供 GPS 待定点相邻的 CORS 站(3 个以上)的 GPS 相应载波

相位和码距(在用户要求的时间段内),以支持用户的 GPS 准实时或后处理定位。NGS 也可以为用户通过网络提供 GPS 定位计算服务,这一服务可以在用户提供待定点的观测资料后的几个小时内完成,称为 NGS 的在线 GPS 定位服务(online position user service,OPUS)。

此外,NGS 可以通过网络向用户提供 1983 北美大地基准(NAD83)或国际地球参考框架(ITRF)的坐标及相应站的位移速率,也可以提供这些站的气象数据。NGS 也可以通过网络向用户提供 IGS 的精密或预报 GPS 星历,以及 IGS 的全球各 GPS 永久性连续运行站的坐标及其位移速率。目前用户利用 CORS 计算美国国内 26 km 至 300 km 长的基线端点的相对点位精度,水平方向可达±1.0 cm,高程方向可达±3.7 cm,二者都是 95%置信度。以上是指用户在基线端点的观测时间不少于 4 h 的情况,若观测时间增加至 12 h,水平方向精度改善不大,但高程相对精度可提高至±2 cm。

NGS 同时提供 NAD83 大地高转换到美国 NAVD88 正高系统的服务,主要采用美国大地水准面模型进行转换,采用 GEOID2003 模型的误差为±2.5 cm。此外,为了提高高程定位精度,NGS 还提供各种 GPS 仪器天线相位中心变化的实测资料,供用户选择参考。

2)欧洲永久性连续运行网(EPN)

EPN 是在欧洲各国和某些组织(学术团体、大学)建立的永久性卫星基准站网的基础上,由 IAG 的欧洲分委员会(EUREF)负责建立的一个合作性地区连续运行站网系统,目前由 122 个永久基准站组成,其中 42 个属 IGS 基准站,其工作流程是各国或各组织的若干永久性基准站构成一个子网,各子网有自己的运行中心,若干运行中心又构成一个地区数据中心,各地区数据中心的数据汇总到欧洲区域中心,再由区域中心将产品数据反馈至 IGS 数据中心、地区数据中心以及各类用户。

EPN 目前的主要任务是维持欧洲区域空间参考框架,主要服务是每周提供一个全网测站坐标解算结果及对其相关精度存在问题的分析,同时提供一个周解的时间序列分析。此外还提供各测站的原始观测值,以满足欧洲地区不同组织的精密定位要求。欧洲的德国、英国、瑞士等国家的 CORS 除了作为国家的空间参考框架外,同时还基于一些差分技术和 RTK 技术,提供事后精密定位服务和实时精密定位服务。

英国建立的"连续运行 GPS 参考站"(COGRS)系统的功能和目标类似于上述 CORS,但结合英国本土情况,多了一项监测英伦三岛周围海平面的相对和绝对变化的任务。英国的 COGRS 由测绘局、环保局、气象局、农业部、海洋实验室共同负责。目前已有近 60 个 GPS 连续运行参考站、900 多个 GPS 点。目前英国测绘局已组建了 GPS 在线服务中心,其主要任务是传输、提供、归档、处理和分析各个 GPS 主动站和被动站的数据,并提供在线坐标转换服务。

德国的全国卫星定位网由 100 多个永久性 GPS 跟踪站组成。它也提供 4 个不同层次的服务:①米级实时差分 GPS(DGPS)(精度为 1~3 m);②厘米级实时 DGPS(精度为 1~5 cm);③精度为 1 cm 的准实时定位;④高精度大地定位(精度优于 1 cm)。

其他欧洲国家,即使领土面积比较小的芬兰、瑞士等也已建成具有类似功能的永久性 GPS 跟踪网,作为国家地理信息系统的基准,为 GPS 差分定位、导航、地球动力学和大气研究提供科学数据。

3)日本的 GPS 连续应变监测系统(COSMOS)

在亚洲,日本已建成近 1 200 个 GPS 连续运行站网的综合服务系统——GeoNet,其站间距离平均为 30 km 左右。这种格网是由日本地理院组建的,是日本重要的国家基础设施。其主要功能是进行地壳监测和地震预报,构成高精度的动态国家大地控制网,满足测图和 GIS 数据采集和更新的需要,为气象和大气部门开展 GPS 大气学的服务等。

3. 中国的 CORS 网

随着国家信息化程度的提高及计算机网络和通信技术的飞速发展,电子政务、电子商务、数字城市、数字省区和数字地球的工程化和现实化,需要采集多种实时地理空间数据,因此,中国发展 CORS 系统的紧迫性和必要性越来越突出。几年来,国内不同行业已经陆续建立了一些专业性的卫星定位连续运行网络,目前,为满足国民经济建设信息化的需要,一大批城市、省区和行业正在筹划建立类似的连续运行网络系统,一个连续运行参考站网络系统的建设高潮正在到来。下面简要介绍几个国内具有代表性的 CORS 系统。

1)深圳连续运行卫星定位服务系统

深圳建立了中国第一个连续运行参考站系统(Shenzhen continuously operating reference stations,SZCORS),它是深圳市城市空间数据基础设施的重要组成部分,也是城市空间数据采集的基准参考框架。该项目于 1998 年 10 月通过专家论证,2000 年 3 月正式启动。设计覆盖范围是参考站构成的四边形面积并加上以各参考站半径 13 km 的范围,该系统采用网络 RTK 技术,实时定位精度可达到平面±3 cm,垂直±5 cm(实测值)。整个系统由基准站网、监控分析中心、数据传输系统、定位导航数据发播系统、用户应用系统 5 个部分组成,各基准站与监控分析中心间通过数据传输系统连接成一体,形成专用网络,可以满足非隐蔽区工程测量、地形图修测等要求。经测试,利用一台 GPS 测量型接收机即可进行城市各级控制点测量,可以通过互联网实现事后精密定位服务,可以升级为国家级 GPS 跟踪站、国家地壳形变监测站。项目以立足测绘、服务社会为总原则,以满足深圳市基础测绘、国土与城市规划、土地资源管理、城市建设、形变监测、交通监控、港口管理、公共安全等方面对定位导航服务的需要为总目标。

目前,该系统已具备 GSM 方式全天候的厘米级定位服务和事后精密定位服务功能。用户使用该系统,可实现实时动态厘米级定位服务。系统将针对用户的需求,逐步建立起从静态、动态到高动态,从事后、准实时到实时,从毫米级、厘米级到亚米级精度的城市基础信息服务体系,并建立深圳市空间基础设施的三维、动态、地心坐标参考框架,为建设数字化现代城市奠定基础。

2)上海 GPS 综合服务网

由上海市测绘院、中国科学院上海天文台和上海市气象局联合建成的上海 GPS 综合服务网由 14 个地面 GPS 基准站、50 个高精度大地测量控制点、20 个地面形变监测点、1 个中心处理站、1 个气象工作站和 1 个大地测量工作站组成。14 个基准站作为永久站进行每天 24 h 的连续观测,并将 GPS 观测数据实时传播至中心处理站进行处理。

上海 GPS 综合服务网的主要特点是自成系统。该网建有独立的 GPS 卫星精密定轨、预报和钟差改正等完整的资料处理软件系统,保证该网今后长期发挥其稳定和完好的应用价值。上海 GPS 综合服务网应用于上海地区的气象服务、大地测量、工程测量、地壳形变和地面沉降的监测以及城市地理信息系统应用等,同时作为上海城市信息化管理的基础设施,一网多用提供全方位的日常服务。该网现已提供气象服务,以上海为中心,覆盖整个长江三角洲地区,能全天候地提供长江三角洲地区的可降水汽量的变化信息,分辨率从原来的 12 h 采样一次提高到 30 min 一次,站点分布也由原来的 300 km 以上下降到 100 km 左右。

3)北京市全球卫星定位综合应用服务系统

北京市在借鉴和参考了国内外 CORS 建设经验的基础上,详细调研了各政府用户、社会用户的需求,经充分论证和设计后,进行了北京市全球卫星定位综合应用服务系统的建设。它是首都重要的空间信息基础设施项目,是数字北京、数字奥运的重要组成部分。整个系统由北京市及河北省境内的 28 个连续运行基准站组成的基准站系统、管理系统、监测系统、服务系统及用户系统 5 部分组成,涉及各种硬件、管理控制软件、通信传输、网络系统、数据库、数据处理等众多领域,是集设计、开发、集成为一体的综合应用服务系统。该系统利用 GNSS 技术,经过信号的联网处理,可提供事后毫米级,实时厘米级、分米级、米级等不同精度的三维定位和时间信息。系统为首都的规划、测绘、地震、气象、国土资源、交通、金融、商业、旅游、水利、矿产、林业、农业、环保等 30 多个重点行业提供个性化服务,整个系统具有兼容性、先进性、综合性等众多特点,为北京的 GNSS 科研、应用、发展提供了条件,从而达到"一个平台、一次投资、多种服务"的效果,促进首都的建设和现代化管理。系统目前拥有十几个政府用户和众多的社会用户。

4)江苏 CORS 综合服务系统

江苏 CORS 综合服务系统(Jiangsu continuously operating reference stations, JSCORS)项目是江苏省测绘局"十一五"计划的重点项目,由江苏省测绘局和江苏省气象局共同投资建设。项目于 2006 年 7 月正式启动,2006 年 12 月建成并投入运行。JSCORS 通过在全省及周边范围内建设或共享若干个 GNSS 连续运行参考站,在江苏省内建立了一个高精度、高时空分辨率、高效率、高覆盖率的综合信息服务网。JSCORS 由参考站网子系统、控制中心子系统、数据通信子系统、数据中心子系统、用户应用子系统组成。包含 70 个参考站点,其中江苏境内 67 个,上海境内 3 个。参考站间最长间距 83 km,最短间距 12 km,平均间距 50 km。

5)郑州市连续运行卫星定位综合服务系统

郑州市连续运行卫星定位综合服务系统(Zhengzhou continuously operating reference station,ZZCORS)共有 7 个连续运行基准站,分别布设在 4 市(巩义市、登封市、新密市、新郑市)2 区(上街区、郑州市区)1 县(中牟县)。系统数据中心建在郑州市区。数据中心与各参考站点通过基于 MPLS(多协议标记交换)的 VPN 宽带光纤进行网络传输。其中最大站点间距约 41 km,最小间距约 26 km,平均站间距约为 34 km,完全覆盖郑州市 7 446.2 km^2,可满足全市及周边地区的各行业对高精度定位的基本需求。

ZZCORS 是郑州市城市及地区发展建设的需要,是维持城市及地区测绘基准框架的需要,同时也是满足郑州市数字化、规模化、集中化等现代化管理的需要,是建设"数字郑州"的重要组成部分。ZZCORS 的建设提高了全区域内 GPS 定位的效率和可靠性,参考站系统通过现代通信提供的网络平台连续运行,可满足实时和事后不同部门、行业对不同精度水平的要求。如基础控制、工程施工、桥梁监控、勘探、土地管理和大比例尺测绘、车辆、船舶乃至飞机的导航、监控和管理,中小比例尺的地理信息更新和国土资源调查、气象预报、城市规划等。

与国外相比,中国在 GNSS 定位技术研发、工程建设水平方面基本持平,但参考站网覆盖范围、站点密度、服务内容等存在一定差距。此外由于管理及政策的原因,各地 CORS 基本处于独立运行的状态,尚未实现跨行业、跨地区的联网。因此,建设一个地区参考站网的中远期目标是要实现广域范围内的信息资源共享,提供高精度实时定位服务等。目前,全国大多省、市都已建成或正在建立省、市级 CORS 系统。这些高精度的 CORS 网站为中国的三维基准提供了重要的数据基础。

纵观国内外 CORS 建设可以看出,CORS 的发展具有规模化和服务实时化两个重要趋势。首先,CORS 项目建设都是从某地区或行业开始,逐渐与其他地区或专业组建的网络进行互联,最终形成跨行业、跨地区、跨国家的网络,从而实现原始数据的共享与交换,其互联的前提是政策的保障以及技术标准和协议的统一。其次,定位服务实时化是 CORS 的另一个趋势。服务实时化的基础是实现原始数据的实时传输。在美国 CORS 的东部区域,大部分站点实现了实时(1 s)的数据传输,仅需要建立必要的服务手段即可实现实时定位服务。EPN 中德国、挪威等国家已率先利用实时载波相位差分、网络 RTK 技术提供实时定位服务。最终实现广域范围内的信息资源共享,提供高精度的实时定位服务等目标。

二、卫星大地控制网的建立

为了得到可靠的观测成果,必须对三维控制网进行科学的技术设计。VLBI、SLR 等三维控制网的建立通常是在全球范围内根据需要由国际组织协商进行选点并建立,其过程比较复杂且漫长。因而通常所说的卫星大地控制网是指用于工程应用的三维控制网,具体是指 GPS 控制网。下面仅介绍 GPS 控制网的布设原则、技术设计等问题。

(一)GPS 控制网的布设原则

1. 分级布网的原则

分级布设 GPS 网,有利于根据测区的近期需要和远期发展分阶段布设。而且可以使全网的结构呈长短边相结合的形式。与全网均由短边构成的全面网相比,可以减少网的边缘处误差的积累,也便于 GPS 网的数据处理和成果检核分阶段进行。

例如首先在全国范围内用 GPS 建立一个高精度的稀疏骨架控制网(A 级、B 级网或一级、二级网),在以上控制网基础上根据需要在测区使用 GPS 或常规的方法进一步加密。在进一步加密时,应用 GPS 技术可以不预先做全面的大地网,而是按照用户所需要的精度要求随用随做。可以使用 GPS 测量从几百千米以外直接获取已知点。这样既能节省大量的人力、物力资源,又满足了实际生产的需要。

2. 精度原则

在 GPS 网的设计中,应根据测区大小和 GPS 网的用途,来设计网的等级和精度标准。2009 年前,GPS 测量的精度标准通常用网中相邻点之间的距离中误差表示,其形式为

$$\sigma = \pm\sqrt{a^2 + (b \cdot d)^2} \tag{3-2}$$

式中,σ 为距离中误差(mm),a 为固定误差(mm),b 为比例误差系数(10^{-6}),d 为相邻点的距离(km)。

2009 年制定的国家标准《全球定位系统(GPS)测量规范》(GB/T 18314—2009)将 GPS 测量按精度分为 A、B、C、D、E 五个等级,规定了不同级 GPS 网的点间距离和坐标分量精度指标。其中 A 级 GPS 网由卫星导航定位连续运行基准站构成,其精度应不低于表 3-4 的要求。B、C、D 和 E 级 GPS 网的精度应不低于表 3-5 的要求。

表 3-4　A 级网的精度要求

级别	坐标年变化率中误差/(mm/a)		相对精度	地心坐标各分量年平均中误差/mm
	水平分量	垂直分量		
A	2	3	1×10^{-8}	0.5

表 3-5　B、C、D、E 级网的精度要求及相邻点间距离要求

级别	相邻点基线分量中误差/mm		相邻点间平均距离/km
	水平分量	垂直分量	
B	5	10	50
C	10	20	20
D	20	40	5
E	20	40	3

3. 密度原则

各种不同的任务要求和服务对象，对 GPS 网的布设有不同的要求。例如，国家 A 级网基准点主要用于提供国家级基准，用于定轨、精密星历计算和大范围大地变形监测等，其平均距离为几百千米。而一般工程测量所需要的网点则应满足测图加密和工程测量，平均边长为几千米，甚至更短(几百米以内)。综合以上因素，《全球定位系统(GPS)测量规范》(GB/T 18314—2009)对 GPS 网中两相邻点间距离视其需要做出了规定：各级 GPS 相邻点间平均距离应符合表 3-5 中所列数据要求，相邻点间最小距离可为平均距离的 1/3～1/2，最大距离可为平均距离的 2～3 倍。在特殊情况下，个别点的间距也可结合任务和服务对象，对 GPS 点分布要求做出具体的规定。

(二)GPS 控制网的技术设计

GPS 控制网的技术设计是按照 GPS 测量技术标准的要求，兼顾精度、可靠性、经济性等指标，在测量前制定严格、科学切实可行的布网及观测方案，这是 GPS 控制测量的最基础性的工作，是在网的精确性、可靠性和经济性方面，寻求 GPS 控制网基准设计的最佳方案。是 GPS 控制网的建立中非常重要的一项工作。技术设计的主要依据是 GPS 测量规范(标准)和测量任务书。主要包含基准设计、精度设计、密度设计、可靠性设计、网形设计等一系列的环节。这里仅简要介绍基准设计和选点的具体要求，其他的详细设计内容不再赘述。

1. GPS 控制网的基准设计

GPS 控制网的基准设计是实施 GPS 测量的基础性工作，它通过 GPS 测量可以获得地面点间的 GPS 基线向量，它属于 WGS 84 或 ITRF 的三维坐标。在实际工程应用中，我们需要的是国家坐标系(1954 北京坐标系、1980 西安坐标系、2000 中国大地坐标系)或地方独立坐标系的坐标。为此，在 GPS 网的技术设计中，必须说明 GPS 网的成果所采用的坐标系统和起算数据，即明确 GPS 网所采用的基准。通常将这项工作称为 GPS 网的基准设计。

GPS 网的基准包括位置基准、方位基准和尺度基准。GPS 网的位置基准，通常都是由给定的起算点坐标确定。方位基准可以通过给定起算方位角值确定，也可以由 GPS 基线向量的方位作为方位基准，尺度基准可以由地面的电磁波测距边确定，或由两个以上的起算点之间的距离确定，也可以由 GPS 基线向量的距离确定。因此，GPS 网的基准设计，实质上主要是指确定网的位置基准问题。

2. 选点

由于 GPS 观测站之间不要求相互通视,所以选点工作较常规测量要简便得多。因为 GPS 点点位的选择,对 GPS 观测工作的顺利进行并得到可靠的效果有重要影响,所以,应根据测量任务的目的和测区范围、精度和密度的要求,充分收集和了解测区的地理情况,及原有控制点的分布和保存情况,以便恰当地选定 GPS 点的点位。在选定 GPS 点点位时应遵守以下原则:

(1)点位周围应便于安置天线和 GPS 接收机。视野开阔,视野周围障碍物的高度角一般应小于 15°。

(2)点位应远离大功率无线电发射源及高压电线,以避免周围磁场对信号的干扰。

(3)点位周围不应有对电磁波强烈反射(或吸收)的物体,以减弱多路径效应的影响。

(4)点位应选在交通方便的地方,以提高作业效率。

(5)选定点位时,应考虑便于用其他测量手段联测和扩展。

(6)点位应选在地面基础坚固的地方,以便于保存。

(7)在利用旧点时,应检查标石的完整性和稳定性。

此外,有时还需要考虑点位附近的通信设施,电力供应等情况,以便于各点之间的联络和设备用电。

3. GPS 点位标志

为了长期地保存点位,GPS 控制点一般应设置在具有中心标志的标石上以精确标志点位。标石和标志必须稳定、坚固。其标石可以深埋地下,也可以建造观测墩或带有强制归心装置的观测墩。有关标石的构造、类型和建造方法可参阅§3-1 和有关技术标准。

(三)GPS 控制网的测量作业

GPS 测量包括野外观测和内业数据处理,野外观测工作包括天线安置、观测作业、外业成果记录等,内业数据处理包括仪器数据提取、基线解算和 GPS 三维控制网的平差计算等。这里仅对野外观测工作做简要叙述。而测量数据提取和内业数据处理可参见随机说明及其他有关资料。

1. 天线安置

天线的精确安置是实现精密定位的前提条件之一。天线安置应符合下列要求:

(1)一般情况下,天线应尽量利用三脚架安置在标志中心的垂线方向上,直接对中。在特殊情况下,才可进行偏心观测,其归心元素应以解析法精密测定。

(2)需在觇标的基板上安置天线时,为防止对信号的干扰,应将觇标顶拆除,并将标志中心投影到基板上,依投影点安置天线。

(3)当点上建有寻常标,但测站间的距离不超过 10 km,可以在觇标下安置天线,但应适当延长观测时间。

(4)天线定向标志线应指向正北,并顾及当地磁偏角的影响,定向误差不应大于±5°。

(5)天线底板上的圆水准气泡必须居中。

(6)雷雨天气安置天线时,应注意将其底盘接地,以防雷击。在雷雨过境时应暂时关机停测,卸下天线。

天线安置后,应在各观测时段的前后各量取天线高一次。两次量高之差不应大于 3 mm。取平均值作为最后天线高。若互差超限,应查明原因,提出处理意见,记入观测记录。

天线高是指观测时天线平均相位中心至测站中心标志面的高度,分为上、下两段:上段是从相位中心至天线底面(即天线参考点)的高度,这是常数,由厂家给出;下段是从天线底面至测站中心标志面的高度,由用户现场量取。具体量取方法,依天线安置方法和类型的不同分为直接测量和斜距测量两种,见接收机使用手册。天线高的最后取值为上下两段之和。

2. 观测作业

观测作业的主要任务是捕获 GPS 卫星信号对其进行跟踪、接收和处理,以获取所需的定位和观测数据。

GPS 接收机操作的自动化程度高,其具体的操作方法和步骤因接收机类型和作业模式不同而异,在随机的操作手册中都有详细的介绍。作业时,观测人员只需按操作手册执行即可,一般应注意以下几点:

(1)各接收机的观测员应按观测计划规定的时间作业,确保同步观测同一组卫星。

(2)在确认外接电源电缆及天线等各项连接无误后,才可接通电源。在接收机预置状态正确时,才可启动接收机。

(3)开机后接收机的仪表数据显示正常时,才能进行自测试和输入有关测站和时段控制信息。

(4)接收机开始记录数据后,观测员应使用功能键和选择菜单,注意查看测站信息、接收卫星数量、卫星号、各通道信噪比、相位测量残差、实时定位的结果及其变化和存储介质记录等情况。

(5)在一个观测时段中,接收机不得关闭并重新启动;不准改变卫星高度角的限值和天线高;观测员应注意防止接收设备震动,更不得移动;不得碰动天线或阻挡信号。

(6)经检查所有作业项目均按规定完成并符合要求,方可迁站。

(7)在进行长距离高等级 GPS 测量时,还要按规定测量气象元素。

3. 观测记录

观测记录由 GPS 接收机自动形成,并记录在存储介质上,其内容有:载波相位观测值;伪距观测值;相应的 GPS 时间;GPS 卫星星历及卫星钟差参数;测站初始信息,包括测站点名和点号、时段号、近似坐标、天线高等,测站信息通常是先由观测人员输入接收机或在测量手簿上人工记录。

§3-4　重力基准与重力控制网

为了快速获得重力值,通常采用相对重力测量方法进行。因此必须有属于同一系统的已知重力值作为相对重力测量的起始点。如果这些点的重力值是用绝对重力测量求定,这样的点就是重力基准点,其重力值称为重力基准值。重力基准是由一系列重力基准点布网形成的。同三维控制网、水平控制网和高程控制网一样,重力控制网的建立也是测绘基准建设的一项基础性工程。高精度重力网的建立对确定和精化地球重力场及大地水准面都有极为重要的作用。

一、重力基准

重力基准是指绝对重力值已知的重力点。作为相对重力测量(测定两点间重力差)的起始点,这个起始点也称为重力原点。经国际测量组织认可的起始重力点称为国际重力基准。各国进行重力测量时都尽量与国际重力基准相联系,以检验其重力测量的精度并保证测量成果的统一。国际通用的重力基准有 1900 维也纳重力基准、1909 波茨坦重力测量基准、1971 国际重力基准网(IGSN 1971)以及 1987 国际绝对重力基准网(IAGBN)。下面分别简要介绍。

1900 年在巴黎举行的国际大地测量协会会议上,决定采用维也纳重力基准,即以奥地利维也纳天文台的重力值为基准,其值为 $g=(981.290\pm0.01)$ Gal (1 Gal=0.01 m/s^2)。此值是 Oppolzer 在 1884 年用可倒摆绝对重力测量方法测定的。

1909 年国际大地测量协会在伦敦举行,会议上决定废除维也纳重力基准,启用波茨坦重力基准。以德国波茨坦大地测量研究所摆仪厅的重力值作为基准,代替过去的维也纳重力基准,其值为 $g=(981.274\pm0.003)$ Gal,此值是 1898～1906 年由 Kuhnen 和 Furtwangler 用可倒摆测定的。波茨坦重力基准应用范围最广,凡进行重力测量的国家几乎都采用波茨坦重力基准,该基准被采用了 60 年。

随着科技的进步,对重力测量的精度不断提出新的要求。1930 年以后,一些国家先后进行了绝对重力仪的研制和测量,世界上的绝对重力点多起来,用相对重力仪将新的绝对重力点与波茨坦重力基准联测结果证明,波茨坦的重力值有较大的系统误差,误差约±(12～16) mGal。1967 年国际大地测量协会决定对波茨坦重力值采用－14 mGal 的改正值。1968～1969 年,在波茨坦重力原点又进行了一次新可倒摆绝对重力测量,测量精度达到±0.3 mGal,比先前提高了一个数量级,观量结果与原重力值相差－13.9 mGal。

1971 年在莫斯科举行的国际大地测量学与地球物理学联合会(IUGG)第 15 届大会上通过决议,决定废止波茨坦重力原点,建立 1971 国际重力基准网,作为新一代的国际重力测量基准。

IGSN 1971 是全球范围的重力基准网,包括 1 854 个重力点,其中绝对重力点 10 个,分别用 3 种绝对重力仪测定。25 200 多个相对重力仪测量点,其中有 1 200 多个摆仪观测点,其余为重力仪测量点。将观测结果整体平差后,分别求出了 1 854 个点的重力值,96 个重力仪尺度因子和 26 个仪器(摆仪和重力仪)零漂率。平差后各点重力值精度为±0.1 mGal,每个点都可作为重力测量起算点,从而以多点基准结束了单点基准(由一个重力原点起算)的历史。

随着高精度测时和测距技术的进步,20 世纪 70 年代前后,利用自由落体测量绝对重力的仪器在一些国家研制成功,重力测量精度大大提高,许多国家着手建立本国的重力控制网,而不需要以 IGSN 1971 的点作为重力起算点,故该网实际上已经不起控制作用。由于微伽级的精度对研究全球重力场变化有重要作用,再加上绝对重力仪都有一定的系统误差,所以,统一全球的绝对重力基准仍有必要。

IGSN 1971 建立后,经过一段时间研究和准备,于 1982 年提出了国际绝对重力基准网(IAGBN)的布设方案。1983 年在 IUGG 第 18 届大会上,决定建立国际绝对重力基准网(IAGBN)取代 IGSN 1971。IAGBN 的主要任务是长期监测重力随时间的变化,其次是作为重力测量的基准,以及为重力仪标定提供条件。国际大地测量协会(IAG)设立了专题研究组,对绝对重力选址提出了严格条件。这些点建立后按规则间隔年数进行重复观测。IAGBN 分为 A、B 两类点。A 类点是根据点位选择要求和布设方案选定的,共计 36 个点,其中有南极大陆一个点;B 类点是因某些历史原因或某些国家的愿望而设立的。1987 年 IUGG 第 19 届大会曾通过决议,建议着手实施。大部分点已进行了一次或数次观测,但是由于种种原因,并没有完全实施。主要原因是随着绝对重力仪制造工艺的不断进步,测量精度的不断提高,越来越多的微伽级精度的绝对重力仪被制造并使用。在实际使用中,不再过分地依赖于纳入到国际重力基准网中的基准点来提供重力基准，可以直接用微伽级高精度绝对重力仪的测量值作为重力基准。目前国际重力基准的维持方法通常是由 IAG 定期组织隶属于全球不同国家的高精度绝对重力仪在某一选定的重力基准点上进行比对而确定。中国有 IAGBN 的 A 类点 2 个，分别在北京（1989 年被采纳）和南宁（1985 年被采纳）。表 3-6 为国际重力基准的基本情况。

表 3-6　国际重力基准情况

名称	测量年代	使用年代	精度/mGal
维也纳重力基准	1884 年	1900～1908 年	±10
波茨坦重力基准	1898～1904 年	1909～1971 年	±3
1971 国际重力基准网	1950～1970 年	1971～1983 年	±0.1
国际绝对重力基准网	1983 年开始建立		±0.01

二、中国重力基准网

19 世纪末，外国人在中国上海及西南地区用弹性摆进行了重力测量。20 世纪 30 年代，北平研究院物理研究所也用弹性摆进行了重力测量。之后，上海石油局在上海附近用重力仪测了一些重力点。截至新中国成立前，大约只测了 200 多个重力点，精度 5～10 mGal，分布地区十分有限，没能建立重力基准网。新中国成立后为满足各方面需要，先后建立过三代重力基准网，即 1957 国家重力基准网、1985 国家重力基准网和 2000 国家重力基准网。其中，2000 国家重力基准网是第三代国家重力基准网。

（一）1957 国家重力基准网

1956～1957 年，为了适应全国天文大地控制网数据处理对高程异常和垂线偏差的需要，中国同苏联合作建立了中国第一代重力基准网。当时没有进行绝对重力测量，基准点重力值从莫斯科经由伊尔库茨克、阿拉木图和赤塔 3 个基本点用航空联测方法，用 9 台相对重力仪联测到北京西郊机场。在此之前，苏联航空重力队曾在波茨坦和莫斯科之间进行联测。北京西郊机场上的重力点是中国第一个重力原点，其重力属于波茨坦重力系统，相对于波茨坦国际重力原点的精度为±0.51 mGal。与此同时，在全国布设了 27 个重力基本点和 82 个一等重力点，重力基本点的联测精度为±0.15 mGal，一等点的精度为±0.25 mGal，这些点一并平差处理，构成 1957 国家重力基准网，简称“57 网”。其基本点相对于北京重力原点的误差不大于±0.32 mGal，一等点不大于±0.40 mGal。该网的基准是由苏联重力网的三个基本点引入的，属于波茨坦系统。

“57 网”建立后的近 30 年间，有关部门共施测了数以万计的不同等级的重力点，这些重力点在国民经济建设和国防建设中发挥了重要作用。

20 世纪 70 年代初，中国计量科学院研制成功自由落体绝对重力仪，进行了中国首次绝对重力测量，与北京重力原点联测，证明原值大了 13.5 mGal。因此，在生产中凡采用波茨坦重力系统进行重力测量时，一律改正－13.5 mGal。有些单位则直接采用国际有关组织决定，对波茨坦重力系统的重力值加－14.0 mGal 改正数。

（二）1985 国家重力基准网

中国“57 网”存在的问题主要是没有绝对重力点（统称为基准点），重力系统由波茨坦辗转联测过来，当时相对重力仪测量精度不高，而且波茨坦重力系统已经废止，以 IGSN 1971 代之，中国还没有纳入这个新系统，因此有必要建立第二代国家重力基准网。

1981 年,根据中国和意大利科技合作协议,中意合作利用意大利计量院的自由落体绝对重力仪在中国测了 11 个绝对重力点。1983～1984 年,由国家测绘局组织,地质矿产部、石油部、国家地震局、国家计量局、总参测绘局、中国科学院测量与地球物理研究所等有关部门参加,开展了国家重力基准网的联测。整个测量分为两期,使用了 9 台 LCR-G 型重力仪,按照《国家重力基本网野外作业规定(试行)》进行。相对联测要求每条测线不得少于 2 台仪器的 4 个联测结果,平均值中误差一般不得大于±15 mGal。同时,用 6 台 LCR-G 型重力仪进行了北京、上海和巴黎、东京、京都、香港的国际联测,使中国重力基准网与国际绝对重力点、IGSN 1971 点、日本环太平洋国际重力联测点相互连接。

平差于 1985 年由中国测绘科学研究院完成。已知点有北京、上海、青岛、福州、南宁、昆明。考虑到这 6 个基准点分布不均,其最大重力范围只占全网重力范围的 65%,因此,还利用巴黎、东京 A、东京 B、京都、香港 5 个重力点,共 11 个点作为已知点。平差时观测值加入了仪器计数化算、仪器高度、固体潮和气压改正,按不等权间接平差方法进行。国家重力基准网由 6 个基准点、46 个基本点和 5 个基本点引点组成,该网简称为“85 网”。“85 网”不但改善了图形结构,提供了外部精度标准,而且使“85 网”与 IGSN 1971 有了较紧密的连接,使“85 网”的重力系统纳入 IGSN 1971 系统。

“85 网”整体平差的单位权中误差为±15 μGal,点重力值中误差(内部符合)为±(8～13) μGal,经外部符合检核,发现重力值中有一定的系统性影响,所以“85 网”重力值的精度被认为是在±20 μGal 到±30 μGal 之间。

“85 网”是中国第二个国家重力控制网,包括基准网和一等网。其重力基准是由国内的多台绝对重力仪观测值和国际的已知重力系统共同定义的。必须指出,国际重力点的基准值,有的是绝对观测值,有的是 IGSN 1971 系统,有的是日本环太平洋联测系统。现在回头看,这种共同定义的“85 网”重力基准,并不是完全由国内的绝对重力点来独立定义的,只能说是综合性的。

(三)2000 国家重力基准网

中国“85 网”较之于“57 网”,在精度上提高了一个数量级,消除了波茨坦系统的误差,增大了基准点的密度。它作为中国重力基准后,十几年中在测绘、地质、地震、石油、国防等领域发挥了重要作用。但是,随着时间的推移,经济建设迅速发展,使“85 网”基准点因受损而不便使用或不能使用。据调查统计,截至 2000 年,已有 2/3 以上的“85 网”重力基准点不能使用。另一方面,由于受当时设备、技术等方面的限制,“85 网”绝对重力点的观测精度较低,点位分布不均匀,图形结构不尽合理。由此可见,“85 网”的这种状况已不能充分发挥国家重力基准应有的作用。

中国引进的精度达到 3～5 μGal 的 FG5 绝对重力仪,在中国地壳运动观测网络基准点上施测精度很高,为中国独立建立新一代更高精度的重力基准提供了技术手段。另外从国际上重力基准的变化来看,已决定建立国际绝对重力基准网。而“85 网”仍属于 IGSN 1971 重力系统。从以上各方面分析,有必要建立新一代国家重力基准网(即 2000 国家重力基准网)。

1998 年由国家测绘局发起,总参测绘局和中国地震局参加,开始共同建立 2000 国家重力基准网,简称“2000 网”。经过近 3 年的艰苦努力,于 2002 年圆满完成了 2000 国家重力基准网的建立工作。2000 国家重力基准网由 147 个重力点组成。其中基准点 21 个,基本点 126 个,另有引点 112 个,城市地面联测点 66 个。其点位分布如图 3-32 所示。

2000 国家重力基准网平差后的精度指标为：基准网中重力点平均中误差为±7.35 μGal；其中具有绝对重力观测成果的基准点平均中误差为±2.3 μGal；基本点平均中误差为±6.6 μGal；基本点引点平均中误差为±8.7 μGal。8 个国家重力仪格值标定场的 64 个重力点平均中误差为±3.4 μGal。“2000 网”联测的“85 网”和地壳运动网等其他 66 个重力点平均中误差为±9.5 μGal。

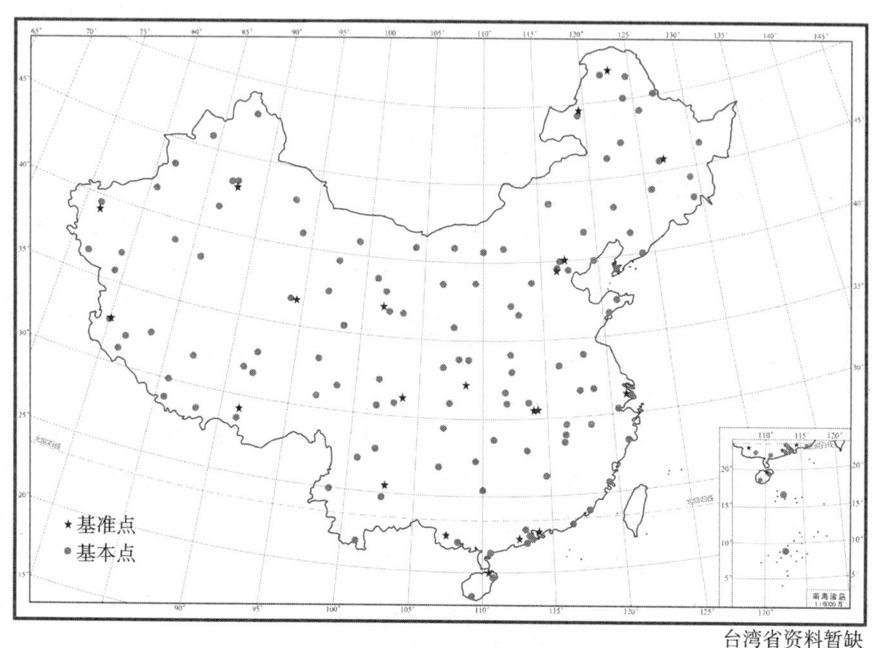

图 3-32　2000 国家重力基准网

2000 国家重力基准网是由基准点、基本点、引点以及长基线、短基线构成，并对已有的“85 网”点进行了联测，网形结构合理，充分考虑了国家基础建设、国防建设和防震减灾等方面的需要，种类齐全，功能完备，设计科学合理。该网精度高、覆盖范围大、点数多，点位顾及了中国实际情况，数量适宜，分布基本均匀。建网中采用了多项国内外先进技术和现代作业方式。该网数据处理理论方法严密，技术先进，平差结果可靠，精度真实可信，与“85 网”相比具有质的飞跃。表 3-7 为中国重力基准网的基本情况。

表 3-7　中国重力基准网基本简况

名称	点数			测量精度(μGal)		系统
	基准点	基本点	一等点	基准点	基本点	
1957 国家重力基准网		27	82		±150	波茨坦系统
1985 国家重力基准网	6	46		±10	±20	IGSN 1971
2000 国家重力基准网	21	126		±5	±10	绝对重力系统

三、国家重力网的建立

由于绝对重力测量的设备笨重、造价高，主要用于少量重力基准点的重力测量。相对重力测量是重力测量的主要方法，它被广泛应用于测定地球表面上的重力值。这里将主要讨论由相对重力测量建立重力网的方案及方法。

(一)建立国家重力网的基本原则

(1)国家重力网应覆盖中国各省、自治区、直辖市、香港及澳门特别行政区,含南海海域。

(2)网中绝对重力点的分布应当均匀。

(3)重力点的布设既要顾及经济发展的需要,同时兼顾国防建设和防震减灾方面的需要。

(4)联测线路的网形结构要进行优化设计。

(5)新建的重力网点应尽可能与老的网点及地壳运动观测网络基本网(见图 3-28)衔接联测。

在以上原则基础上中国先后建立了 1957 国家重力基准网、1985 国家重力基准网和 2000 国家重力基准网。下面仅讨论区域性重力网的建网方案。

(二)区域性重力网的建立方案

根据重力测量的用途和精度,可将重力测量分成两大类,即"重力控制测量"和"加密重力测量"。前者的任务是建立控制网,它包括重力基本点、一等重力点和二等重力点三个等级。后者则是在重力控制点的基础上,根据各单位、部门特殊任务的需要所进行的加密重力测量。级别不同,重力测量联测方法及使用的仪器均有所不同,下面将分别进行讨论。

为了在一个国家或地区进行重力测量,获取详细的重力场数据,必须先建立国家重力控制网。它为局部地区的重力测量提供起始数据,且可控制重力测量误差的积累。如前所述,中国已先后建立了 1957 国家重力基准网、1985 国家重力基准网和 2000 国家重力基准网,这就为开展全国范围内的相对重力测量提供了起始基准。中国幅员辽阔,仅靠"2000 网"中的少量重力控制点显然是不够的,还需在"2000 网"的基础上进一步扩展一等重力网。

一等重力点是从"2000 网"重力基本点为起始控制点,采取多测线逐点推进的方法,联测若干待定点,最后闭合到另一基本点,作为附合路线(见图 3-33),或者闭合到原基本点,这种称为闭合路线(见图 3-34)。

一等重力网的点距为 300 km 左右,沿着主要交通路线推进。闭合环线或闭合路线中的测段数要求不超过 5 段,测段重力差的联测中误差要求不超过 $\pm 25\ \mu\text{Gal}$,重力值中误差不超过 $\pm 60\ \mu\text{Gal}$。一等重力测量要求使用 LCR-G 型重力仪或精度相当的其他精密重力仪,必须在国家重力基本点间或国家级重力仪格值标定场标定仪器常数和参数。

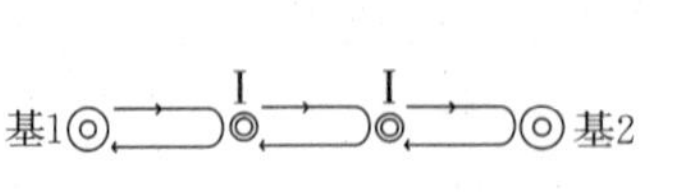

图 3-33 重力测量附合路线

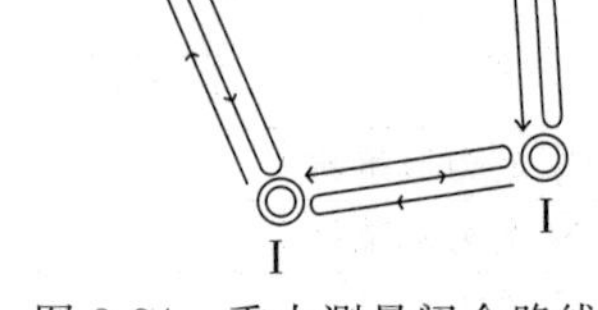

图 3-34 重力测量闭合路线

二等重力点是在基准网和一等网基础上的进一步扩展,主要目的是为加密重力测量提供有效的控制。因此二等重力点的布设方法和密度可视加密重力测量的需要而定。要求以高等重力点及其引点作为超始点,按闭合(附合)路线形式进行布设,路线中的测段数一般不能超过 5 段,但困难地区可放宽到 8 段。也可从一等以上的重力点开始,发展 1～2 个测段的二等支线点。

加密重力点布设，根据不同的需要及施测地区重力场的复杂程度而定。加密重力点的特点是密度大、点距小、精度较低。因此，可以采用目前装备的任何型号的重力仪。用汽车运载两台仪器观测一测线即可满足要求。

确定重力点的坐标和高程是相对重力测量工作的重要部分，因为坐标、高程的精度直接影响重力点重力异常的精度。重力点的高程中误差，现行技术标准规定不得超过±2 m；而坐标中误差则视具体情况而定，对于实测坐标应不超过±5 m，对于1′×1′和5′×5′网格内重力点应不超过±10 m，对于重力控制点和大于5′×5′网格内重力点可不超过±100 m。

如果重力点重合于国家大地网的各级控制点和国家各级水准点，它们的坐标和高程就可直接使用。否则就需做实地测量，测定可用GPS测量、导线测量、水准测量、三角高程导线等方法确定重力点的坐标和高程。

第四章　大地水准面与高程系统

地球形状理论(地球重力场理论)是确定大地测量基准面的依据。地球形状的概念是多义的。通常把地球的真实形状理解为地球的自然表面,即大陆地面、无干扰海洋和湖泊的表面,野外测量工作就是在这个面上进行的。但是大地测量学的任务并不包括获得地球自然表面形状的连续表示形式,这是地图制图学、航空(天)摄影测量学和地形测量学等学科研究的对象。大地测量学中的地球形状是指对其真实形状进行数学或物理抽象后的形体,包括大地水准面、参考椭球面和正常椭球。可以把大地水准面理解为地球的物理化形状,把参考椭球面理解为地球的数学化形状,把正常椭球理解为地球的数学物理化形状。参考椭球或正常椭球是对大地水准面的近似,因而在大地测量学中研究的地球形体主要是指大地水准面的形状。大地水准面又是地面点高程的起算面。由于大地水准面是地球重力场中的一个水准面,故在处理水准测量数据时必须顾及地球重力场理论的特点。选择不同的高程基准面、线就构成了不同的高程系统。

本章介绍了地球重力场理论的基本概念,讨论了高程系统的定义并建立了各高程系统间的转换关系。

§4-1　地球重力位与大地水准面

一、重力与重力位

根据牛顿万有引力定律,宇宙间的任意两质点之间都具有相互作用的吸引力 $\boldsymbol{F}$,在其周围空间就形成了一个引力场。$\boldsymbol{F}$ 的大小与两质点的质量 m 和 m' 的乘积成正比,与两质点之间的距离 r 的平方成反比,用公式表示为

$$\boldsymbol{F}=-\frac{Gmm'}{r^2}\frac{\boldsymbol{r}}{r} \tag{4-1}$$

式中,G 为一比例系数,称为引力常量,通过实验的方法求得,其值为 $6.674\ 28\times10^{-11}\,\mathrm{m^3kg^{-1}s^{-2}}$,$\boldsymbol{r}$ 的方向取吸引点指向被吸引点(见图 4-1)。

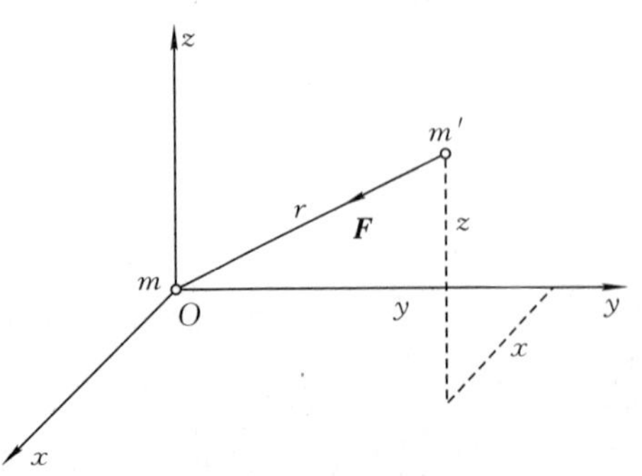

图 4-1　吸引点和被吸引点

大地测量学中,把质量为 m 的质点称为吸引质点,另一质量为 m' 的质点称为被吸引质点,并取其质量为一个单位,即 $m'=1$。于是

$$\boldsymbol{F}=-\frac{Gm}{r^2}\frac{\boldsymbol{r}}{r} \tag{4-2}$$

地球可视为由无穷多个连续质点组成的质体,按照积分的概念,地球对单位质点的引力 $\boldsymbol{F}$ 的大小为

$$\boldsymbol{F}=-G\int_{(M)}\frac{1}{r^2}\frac{\boldsymbol{r}}{r}\mathrm{d}m \tag{4-3}$$

式中，dm 是地球的单元质量，$\boldsymbol{r}$ 为 dm 至被吸引点的距离，在积分过程中是个变量，积分区域为整个地球质量(M)，引力方向指向球心。

由于地球本身在做自转运动，故地球上每一点都存在一个惯性离心力。这个离心力 $\boldsymbol{P}$ 为

$$\boldsymbol{P}=-\boldsymbol{\omega}\times(\boldsymbol{\omega}\times\boldsymbol{\rho}) \tag{4-4}$$

式中，$\boldsymbol{\rho}$ 是单位质点至地球旋转轴的垂直距离，$\boldsymbol{\omega}$ 是地球自转的角速度，可以用天文方法精确测定，其值为 $\omega=7.292\,115\times10^{-5}\,\text{rad/s}$。$\boldsymbol{P}$ 垂直于旋转轴，且方向背向旋转轴，如图 4-2 所示。

地球重力 $\boldsymbol{g}$ 就是单位质点所受的地球引力和地球离心力的合力，即

$$\boldsymbol{g}=\boldsymbol{F}+\boldsymbol{P} \tag{4-5}$$

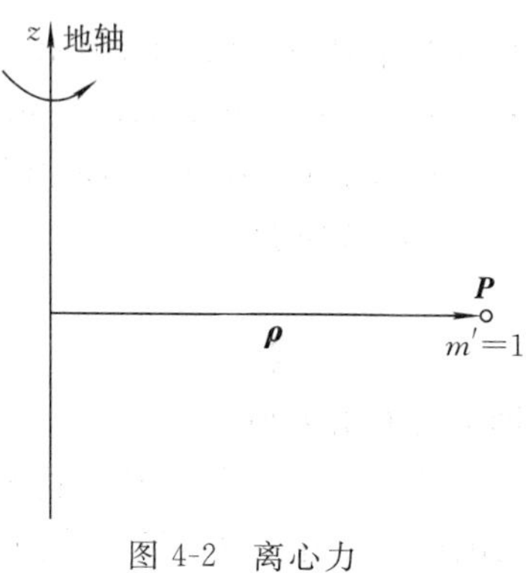

图 4-2　离心力

由于物体受力产生的加速度与其质量的乘积就等于所受的力，于是对于一个单位质点，作用于其上的重力在数值上等于使它所产生的重力加速度的值。因此，在大地测量学中，总是将重力和重力加速度这两个概念通用。我们说“测定一点的重力”实质上是说测定一点的重力加速度，说“一点的重力有多大”实质上是说这点的重力加速度多大。重力加速度的单位为“厘米/秒²”(cm/s^2)，在大地测量学中简称为“伽”(Gal)，它的千分之一称为毫伽(mGal)，毫伽的千分之一称为微伽(μGal)，即如下式

$$1\ \text{Gal}=1\,000\ \text{mGal}=1\,000\,000\ \mu\text{Gal}$$

$$1\ \text{mGal}=10^{-5}\ \text{ms}^{-2}$$

力是向量，不便于直接研究。但是，人们发现对于保守力可以找到一个相应的数量函数，这个函数对各坐标轴的偏导数(梯度)等于力在相应坐标轴上的分量，称为力的位函数。显然，只要已知了位函数就可以已知力了，因此可以用研究力的位函数来代替力的研究。引力、离心力和重力都有相应的位函数。

所谓引力位函数，就是一个以点位坐标 (x,y,z) 为变量的数量函数 V，它对三个坐标轴的偏导数分别等于引力 $\boldsymbol{F}$ 在这三个方向上的分量的值 F_x、F_y、F_z，即

$$\left.\begin{aligned}\frac{\partial V}{\partial x}&=F_x\\ \frac{\partial V}{\partial y}&=F_y\\ \frac{\partial V}{\partial z}&=F_z\end{aligned}\right\} \tag{4-6}$$

质体对外部点的引力位公式可以从质点引力位公式导出，所以我们先讨论质点引力位公式。

如图 4-1 所示，m 为吸引点质量，它的坐标为(0,0,0)，m' 为被吸引点，它的坐标为(x,y,z)，它们之间的距离 r 为

$$r=\sqrt{x^2+y^2+z^2}$$

取一数量函数

$$V_{(x,y,z)}=\frac{Gm}{r} \tag{4-7}$$

显然

$$\left.\begin{aligned}\frac{\partial V}{\partial x}&=Gm\frac{\partial}{\partial x}\left(\frac{1}{r}\right)=-\frac{Gm}{r^2}\frac{x}{r}\\\frac{\partial V}{\partial y}&=Gm\frac{\partial}{\partial y}\left(\frac{1}{r}\right)=-\frac{Gm}{r^2}\frac{y}{r}\\\frac{\partial V}{\partial z}&=Gm\frac{\partial}{\partial z}\left(\frac{1}{r}\right)=-\frac{Gm}{r^2}\frac{z}{r}\end{aligned}\right\}\tag{4-8}$$

将这些结果与式(4-2)相比较,可知式(4-8)即为引力 **F** 在三个坐标轴上的分力数值。这说明式(4-8) 所示的数量函数 V 就是质点引力位函数。

可以证明,力的位函数对任意方向的导数等于力在该方向的分力数值。例如,式(4-7)对 r 方向的偏导数为

$$\frac{\partial V}{\partial r}=-\frac{Gm}{r^2}$$

即为万有引力值。

为了进一步弄清 V 的物理意义,在图 4-1 中设单位质点 m' 从 B_1 点(距离 r_1) 移至 B_2 点(距离 r_2),则引力所做的功为

$$A=\int_{B_1}^{B_2}-\frac{Gm}{r^2}\mathrm{d}r=\frac{Gm}{r}\bigg|_{B_1}^{B_2}=\frac{Gm}{r_2}-\frac{Gm}{r_1}$$

式中, $\mathrm{d}r$ 为力的方向上的位移。上式表明,两点的位差就是力将单位质点从一点移至另一点所做的功,即位的增量等于力所做的功。如果在 B_1 处的位值为 0,则从上式可以得出结论:空间一点的位等于力将单位质点从位为零的地方移至该点所做的功。

对于有很多个点质量组成的质点系,则它的引力位是各个质量 m_1、m_2、…、m_n 的引力位式(4-7)的总和,即

$$V=\frac{Gm_1}{r_1}+\frac{Gm_2}{r_2}+\cdots+\frac{Gm_n}{r_n}=G\sum_{i=1}^{n}\frac{m_i}{r_i}\tag{4-9}$$

质体内部的质点是连续分布的,故只需将式(4-9)的求和变成积分,就得到质体引力位公式

$$V=G\int_{(M)}\frac{\mathrm{d}m}{r}\tag{4-10}$$

式中, $\mathrm{d}m$ 为单元质量,它的坐标为(ξ,η,ζ),在积分过程中是个变量(见图 4-3), $r=\sqrt{(x-\xi)^2+(y-\eta)^2+(z-\zeta)^2}$ 为 $\mathrm{d}m$ 至被吸引点的距离;积分区域为整个质体(M)。

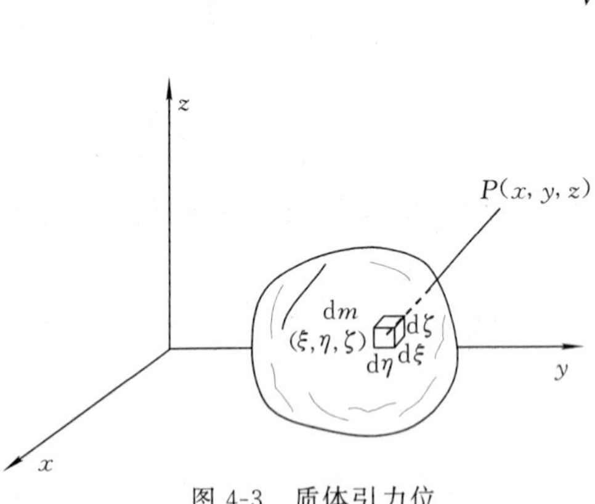

图 4-3　质体引力位

由于离心力的大小为

$$P=\omega^2\rho\tag{4-11}$$

式中, ω 为自转角速度,ρ 为研究点到旋转轴的垂直距离,如图 4-2 所示。设旋转轴重合于直角坐标系的 z 轴,则对于坐标为(x,y,z) 的研究点有

$$\rho=\sqrt{x^2+y^2}$$

代入式(4-11)，得

$$P=\omega^2\sqrt{x^2+y^2}$$

显然它的位函数为

$$Q=\frac{\omega^2}{2}(x^2+y^2) \tag{4-12}$$

重力等于引力与离心力之和，则重力位 W 等于引力位 V 与离心力位 Q 之和，即

$$W=V+Q \tag{4-13}$$

因而重力位的一般表达式为

$$W=G\int_{(M)}\frac{\mathrm{d}m}{r}+\frac{\omega^2}{2}(x^2+y^2) \tag{4-14}$$

二、地球重力场模型

可以证明，质体对外部点的引力位

$$V=G\int\frac{\mathrm{d}m}{r}$$

满足以下微分方程

$$\frac{\partial^2 V}{\partial x^2}+\frac{\partial^2 V}{\partial y^2}+\frac{\partial^2 V}{\partial z^2}=0 \tag{4-15}$$

式(4-15)称为拉普拉斯方程。满足拉普拉斯方程的函数称为调和函数，或称为球谐函数。

在如图 4-4 所示的球坐标系中，P 点的直角坐标 (x,y,z) 与球面坐标 (ρ,θ,λ) 间的关系为

$$x=\rho\sin\theta\cos\lambda$$
$$y=\rho\sin\theta\sin\lambda$$
$$z=\rho\cos\theta$$

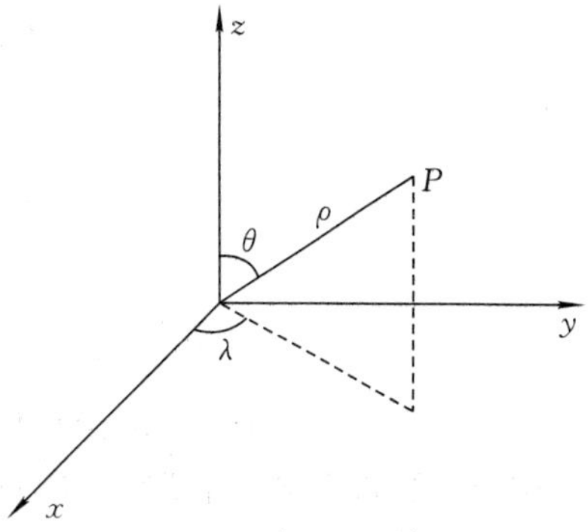

将式(4-15)转化为球坐标系中的拉普拉斯方程（略去推导），有

$$\rho^2\frac{\partial^2 V}{\partial\rho^2}+2\rho\frac{\partial V}{\partial\rho}+\frac{\partial^2 V}{\partial\theta^2}+\cot\theta\frac{\partial V}{\partial\theta}+\frac{1}{\sin^2\theta}\frac{\partial^2 V}{\partial\lambda^2}=0 \tag{4-16}$$

图 4-4　球面坐标与直角坐标

解以上微分方程（略去推导），可得球坐标系下调和函数的一般形式为

$$V(\rho,\theta,\lambda)=\sum_{n=0}^{\infty}\frac{1}{\rho^{n+1}}\sum_{k=0}^{n}(a_{nk}\cos k\lambda+b_{nk}\sin k\lambda)P_{nk}(\cos\theta) \tag{4-17}$$

式(4-17)即为引力位函数的级数展开式。

式(4-17)表示地球对外部点的引力位可以用一无穷级数来描述。式中，(ρ,θ,λ) 为地球外部点的球坐标；a_{nk}、b_{nk} 为常系数，称为地球引力场参数，可通过地球空间的观测值解算确定，因此，由式(4-17)，可以说研究引力位实际上就是研究引力位系数；$P_{nk}(\cos\theta)$ 称为伴随勒让德多项式，n 称为阶，k 称为次。伴随勒让德多项式的形式为

$$
\begin{aligned}
&P_0(\cos\theta)=1\\
&P_1(\cos\theta)=\cos\theta\\
&P_{11}(\cos\theta)=\sin\theta\\
&P_2(\cos\theta)=\frac{3}{4}\cos2\theta+\frac{1}{4}\\
&P_{21}(\cos\theta)=3\cos\theta\sin\theta\\
&P_{22}(\cos\theta)=-\frac{3}{2}\cos2\theta+\frac{3}{2}\\
&\vdots
\end{aligned}
$$

式中,将 $P_{n0}(\cos\theta)$ 简写为 $P_n(\cos\theta)$,$P_n(\cos\theta)$ 称为勒让德多项式。

利用以下递推公式可以从 $P_0(\cos\theta)=1$、$P_1(\cos\theta)=\cos\theta$ 开始推求得到高阶次的结果

$$(n-k+1)P_{n+1,k}(\cos\theta)=(2n+1)\cos\theta P_{nk}(\cos\theta)-(n+k)P_{n-1,k}(\cos\theta)$$

$$P_{nn}(\cos\theta)=(1-\cos^2\theta)^{\frac{1}{2}}(2n-1)P_{n-1,n-1}(\cos\theta)$$

由于式(4-17)中 $P_{nk}(\cos\theta)\cos k\lambda$ 和 $P_{nk}(\cos\theta)\sin k\lambda$ 都是 φ、λ、n 和 k 有关的周期函数,随着 n 和 k 的不同,显示出引力位的各种球面周期变化。低级项(n 较小时)表征引力位的长波变化,高阶项表征引力位较短波的变化。叠加起来就可描述地球引力位的变化细节。要显示出全部细节,n 应取至无穷大,但实际上只能确定有限阶次的位系数,故只能近似地表示引力位。

式(4-17)中常系数 a_{nk}、b_{nk} 与地球的质量分布和形状等因素有关,可以推导得

$$
\left.
\begin{aligned}
a_{n0}&=G\int_{(M)}\rho_1^n P_n(\cos\theta_1)\mathrm{d}m\\
a_{nk}&=2\frac{(n-k)!}{(n+k)!}G\int_{(M)}\rho_1^n P_{nk}(\cos\theta_1)\cos k\lambda_1\mathrm{d}m\\
b_{nk}&=2\frac{(n-k)!}{(n+k)!}G\int_{(M)}\rho_1^n P_{nk}(\cos\theta_1)\sin k\lambda_1\mathrm{d}m
\end{aligned}
\right\}
\tag{4-18}
$$

式中,$(\rho_1,\theta_1,\lambda_1)$ 是 $\mathrm{d}m$ 的坐标位置(见图 4-5)。显然,通过式(4-18)可进一步分析地球引力位球谐函数展开式中各阶系数的意义。一般来说,一个无穷级数总是前几项起主要作用,下面讨论几个低阶项系数的意义。

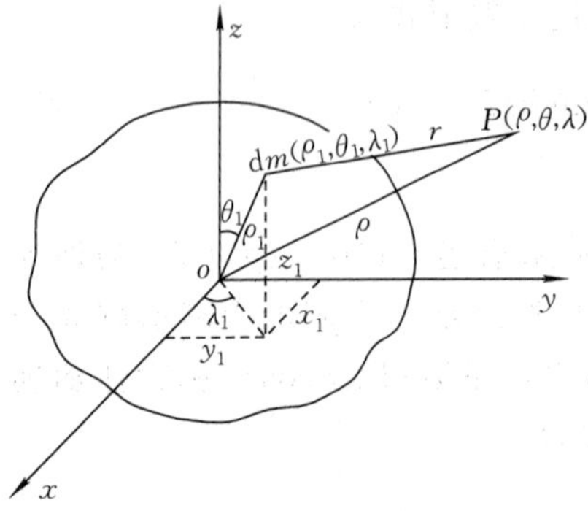

图 4-5 积分区域为整个地球

零阶项只有一个系数,即 a_{00}。因为 $\rho_1^0=1$,$P_0(\cos\theta)=1$,由式(4-18)得

$$a_{00}=GM$$

式中,M 是地球的总质量,即相当于一个球心在坐标原点、质量与地球质量相同的均质球体产生的引力位。

一阶项有三个系数,即 a_{10}、a_{11} 和 b_{11}。因为 $P_1(\cos\theta_1)=\cos\theta_1$,$P_{11}(\cos\theta_1)=\sin\theta_1$,由式(4-18)并顾及球坐标与直角坐标的关系式,得

$$a_{10}=G\int_{(M)}\rho_1\cos\theta_1\,\mathrm{d}m=G\int_{(M)}z_1\,\mathrm{d}m$$

$$a_{11}=G\int_{(M)}\rho_1\sin\theta_1\cos\lambda_1\,\mathrm{d}m=G\int_{(M)}x_1\,\mathrm{d}m$$

$$b_{11}=G\int_{(M)}\rho_1\sin\theta_1\sin\lambda_1\,\mathrm{d}m=G\int_{(M)}y_1\,\mathrm{d}m$$

设 (x_0,y_0,z_0) 为地球质量中心的直角坐标，根据物理学知识，有

$$\frac{\int_{(M)}x_1\,\mathrm{d}m}{M}=x_0,\quad \frac{\int_{(M)}y_1\,\mathrm{d}m}{M}=y_0,\quad \frac{\int_{(M)}z_1\,\mathrm{d}m}{M}=z_0$$

因而一阶项的三个系数为

$$a_{10}=GMz_0,\quad a_{11}=GMx_0,\quad b_{11}=GMy_0$$

可见，一阶项与地球质心的坐标有关，如果坐标系的原点能放在地球质心，则这一项的数值为 0。

二阶项共有 5 个系数，即 a_{20}、a_{21}、a_{22}、b_{21}、b_{22}，由式(4-18)积分后得

$$a_{20}=G\cdot\left(\frac{A+B}{2}-C\right),\quad a_{22}=G\cdot\left(\frac{B-A}{4}\right)$$

式中，A、B、C 分别表示地球相对于 x、y、z 轴的转动惯量，即

$$A=\int_{(M)}(y_1^2+z_1^2)\mathrm{d}m,\quad B=\int_{(M)}(x_1^2+z_1^2)\mathrm{d}m,\quad C=\int_{(M)}(x_1^2+y_1^2)\mathrm{d}m$$

另三个系数为 $a_{21}=G\int_{(M)}z_1x_1\,\mathrm{d}m$，$b_{21}=G\int_{(M)}y_1z_1\,\mathrm{d}m$，$b_{22}=\frac{1}{2}G\int_{(M)}x_1y_1\,\mathrm{d}m$。

以上三个积分，分别是相对坐标轴 y、x、z 的乘积惯量。于是，二阶项与地球对坐标轴的转动惯量和乘积惯量有关。

三阶以上系数的情况比较复杂，这里不再讨论。

将以上所得的 9 个系数的表示式代入式(4-17)，并将坐标系原点放在地球质心，坐标轴重合于地球的主惯性轴，由此使得一阶项系数全为 0，二阶项中的 a_{21}、b_{21} 和 b_{22} 也为 0，于是，地球引力位的展开式为

$$V_{(\rho,\theta,\lambda)}=\frac{GM}{\rho}+\frac{G}{\rho^3}\left[\left(\frac{A+B}{2}-C\right)\left(\frac{3}{2}\cos^2\theta-\frac{1}{2}\right)+\frac{3(B-A)}{4}\cos2\lambda\sin^2\theta\right]+\sum_{n=3}^{\infty}\frac{1}{\rho^{n+1}}\sum_{k=0}^{n}(a_{nk}\cos k\lambda+b_{nk}\sin k\lambda)P_{nk}(\cos\theta)$$

实用中，往往将地球引力位的球函数级数式写成如下形式

$$V_{(\rho,\theta,\lambda)}=\frac{GM}{\rho}\left[1-\sum_{n=2}^{\infty}\left(\frac{a}{\rho}\right)^nJ_nP_n(\cos\theta)+\sum_{n=2}^{\infty}\sum_{k=1}^{n}\left(\frac{a}{\rho}\right)^n(\bar{J}_{nk}\cos k\lambda+\bar{S}_{nk}\sin k\lambda)\bar{P}_{nk}(\cos\theta)\right] \tag{4-19}$$

a 为所采用的地球椭球的长半轴。式中，$\bar{P}_{nk}(\cos\theta)$ 为完全正常化的伴随勒让德多项式，与伴随勒让德多项式之间差一个常数因子

$$\bar{P}_{nk}(\cos\theta)=\sqrt{2(2n+1)\frac{(n-k)!}{(n+k)!}}P_{nk}(\cos\theta)\quad(k>0)$$

因为伴随勒让德多项式在阶次相差较大时数值相差较大，如 $P_{21}(\cos58°) = 1.3482$，$P_{88}(\cos58°) = 542279$，用递推公式计算时高阶次的值会产生较大的积累误差，而 $\bar{P}_{21}(\cos58°) = 1.7405$，$\bar{P}_{88}(\cos58°) = 0.6913$。$J_n$、$\bar{J}_{nk}$、$\bar{S}_{nk}$ 为展开式中的系数，将式(4-19)与式(4-17)比较，可得

$$J_n = -\frac{a_{n0}}{GMa^n}$$

$$\bar{J}_{nk} = \frac{a_{nk}}{GMa^n} \cdot \sqrt{\frac{(n+k)!}{2(2n+1)(n-k)!}}$$

$$\bar{S}_{nk} = \frac{b_{nk}}{GMa^n} \cdot \sqrt{\frac{(n+k)!}{2(2n+1)(n-k)!}}$$

采用这组系数，则它们随 n 和 k 的变化的差异较小，这在使用上很方便。式(4-19)中与经度无关的系数 $(k=0)$ 称为带谐系数，与经度有关的系数称为田谐系数。

由于重力位 W 是引力位 V 和离心力位 Q 的和，因此将式(4-19)加上离心力位式(4-12)，即得地球重力位的数学表达式，称为地球重力场模型。

三、水准面与大地水准面

由于地球自转，地球上每一点都存在一个惯性离心力，而地球本身具有巨大的质量，对地球上每一点又都存在一个吸引力。因此，地球上每一点 P 都受到惯性离心力 $\boldsymbol{P}$ 和地球引力 $\boldsymbol{F}$ 的作用(见图 4-6)，这两个力的合力 $\boldsymbol{G}$ 称为重力。重力的作用线称为铅垂线，重力方向称为铅垂线方向。由于地球内部物质分布不均匀和地球表面起伏的影响，各点铅垂线方向的变化很不规则，铅垂线并不是直线。

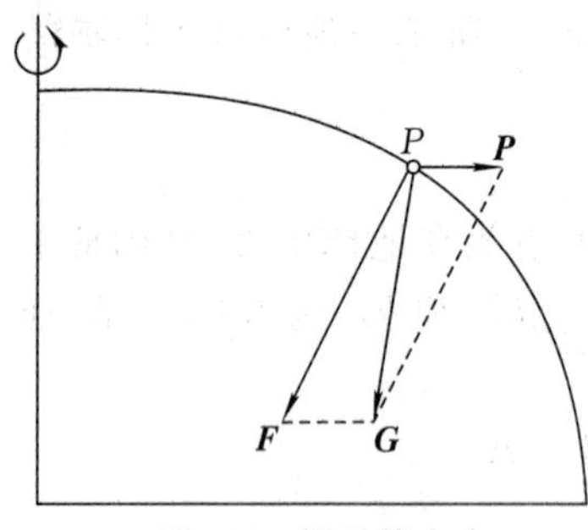

图 4-6 铅垂线方向

当液体处于静止状态时，其表面必处处与重力方向正交，否则液体就要流动，称液体静止表面为水准面。由于地球空间处处都有重力存在，所以通过不同高度的点就有不同的水准面。水准面是物理表面，因为同一水准面上的重力位相等，即质点在水准面上移动重力不做功。水准面上任一点的垂线都与这个面正交，因此水准面也叫重力等位面。

经纬仪测角、水准仪测高差是在仪器整平的情况下进行的。水平角观测时，经纬仪的水准器气泡要居中，这时气泡中央的切线就是一条水平线，仪器垂直轴方向就与铅垂线方向一致，水平度盘就是和水准面相切的水平面，所以实际测得的水平角是在高低不同的水准面上的角度。同样，按水准测量方法测定的高差是水准面间的铅垂线长；天文经纬度和天文方位角也是以水准面和铅垂线为基准的。因此，水准面和铅垂线是经纬仪、水准仪等光学测量仪器野外作业的基准面和基准线。

在无穷多个水准面中，我们将其中一个定义为大地水准面。

大地水准面是与平均海水面重合并伸展到大陆内部形成的水准面。大地水准面包围的形体叫作大地体。因为海洋面积占地球总面积的71%，而大陆高出海洋的平均高度约为 800 m，大致是地球半径的万分之一，这就是说，大地体很接近于地球自然表面，同时大地水准面又具有长期稳定性，因此采用大地体来代表地球是很自然的。于是，人们将大地水准面作为高程的

起算面，即研究地球自然表面形状的参考面；还将大地水准面作为地面天文经纬度、天文方位角和重力值归算的基准面。

大地水准面是个不规则的曲面。因为地球表面起伏不平，内部质量分布不匀，使得地面各点所受的引力大小和方向各不相同，从而引起地面各点铅垂线方向发生不规则变化。于是，处处与铅垂线正交的大地水准面，也就随之成为略有起伏的不规则曲面。所以，大地水准面是个物理曲面而不是数学曲面。

随着海洋学研究的深入发展，人们认识到平均海水面和大地水准面是有区别的。由于海洋受许多因素（例如温度、气压、含盐量、风力、气流、地球自转等）的影响，平均海水面并不是水准面，亦即不是等位面。而且，不同国家和地区根据当地验潮结果所求得的平均海水面也是不一致的。如果选取某一等位面作为标准海面，那么，各个海域的平均海水面相对于标准海面的高低起伏，叫作海面地形，或叫海面倾斜。在全球范围内，这种起伏约为 1～2 m。在中国的东部海域，也存在着南高北低的海面倾斜，其高差约为 60 cm。

由于平均海水面不是等位面，根据它来定义大地水准面就不够确切。因此提出用通过高程起算点（水准零点）的重力等位面来定义大地水准面。

由位函数的性质知，重力位 W 对任意方向 s 的导数等于重力 g 在该方向的分力 g_s，即

$$\frac{\mathrm{d}W}{\mathrm{d}s}=g_s=g\cos(g,s) \tag{4-20}$$

若 s 方向与重力方向相垂直，此时 $\cos(g,s)=0$，则有

$$\frac{\mathrm{d}W}{\mathrm{d}s}=0$$

积分后可得

$$W_{(x,y,z)}=C（常数） \tag{4-21}$$

给右端的常数一个定值，就得到一个曲面方程。因为在这个面上重力位值处处相等，故称为等位面。另一方面，在这个曲面上任一点所受重力的方向都与曲面正交，这样的曲面是处于均衡状态的液体表面，即为水准面。大地水准面就是过高程起算点的水准面。

应用重力位概念可以进一步研究水准面的一些性质。

在式(4-20)中，若 s 的方向为重力 g 的反方向 h，由于 $\cos(g,h)=-1$，则得

$$\frac{\mathrm{d}W}{\mathrm{d}h}=-g$$

亦可写为

$$\mathrm{d}h=-\frac{\mathrm{d}W}{g} \tag{4-22}$$

式中，$\mathrm{d}W$ 可视为两个无限接近的水准面之间的位差，$\mathrm{d}h$ 是这两个水准面之间的垂直距离。式(4-22)说明，水准面之间的距离与重力成反比。

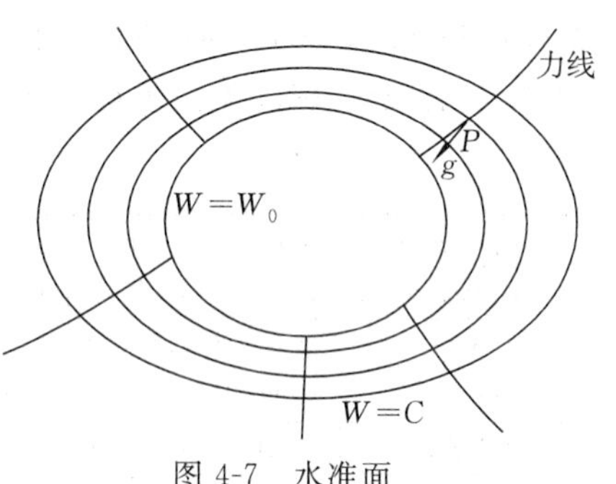

图 4-7　水准面

由于同一水准面上各处的 g 不同，其总趋势是随纬度的增大而增加，所以 $\mathrm{d}h$ 不为常数，水准面具有不平行性，图 4-7 是水准面的大致情况。另外，g 的数值是有限的值，$\mathrm{d}h$ 不可能为 0，所以水准面具有不相交性。但在较小的范围内，重力值变化很小，这时就可以把两个水准面视

为平行。例如,在水准测量中,就认为每一站的前后标尺所在两个水准面是平行的,从而将测出的水准面之间的距离作为两点的高差。

§4-2 地球椭球与正常椭球

一、地球椭球

大地水准面是接近地球形体的一个形状不规则曲面,但这种不规则性很微小,因为它的起伏主要是地壳层的物质质量分布不均匀引起的,而地壳质量仅占地球总质量的 1/65。所以大地水准面在总体上应非常接近于一个规则形体,18 世纪以来的大地测量结果表明,这个规则形体是一个南北稍扁的旋转椭球面。

旋转椭球是由一个椭圆绕其短轴旋转而成的几何形体。图 4-8 表示以 O 为中心,以 $P_N P_S$ 为旋转轴的椭球。

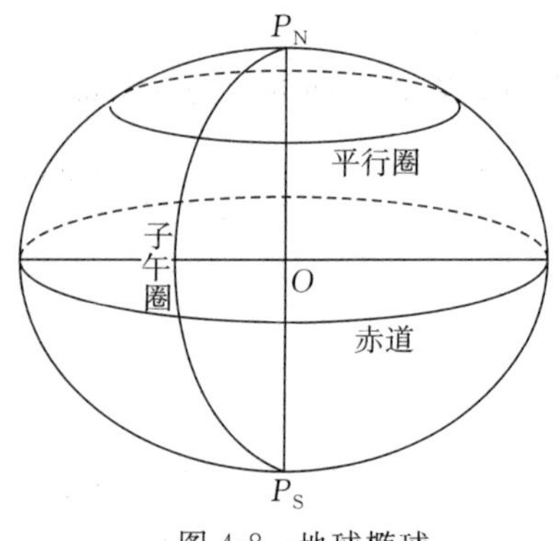

图 4-8 地球椭球

大地测量中,用来代表地球形状和大小的旋转椭球称为地球椭球,简称椭球。地球椭球由表征地球几何特征的椭球长半轴 a、扁率 f,以及表征地球物理特征的椭球总质量 M、椭球绕其短轴旋转的角速度 ω 等 4 个参数表示。

20 世纪 50 年代以前,地球椭球的几何参数 a、f 是利用大陆上局部地区的天文、大地、重力测量资料推算的,精度较低,只能代表地球上局部地区的几何形状。60 年代以来,利用全球的地面大地测量和卫星大地测量资料,推求地球椭球的 4 个几何和物理参数,精度比 50 年代前提高了两个数量级。如 GRS 80(Geodetic Reference System 1980)椭球,a 的误差小于 2 m,f 和 GM(G 为引力常量,M 为地球总质量)的相对中误差分别为 $\pm 3\times10^{-6}$ 和 $\pm 2\times10^{-7}$。表 4-1 是新中国成立后采用的椭球参数表。1954 北京坐标系采用克拉索夫斯基椭球,1980 西安坐标系采用 GRS 75 椭球,2000 国家大地坐标系(CGCS 2000)除对 GRS 80 椭球的 GM 值做了精化外,其余均采用 GRS 80 椭球的参数。WGS 84 和 ITRF(见第六章)两个国际大地坐标系采用的椭球参数分别是 WGS 84 椭球和 GRS 80 椭球。

表 4-1 地球椭球参数表

椭球名称	年份	a/m	f	GM /(1×10^{14} m^{3}s^{-2})	ω /(1×10^{-5} rad s^{-1})
克拉索夫斯基	1940	6 378 245	1/298.3		
GRS 75	1975	6 378 140	1/298.257	3.986 005	7.292 115
WGS 84	1996	6 378 137	1/298.257 223 563	3.986 004 418	7.292 115
GRS 80	1980	6 378 137	1/298.257 222 101	3.986 005	7.292 115
CGCS 2000	2008	6 378 137	1/298.257 222 101	3.986 004 418	7.292 115

在地球椭球面上,包含椭球旋转轴(短轴)的平面称为大地子午面,大地子午面与椭球面的截线称为大地子午圈(大地子午线)。通过椭球中心且垂直于旋转轴的平面称为大地赤道面,赤道面与椭球面的截线称为赤道。平行于赤道的平面与椭球面的截线称为平行圈(平行线),又称纬圈。椭球面上旋转轴的两端点 P_N、P_S 分别为北极和南极。

由于地球形状和质量分布的不规则，地球重力场及其水准面也变得很复杂，为了研究复杂的重力和重力场而引入的地球椭球称为正常椭球。由于地球真实形状的不规则性，要在地面上开展一系列大地测量计算，必须选定一规则曲面作为测量计算的基准面，为此引入的地球椭球称为参考椭球（见§5-2）。

二、正常椭球与正常重力

所谓正常椭球，就是满足一定要求的一个假想的形状和质量分布很规则的旋转椭球体（地球椭球），它是大地水准面的规则形状，用以代表地球的理想形体。由正常椭球产生的重力场称为正常重力场，相应的重力、重力位和水准面分别称为正常重力、正常重力位和正常水准面。由于正常椭球是人为选定的，可以使正常椭球面上的正常重力位等于常数，其值与大地水准面上的重力位 W_0（见图 4-7）一致。

正常重力场是实际地球重力场的近似，为了使两者差别较小，按以下要求选择正常椭球：

(1)正常椭球的旋转轴与实际地球的自转轴重合，且两者的旋转角速度相等。

(2)正常椭球的中心重合于地球质心，坐标轴重合于地球的主惯性轴。

(3)正常椭球的总质量与实际地球的质量相等。

(4)正常椭球表面与大地水准面的偏差的平方和为最小。

正常椭球由以下四个基本参数确定：椭球的长半轴 a、扁率 f、椭球的总质量 M 和椭球绕其短轴旋转的角速度 ω。前两个参数确定了椭球的几何形状，后两个参数确定了椭球的物理特征。

由于正常椭球的规则性，在式(4-17)中，正常椭球的引力位显然与 λ 无关，而只是 ρ 和 θ 的函数；且其引力位对称于赤道，取对称于赤道的 θ 和 $180-\theta$ 两点的余弦，符号相反，因而引力位的球谐函数展开式中只有偶阶带谐项。于是，由式(4-19)可得正常椭球对外部点的引力位 V 为

$$V_{(\rho,\theta)}=\frac{GM}{\rho}\left[1-\sum_{n=1}^{\infty}J_{2n}\left(\frac{a}{\rho}\right)^{2n}P_{2n}(\cos\theta)\right] \tag{4-23}$$

由于 J_{2n} 是与正常椭球参数有关的常系数，因此式(4-23)可完全确定。

按照位和力的关系，正常重力可通过对正常重力位求导而得到。略去推导过程，得到正常椭球面上正常重力值 γ_0 的简化公式为

$$\gamma_0=\gamma_a(1+\beta\sin^2 B-\beta_1\sin^2 2B) \tag{4-24}$$

式中，γ_a 为赤道处的重力值，B 为计算点的大地纬度，系数 β、β_1 及赤道重力 γ_a 分别为

$$\gamma_a=\frac{GM}{ab}\left(1-\frac{3}{2}m-\frac{3}{7}mf-\frac{125}{294}mf^2\right)$$

$$\beta=-f+\frac{5}{2}m-\frac{17}{14}mf+\frac{15}{4}m^2$$

$$\beta_1=-\frac{1}{8}f^2+\frac{5}{8}mf$$

式中，$m=\dfrac{\omega^2a^2b}{GM}$，$b$ 为椭球的短半轴。

对于 CGCS 2000 椭球面的正常重力 γ_0，当要求误差小于 0.1 mGal 时，式(4-24)为

(单位:ms^{-2})

$$\gamma_0 = 9.7803253349(1+0.00530244\ \sin^2 B - 0.00000582\ \sin^2 2B)$$

精确公式为

$$\gamma_0 = \gamma_a\ (1+0.005279042982\ \sin^2 B + 0.000023271800\ \sin^4 B + 0.000000126218\ \sin^6 B + 0.000000000730\ \sin^8 B + 0.000000000004\ \sin^{10} B)$$

该式的误差为 0.001 μGal。

对于 CGCS 2000 椭球外部任意点的正常重力 γ,可采用如下级数式计算

$$\gamma = \gamma_0 - (3.08338788871 \times 10^{-6} + 4.429743963 \times 10^{-9} \cos^2 B - 1.9964614 \times 10^{-11} \cos^4 B)H + (7.2442777999 \times 10^{-13} + 2.116062 \times 10^{-15} \cos^2 B - 3.34306 \times 10^{-17} \cos^4 B - 1.908 \times 10^{-19} \cos^6 B - 4.86 \times 10^{-22} \cos^8 B)H^2 - (1.51124922 \times 10^{-19} + 1.148624 \times 10^{-21} \cos^2 B + 1.4975 \times 10^{-23} \cos^4 B + 1.66 \times 10^{-25} \cos^6 B)H^3 + (2.95239 \times 10^{-26} + 4.167 \times 10^{-28} \cos^2 B)H^4$$

式中,γ_0 以 ms^{-2} 为单位,H 以 m 为单位。用该式计算正常重力的误差,当 H 达到 20 km 时,小于 0.1 μGal;当 H 达到 70 km 时,小于 1 μGal。略去该式中重力随高度二次以上的变化项,且忽略与大地纬度 B 有关的小量,得

$$\gamma = \gamma_0 - 3.083 \times 10^{-6} H$$

该式是以 ms^{-2} 为单位的,如化为以 mGal 为单位,则得

$$\gamma = \gamma_0 - 0.3083H \tag{4.25}$$

式(4.25)是高出正常椭球面 H 处的正常重力值 γ 的近似式。由此可见,点的高度提高 1 m,则重力值约减小 0.3 mGal。

对应于真实地球和正常椭球的两种重力场,必然有两种重力值,即实际重力值 g 和正常重力值 γ,g 和 γ 的差值,即 $g-\gamma$,称为重力异常。

三、扰动位

引入正常椭球后,对于空间任意点都存在着两个重力位值:真实的地球重力位 W 和正常重力位 U。这两者之间当然是有差别的,这个差值称为扰动位 T,即

$$T = W - U \tag{4-26}$$

或者

$$W = U + T$$

就是说,地球重力位等于正常重力位加上扰动位。

由式(4-13)可得

$$T = V_E - V_N + Q_E - Q_N$$

式中,下标 E 表示该量属于实际地球,下标 N 表示该量属于正常椭球。由于选择正常椭球时已使其旋转轴与实际地球的旋转轴重合,且角速度相等,因此 $Q_E = Q_N$,于是

$$T = V_E - V_N \tag{4-27}$$

就是说,扰动位可以理解为地球的质量分布与正常椭球的质量分布不一致引起的引力位差。这两种质量之差(注意这里指的是每点的质量差而不是总质量差)被称为扰动质量。因此,扰动位就是由扰动质量所构成的质体的引力位。已知对于质体引力位可以表示为一个球

谐函数的级数式。

由式(4-27)知，扰动位的展开式可以由地球引力位和正常引力位的两个展开式相减得到。地球引力位式(4-19)是在坐标原点位于地球质心，坐标轴与地球的三个主惯性轴重合的条件下得到的，正常引力位式(4-23)则在坐标原点位于椭球中心，一个坐标轴与正常椭球的旋转轴重合时才成立。由于选择正常椭球时，已使其中心重合于地球质心、坐标轴重合于地球的主惯性轴、正常椭球与地球两者的旋转轴重合、正常椭球的总质量与地球总质量相等，于是扰动位 T 为

$$T=\frac{GM}{\rho}\sum_{n=2}^{\infty}\left(\frac{a}{\rho}\right)^{n}\sum_{k=0}^{n}(a'_{nk}\cos k\lambda+b_{nk}\sin k\lambda)P_{nk}(\cos\theta) \tag{4-28}$$

式中，a'_{nk} 为地球引力位展开式的系数与正常引力位相应系数之差。

§4-3　高程系统

一、选择高程系统的要求

确定地面点的高程可以通过水准测量、三角高程测量、GPS 测量等方法推求。但无论是哪种方法求出的地面点高程，都有一个基准面(起算面)和基准线(按什么线方向量取高程)的问题。地面点高程的一般定义是：由该点沿基准线至基准面的距离。两地面点的高差是此两点高程之差。不同的高程基准线、面构成了不同的高程系统。显然，同一地面点在不同高程系统中其高程值是不相同的。

对于所选择的高程系统，有如下的基本要求：

(1)作为点位位置的表示，很自然地要求点的高程应该是单值的。对于水准测量，点位高程不应取决于水准路线。

(2)从实践的角度看，换算到所采用的高程系统时，测量高差所加的改正数应当很小，以便在处理低等水准测量数据时可以忽略这些改正。

(3)从解决几何问题的角度看，由于大地高为测高部分和大地水准面高度两项之和，由此要求所采用的高程系统应使大地水准面与参考椭球面(正常椭球面)间差距的确定方法既足够严密又方便实用。

(4)从解决物理问题的角度看，要求所采用的高程系统能使同一水准面上各点的高程尽可能是相等的。由于水准测量数据实际上是用来确定地球自然表面和真实重力场的水准面间的相互位置这一物理问题的，而这一问题正是工程应用中避免“水往高处流”的现象所必需的。

以上第四个要求与第二个要求实际上是有矛盾的，因此实践中寻求最好的高程系统是按应用的不同要求采取特殊的折中方法。

二、水准测量观测高程的不唯一性

水准测量原理是建立在水准面相互平行的基础上的，在较小范围内将水准测量每一站的前后标尺所在的两个水准面视为平行，从而将测出的水准面之间的距离作为两点的高程之差。事实上，我们知道水准面是互不平行的。当水准路线较长，测区范围较大时，就不能视水准面互相平行。也就是说必须考虑水准面不平行对水准测量所测高程的影响。

如图 4-9 所示，设 OEC 为大地水准面(高程起算面)，地面点 B 的观测高程(称为测量高)

可以按水准路线 OAB 各测站测得的高差 Δh_1、Δh_2、…,求和得到

$$H_{测}^{B} = \Delta h_1 + \Delta h_2 + \cdots = \sum_{OAB} \Delta h$$

也可以按另一条水准路线 ONB 各测站测得的高差 $\Delta h'_1$、$\Delta h'_2$、…,求和得到

$$H'^{B}_{测} = \Delta h'_1 + \Delta h'_2 + \cdots = \sum_{ONB} \Delta h'$$

由于水准面的不平行性,对应的高差 Δh_i 与 $\Delta h'_i$ 并不相等,因而 $H_{测}^{B}$ 与 $H'^{B}_{测}$ 也不相等。

图 4-9 中,$OABNO$ 是个水准闭合环,显然

$$\sum_{OAB} \Delta h \neq \sum_{ONB} \Delta h'$$

$$\sum_{OAB} \Delta h + \sum_{BNO} \Delta h' = w \neq 0 \tag{4-29}$$

所以,即使水准测量完全没有误差,水准环高差闭合差 w 也不会等于 0。这种由水准面不平行引起的水准环线观测高差闭合差,称为理论闭合差。

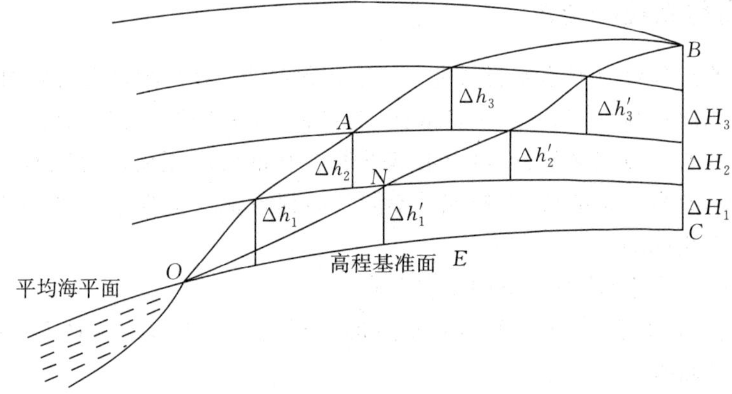

图 4-9 水准面不平行性对水准测量高程的影响

点的高程应该是单值的,而不应取决于水准路线,因此在处理水准测量成果时,必须顾及地球形状理论的特点,合理地定义高程系统,加入改正数。当然这些改正数应当很小,以便在处理低等水准测量成果时可以忽略这些改正。

三、正高

以大地水准面为基准面,以铅垂线为基准线。地面点沿铅垂线量至大地水准面的距离称为该点的正高。如图 4-9,B 点沿铅垂线 BC 量得的各水准面间的高差用 ΔH 表示,则 B 点的正高 $H_{正}^{B}$ 为

$$H_{正}^{B} = \Delta H_1 + \Delta H_2 + \cdots = \sum_{CB} \Delta H = \int_{CB} \mathrm{d}H \tag{4-30}$$

由于水准面为等位面,图 4-9 中两无限接近水准面的位能差为

$$\begin{gathered} g\,\mathrm{d}h = g^{B}\,\mathrm{d}H \\ \mathrm{d}H = \frac{g}{g^{B}}\mathrm{d}h \end{gathered} \tag{4-31}$$

式中,g 为水准路线上相应于 $\mathrm{d}h$ 处的重力,g^{B} 为沿 B 点铅垂线方向上相应于 $\mathrm{d}H$ 处的重力。将式(4-31)代入式(4-30),得

$$H_{正}^{B}=\int_{CB}\mathrm{d}H=\int_{OAB}\frac{g}{g^{B}}\mathrm{d}h \tag{4-32}$$

铅垂线方向上的重力 g^{B} 随不同的深度其数值不同，设它们的平均值为 g_{m}^{B}，则

$$H_{正}^{B}=\frac{1}{g_{m}^{B}}\int_{OAB}g\,\mathrm{d}h \tag{4-33}$$

g_{m}^{B} 对某一地面点来说是个固定值，$\int g\,\mathrm{d}h$ 为过 B 点的水准面与大地水准面之间的位能差，与水准路线的路径无关，因此，正高是唯一确定的。但由于 g_{m}^{B} 是深入地下的重力平均值，不能确知陆地下的重力分布，因而 g_{m}^{B} 既无法测定又不能精确算出，故点的正高也不能精确求得，只能算出它的近似值。

四、正常高

正高不能精确求得的根本原因在于 B 点的 g_{m}^{B} 无法精确测定。如果将式(4-33) 中的 g_{m}^{B} 用正常重力 γ_{m}^{B} 来代替，就得到另一种系统的高程，称为正常高，用 $H_{常}$ 表示，即

$$H_{常}^{B}=\frac{1}{\gamma_{m}^{B}}\int_{OAB}g\,\mathrm{d}h \tag{4-34}$$

式中，g 可沿水准路线由重力测量测得，$\mathrm{d}h$ 由水准测量测得，γ_{m}^{B} 可由正常重力公式(4-24)和式(4-25)算出，所以正常高可以精确得到，其数值不随水准测量路线的改变而异，是唯一确定的。正常高的概念是苏联学者莫洛坚斯基于 1945 年提出的。中国采用正常高系统作为计算地面点高程的统一系统。

如果计算出地面各点的正常高 $H_{常}$，沿着各自铅垂线(实际上应为正常重力线) 方向向下量取 $H_{常}$，得到与地面各点一一相对应的点，把它们连成一个连续的曲面，这个曲面就是正常高的基准面，它与大地水准面极为接近，称为似大地水准面。因此，所谓正常高系统是以似大地水准面为基准面的高程系统，地面点的正常高是该点沿正常重力线到似大地水准面的距离。

似大地水准面不是水准面，但接近于水准面，它只是用于计算的辅助面，并没有严格的几何意义和物理意义。

似大地水准面与大地水准面之间的差(即正常高与正高之差)与点的高程和地球内部质量分布有关。忽略海面地形，在平均海水面上，由于观测高差 $\mathrm{d}h=0$，故 $H_{常}=H_{正}=0$，在海洋面上似大地水准面与大地水准面重合，所以作为高程起算面的高程零点对两者都是适用的。在高山地区，似大地水准面与大地水准面的差最大可达 3 m。平原地区，这种差异约几厘米。

实际应用中，直接用式(4-34)计算正常高很不方便，顾及式中的实测重力值可分为正常重力 γ 和重力异常 $(g-\gamma)$ 两部分，可将水准测量各个测段的观测高差，加上正常水准面不平行改正和重力异常改正，化算为相应的正常高，略去推导过程，其结果为

$$H_{常}^{B}=\int_{OAB}\mathrm{d}h+\frac{1}{\gamma_{m}^{B}}\int_{OAB}(\gamma_{0}-\gamma_{0}^{B})\mathrm{d}h+\frac{1}{\gamma_{m}^{B}}\int_{OAB}(g-\gamma)\mathrm{d}h \tag{4-35}$$

式(4-35)等号右边各项的意义如下：第一项是水准测量测得的高差；第二项中 γ_{0} 是沿水准路线 OAB 上各点的正常重力，由于正常位水准面也不平行，是随纬度变化的，$\gamma_{0}\neq\gamma_{0}^{B}$，所以，该项称为正常位水准面不平行的改正；第三项中$(g-\gamma)$ 是重力异常，该项是由正常位水准面与重力位水准面不一致所引起的。

五、力高

水准面是个等位面,其上各点的重力位相等,但它们的正高高程或正常高高程却可能不相等。设 A、B 两点位于同一水准面,则

$$\int_{OA} g\,\mathrm{d}h = \int_{OB} g\,\mathrm{d}h \tag{4-36}$$

因为

$$g_{\mathrm{m}}^{A} \neq g_{\mathrm{m}}^{B}$$
$$\gamma_{\mathrm{m}}^{A} \neq \gamma_{\mathrm{m}}^{B}$$

故,由式(4-33)和式(4-34)可知

$$H_{正}^{A} \neq H_{正}^{B}$$
$$H_{常}^{A} \neq H_{常}^{B}$$

这将给大型水利建设的设计、施工带来许多不便。此时,需要一种"同一水准面上各点的高程相等"的高程系统。在水利建设中常常采用力高系统,也叫作动力高系统。一个点 B 的力高

$$H_{力}^{B} = \frac{1}{\gamma_{45}^{B}}\int g\,\mathrm{d}h \tag{4-37}$$

由式(4-37)可见,它是以纬度为 45°的正常重力 γ_{45} 换置正常高式(4-34)中的 γ_{m} 得出的,同一水准面上各点的力高相等。所以力高系统是将同一水准面上各点的力高以其纬度为 45°处的正常高表示的高程系统。

有的部门为了使测区的力高更接近于该地区的正常高,采用"局部力高系统"即

$$H_{力局} = \frac{1}{\gamma_{\varphi_{\mathrm{m}}}}\int g\,\mathrm{d}h \tag{4-38}$$

式中,$\gamma_{\varphi_{\mathrm{m}}}$ 为测区平均纬度 φ_{m} 处的正常重力值。

地面点的力高和它的正常高可以很容易地互相换算。由式(4-34)和式(4-37)可得

$$\gamma_{\mathrm{m}}^{B} H_{常}^{B} = \gamma_{45}^{B} H_{力}^{B}$$

$$H_{常}^{B} = H_{力}^{B} - \frac{\gamma_{\mathrm{m}}^{B} - \gamma_{45}^{B}}{\gamma_{\mathrm{m}}^{B}} H_{力}^{B} \tag{4-39}$$

六、地球位数

地面点的高程以大地水准面的位 W_0 与通过该点水准面的位 W 之差来表示,称为地球位数,即

$$C = W_0 - W = \int_{OAB} g\,\mathrm{d}h \tag{4-40}$$

式中,OAB 为水准路线(见图 4-9),$\mathrm{d}h$ 为水准测量观测高差,g 为测线上的平均重力值。地球位数也是以大地水准面为基准面,但不是以米制表示的高程,而是位差,单位为千伽米($10^5\,\mathrm{cm^2\,s^{-2}}$)。同一水准面上所有各点的地球位数相同,其值由每一测段水准测量求得的高差乘以该测段的平均重力观测值而得。用地球位数表示的水准测量结果,能非常方便地换算为正高、正常高或力高。

正高系统、正常高系统及力高系统各有优缺点,但它们同时并存不仅使高程系统不能统

一，也增加了水准测量结果联合处理的困难。不难看出，这三种高程都有一个共同部分：$\int g\,\mathrm{d}h$，它是高程点所在位置对大地水准面具有的位能，称其为地球位数。它与三种高程的关系简单明确，用它来处理水准测量的观测结果可以达到高程统一的效果。

地球位数虽然没有长度量纲，但可以认为它是测量高程的自然量度。

七、大地高

大地高是以参考椭球面(见 §5-2，现代大地测量中参考椭球与正常椭球是一致的，故此可把参考椭球面理解为正常椭球面）为基准面，以椭球的法线为基准线的高程系统。地面点沿法线至参考椭球面的距离称为该点的大地高。

如图 4-10 所示，P 点为地面点，它沿椭球面的法线(基准线）投影到椭球面上为点 P_0，则距离 $\overline{PP_0}$ 为大地高 H。

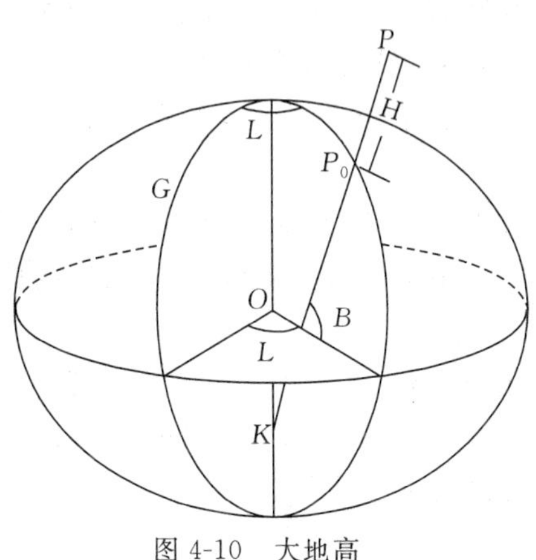

图 4-10　大地高

GNSS 测量可测定地面点的大地高。三角高程测量可获得地面两点的大地高高差，若已知其中一点的大地高，则可求出另一点的大地高。水准测量所得的正高或正常高加上改正项可化算成大地高。

§4-4　不同高程系统间的关系及转换

一、正高、正常高与大地高之间的关系

根据以上讨论，同一个地面点对应有五个不同的高程值，它们的差异取决于不同的高程基准面。也就是说，高程是相对某一基准面的，它的精度一方面取决于观测量的精度，另一方面也取决于所采用基准面的精度。下面主要分析不同高程基准面间的关系。

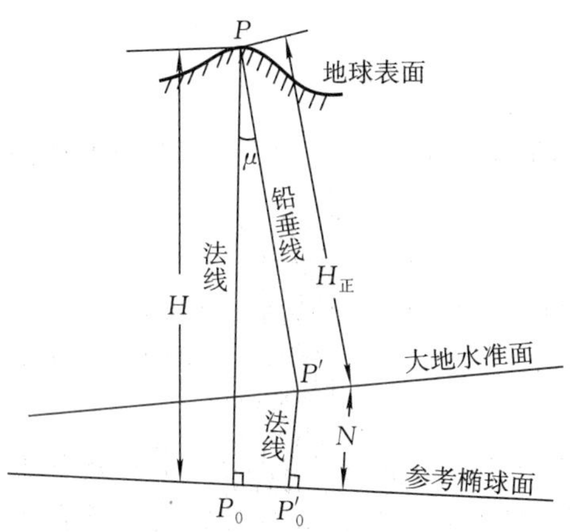

图 4-11　赫尔默特投影 ($P-P_0$) 和毕兹特投影($P-P'-P'_0$)

地面点投影到椭球面上的方法有两种：赫尔默特投影和毕兹特投影，如图 4-11 所示。

赫尔默特投影是将地面点 P 沿法线直接投影到椭球面上($P_0P=H$)，而毕兹特投影是将地面点 P 先沿铅垂线投影到大地水准面上($P'P=H_{正}$)，再沿法线投影到椭球面上($P'_0P'=N$)。

大地水准面和参考椭球面通常既不重合，也不平行，铅垂线和法线间存在一夹角 u，称为垂线偏差。于是，这两种投影方法是有差异的。不过这种差异很微小。如设 $u=60''$，$H=1\,000$ m，则 H 和 $H_{正}+N$ 之差仅为 0.1 mm。$P_0P'_0$ 间的距离仅为 30 cm，对大地经纬度的影响仅为 0.01″，远小于天文测量误差 0.3″(天文测量的 λ、φ 对应的是大地水

准面上的点)。因此,实用上完全可以忽略这两种投影的差异。

GNSS 测量可直接获得地面点的大地高,地面点与其椭球面上投影点的关系就是由赫尔默特投影方法建立的。但在经典大地测量中,大地高不是直接测得的,而是通过正高(或正常高)加改正算得,因此地面点与椭球面上点的对应关系采用毕兹特投影在理论上是严密的。由于毕兹特投影与赫尔默特投影的差异在实用上可忽略,而赫尔默特投影避免了先投影到大地水准面上,再投影到椭球面上两次投影的麻烦,在使用上更为方便,所以经典大地测量计算中也是采用赫尔默特投影。

于是,由图 4-11,大地高可按下式计算

$$H = H_{正} + N \tag{4-41}$$

式中,$H_{正}$是正高,N 是大地水准面至参考椭球面的距离,称为大地水准面差距。

中国采用正常高系统,大地高按下式计算

$$H = H_{常} + \zeta \tag{4-42}$$

式中,$H_{常}$是正常高,ζ 是似大地水准面至参考椭球面的距离,称为高程异常。

图 4-12 表示了参考椭球面、大地水准面和似大地水准面及与它们对应的大地高、正高、正常高的示意关系。

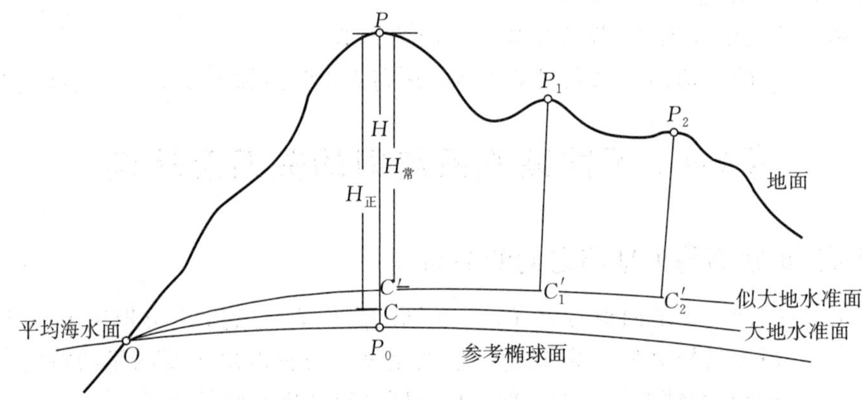

图 4-12 参考椭球面、大地水准面及似大地水准面

二、高程异常的求定

前已指出,地面点的大地高可由正常高和高程异常两部分组成。如果已知一点的大地高和正常高,则由两者之差就可求得该点的高程异常值,即

$$\zeta = H - H_{常} \tag{4-43}$$

应用 GPS 测量可以精确地测定地面点的大地经纬度 (L,B) 和大地高 H,如在该 GPS 点上又实施了水准测量(该点称为 GPS 水准点),则可求得该点的正常高 $H_{常}$,由式(4-43)即可求得该点的高程异常值。

在区域内建立若干 GPS 水准点,就可以获得该区域内若干离散的 ζ 值,由此通过数学方法可拟合该区域的似大地水准面(即推求未知点的高程异常),这一推求高程异常的方法称为 GPS 水准法。GPS 水准法所采用的数学方法较丰富,如多项式拟合法、多面函数拟合法、移动曲面法、加权平均法、拟合推估法等,这里只是介绍 GPS 水准法的基本原理,而不对各方法的优劣做进一步评价。下面以多项式拟合法为例说明其基本原理。

如以二次多项式作为高程异常的拟合模型，则该区域的高程异常 ζ 可表示为

$$\zeta = \alpha_0 + \alpha_1 \Delta L + \alpha_2 \Delta B + \alpha_3 \Delta L^2 + \alpha_4 \Delta L \Delta B + \alpha_5 \Delta B^2 \tag{4-44}$$

式中，$\Delta L = L - L_0$，$\Delta B = B - B_0$ 是所求点的大地经纬度(L,B)与区域内某已知点的大地经纬度(L_0,B_0)之差，$\alpha_i(i=0,\cdots,5)$是待定系数。设该区域内有 n 个 GPS 水准点，即 $\zeta_i(i=1,2,\cdots,n,n\geqslant 6)$已知，则由式(4-44)可组成 n 个方程，令

$$\boldsymbol{\alpha} = \begin{pmatrix} \alpha_0 \\ \alpha_1 \\ \alpha_2 \\ \alpha_3 \\ \alpha_4 \\ \alpha_5 \end{pmatrix},\ \boldsymbol{X} = \begin{pmatrix} 1 & \Delta L_1 & \Delta B_1 & \Delta L_1^2 & \Delta L_1 \Delta B_1 & \Delta B_1^2 \\ 1 & \Delta L_2 & \Delta B_2 & \Delta L_2^2 & \Delta L_2 \Delta B_2 & \Delta B_2^2 \\ 1 & \Delta L_3 & \Delta B_3 & \Delta L_3^2 & \Delta L_3 \Delta B_3 & \Delta B_3^2 \\ 1 & \Delta L_4 & \Delta B_4 & \Delta L_4^2 & \Delta L_4 \Delta B_4 & \Delta B_4^2 \\ \vdots & \vdots & \vdots & \vdots & \vdots & \vdots \\ 1 & \Delta L_n & \Delta B_n & \Delta L_n^2 & \Delta L_n \Delta B_n & \Delta B_n^2 \end{pmatrix},\ \boldsymbol{\zeta} = \begin{pmatrix} \zeta_1 \\ \zeta_2 \\ \zeta_3 \\ \zeta_4 \\ \vdots \\ \zeta_n \end{pmatrix} \tag{4-45}$$

则待定系数向量 $\boldsymbol{\alpha}$ 的最小二乘解为

$$\boldsymbol{\alpha} = (\boldsymbol{X}^{\mathrm{T}} \boldsymbol{P} \boldsymbol{X})^{-1} \boldsymbol{X}^{\mathrm{T}} \boldsymbol{P} \boldsymbol{\zeta} \tag{4-46}$$

式中，$\boldsymbol{P}$ 为权矩阵，若将已知数据视为互相独立，则 $\boldsymbol{P}$ 的主对角线元素为 $\zeta_i(i=1,2,\cdots,n)$的权。

待定系数 $\alpha_i(i=0,\cdots,5)$确定后，未知点的 ζ 就可根据该点的 L、B 由式(4-44)算得。

同样上述方法也适应于求定大地水准面差距 N，只需将式(4-43)中的 $H_{常}$ 用 GPS 水准点的正高 $H_{正}$ 代替，并将 ζ 换为 N 即可。

目前，利用 GPS 水准方法与重力数据联合推求高程异常值的精度可达厘米级甚至毫米级精度。

由上可知，在陆地上，用 GPS 水准可以直接求定大地水准面。在海洋上，可由卫星测高测出大地水准面(见第二章)。经典大地测量时期，只有通过重力场获得大地水准面，而现在则可直接测量大地水准面形状。

通过地球重力场模型求定大地水准面差距 N(或高程异常 ζ)，称为地球重力场模型法。直观地理解，大地水准面的位置与地球重力位有关，椭球面的位置与正常重力位有关，故 N(或 ζ)可由扰动位 T 确定。不加推导，直接给出如下公式

$$N = \frac{T_0}{\gamma_0} \tag{4-47}$$

式中，T_0 是大地水准面上的扰动位，γ_0 是正常椭球面上的正常重力值。类似地有

$$\zeta = \frac{T_p}{\gamma_m} \tag{4-48}$$

式中，T_p 是地面的扰动位，γ_m 是线段 P_0P(见图 4-10)上正常重力的积分中数。

三、高程异常格网模型

高程异常格网模型是一定范围内高程异常的离散化数字表达，是该范围内所有等间距格网点高程异常计算值的集合，在数据库中以格网数据结构的形式存储。格网数据结构是把建库的地理范围按经纬线划分成规则的梯形格网(见图 4-13)，以格网范围或格网的纵横交点作为结点，存储对应于该交点的高程异常值或格网范围的平均值。

例如，按 $1'\times1'$的实地范围把一幅 1∶100 万图幅沿经线和纬线方向划分为 240×360 个

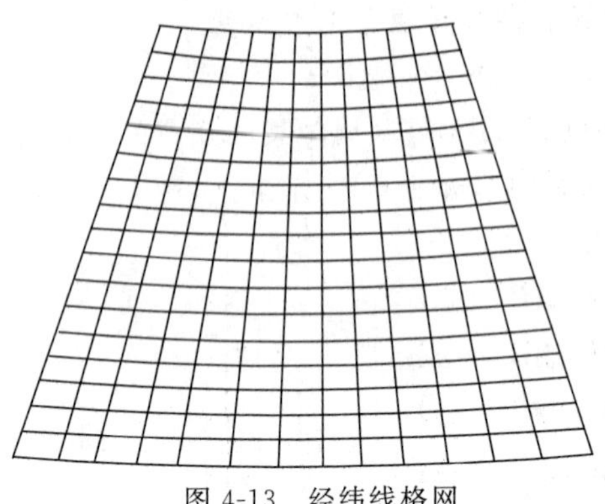
图 4-13 经纬线格网

梯形格网,每个格网可以按行和列以自左向右、自上向下的顺序编号(与国际分幅的方法类似),则可编成00001～86400号。

格网模型可采用多级格网结构,不同级格网间距不同,格网越小,所表达的连续高程异常值的精度越高。例如,将建库地区根据已知数据的分布分为多个区域,不同区域采用不同间距的格网。

建立某区域的高程异常格网模型就是把该区域按经纬线划分成等间距的规则格网单元,根据区域内已知的高程异常值(如若干GPS水准点),采用一定的数学模型(如以上示例所采用的二次多项式模型)求取出各个格网节点的高程异常。

应用该高程异常格网模型时,先确定所求点所在的格网单元,根据四个格网节点的高程异常采取双线性内插即可求得该点的高程异常。

在地形测图、工程建设等应用中需要正常高。传统的水准测量可测定正常高,但具有劳动强度大、工作效率低的缺陷;GPS测量得到的是大地高,采用GPS测量取代水准测量,需要已知高程异常格网模型,才能将大地高转化成正常高。目前,在航测像片高程联测、工程竣工测量、地下管线测量等工程应用中,GPS测量已逐步代替了水准测量。因此,高程异常格网模型的建立和精化具有明显的经济效益。

第五章　参考椭球面与大地坐标系

由于地球形状近似为一规则椭球体，因此可将椭球面作为大地体的数学化形状，建立地面与椭球面上点的一一对应关系，从而开展以椭球面为基准面的一系列大地测量研究。本章讨论了参考椭球的概念及有关椭球的数学性质，研究了地面边角观测元素归算至参考椭球面的方法，建立了大地坐标系与大地极坐标系、大地空间直角坐标系的相互转换模型。

§5-1　球面三角学的基本知识

一、球面三角形

球面上三个大圆弧（大圆弧是过球心的平面与球面的交线）所构成的闭合图形称为球面三角形（见图 5-1），这三个大圆弧叫作球面三角形的边，用小写字母 a、b、c 表示，各大圆弧组成的球面角，称为球面三角形的角，用大写字母 A、B、C 表示。

将球面三角形 ABC 的各顶点与球心 O 连结，则构成球心三面角 $O—ABC$（见图 5-1），由于圆的圆心角与所对的弧同度，则有

$$a=\angle BOC,\ b=\angle AOC,\ c=\angle AOB$$

又知

$$A=\angle TAT',B=\angle EBE',C=\angle FCF'$$

故球面三角形的边与所对应的球心三面角的面角同度，球面三角形的角与球心三面角的二面角同度。

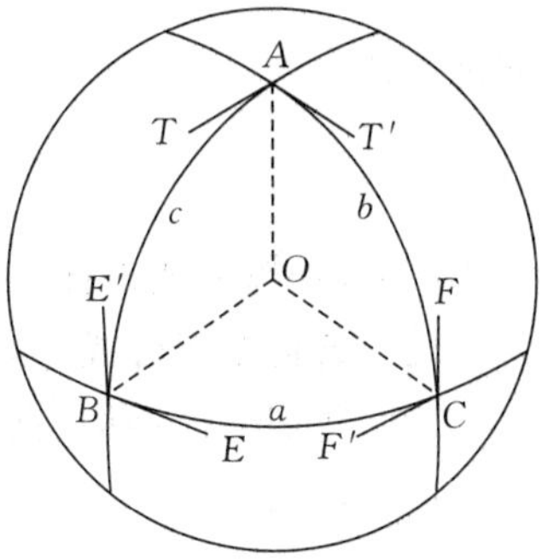

图 5-1　球面三角形

二、球面角超

球面三角形三内角之和与平面三角形三内角之和的差称为球面角超 ε，即

$$\varepsilon=A+B+C-180^\circ \tag{5-1}$$

ε 的计算公式为

$$\varepsilon=\frac{S}{R^2} \tag{5-2}$$

式中，S 为球面三角形的面积，R 为球的半径。

三、球面三角公式

依据球面三角形的已知元素（边、角）解算其他未知元素的公式就是球面三角公式。

（一）正弦公式

在图 5-2 所示的球面三角形 ABC 中，有

$$\frac{\sin a}{\sin A}=\frac{\sin b}{\sin B}=\frac{\sin c}{\sin C} \tag{5-3}$$

即球面三角形各边的正弦与其对角的正弦成比例。推证如下：

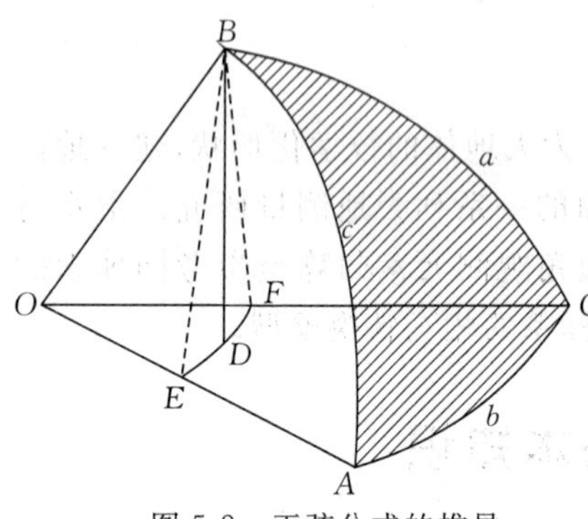

图 5-2 正弦公式的推导

图 5-2 为球心三面角 $O—ABC$，过 B 点做平面 OAC 的垂线交此平面于 D，再从 D 向 OA、OC 引垂线 DE、DF，连 BE、BF。于是得到四个平面直角三角形 OBE、OBF、BDE、BDF，而且 $\angle BOC=a$，$\angle AOC=b$，$\angle AOB=c$，$\angle BED=A$，$\angle BFD=C$。因为

$$\frac{\sin c}{\sin C}=\frac{\dfrac{BE}{OB}}{\dfrac{BD}{BF}}=\frac{BE\cdot BF}{OB\cdot BD}$$

$$\frac{\sin a}{\sin A}=\frac{\dfrac{BF}{OB}}{\dfrac{BD}{BE}}=\frac{BE\cdot BF}{OB\cdot BD}$$

故

$$\frac{\sin a}{\sin A}=\frac{\sin c}{\sin C}$$

同理可证

$$\frac{\sin a}{\sin A}=\frac{\sin b}{\sin B}$$

合并起来，正弦公式得证。

(二)其他常用公式

下面我们不加推证，直接给出其他常用公式。

边的余弦公式

$$\cos a=\cos b\cos c+\sin b\sin c\cos A \tag{5-4}$$

角的余弦公式

$$\cos A=-\cos B\cos C+\sin B\sin C\cos a \tag{5-5}$$

正余弦公式

$$\left.\begin{aligned}\sin a\cos B&=\sin c\cos b-\cos c\sin b\cos A\\ \sin a\cos C&=\sin b\cos c-\cos b\sin c\cos A\\ \sin A\cos b&=\sin C\cos B+\cos C\sin B\cos a\\ \sin A\cos c&=\sin B\cos C+\cos B\sin C\cos a\end{aligned}\right\} \tag{5-6}$$

余切公式

$$\left.\begin{aligned}\cot a\sin c&=\cos c\cos B+\sin B\cot A\\ \cot a\sin b&=\cos b\cos C+\sin C\cot A\\ \cot A\sin C&=-\cos C\cos b+\sin b\cot a\\ \cot A\sin B&=-\cos B\cos c+\sin c\cot a\end{aligned}\right\} \tag{5-7}$$

正切公式

$$\frac{\tan\frac{1}{2}(A+B)}{\tan\frac{1}{2}(A-B)}=\frac{\tan\frac{1}{2}(a+b)}{\tan\frac{1}{2}(a-b)} \tag{5-8}$$

(三)解算直角球面三角形的内皮尔规则

设球面三角形 ABC 中有一角为 90°，则该角的余弦为 0，正弦为 1，代入以上各公式，可得直角球面三角形边角关系的公式。为了便于记忆，内皮尔(Napier)总结了记忆方法如下。

将除直角(设为 C)以外的 5 个元素标示成一环形，方法是，与直角 C 相邻的两元素照写，与直角 C 相对的三元素分别以 90°减之(见图 5-3)，则环形上任一元素的正弦等于：①相邻两元素正切的积；②相对两元素余弦的积。

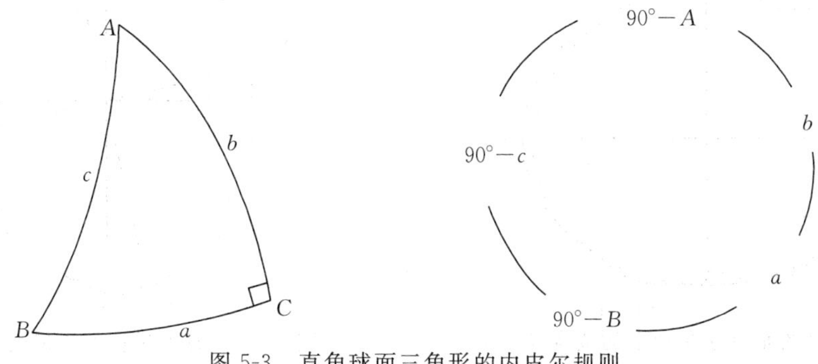

图 5-3　直角球面三角形的内皮尔规则

例如，取元素 $90°-c$，它的两个相邻元素为 $90°-A$ 和 $90°-B$，它的两个相对元素为 a 和 b，于是

$$\sin(90°-c)=\tan(90°-A)\tan(90°-B)$$
$$\sin(90°-c)=\cos a\cos b$$

即

$$\cos c=\cot A\cdot\cot B$$
$$\cos c=\cos a\cdot\cos b$$

§5-2　参考椭球

一、大地测量的计算基准面

§4-2 介绍了地球椭球的概念，它可作为大地测量计算的基准面，称为参考椭球。

由于地球真实形状的不规则性，要在地面上开展一系列大地测量计算，必须选定一规则曲面作为测量计算的基准面。例如，常规地面测量通过野外观测只能获得地面点间的方向、距离和天文方位角，为了求得水平控制网点的坐标，要进行一系列的计算，这就需要选定计算的基准面。

适于大地测量计算的基准面应当满足以下三个要求：

(1)应是接近地球自然形体的曲面，这样可使地面观测量归算的改正数很微小。

(2)这个曲面应是一个便于计算的数学曲面,从而能保证由观测量计算坐标的可行性。

(3)这个曲面与大地体的位置要固定下来,即能建立起地面点与基准面上点的一一对应。

我们已知,大地水准面接近南北稍扁的旋转椭球面。事实上,根据近年来的精密测定结果,大地水准面同适当确定的椭球面相比较,北极处约凸出 16 m,南极处约凹进 16 m(见图 5-4)。人们据此夸张地说地球是“梨形”的。其实这点差异同地球赤道半径与极半径之差 21.4 km 相比是微不足道的。

大地水准面在赤道面上的截线不是正圆,而更接近于椭圆(见图 5-5),长轴指向西经 15°方向,长短半径之差为 69.5 m,赤道扁率为 1∶91 827,约为极扁率的 1/300。

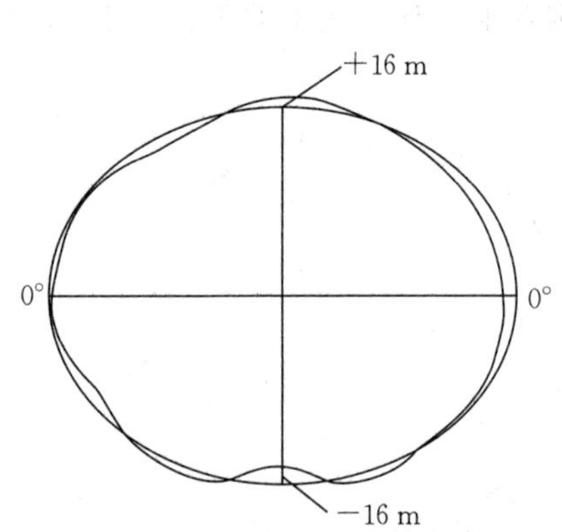

图 5-4 大地水准面在子午面上的截线($L=90°$)

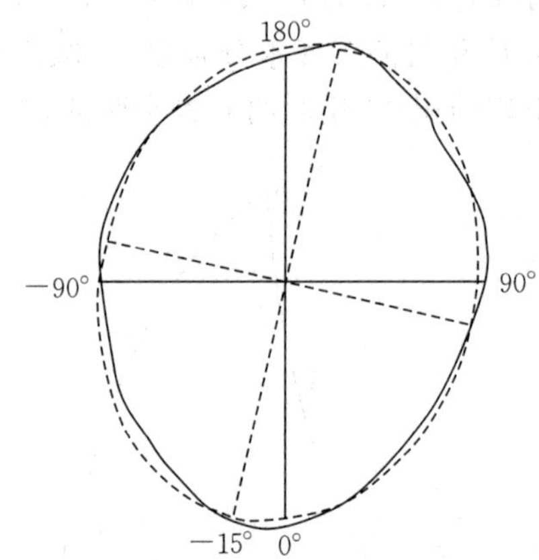

图 5-5 大地水准面在赤道面上的截线

因此“梨形”球体、三轴椭球是更接近于地球形状的数学曲面,但是,在它上面进行大地测量计算将会麻烦更多而收益甚微。而在旋转椭球面上计算,既不影响计算精度,又使计算工作较为简便,所以,我们选用旋转椭球面作为测量计算的基准面。

选定一组椭球参数,即选定了某一地球椭球后,必须确定它同大地体的相关位置,即完成椭球的定位,这样才能建立地面和椭球面的对应关系,从而把地面大地控制网归算到椭球面上。

具有确定的参数和定位的地球椭球称为参考椭球。大地控制网中的地面观测元素需要归算到参考椭球面上,并在这个面上进行计算,所以参考椭球面是测量计算的基准面;地面点通过椭球法线建立与椭球面上的投影点间的一一对应关系,所以椭球法线是测量计算的基准线。

参考椭球确定了大地坐标系(见§5-3),如果两个国家或一个国家不同时期采用了不同的参考椭球,则也就是采用了不同的大地坐标系,此时如需要相互利用成果,必须进行坐标系的转换。

参考椭球面是真实地球的数学化形状,作为测量计算的基准面,在测绘工作中具有以下重要作用:

(1)参考椭球面是地面点水平坐标(大地经纬度)和高程位置(大地高)的基准面。

(2)参考椭球面还是描述大地水准面形状的参考面。大地水准面与参考椭球面的垂直距离称为大地水准面差距,铅垂线偏离参考椭球面法线的角度称为垂线偏差。各点的大地水准面差距和垂线偏差反映了两个面间的距离和倾斜情况,是对大地水准面形状的描述。

(3)参考椭球面又是地图投影的参考面。在地图投影中,讨论两个数学曲面之间的对应关系时,也是用参考椭球面来代表地球的。

为研究全球性大地测量问题，需要一个与整个大地体最为密合的参考椭球，称为总地球椭球。总地球椭球的中心一定与地心重合。如果要从几何和物理两个方面来研究全球性大地测量问题，则可以把总地球椭球定义为最密合于大地体的正常椭球。

正常椭球是物理大地测量学中研究有关地球重力场问题的参考面，而参考椭球面则是几何大地测量学中研究有关大地测量计算问题的参考面。事实上，由于正常椭球具有与参考椭球相同的数学性质，因此正常椭球既可作为大地测量的物理参考面，又可作为几何参考面。

现代大地测量实现了参考椭球的地心定位，已使参考椭球与正常椭球一致。而经典大地测量技术建立的参考椭球，其定位只能最接近于本国或本地区的大地水准面，是非地心定位，因而在经典大地测量时期参考椭球与正常椭球是两个不同的概念。

二、参考椭球的几何参数及其相互关系

地球椭球中常用的几何参数有以下 6 个

$$\left.\begin{aligned}&\text{长半轴} && a\\&\text{短半轴} && b\\&\text{极曲率半径} && c=\frac{a^2}{b}\\&\text{扁率} && f=\frac{a-b}{a}\\&\text{第一偏心率} && e=\frac{\sqrt{a^2-b^2}}{a}\\&\text{第二偏心率} && e'=\frac{\sqrt{a^2-b^2}}{b}\end{aligned}\right\}\tag{5-9}$$

以上 6 个参数中只要给定一个长度参数和其他任意一个参数就可确定椭球的形状和大小。大地测量中常用 a 和 f 表示地球椭球的几何形状。

中国 1954 北京坐标系采用克拉索夫斯基椭球，它的参数如下

$$\begin{aligned}a&=6\,378\,245\ \text{m}\\b&=6\,356\,863.018\,8\ \text{m}\\c&=6\,399\,698.901\,8\ \text{m}\\f&=1/298.3=0.003\,352\,329\,869\,26\\e^2&=0.006\,693\,421\,622\,97\\e'^2&=0.006\,738\,525\,414\,68\end{aligned}$$

中国 1980 西安坐标系采用国际大地测量和地球物理联合会(IUGG)1975 年推荐的 GRS 75 椭球，也可简称 IUGG 1975 椭球，它的几何参数如下

$$\begin{aligned}a&=6\,378\,140\ \text{m}\\b&=6\,356\,755.288\,2\ \text{m}\\c&=6\,399\,596.652\,0\ \text{m}\\f&=1/298.257=0.003\,352\,813\,177\,90\\e^2&=0.006\,694\,384\,999\,59\\e'^2&=0.006\,739\,501\,819\,47\end{aligned}$$

中国 2000 国家大地坐标系 CGCS 2000 椭球的几何参数采用 IUGG 1980 年推荐

的 GRS 80 椭球(见表 4-1),也可简称 IUGG 1980 椭球,它的几何参数如下

$$a = 6\,378\,137 \text{ m}$$
$$b = 6\,356\,752.314\,14 \text{ m}$$
$$c = 6\,399\,593.625\,86 \text{ m}$$
$$f = 1/298.257\,222\,101$$
$$e^2 = 0.006\,694\,380\,022\,90$$
$$e'^2 = 0.006\,739\,496\,775\,48$$

在近似估算时,常用下列概略值

$$a \approx b \approx c \approx 6\,400 \text{ km}$$
$$f \approx 1/300$$
$$e^2 \approx e'^2 \approx 0.007 \approx 1/150$$

a、b、c、f、e、e' 是地球椭球常用的 6 个几何参数。此外,为了简化书写和便于运算,引入下列辅助函数

$$\left.\begin{aligned} W &= \sqrt{1 - e^2 \sin^2 B} \\ V &= \sqrt{1 + e'^2 \cos^2 B} \end{aligned}\right\} \tag{5-10}$$

式中,B 为大地纬度,W 称为第一辅助函数,V 称为第二辅助函数。它们都属于椭圆函数。

从各参数的定义出发,很容易导出各参数间的关系式。

(一)a 与 b 的关系

由式(5-9)可得

$$\frac{b^2}{a^2} = 1 - e^2, \quad \frac{a^2}{b^2} = 1 + e'^2 \tag{5-11}$$

$$b = a\sqrt{1 - e^2}, \quad a = b\sqrt{1 + e'^2} \tag{5-12}$$

(二)e 与 e' 的关系

由式(5-11)可得

$$(1 - e^2)(1 + e'^2) = 1$$

于是有

$$1 - e^2 = \frac{1}{1 + e'^2}, \quad 1 + e'^2 = \frac{1}{1 - e^2}$$

$$e^2 = \frac{e'^2}{1 + e'^2}, \quad e'^2 = \frac{e^2}{1 - e^2}$$

$$e = e'\sqrt{1 - e^2}, \quad e' = e\sqrt{1 + e'^2} \tag{5-13}$$

(三)a 与 c 的关系

由式(5-9)、式(5-11)得

$$a = c\sqrt{1 - e^2}, \quad c = a\sqrt{1 + e'^2} \tag{5-14}$$

(四)f 与 e 的关系

由式(5-9)、式(5-11)可得

$$f = 1 - \sqrt{1 - e^2}, \quad e^2 = 2f - f^2 \tag{5-15}$$

(五)W 与 V 的关系

由式(5-10)可得

$$W^2 = 1 - e^2 \sin^2 B = 1 - \frac{e'^2}{1+e'^2}(1-\cos^2 B) = \frac{1+e'^2\cos^2 B}{1+e'^2} = \frac{V^2}{1+e'^2}$$

于是有

$$W = V\sqrt{1-e^2}, \quad V = W\sqrt{1+e'^2} \tag{5-16}$$

比较以上各对参数中两个参数值的大小,可归纳出以下记忆规则

$$小值 = 大值 \times \sqrt{1-e^2}, \quad 大值 = 小值 \times \sqrt{1+e'^2}$$

以上给出的参数、符号和基本关系式,在以后公式的推导中经常会用到。

§5-3　大地坐标系与大地空间直角坐标系的关系

一、大地坐标系与大地空间直角坐标系的定义

大地坐标系是以大地经度 L、大地纬度 B 和大地高 H 表示空间一点几何位置的坐标系。

如图 5-6 所示,P_0 点的大地子午面 $P_N P_0 P_S$ 与起始大地子午面 $P_N G P_S$(过格林尼治平均天文台的子午面)所构成的二面角叫作 P_0 点的大地经度,以 L 表示(德文 Länge 的首字母)。P_0 是地面点 P 沿法线到椭球面的投影点,P 点的大地经度就是其投影点 P_0 的大地经度。大地经度由起始大地子午面起算,向东量度,由 0°至 360°;亦可向东向西量度,各由 0°到 180°,分别称为东经和西经,东经为正,西经为负。显然,同一子午线上各点的大地经度相同。

P_0 点的法线 $P_0 K_P$ 与赤道面的夹角叫作 P_0 点的大地纬度,以 B 表示(德文 Breite 的首字母)。P 点的大地纬度就是其投影点 P_0 的大地纬度。大地纬度由赤道面起算,向南、北两极量度,各由 0°到 90°,分别称为南纬和北纬,北纬为正,南纬为负。显然,同一平行圈上各点的大地纬度相同。

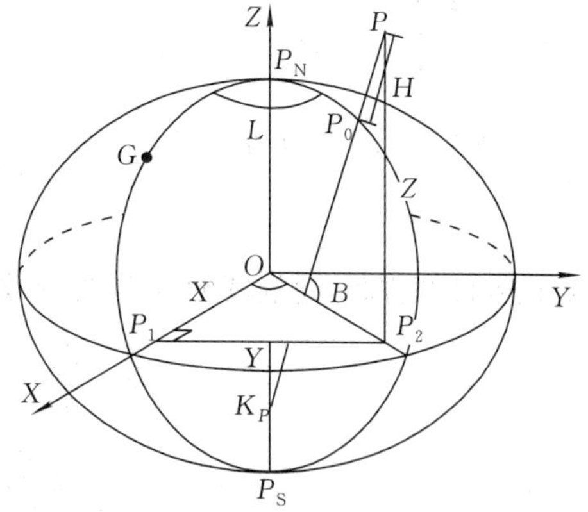

图 5-6　大地坐标系与大地空间直角坐标系

地面点 P 沿法线到参考椭球面的距离称为该点的大地高(如图中 PP_0 的长度 H),以字母 H 表示。大地高从椭球面起算,向外为正,向内为负。

大地经度 L、大地纬度 B 和大地高 H 构成了三维大地坐标系,这三个坐标值可以唯一地确定地面一点的位置。如果点在椭球面上,显然有 $H=0$,所以由大地经度 L 和大地纬度 B,即可唯一地确定椭球面上一点的位置,这是二维大地坐标系。

椭球面上曲线的方向用大地方位角表示。大地方位角是过曲线上一点的子午线与该曲线的夹角,用字母 A 表示,从子午线北方向起,顺时针方向量取,由 0°至 360°。

大地空间直角坐标系是与大地坐标系相应的一种空间直角坐标系。如图 5-6 所示,以椭球中心 O 为坐标原点,以起始大地子午面与赤道面交线为 X 轴,在赤道面上与 X 轴正交的方向为 Y 轴,椭球的旋转轴为 Z 轴,构成右手坐标系 $O—XYZ$。P 点的位置用 X、Y、Z 表示。

大地坐标系与天文坐标系(见§2-1)虽然在定义上很类似,但它们是两个不同的概念:

(1)基准面线不同,大地坐标系是以参考椭球面及其法线为基准面线的,而天文坐标系是以大地水准面和垂线为基准面线的。

(2)大地坐标是人为定义的数学坐标,而天文坐标则具有物理意义,它受到了垂线的不规

则影响。

(3) λ、φ 是直接由经纬仪测定的,而 L、B 是由已知点依据方向、距离、坐标差等观测量推算得到的。

二、法线长的关系式

如图 5-7 所示,在子午面内建立平面直角坐标系,过点 P 做法线 PK_P,它与 x 轴的夹角就是 B,过点 P 做子午圈的切线 TP,它与 x 轴的夹角为 $90°+B$。由于曲线在点 P 之切线的斜率等于曲线在该点的一阶导数,则

$$\frac{\mathrm{d}y}{\mathrm{d}x}=\tan(90°+B)=-\cot B \tag{5-17}$$

这样就找出了 x、y 与 B 的联系,因此只要对子午圈方程求导,并将式(5-17)代入,即可求得两个坐标系间的关系式。

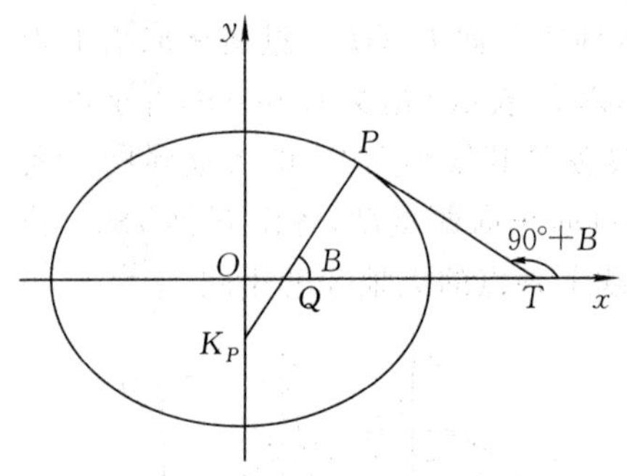

图 5-7 x、y 与 B 的关系

由椭圆方程

$$\frac{x^2}{a^2}+\frac{y^2}{b^2}=1$$

对 x 求导数得

$$\frac{2x}{a^2}+\frac{2y}{b^2}\cdot\frac{\mathrm{d}y}{\mathrm{d}x}=0$$

$$y=-\frac{b^2}{a^2}\frac{x}{\frac{\mathrm{d}y}{\mathrm{d}x}}$$

顾及式(5-17)和 $b=a\sqrt{1-e^2}$ 得

$$y=x(1-e^2)\tan B$$

上式代入椭圆方程,得椭圆的以 B 为参数的参数方程

$$x=\frac{a}{\sqrt{1-e^2\sin^2 B}}\cos B=\frac{a}{W}\cos B$$

$$y=\frac{a(1-e^2)}{\sqrt{1-e^2\sin^2 B}}\sin B=\frac{a(1-e^2)}{W}\sin B$$

式中,$W=\sqrt{1-e^2\sin^2 B}$。

设 $PK_P=N$,由图 5-7 直接有

$$x=PK_P\cos B=N\cos B$$

$$y=PQ\sin B$$

比较上两式,有

$$\left.\begin{aligned}PK_P&=N=\frac{a}{W}\\PQ&=N(1-e^2)\\QK_P&=PK_P-PQ=Ne^2\end{aligned}\right\} \tag{5-18}$$

三、大地坐标与大地空间直角坐标的互换

如图 5-8 所示，由式(5-18)，在直角三角形 PK_PP_3 中，$K_PP_3=(N+H)\cos B$。而 $OP_2=K_PP_3$。于是，在直角三角形 OP_1P_2 中

$$X=OP_2\cos L=(N+H)\cos B\cos L$$
$$Y=OP_2\sin L=(N+H)\cos B\sin L$$

在直角三角形 PQP_2 中

$$PQ=N(1-e^2)+H$$

故

$$Z=PP_2=PQ\sin B=[N(1-e^2)+H]\sin B$$

因而由大地坐标计算大地空间直角坐标的公式为

$$\left.\begin{aligned}X&=(N+H)\cos B\cos L\\Y&=(N+H)\cos B\sin L\\Z&=[N(1-e^2)+H]\sin B\end{aligned}\right\}\qquad(5\text{-}19)$$

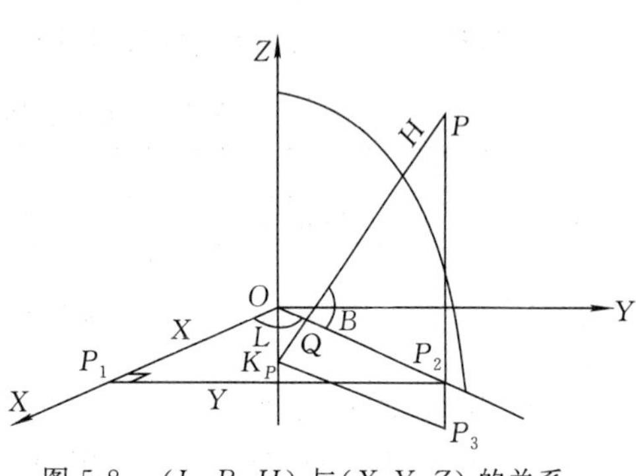

图 5-8　(L，B，H) 与(X，Y，Z) 的关系

下面讨论由 X、Y、Z 求 L、B、H 的公式。

将式(5-19)中前两式相除，得

$$\tan L=\frac{Y}{X}$$

则

$$L=\tan^{-1}\frac{Y}{X}\qquad(5\text{-}20)$$

将图 5-8 中点 P 所在的子午面取出，表示为图 5-9。显然，图 5-9 中 $OK_P=Ne^2\sin B$，则在直角三角形 PK_PP_3 中

$$\tan B=\frac{Z+N\cdot e^2\sin B}{\sqrt{X^2+Y^2}}$$

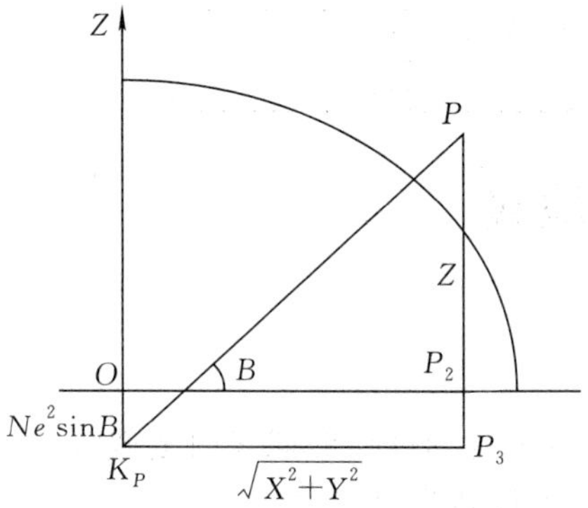

图 5-9　点 P 所在的子午面

将 $N=\dfrac{a}{W}$ 代入，并且分子分母同除 $\cos B$，则

$$\tan B=\frac{1}{\sqrt{X^2+Y^2}}\left(Z+\frac{ae^2\tan B}{\sqrt{1+\tan^2B-e^2\tan^2B}}\right)\qquad(5\text{-}21)$$

式(5-21)右端虽然仍有待求的 B 值，但它与左端一样是以 $\tan B$ 的形式出现的，故便于迭代计算。迭代初值 $\tan B_0$ 取

$$\tan B_0=\frac{Z}{\sqrt{X^2+Y^2}}$$

当两次计算的 B 的绝对值之差小于 0.000 1″，即两次 $\tan B$ 的绝对值之差小于 5×10^{-10}，则停止迭代。

如图 5-9 所示，在直角三角形 PK_PP_3 中

$$\cos B=\frac{\sqrt{X^2+Y^2}}{N+H}$$

则

$$H=\frac{\sqrt{X^2+Y^2}}{\cos B}-N \tag{5-22}$$

式(5-20)、式(5-21)、式(5-22)即为由 X、Y、Z 求 L、B、H 的关系式。

L、B、H 与 X、Y、Z 互换的计算实例见表 5-1。

表 5-1 大地坐标与空间直角坐标互相转换算例

L、B、H → X、Y、Z		
已知数据	椭球参数	运算结果
L =77°11′22.333″ B =33°44′55.666″ H =5 555.660 m	克拉索夫斯基椭球	X =1 178 143.531 6 m
		Y =5 181 238.389 6 m
		Z =3 526 461.538 2 m
	IUGG 1975 椭球	X =1 178 124.329 0 m
		Y =5 181 153.940 4 m
		Z =3 526 400.643 4 m
	CGCS 2000 椭球	X =1 178 123.774 4 m
		Y =5 181 151.501 5 m
		Z =3 526 399.001 1 m
X、Y、Z → L、B、H		
已知数据	椭球参数	运算结果
X =1 177 888.777 m Y =5 166 777.888 m Z =3 544 555.666 m	克拉索夫斯基椭球	L =77°09′27.204 9″
		B =33°57′18.748 4″
		H =3 878.534 1 m
	IUGG 1975 椭球	L =77°09′27.204 9″
		B =33°57′18.830 3″
		H =3 984.383 9 m
	CGCS 2000 椭球	L =77°09′27.204 9″
		B =33°57′18.829 6″
		H =3 987.375 8 m

§5-4 法截线与大地线

一、任意方向法截线曲率半径

包含椭球面某点法线的平面叫法截面(见图 5-10)。法截面与椭球面的截线叫法截线,如子午圈等。不包含法线的平面与椭球面的截线叫斜截线,如平行圈等。

法截线在大地测量计算中具有重要的作用。在地面上水平方向观测是以铅垂线为准的,如果视铅垂线和法线一致,或者经过改正使它们一致,那么,照准面与椭球面的截线就是法截线。要在椭球面上进行测量计算,就必须了解法截线的性质,曲率半径便是一个重要内容。过椭球面一点有无穷多条法截线,一般地说,随着它们的方向不同,曲率半径也不同。下面先推导任意方向法截线的曲率半径公式，再推导特殊方向法截线的曲率半径公式。

(一)基本思路

法截线是椭球面和法截面的截线，将椭球面方程和法截面方程联立求解，就得到法截线方程，它是一条平面曲线，根据平面曲线曲率半径公式，就可求得它的曲率半径。

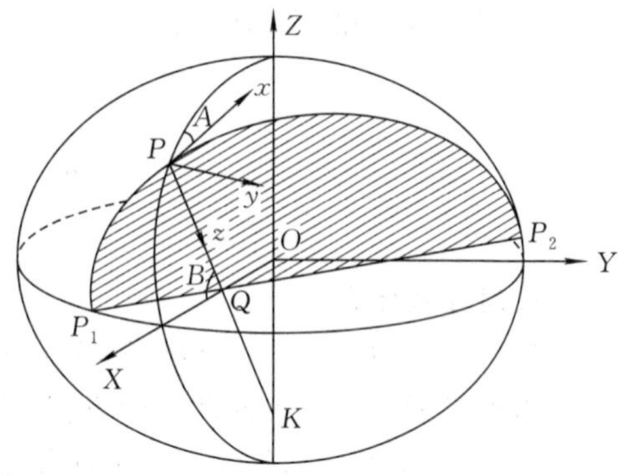

图 5-10　任意方向法截线及坐标系

在图 5-10 中，建立以椭球中心为原点的空间直角坐标系 $O—XYZ$，在这个坐标系中，椭球面的方程为

$$\frac{X^2}{a^2}+\frac{Y^2}{a^2}+\frac{Z^2}{b^2}=1 \tag{5-23}$$

设 P 为椭球面上一点。注意到旋转椭球面上，过点 P 平行圈上的任意一点，同方向法截线的形状都是一样的，为推导公式简便，设点 P 位于起始子午面上，PK 为过点 P 的法线，P_1PP_2 为过点 P 的任意方向法截线，其大地方位角为 A。现要求 P_1PP_2 的方程式。

由于 P_1PP_2 的法截面与 $O—XYZ$ 坐标系的坐标面是相交的，可想而知，它的方程一定是比较复杂的。这就给求解法截线方程带来不便，且它还是以空间曲线的形式表示的，不能直接套用平面曲线曲率半径公式。为使法截面的方程简单，设法建立一个新的坐标系。因为曲线的曲率反映了曲线本身具有的客观的弯曲程度，它与坐标系的选择无关。在新建的坐标系中，令某一坐标面与该法截面重合；同时，为了便于求得曲率半径，设新坐标系 $P—xyz$ 的原点与点 P 重合，并设 z 轴与点 P 法线重合，x 轴与点 P 切线重合，y 轴构成右手坐标系，如图 5-10 所示。显然在新坐标系中，所求法截面的方程是 $y=0$。为了将它和椭球面方程联立求解，还必须求出椭球面在新坐标系中的方程，这样就可以容易地求得法截线方程，进而求得它的曲率半径。

归纳起来，公式推导分为以下三个步骤：

(1)求 $P—xyz$ 中的椭球面方程。

(2)求任意方向法截线方程。

(3)求任意方向法截线曲率半径。

在公式推导中要用到坐标系的旋转变换公式和平面曲线的曲率半径公式，列出如下。

按照右手规则进行右手系空间直角坐标系的旋转变换。绕 Z 轴旋转正 θ_Z 角，则

$$\begin{bmatrix}X\\Y\\Z\end{bmatrix}_{新}=\begin{bmatrix}\cos\theta_Z & \sin\theta_Z & 0\\-\sin\theta_Z & \cos\theta_Z & 0\\0 & 0 & 1\end{bmatrix}\begin{bmatrix}X\\Y\\Z\end{bmatrix}_{旧}=\boldsymbol{R}_Z(\theta_Z)\begin{bmatrix}X\\Y\\Z\end{bmatrix}_{旧}$$

式中，$\boldsymbol{R}_Z$ 为旋转矩阵。据此类推，可得绕 X 轴、绕 Y 轴的旋转变换公式，以及如下 $\boldsymbol{R}_X$、$\boldsymbol{R}_Y$ 旋转矩阵

$$\boldsymbol{R}_X(\theta_X)=\begin{bmatrix}1 & 0 & 0\\0 & \cos\theta_X & \sin\theta_X\\0 & -\sin\theta_X & \cos\theta_X\end{bmatrix}$$

$$\boldsymbol{R}_Y(\theta_Y)=\begin{bmatrix}\cos\theta_Y & 0 & -\sin\theta_Y\\0 & 1 & 0\\\sin\theta_Y & 0 & \cos\theta_Y\end{bmatrix}$$

旋转矩阵为正交阵。

由高等数学知,平面曲线 $y=f(x)$ 在 x_0 点处的曲率半径 R_{x_0} 公式为

$$R_{x_0}=\frac{\left[1+\left(\frac{\mathrm{d}y}{\mathrm{d}x}\right)_{x_0}^2\right]^{\frac{3}{2}}}{\left(\frac{\mathrm{d}^2y}{\mathrm{d}x^2}\right)_{x_0}}$$

(二)公式推导

1. 坐标系 $P—xyz$ 与 $O—XYZ$ 的转换关系

为求得 $P—xyz$ 中的椭球面方程,首先要确定 $O—XYZ$ 与 $P—xyz$ 的转换关系。

如图 5-10 所示,设 P 点位于起始子午面上,即 XOZ 坐标面上,PK 为过 P 点的法线,$PK=N$,$PQ=N(1-e^2)$,由图直接可得 P 点的坐标值为

$$\begin{bmatrix}X\\Y\\Z\end{bmatrix}=\begin{bmatrix}N\cos B\\0\\N(1-e^2)\sin B\end{bmatrix}$$

由图 5-10 可以看出,要使 P 点与 O 点重合,要将原点 P 平移至 O;要使 xPz 坐标面与子午面重合,需绕 z 轴旋转 $-A$;要使指向法线的 z 轴与椭球短轴平行,需绕 y 轴旋转 $90°+B$,从而将 $P—xyz$ 转换为 $O—XYZ$,即

$$\begin{bmatrix}X\\Y\\Z\end{bmatrix}=\boldsymbol{R}_y(90°+B)\boldsymbol{R}_z(-A)\begin{bmatrix}x\\y\\z\end{bmatrix}+\begin{bmatrix}N\cos B\\0\\N(1-e^2)\sin B\end{bmatrix}$$

$$=\begin{bmatrix}-\sin B\cos A & \sin B\sin A & -\cos B\\ \sin A & \cos A & 0\\ \cos B\cos A & -\cos B\sin A & -\sin B\end{bmatrix}\begin{bmatrix}x\\y\\y\end{bmatrix}+\begin{bmatrix}N\cos B\\0\\N(1-e^2)\sin B\end{bmatrix}\tag{5-24}$$

即

$$\left.\begin{aligned}X&=-(x\cos A-y\sin A)\sin B-z\cos B+N\cos B\\Y&=x\sin A+y\cos A\\Z&=(x\cos A-y\sin A)\cos B-z\sin B+N(1-e^2)\sin B\end{aligned}\right\}\tag{5-25}$$

2. 在 $P—xyz$ 中的椭球面方程式

将式(5-25)代入式(5-23)即可得 $P—xyz$ 中的椭球面方程式。

为了代入方便,现将式(5-23)改写成另一形式。两边同乘以 a^2,并顾及$\frac{a^2}{b^2}=1+e'^2$,$a^2=N^2W^2=N^2(1-e^2\sin^2B)$,得到 $O—XYZ$ 中椭球面方程的另一表达式

$$X^2+Y^2+Z^2+e'^2Z^2-N^2(1-e^2\sin^2B)=0\tag{5-26}$$

将式(5-25)代入式(5-26),经整理后,即得到 $P—xyz$ 中的椭球面方程

$$x^2+y^2+z^2-2Nz+e'^2[(x\cos A-y\sin A)\cos B-z\sin B]^2=0\tag{5-27}$$

3. 任意方向法截线方程

在 $P—xyz$ 中,因任意方向法截面与 xPz 坐标面重合,故其方程为

$$y=0$$

将它代入式(5-27),便得到任意方向法截线方程

$$x^2+z^2-2Nz+e'^2[x\cos A\cos B-z\sin B]^2=0 \tag{5-28}$$

4. 任意方向法截线曲率半径

由式(5-28)可知，任意方向法截线是一条平面曲线，它的方程可表示为 $z=f(x)$，根据平面曲线曲率半径公式可以写出

$$R_A=\frac{\left[1+\left(\frac{\mathrm{d}z}{\mathrm{d}x}\right)_P^2\right]^{\frac{3}{2}}}{\left(\frac{\mathrm{d}^2z}{\mathrm{d}x^2}\right)_P}$$

因为 P 是坐标原点，而且 z 轴和 x 轴分别是法截线的法线和切线，显然有

$$\left.\begin{aligned}x_P=z_P=0\\ \left(\frac{\mathrm{d}z}{\mathrm{d}x}\right)_P=0\end{aligned}\right\} \tag{5-29}$$

于是得

$$R_A=\frac{1}{\left(\frac{\mathrm{d}^2z}{\mathrm{d}x^2}\right)_P}$$

显见，由于新坐标系 $P—xyz$ 的建立，使得 R_A 的解算简单了。这里 $\left(\frac{\mathrm{d}^2z}{\mathrm{d}x^2}\right)_P$ 就是任意方向法截线在点 P 处的曲率。由式(5-28)对 x 连续求导并顾及式(5-29)可得

$$2-2N\left(\frac{\mathrm{d}^2z}{\mathrm{d}x^2}\right)_P+2e'^2\cos^2B\cos^2A=0$$

即

$$\left(\frac{\mathrm{d}^2z}{\mathrm{d}x^2}\right)_P=\frac{1+e'^2\cos^2B\cos^2A}{N}$$

于是得到任意方向法截线曲率半径公式

$$R_A=\frac{N}{1+e'^2\cos^2B\cos^2A} \tag{5-30}$$

式(5-30)表明：R_A 不仅与点的纬度 B 有关，而且与法截线的方位角 A 也有关，但与点的经度 L 无关，虽然公式推导时点 P 设在起始子午面上，但它对全球都是适用的。一旦点位定了，纬度 B 就定了，在一点上，N 和 $\cos B$ 都是确定的常数，这时，R_A 仅随 A 的变化而变化。

二、子午圈、卯酉圈曲率半径与平均曲率半径

过椭球面上一点 P 的所有方向的法截线中，有两条特殊方向的法截线：如图 5-11 所示，一条是方位角为 0°(或 180°)的法截线，即子午圈；另一条是方位角为 90°(或 270°)的法截线，即卯酉圈。子午圈和卯酉圈曲率半径在大地测量计算中经常用到。

(一)卯酉圈曲率半径

以 $A=90°$ 代入式(5-30)得

$$R_{90}=N$$

曾设图 5-11 中的 $PK_p=N$，因而可知，卯酉圈曲率半径恰好等于法线在椭球面和短轴之间的长度。

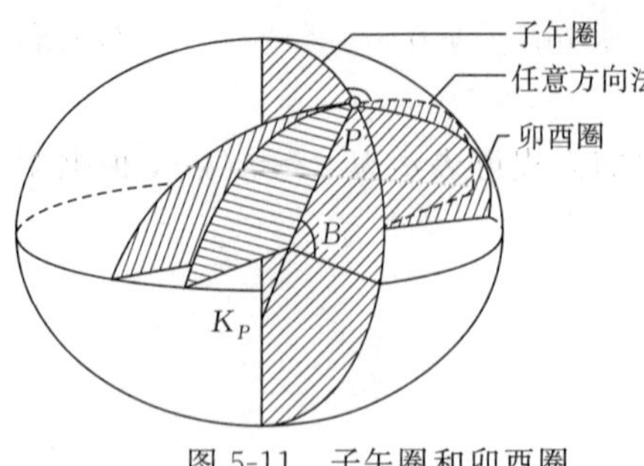

图 5-11 子午圈和卯酉圈

由式(5-18),并顾及 $a=c\sqrt{1-e^2}$,$W=V\sqrt{1-e^2}$,则有

$$N=\frac{a}{W}=\frac{c}{V} \tag{5-31}$$

因为 $W=\sqrt{1-e^2\sin^2 B}$,$V=\sqrt{1+e'^2\cos^2 B}$,易知 N 是 B 的函数,且随 $|B|$ 之增大而增大,其变化规律如表 5-2 所示。

表 5-2 还表明,椭球面上一点 P,沿子午圈由赤道至北极移动时,卯酉圈曲率半径的端点(曲率中心)K 也随之移动。如图 5-12 所示,其轨迹是短轴上由椭球中心 O 向下至 K_N 的一段直线 OK_N。

表 5-2 N 的变化规律

B	N	说明
$B=0°$	$N_0=\begin{cases}a\\ \dfrac{c}{\sqrt{1+e'^2}}\end{cases}$	在赤道上卯酉圈即为赤道,N 为赤道半径
$0°<B<90°$	$a<N<c$	N 随纬度增大而增大,其值介于 a 和 c 之间
$B=90°$	$N_{90}=\begin{cases}\dfrac{a}{\sqrt{1-e^2}}\\ c\end{cases}$	在极点上卯酉圈即为子午圈,N 为极曲率半径

(二)子午圈曲率半径

以 $A=0°$ 代入式(5-30)得

$$R_0=M=\frac{N}{1+e'^2\cos^2 B}=\frac{N}{V^2}$$

顾及式(5-31)及 $V^2=\dfrac{W^2}{1-e^2}$,则有

$$M=\frac{a(1-e^2)}{W^3}=\frac{c}{V^3} \tag{5-32}$$

同 N 一样,M 也是 B 的函数,也随 $|B|$ 之增大而增大,其变化规律如表 5-3 所示。

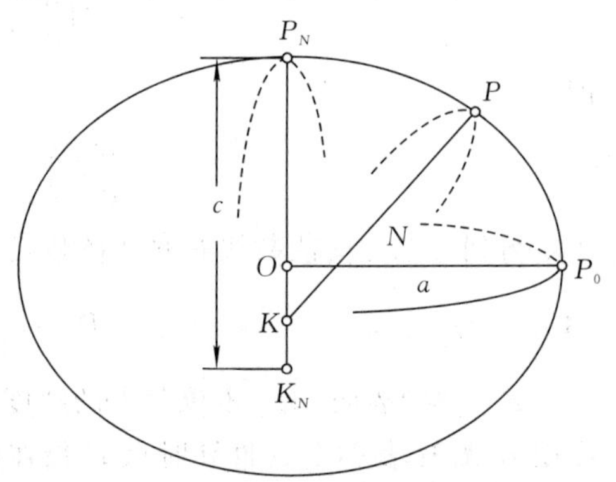

图 5-12 N 的端点轨迹

表 5-3 M 的变化规律

B	M	说明
$B=0°$	$M_0=\begin{cases}a(1-e^2)\\ \dfrac{c}{(1+e'^2)^{\frac{3}{2}}}\end{cases}$	在赤道上,M 小于赤道半径 a
$0°<B<90°$	$a(1-e^2)<M<c$	M 随纬度增大而增大,其值介于 $a(1-e^2)$ 和 c 之间
$B=90°$	$M_{90}=\begin{cases}\dfrac{a}{\sqrt{1-e^2}}\\ c\end{cases}$	在极点上,M 等于极曲率半径 c

表 5-2、表 5-3 表明，c 就是过极点的法截线在极点的曲率半径。椭球面上，过极点的法截线都是子午圈，所以极曲率半径 c 就等于子午圈在极点的曲率半径。

表 5-3 还表明，椭球面上一点 P，沿子午圈由赤道至北极移动时，子午圈曲率半径的端点（曲率中心）K' 也随之移动。如图 5-13 所示，其轨迹是椭球中心附近的一支星形线 $K_0'K'K_N$。

由式(5-30)知，当 $A=0°$（或 180°）时，R_A 值最小；当 $A=90°$（或 270°）时，R_A 值最大，所以 N 和 M 分别为 R_A 的极大值和极小值，即除在极点外，N 都大于 M。

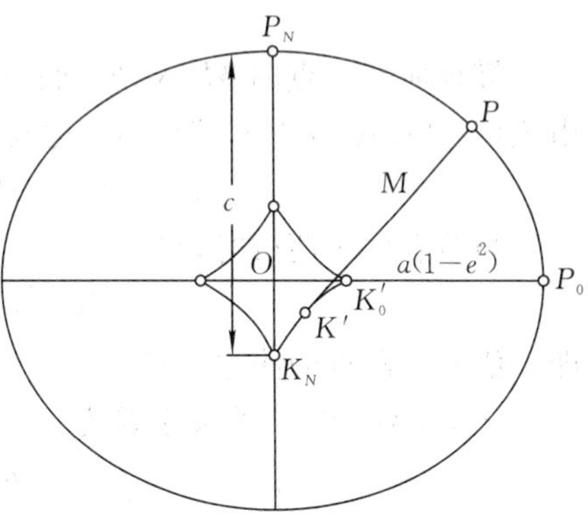

图 5-13　M 的端点轨迹

由式(5-30)还可看出，当 A 由 0° 趋于 90° 时，R_A 由 M 趋于 N；当 A 由 90° 趋于 180° 时，R_A 由 N 趋于 M。由此可见，任意方向曲率半径 R_A 随 A 的变化是以 180° 为周期的。又由于式(5-30)与方向有关的项仅是 $\cos^2 A$，故一点的 R_A 在 A、$(180°-A)$、$(180°+A)$、$(360°-A)$ 等方向的值是相同的。因此，R_A 值的变化是以 180° 为周期且与子午圈和卯酉圈对称。

（三）平均曲率半径

由于 R_A 值随着方向的不同，其数值也不同，这就给测量计算带来了不便。因此，在一些实际计算中，往往根据实际问题的精度要求，将某一范围内的椭球面当成具有适当半径的球面。显然，这个球的半径取所有方向 R_A 的平均值是合理的。椭球面上一点所有方向法截线曲率半径的平均值，就叫该点的平均曲率半径，用 R 表示。

为了推导方便，对式(5-30)做如下变化

$$R_A=\frac{N}{1+e'^2\cos^2 A\cos^2 B}=\frac{N}{\sin^2 A+\cos^2 A+e'^2\cos^2 A\cos^2 B}$$

$$=\frac{MN}{M\sin^2 A+M(1+e'\cos^2 B)\cos^2 A}=\frac{MN}{N\cos^2 A+M\sin^2 A}\tag{5-33}$$

由于 R_A 的值随 A 的变化对称于子午圈和卯酉圈，所以只需按一个象限求 R_A 的平均值。已知连续函数 $y=f(x)$ 在 $[a,b]$ 区间的平均值为

$$y_{平均}=\frac{1}{b-a}\int_a^b f(x)\mathrm{d}x$$

故 R_A 的平均值应为

$$R=\frac{1}{\frac{\pi}{2}-0}\int_0^{\frac{\pi}{2}}\frac{MN}{N\cos^2 A+M\sin^2 A}\mathrm{d}A$$

$$=\frac{2}{\pi}\int_0^{\frac{\pi}{2}}\frac{\sqrt{MN}\sqrt{\frac{M}{N}}\frac{\mathrm{d}A}{\cos^2 A}}{1+\left(\sqrt{\frac{M}{N}}\tan A\right)^2}$$

设 $t=\sqrt{\frac{M}{N}}\tan A$，则 $\mathrm{d}t=\sqrt{\frac{M}{N}}\frac{\mathrm{d}A}{\cos^2 A}$。将上式换元后，有

$$R=\frac{2}{\pi}\sqrt{MN}\int_0^{\infty}\frac{\mathrm{d}t}{1+t^2}=\sqrt{MN}\tag{5-34}$$

上式表明,椭球面上一点的平均曲率半径等于该点子午圈曲率半径和卯酉圈曲率半径的几何平均值。

将 M、N 的表达式(5-32)、式(5-31) 代入式(5-34),可得 R 的计算式

$$R=\frac{a\sqrt{1-e^2}}{W^2}=\frac{c}{V^2} \tag{5-35}$$

椭球面上一点的 M、N、R 均自该点起沿法线向内量取,它们的长度通常是各不相等的,由式(5-31)、式(5-32)、式(5-35)比较可知它们有如下的关系

$$N>R>M \quad (0°\leqslant |B|<90°)$$

当该点位于两极时,有

$$N_{90}=R_{90}=M_{90}=c \quad (B=90°)$$

即 c 值就是极点的曲率半径。

于是,M、N、R 的关系式为

$$N\geqslant R\geqslant M \quad (0°\leqslant |B|\leqslant 90°)$$

三、子午线弧长与平行圈弧长

在进行椭球面上的一些测量计算时,如高斯投影计算,要用到子午线弧长及平行圈弧长公式,现推导如下。

(一)子午线弧长公式

如图 5-14 所示,设子午圈上两点 P_1、P_2,相应的纬度为 B_1、B_2,求 P_1、P_2 间的子午线弧长 X。

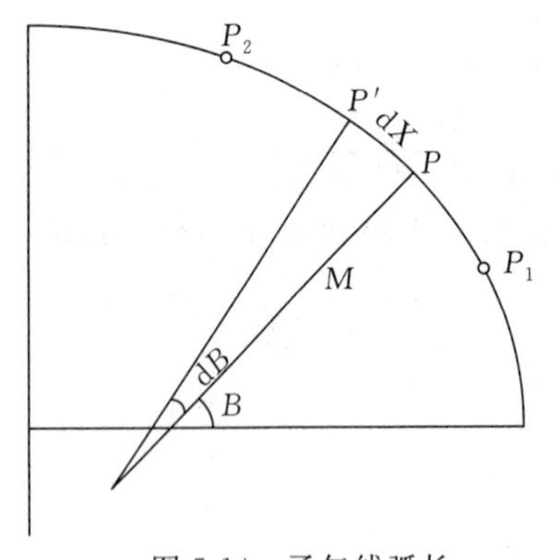

图 5-14　子午线弧长

如果子午线是个圆弧,那么半径乘该弧所对的圆心角即得该弧的弧长。但是,子午线是椭圆弧,要求其弧长,必须用积分的方法。今取子午线上一微小弧段,即弧素 $PP'=\mathrm{d}X$,对应的弧心角(纬差)为 $\mathrm{d}B$,令点 P 纬度为 B,则点 P' 的纬度为 $B+\mathrm{d}B$。设点 P 的子午圈曲率半径为 M,则弧素 $\mathrm{d}X$ 可看成是以 M 为半径的圆弧,于是有

$$\mathrm{d}X=M\mathrm{d}B \tag{5-36}$$

要求 P_1、P_2 间的弧长 X,就是求 $\mathrm{d}X$ 由 B_1 到 B_2 的积分,即

$$X=\int_{B_1}^{B_2}\mathrm{d}X=\int_{B_1}^{B_2}M\mathrm{d}B$$

顾及式(5-32),有

$$X=a(1-e^2)\int_{B_1}^{B_2}(1-e^2\sin^2B)^{-\frac{3}{2}}\mathrm{d}B \tag{5-37}$$

式(5-37)是一种椭圆积分,不能直接积分,需要按二项式定理

$$(1-x)^n=1-\frac{n}{1!}x+\frac{n(n-1)}{2!}x^2-\frac{n(n-1)(n-2)}{3!}x^3+\cdots \quad (x<1)$$

将其展成级数,有

$$(1-e^2\sin^2B)^{-\frac{3}{2}}=1+\frac{3}{2}e^2\sin^2B+\frac{15}{8}e^4\sin^4B+\frac{35}{16}e^6\sin^6B+\cdots$$

为了积分方便,将正弦的幂函数 $\sin^nB$ 化为余弦的倍角函数 $\cos nB$,即

$$\sin^2 B = \frac{1}{2} - \frac{1}{2}\cos 2B$$

$$\sin^4 B = \frac{3}{8} - \frac{1}{2}\cos 2B + \frac{1}{8}\cos 4B$$

$$\sin^6 B = \frac{5}{16} - \frac{15}{32}\cos 2B + \frac{3}{16}\cos 4B - \frac{1}{32}\cos 6B$$

$$\vdots$$

于是有

$$\begin{aligned}(1 - e^2\sin^2 B)^{-\frac{3}{2}} &= 1 + \frac{3}{4}e^2 - \frac{3}{4}e^2\cos 2B + \frac{45}{64}e^4 - \frac{15}{16}e^4\cos 2B + \frac{15}{64}e^4\cos 4B + \\ &\quad \frac{175}{256}e^6 - \frac{525}{512}e^6\cos 2B + \frac{105}{256}e^6\cos 4B - \frac{35}{512}e^6\cos 6B + \cdots \\ &= A' - B'\cos 2B + C'\cos 4B - D'\cos 6B + E'\cos 8B - F'\cos 10B\end{aligned} \tag{5-38}$$

式中系数

$$\begin{aligned}
A' &= 1 + \frac{3}{4}e^2 + \frac{45}{64}e^4 + \frac{175}{256}e^6 + \frac{11\,025}{16\,384}e^8 + \frac{43\,659}{65\,536}e^{10} + \cdots \\
B' &= \frac{3}{4}e^2 + \frac{15}{16}e^4 + \frac{525}{512}e^6 + \frac{2\,205}{2\,048}e^8 + \frac{72\,765}{65\,536}e^{10} + \cdots \\
C' &= \frac{15}{64}e^4 + \frac{105}{256}e^6 + \frac{2\,205}{4\,096}e^8 + \frac{10\,395}{16\,384}e^{10} + \cdots \\
D' &= \frac{35}{512}e^6 + \frac{315}{2\,048}e^8 + \frac{31\,185}{131\,072}e^{10} + \cdots \\
E' &= \frac{315}{16\,384}e^8 + \frac{3\,465}{65\,536}e^{10} + \cdots \\
F' &= \frac{693}{131\,072}e^{10} + \cdots
\end{aligned}$$

这些系数，对于确定的椭球都是常数。

将式(5-38)代入式(5-37)，积分后得

$$\begin{aligned}X = a(1 - e^2)\Big[&A'\frac{B_2 - B_1}{\rho} - \frac{B'}{2}(\sin 2B_2 - \sin 2B_1) + \frac{C'}{4}(\sin 4B_2 - \sin 4B_1) - \\ &\frac{D'}{6}(\sin 6B_2 - \sin 6B_1) + \frac{E'}{8}(\sin 8B_2 - \sin 8B_1) - \frac{F'}{10}(\sin 10B_2 - \sin 10B_1) + \cdots\Big]\end{aligned} \tag{5-39}$$

这就是子午线弧长的一般公式。对于后面的 $\sin 8B$、$\sin 10B$ 等项，计算中可视精度要求决定取舍，$\sin 8B$ 一项最大值只有 0.000 3 m。式中，ρ 是弧度和角度转化的常数，$\rho'' = 206\,264.806\,247\,10''$，$\rho^\circ = 57.295\,779\,513\,08^\circ$。

实用中常采用由赤道起至纬度为 B 的子午线弧长公式。此时，以 $B_1 = 0$，$B_2 = B$ 代入式(5-39)得

$$X = a(1 - e^2)\left[A'\frac{B}{\rho} - \frac{B'}{2}\sin 2B + \frac{C'}{4}\sin 4B - \frac{D'}{6}\sin 6B + \frac{E'}{8}\sin 8B - \frac{F'}{10}\sin 10B + \cdots\right] \tag{5-40}$$

这就是赤道至子午线上某点的子午线弧长公式。

对于1954北京坐标系采用的克拉索夫斯基椭球,将其参数代入则得

$$X = 111\,134.861\,1B^{\circ} - 16\,036.480\,3\sin 2B + 16.828\,1\sin 4B - 0.022\,0\sin 6B + \cdots \tag{5-41}$$

对于1980西安坐标系采用的GRS 75椭球,有

$$X = 111\,133.004\,7B^{\circ} - 16\,038.528\,2\sin 2B + 16.832\,6\sin 4B - 0.022\,0\sin 6B + \cdots \tag{5-42}$$

对于2000国家大地坐标系采用的GRS 80椭球几何参数,有

$$X = 111\,132.952\,547\,00B^{\circ} - 16\,038.508\,741\,268\sin 2B + 16.832\,613\,326\,622\sin 4B - 0.021\,984\,374\,201\,268\sin 6B + 3.114\,162\,529\,164\,8 \times 10^{-5}\sin 8B \tag{5-43}$$

式(5-41)、式(5-42)、式(5-43)中的 B° 表示以(°)为单位的大地纬度,算得的 X 以m为单位。如已知子午线弧长 X,要求对应的大地纬度 B,则要采用迭代法求解。

如以 $B = \frac{\pi}{2}$ 代入式(5-43),可得一象限的子午线弧长 Q 为

$$Q = 10\,001\,965 \text{ m}$$

即一象限子午线弧长约为10 000 km,进而可知,地球周长约为40 000 km。"米"长的最初定义就是按子午线弧长的千万分之一确定的。1793年这个长度在法国成为标准,但此后发现,因为未计算地球扁率,米原器短了1/5 mm,因此子午线周长就比4 000万米多了约8 000 m。

当弧长较短时(例如当 $X < 45$ km,计算精确到0.001 m时),可视子午线为圆弧,圆的半径为该弧平均纬度 $B_m = \frac{1}{2}(B_1 + B_2)$ 处的子午圈曲率半径 M_m,而圆心角为两端点的纬度差 $\Delta B = B_2 - B_1$。其计算公式为

$$X = M_m \frac{\Delta B}{\rho}$$

(二)平行圈弧长公式

因为平行圈是个圆,所以它的弧长就是所对弧心角(经差)的圆弧长。

在图5-15中,P_1、P_2 为平行圈上两点,它们的纬度为 B,经差为 l,平行圈半径为 r,$P_1K = N$ 为卯酉圈曲率半径,则有

$$r = N\cos B \tag{5-44}$$

于是可以写出平行圈弧长公式

$$S = r\frac{l}{\rho} = N\cos B\frac{l}{\rho} \tag{5-45}$$

(三)单位子午线弧长与平行圈弧长随纬度的变化

子午线弧素和平行圈弧素的公式为

$$dX = M dB$$
$$dS = r dL$$

因为子午圈曲率半径 M 随纬度的升高而缓慢地增长,而平行圈半径 r 随纬度的升高而急剧地缩短,所以,单位纬差的子午线弧长,随纬度的升高而缓慢地增长,呈现"南短北长";单位经差的平行圈弧长,则随纬度的升高而急剧地缩短,呈现"南长北短",如图5-16所示。

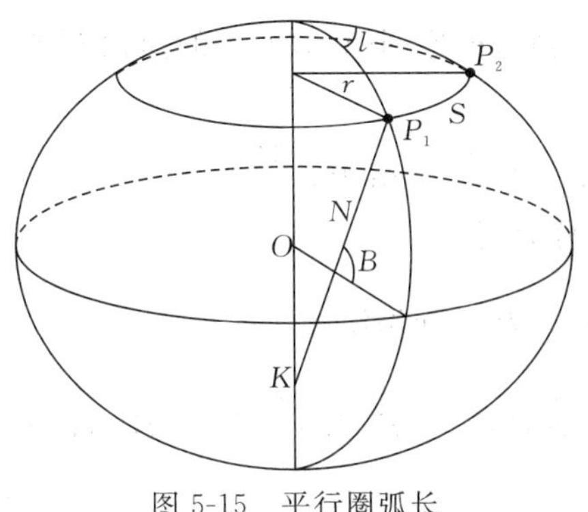

图 5-15　平行圈弧长

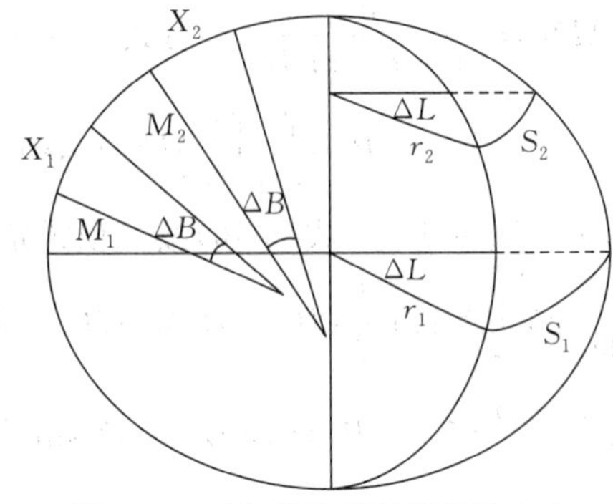

图 5-16　子午线及平行圈弧长变化

为了对子午线弧长和平行圈弧长有个数量上的概念，现将一些弧长数值列于表 5-4。

表 5-4　子午线弧长和平行圈弧长随纬度的变化（CGCS 2000 椭球）

B /(°)	子午线弧长			平行圈弧长		
	$\Delta B = 1°$	$1'$	$1''$	$l = 1°$	$1'$	$1''$
0	110 574	1 842.94	30.716	111 321	1 855.36	30.923
15	110 653	1 844.26	30.738	107 552	1 792.54	29.876
30	110 863	1 847.26	30.795	96 488	1 608.13	26.802
45	111 143	1 852.39	30.873	78 848	1 341.14	21.902
60	111 423	1 857.04	30.951	55 801	930.02	15.500
75	111 625	1 860.42	31.007	28 902	481.71	8.028
90	111 694	1 861.60	31.027	0	0.00	0.000

由表 5-4 可以看出子午线弧长和平行圈弧长随纬度变化的大致情况：纬差为 1°的子午线弧长约为 110 km，$1'$约为 1.8 km，$1''$约为 30 m；而平行圈弧长，仅在赤道附近与子午线弧长大体相同，随着纬度升高，它们的差别越来越大。

N、M 与 R 相差不大，在某些近似计算中，可视地球为球体，球面上的弧长和它所对的弧心角有下列对应关系：

(1)1°弧长≈110 km，$1'$弧长≈1.8 km，$1''$弧长≈30 m。

(2)1 km≈$30''$弧长，1 m≈$0.03''$弧长，1 cm≈$0.000\,3''$弧长。

1 海里＝1.852 km，正好是 $1'$子午线弧长的值。实际上，海里就是用纬差为 $1'$ 的子午线平均长度定义的。

(四)梯形图幅面积

作为子午线弧长和平行圈弧长公式的应用，下面讨论梯形图幅面积的计算公式。

地形图按经线和纬线分幅，即按照一定的经差和纬差，将椭球表面划分成一系列图幅。如图 5-17 所示，BA、CD 是子午线，BC、AD 是平行圈，A 点的坐标为 B_1、L_1，C 点的坐标为 B_2、L_2。在梯形图幅内取一面积元 $\mathrm{d}P$，其边长分别为 $r\mathrm{d}L$ 和 $M\mathrm{d}B$，则

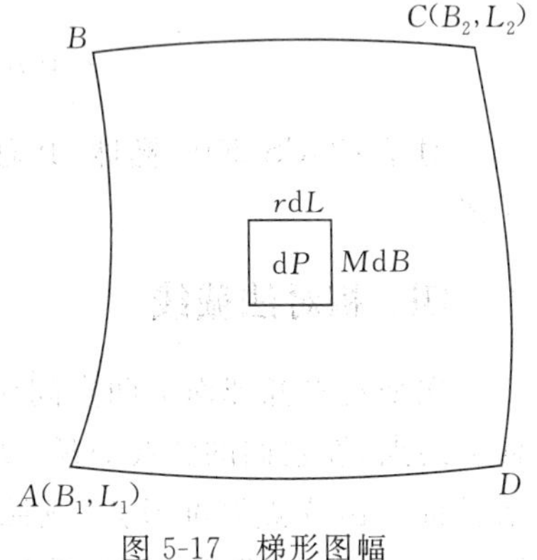

图 5-17　梯形图幅

$$\mathrm{d}P = MN\cos B\,\mathrm{d}B\,\mathrm{d}L$$

顾及 $MN=\frac{b^2}{(1-e^2\sin^2 B)^2}$(由式(5-35)、式(5-12)得到),梯形图幅 $ABCD$ 的面积 P 为

$$P=\int_{L_1}^{L_2}\int_{B_1}^{B_2}MN\cos B\,\mathrm{d}B\,\mathrm{d}L=lb^2\int_{B_1}^{B_2}\frac{\cos B}{(1-e^2\sin^2 B)^2}\mathrm{d}B \tag{5-46}$$

式中,$l=L_2-L_1$。式(5-46)按二项式定理展开,积分后得

$$P=\frac{l^\circ}{90^\circ}\pi b^2\Big[A'\sin\frac{1}{2}(B_2-B_1)\cos B_m-B'\sin\frac{3}{2}(B_2-B_1)\cos 3B_m+ C'\sin\frac{5}{2}(B_2-B_1)\cos 5B_m-D'\sin\frac{7}{2}(B_2-B_1)\cos 7B_m+E'\sin\frac{9}{2}(B_2-B_1)\cos 9B_m\Big] \tag{5-47}$$

式中,$B_m=\frac{1}{2}(B_1+B_2)$,各系数为

$$\begin{aligned}
A'&=1+\frac{1}{2}e^2+\frac{3}{8}e^4+\frac{5}{16}e^6+\frac{35}{128}e^8\\
B'&=\frac{1}{6}e^2+\frac{3}{16}e^4+\frac{3}{16}e^6+\frac{35}{192}e^8\\
C'&=\frac{3}{80}e^4+\frac{1}{16}e^6+\frac{5}{64}e^8\\
D'&=\frac{1}{112}e^6+\frac{5}{156}e^8\\
E'&=\frac{5}{2\,304}e^8
\end{aligned}$$

设有比例尺 1∶1 000 000 的梯形图幅,南北图廓的纬差为 $B_2-B_1=4^\circ$,东西图廓的经差 $l=6^\circ$,代入式(5-47) 即得该梯形图幅的面积

$$P=\frac{\pi b^2}{15}[A'\sin 2^\circ\cos B_m-B'\sin 6^\circ\cos 3B_m+ C'\sin 10^\circ\cos 5B_m-D'\sin 14^\circ\cos 7B_m+E'\sin 18^\circ\cos 9B_m]$$

在式(5-47)中,设 $l=360^\circ$,$B_1=0^\circ$,$B_2=90^\circ$,并乘以 2,则得椭球总面积公式

$$\begin{aligned}
\sum&=4\pi b^2[A'+B'+C'+D'+E'+\cdots]\\
&=4\pi b^2\left[1+\frac{2}{3}e^2+\frac{3}{5}e^4+\frac{4}{7}e^6+\frac{5}{9}e^8+\cdots\right]
\end{aligned} \tag{5-48}$$

对于 CGCS 2000 椭球,其总面积约为 510 065 597 km^2,可见地球总面积约为 5.1 亿平方千米。

四、相对法截线

先来看看椭球面上两点间对向方向观测所形成的法截线。如图 5-18 所示,A、B 为椭球面上两点,设它们的法线 AK_a、BK_b 与其相应的铅垂线重合,如以它们为测站,则照准面就是法截面。由 A 点照准 B 点,则照准面 AK_aB 与椭球面的截线 AaB 即为 A 点对 B 点的法截线。同样,由 B 点照准 A 点,则照准面 BK_bA 与椭球面的截线 BbA,即为 B 点对 A 点的法截线。AaB 和 BbA 这两条法截线,通常是不重合的,叫作 A、B 两点间的相对法截线。

可以想到，如果A、B两点法线在同一平面上，则对向观测的两个照准面重合，法截线为一条，而当A、B两点法线不在同一平面上时，对向观测的两个照准面就不重合，法截线就为两条，可见相对法截线产生的原因是A、B两点法线不在同一平面上。

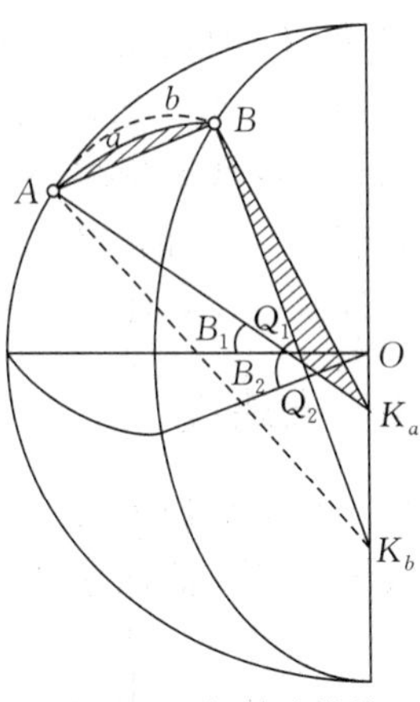

图 5-18　相对法截线

下面说明椭球面上A、B两点，它们的经纬度各不相同时，其法线AK_a、BK_b不在同一平面上。

假如AK_a、BK_b共面，则该两直线或者平行或者相交。在图 5-18 中，A、B两点不在同一子午圈上，即经度不同，两法线与第三条直线(短轴)相交，两相交直线定一平面，如该两法线平行则这两个子午面就是同一平面了，这与A、B两点经度不同的前提不符，故该两法线不平行；又因为短轴是两子午面的交线，故位于该两子午面上的法线如相交的话，只能交于短轴上同一点。

设两点的纬度为B_1、B_2，法线AK_a、BK_b分别与赤道面交于Q_1、Q_2。由图 5-18 可得

$$OK_a = Q_1K_a \sin B_1$$

$$OK_b = Q_2K_b \sin B_2$$

顾及法线在赤道下侧的长度$QK = Ne^2$，则有

$$OK_a = N_1e^2 \sin B_1$$

$$OK_b = N_2e^2 \sin B_2$$

由上式可知，当$B_1 \neq B_2$时，则$OK_a \neq OK_b$，故K_a、K_b不重合。这就说明AK_a、BK_b不在同一平面上。当A、B两点位于同一子午圈或同一平行圈上时，正反法截线则合二为一，这是一种特殊情况。

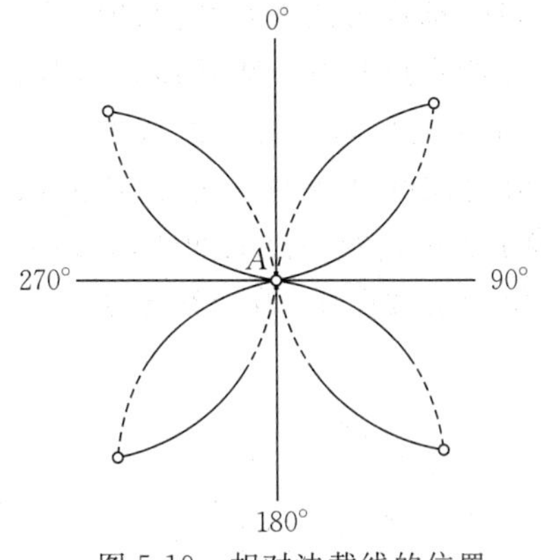

图 5-19　相对法截线的位置

从上式还可看出，当$B_2 > B_1$时，则$OK_b > OK_a$。由图 5-18 可知，K_a在上，K_b在下。两法截面AK_aB与BK_bA相交于AB弦线，与椭球面分别截于AaB和BbA，而且BbA偏上，AaB偏下。可见，纬度高的点对纬度低的点法截线偏上，纬度低的点对纬度高的点法截线偏下。我们称AaB为点A的正法截线，BbA为点A的反法截线。根据上述规律，可以画出AB方向不同象限中正反法截线的关系位置，如图 5-19 所示。

相对法截线通常是不重合的，仅当两点经度或纬度相同时才重合。正反法截线之间的夹角Δ(见图 5-20)，与距离的平方成正比。当边长$S = 25$ km 时，$\Delta = 0.004''$；$S = 50$ km 时，$\Delta = 0.021''$；$S = 100$ km 时，$\Delta = 0.985''$。可见，在一等三角测量中，Δ可达千分之几秒，甚至可达百分之几秒，对于一等三角测量计算是不容忽视的。

由于相对法截线的存在，给测量计算带来不便。设椭球面上有A、B、C三点，其经度$L_C > L_B > L_A$，纬度$B_B > B_C > B_A$，在对向三角观测中，就会产生如图 5-20 的情况。图中由正法截线构成的三个角$\angle A$、$\angle B$、$\angle C$，并不能构成一个三角形。这就是说相对法截线造成

了几何图形的破裂。

显然,不能依据这种破裂的图形进行计算,必须在两点之间选用一条单一的曲线来代替相对法截线。椭球面上两点间的单一曲线有很多种,但要求两点间的曲线必须是唯一的,并且具有明显的几何特性(如最短线)以及便于椭球面上的测量计算。这种曲线就是大地线。

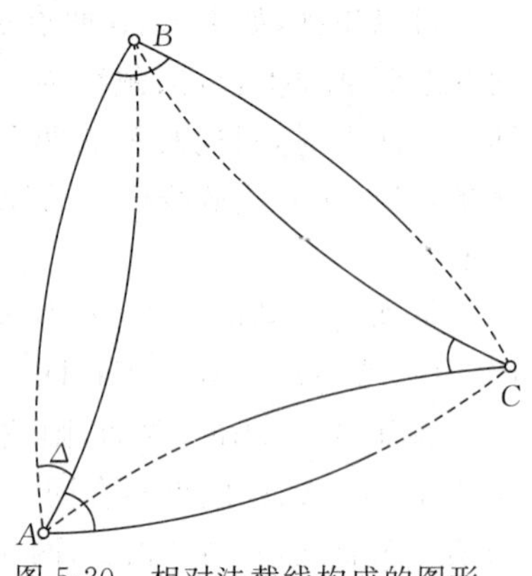

图 5-20　相对法截线构成的图形

五、大地线

(一)大地线的定义

大地线是一曲面曲线,在该曲线上各点的相邻两弧素,位于该点的同一法截面中。

用图 5-21 来解释这个定义。设 AB 为曲面上的一条大地线,P 为大地线上任一点,dS_1、dS_2 为 P 点相邻两弧素,PK 为 P 点的曲面法线。因为 dS_1、dS_2 都是弧素,即 P_1、P_2 与 P 无限接近,故可用弦线 PP_1、PP_2 来代替 dS_1、dS_2。于是 dS_1 位于法截面 PKP_1 中,dS_2 位于法截面 PKP_2 中。根据定义,上述两个法截面应在 P 点的同一法截面中。或者说,无限邻近的 P、P_1、P_2 三点都在 P 点的同一法截面中。如果一条曲线上,每点都具有这个特性,那么这条曲线就是大地线。

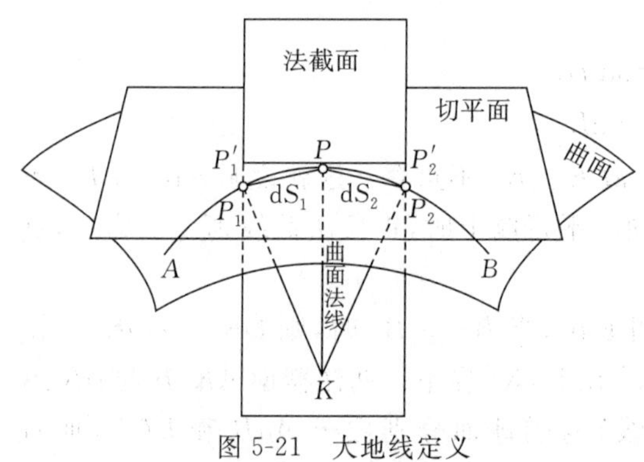

图 5-21　大地线定义

大地线的另一个定义是:大地线是一曲面曲线,在该曲线上任一点的曲线主法线与该点的曲面法线重合。这个定义用于判断椭球面上的曲线是否为大地线比较方便。下面对此定义给出解释。

对于空间曲线,凡是通过曲线一点而垂直于该点切线的直线,都称为曲线在该点的法线。因此,空间曲线在给定点具有一束法线,它们的集合是一平面,称为法平面。所谓曲线的主法线是法平面上指向曲线凹侧的一根特殊的法线。这个定义与前一个定义是一致的,因为任取一段弧素便确定了曲线在该点的凹侧,亦即确定了曲线主法线,而法截面又由曲面法线确定,要求这段弧素位于法截面中,故曲线主法线与曲面法线一致。

(二)大地线的性质

1. *大地线是椭球面上两点间的最短线*

在图 5-21 中,将大地线上 P 点的相邻两弧素正射投影到该点的椭球面的切平面上,得到 $P'_1PP'_2$,因三点在同一法截面上,所以 $P'_1PP'_2$ 是一直线元素,而平面上两点间直线为最短。大地线上每点相邻两弧素的正射投影都为直线元素,所以大地线为最短线。但是其他曲线弧素,例如斜截线弧素,在切平面上的投影必定是曲线弧素。平行圈就是斜截线,在图 5-22 中 PP_1 和 PP_2

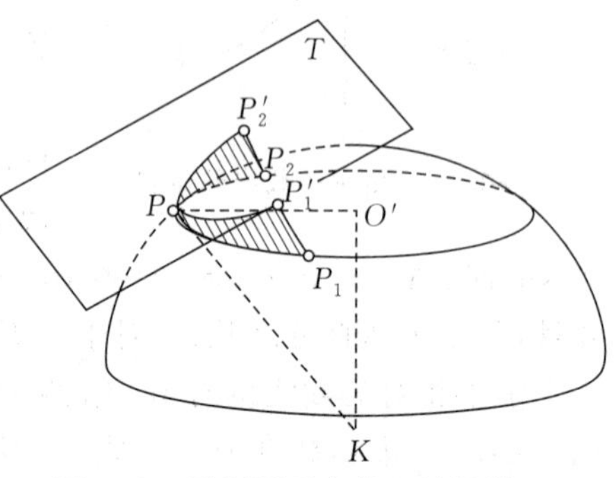

图 5-22　平行圈弧素的正射投影

为平行圈上 P 点的相邻两弧素，它在 P 点切平面 T 上的正射投影是曲线弧素 $P'_1PP'_2$。

2. 大地线是无数法截线弧素的连线

由于大地线上一点的相邻两弧素位于同一法截面中，所以可以把它们看成是该点上方向相差 180°的两个法截线弧素，于是大地线就是各点上这些法截线弧素的连线。如果我们在椭球面上做一条直伸导线，如图 5-23 所示，令各转折角为 180°，各边非常短，短到两条相对法截线合二为一，如图中 ab、ba 合为 $\overline{ab}$，那么，这样的短边直伸导线就是大地线。

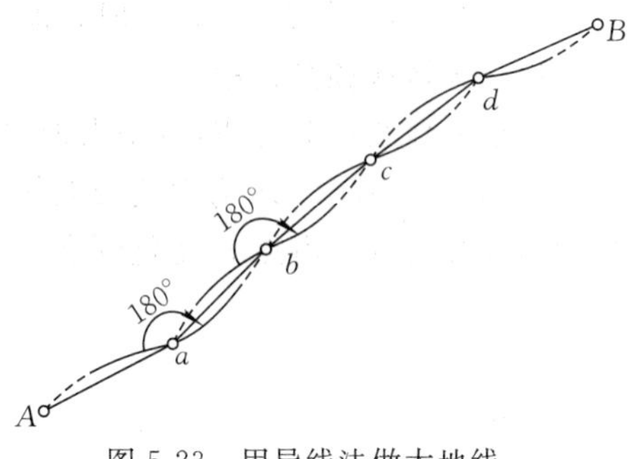

图 5-23　用导线法做大地线

椭球面上的法截线，除子午圈和赤道是大地线外，其他法截线都不是大地线。注意，法截线只是通过某点的一个法截面与椭球面的交线，而大地线则是通过沿线所有各点的法截面与椭球面交线的弧素的集合。

3. 椭球面上的大地线是双重弯曲的曲线

大地线依附在椭球面上，由于椭球面的弯曲使大地线产生纵向弯曲，这种弯曲由各点的曲率来描写；由于大地线上各点经纬度不同，各点法线不相交，法截面不重合，又使大地线产生横向弯曲，这种弯曲由各点的挠率来描写，如图 5-24 所示。所以椭球面上的大地线，除子午圈和赤道外，是既有曲率又有挠率的曲线。

如果在一绝对光滑的椭球面上，两点间绷一橡皮筋，那么这条绷紧的橡皮筋，就是两点间的大地线。因为每点上橡皮筋加在椭球面的压力方向就是曲线主法线，椭球面对这一点的支撑力方向就是曲面法线，橡皮筋在静止状态下两者重合。因此，由于弹性存在，橡皮筋在两点间总是表示最短的路径。

4. 大地线位于相对法截线之间

通常情况下，在椭球面上，大地线一般位于相对法截线之间，并且靠近正法截线，它将相对法截线的夹角分为约二比一，即 $\mu : \gamma = 2 : 1$，如图 5-25 所示。γ 的数值在一等三角测量中，$S = 35$ km 左右时，可达 0.001″～0.002″，在计算中必须要顾及改正(称为截面差改正)。大地线与法截线的长度相差甚微，如某点的大地纬度 $B = 0°$，边的大地方位角 $A = 45°$，边长 $S = 100$ km，则大地线与法截线的长度差 $\Delta S = 0.000\,001$ mm，可见实用中完全可忽略。

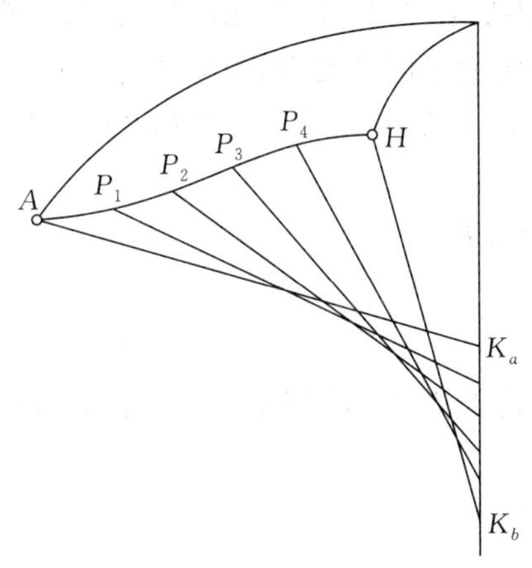

图 5-24　大地线的形状

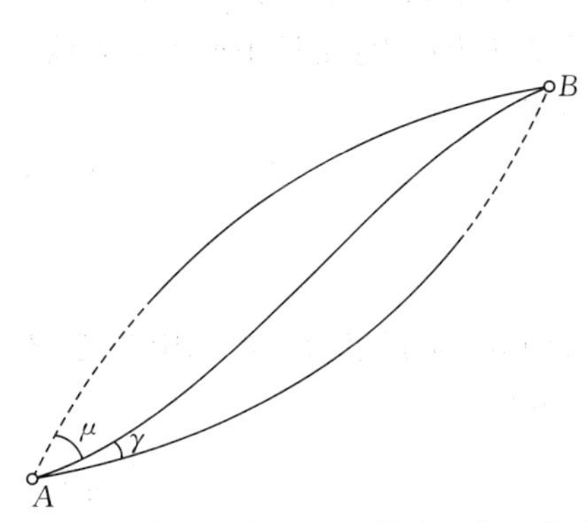

图 5-25　大地线与相对法截线的位置关系

在子午圈和赤道上,大地线和相对法截线重合,并且分别与子午圈和赤道重合。在平行圈上,相对法截线虽然合二为一,但大地线、法截线和平行圈三者都不重合。

(三)大地线微分方程

所谓大地线微分方程,就是大地线长度与大地经纬度、大地方位角间的微分关系式。

如图 5-26 所示,P 为大地线上任一点,其经度为 L,纬度为 B,大地方位角为 A。取 PP_1 为大地线弧素 $\mathrm{d}S$,由点 P 变化到点 P_1 时,其经度变为 $L+\mathrm{d}L$,纬度变为 $B+\mathrm{d}B$,方位角变为 $A+\mathrm{d}A$。

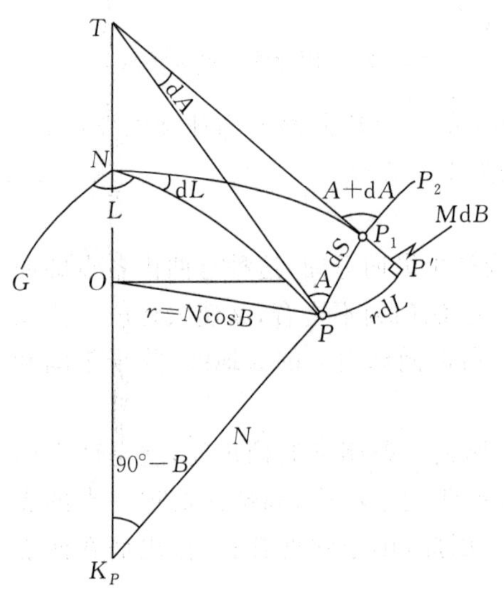

图 5-26 大地线微分关系

由图可知,与 PP_1 相应的子午圈弧素 $P'P_1=M\mathrm{d}B$,平行圈弧素 $PP'=r\mathrm{d}L=N\cos B\mathrm{d}L$。图中 $PP'P_1$ 为椭球面直角三角形,由于无限微小,可视为平面直角三角形,因而可得

$$M\mathrm{d}B=\mathrm{d}S\cos A$$

即

$$\mathrm{d}B=\frac{\cos A}{M}\mathrm{d}S \tag{5-49}$$

以及

$$r\mathrm{d}L=\mathrm{d}S\sin A$$

即

$$\mathrm{d}L=\frac{\sin A}{r}\mathrm{d}S=\frac{\sin A}{N}\sec B\mathrm{d}S \tag{5-50}$$

以上两个微分方程,是在三角形无限微小的情况下得出的,它适用于椭球面上的任意曲线,当然也适用于大地线,但不是大地线所专有的。要导出大地线所专有的微分方程,就必须顾及大地线的定义。

图 5-26 中 PP_1 为大地线上点 P_1 的一段弧素,设 P_1P_2 为点 P_1 相邻的另一弧素,由大地线定义可知,PP_1 和 P_1P_2 应该位于点 P_1 的同一法截面中,因此 PP_1P_2 为点 P_1 的法截线弧素,且在点 P_1 切平面上的正射投影为一直线元素。

做点 P_1 的切平面,过 P_1 和 P 分别做子午线的切线,由于 P 和 P_1 无限接近,故可视二切线同交于短轴延长线上的点 T,并且 P_1T 和 PT 所决定的平面可视为点 P_1 的切平面。于是,大地线弧素 PP_1P_2 是切平面上的直线。$\angle TP_1P_2=A+\mathrm{d}A$,它是平面三角形 TPP_1 的外角,可以写出

$$A+\mathrm{d}A=A+\angle P_1TP$$

即

$$\mathrm{d}A=\angle P_1TP$$

又因 $\mathrm{d}S$ 是弧素,P' 也无限接近 P_1,故可视 P' 也在点 P_1 的切平面上,于是由小扇形 TPP' 可得

$$\mathrm{d}A=\frac{r\mathrm{d}L}{PT}=\frac{N\cos B\mathrm{d}L}{PT}$$

由直角三角形 K_PPT 可知，$PT = N\cot B$，代入上式即得

$$dA = \sin B\, dL$$

将式(5-50)代入即得

$$dA = \frac{\sin A}{N}\tan B\, dS \tag{5-51}$$

通常把式(5-49)、式(5-50)、式(5-51)称为大地线的三个微分方程。它们是椭球面上大地坐标计算的基础。如果以增量代替微分，即可得到大地纬差、经差和方位角差的近似计算公式

$$\left.\begin{aligned} \Delta B &= \frac{S}{M}\cos A \\ \Delta L &= \frac{S}{N}\sin A \sec B \\ \Delta A &= \frac{S}{N}\sin A \tan B \end{aligned}\right\} \tag{5-52}$$

(四)大地线的克莱罗方程

将大地线微分方程积分，就可得到克莱罗方程。它是长距离大地问题解算的基础。

由式(5-51)，有

$$dA = \frac{\sin A \sin B}{N\cos B}dS$$

顾及 $dS = \frac{M}{\cos A}dB$ (式(5-49))，得

$$dA = \frac{\sin A}{\cos A} \cdot \frac{M\sin B\, dB}{N\cos B}$$

如图 5-27 所示，P 为椭球面上一点，PP' 为子午线弧素，$PP' = M dB$，P 点和 P' 点平行圈半径之差为 dr，当 P' 点变化至 P 点时，纬度增大，而平行圈半径减小。视 $PP'P''$ 为微小的平面直角三角形，则有

$$M\sin B\, dB = -dr$$

顾及 $r = N\cos B$，一并代入上式得

$$dA = -\frac{\sin A}{\cos A} \cdot \frac{dr}{r}$$

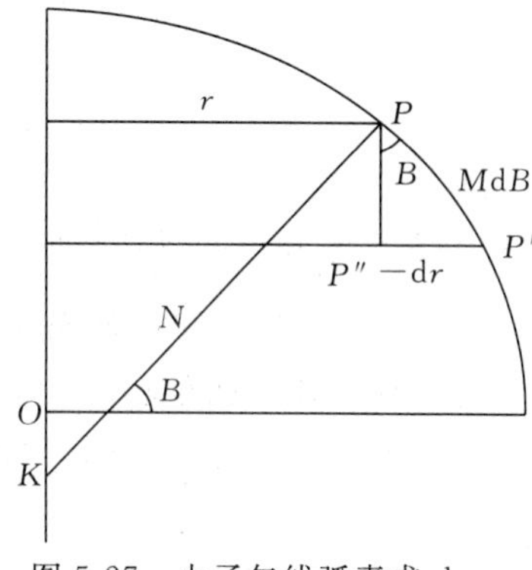

图 5-27　由子午线弧素求 dr

即

$$r\cos A\, dA + \sin A\, dr = 0$$

$$\cot A\, dA = -\frac{dr}{r}$$

积分之，得

$$r\sin A = C \tag{5-53}$$

这就是大地线的克莱罗方程。该方程表明，大地线上各点的平行圈半径与该点大地线方位角的正弦之乘积为一常数。

六、椭球面三角形的解算

建立了地面与椭球面的对应关系后(见§5-5),地面控制网就变成了椭球面上以大地线组成的控制网。要进行控制网的边角计算,需进行椭球面三角形的解算。由于椭球面上各点的曲率不同,因而在这个面上解算三角形就比较复杂。但是,地球椭球的扁率很小;通常大地控制网中由三边所组成的椭球面三角形又比较小,因此自然会想到可否将椭球面三角形当作球面三角形来解算。经过研究表明,当三角形的边长小于 200 km 时,将椭球面三角形看成以其三个顶点平均纬度处的平均曲率半径为球半径的球面三角形是完全可以的(两者对应边长相等,对应角之差小于 0.001″)。

为了解算球面三角形,可采用如下的正弦公式

$$\frac{\sin\dfrac{a}{R}}{\sin A}=\frac{\sin\dfrac{b}{R}}{\sin B}=\frac{\sin\dfrac{c}{R}}{\sin C}$$

式中的边长是用角度表示的,因此必须先将已知边长除以球的半径化为球心角,方可应用上式进行计算。算得的以角度表示的边长还要再化为长度,因为实用上边长总是以长度表示的。这样化来化去显得不方便,同时,还存在计算舍入误差对计算精度的影响。

可设法寻找一种更简单的解算方法。这里介绍的勒让德定理就是一种简便的解算球面三角形的方法。该法的实质是将球面三角形化为对应边长相等的平面三角形来解算,但对各球面角需做简单的改化。

如图 5-28 所示,设一球面三角形 $A_0B_0C_0$,其三边长为 a、b、c,球面角超为 ε''。如以同样边长 a、b、c 为三边做一平面三角形 $A_1B_1C_1$,当边长不甚大时,可以证明这两个三角形的三内角间有如下的关系

$$\left.\begin{aligned}A_1&=A_0-\varepsilon''/3\\B_1&=B_0-\varepsilon''/3\\C_1&=C_0-\varepsilon''/3\end{aligned}\right\}\tag{5-54}$$

式中,$\varepsilon''=\dfrac{\Delta}{R^2}\rho''$,$\Delta$ 为三角形的面积,$\Delta=\dfrac{bc\sin A_0}{2}$,$R$ 为球的半径。

式(5-54)就是解算球面三角形的勒让德定理。它表明,如果将球面三角形 $A_0B_0C_0$ 的每一角度减去其球面角超的三分之一,就得到一个相应边和它相等的平面三角形 $A_1B_1C_1$,按平面三角形公式解此三角形,得出的边长即为所求的球面边长。

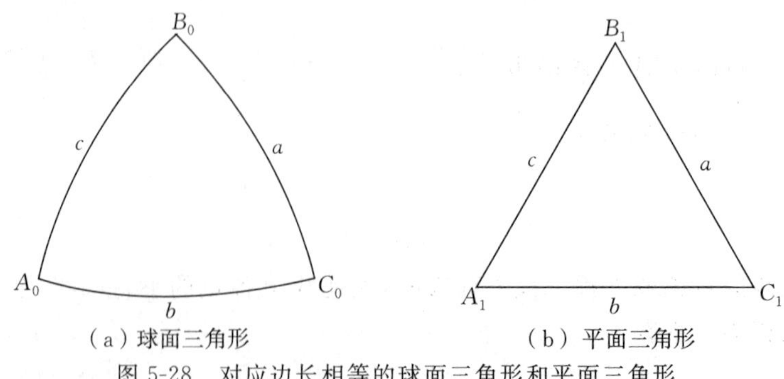

(a)球面三角形　　(b)平面三角形

图 5-28　对应边长相等的球面三角形和平面三角形

§5-5 地面边角元素与椭球面边角元素的关系

一、地面边角观测元素归算至椭球面的意义和要求

常规大地测量确定地面点的水平坐标 L、B 和高程是作为分开的两类问题进行研究的。为了解决前类问题，要把实际上建立在地球自然表面的大地控制网投影到所采用的参考椭球面上，即对大地网的测量元素做相应的归算，也就是说，将点与点之间在地球自然表面上测量的边长化算为这些点投影到参考椭球面上所得的大地线弧长，将水平方向和天文方位角的观测值化算为大地线的方向和大地方位角(见图 5-29)。之后，大地控制网的所有计算都在椭球面上作为二维问题解决。平差计算出 L、B 后，通过确定的数学关系式可化为平面坐标 x、y。对于大规模天文大地网的平差计算，通常采用这一过程完成。

对于小范围的大地控制网，如仍在椭球面上进行平差计算有时会使问题不够方便，因为椭球面的数学性质比平面要复杂得多，于是可以将大地控制网的元素再一次从椭球面投影到平面上，然后在平面上进行计算处理(见第六章)。

实现地面元素到椭球面元素的归算，就是对地面观测元素加入适当改正数，使之转化为椭球面上相应的元素，以便能在椭球面上进行测量计算。归算的精确程度应不损害野外观测的精度。

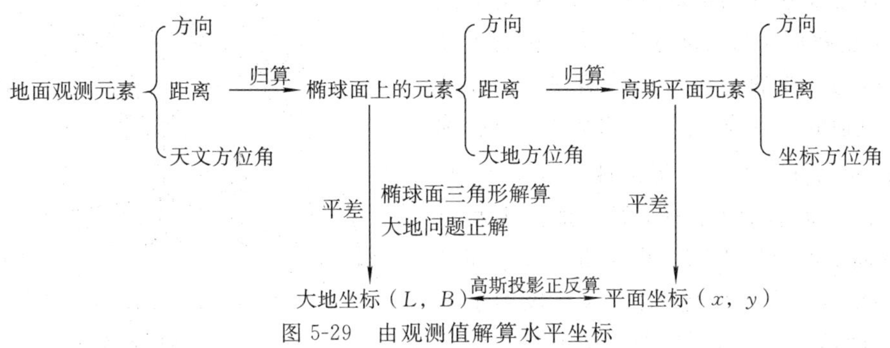

图 5-29 由观测值解算水平坐标

地面边角观测元素归算到椭球面，有三项基本要求：

(1)以椭球面法线为基准线。测站点的铅垂线方向与相应的椭球面法线方向一般是不重合的，它们间的夹角叫作垂线偏差。以椭球面法线为基准线就是将铅垂线为准的观测值化为法线为准的观测值，消除垂线偏差的影响。

(2)以椭球面为基准面。地面点沿法线投影到椭球面，将具有一定高程的观测值化为椭球面上的观测值，消除大地高的影响。

(3)椭球面两点连线用大地线。将法截线方向的观测值化为大地线方向的观测值，消除截面差的影响。

通过上述归算，就将地面边角控制网化算到了椭球面上，如图 5-30 所示。由此可见，归算的实质是实现地面元素和椭球面元素的转换。

地面边角观测元素的归算，包括水平观测方向的归算、观测天顶距的归算、地面长度的归算、天文方位角的归算等。另外，归算所需的必须量——垂线偏差的计算也是本节研究的内容

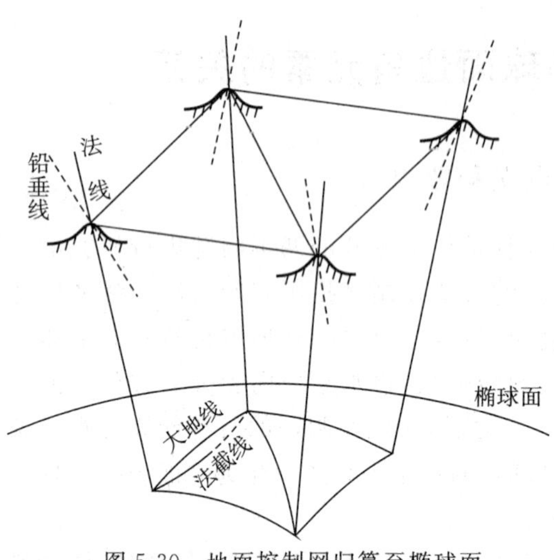

图 5-30 地面控制网归算至椭球面

之一。需要说明的是,GPS 测量可直接确定点位以椭球面为基准的大地坐标,但当应用中需要以地面或平面为基准的方向、距离或方位角时,仍需按图 5-29 所示做相应的计算。

二、水平观测方向归算到椭球面

水平方向归算到椭球面上,需进行垂线偏差改正、标高差改正和截面差改正,通常把这三项改正简称为三差改正。

(一)垂线偏差改正

地面点是沿法线投影到椭球面上的。测站点铅垂线方向与相应的椭球面法线方向不一致,对方向观测值必有影响,这项影响就是垂线偏差改正,以 δ_1 表示。

显然这是一个求解空间角度间关系的问题。求解空间角度关系的一个有效方法是通过建立一个辅助球,将空间角度用辅助球上的弧长来表示,即把空间角度化算到球面上,于是就可用求解球面三角形的方法解此问题。

如图 5-31 所示,以测站点 A 为中心做一辅助球。过 A 点做法线与辅助球交于 Z,称为大地天顶;过 A 点做垂线与辅助球交于 Z_1,称为天文天顶。法线与垂线的交角为垂线偏差 μ。过 A 点做椭球短轴的平行线,与辅助球交于 P 点,称为辅助球上的北极;$\widehat{ZP\theta}$ 是辅助球上的子午圈,它是椭球子午面与辅助球的交线。地面观测目标 m 在球面上的投影为 M。由于直线或平面平移后,空间角度不发生变化,故引入北极和子午圈后,在辅助球上就可以将 Am 方向的方位角表示出来了。垂线偏差 μ 在球面上是一段小弧长,故可把它分解成垂直方向上的两个分量 ξ 和 η,分别称为 μ 在子午圈和卯酉圈上的分量,由图显见

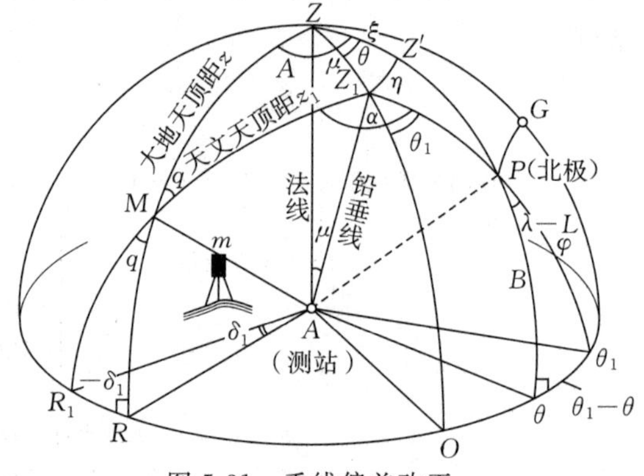

图 5-31 垂线偏差改正

$$\xi=\mu\cos\theta,\ \eta=\mu\sin\theta$$

由图 5-31 可见,如果 M 在 ZZ_1O 垂直面内,则无论观测方向以法线或以垂线为准,照准面都是一个,就无垂线偏差改正,因此以 AO 方向作为参考方向(度盘零方向)。图中,以垂线 AZ_1 为准,照准 m 点得度盘读数 OR_1;若以法线 AZ 为准,照准 m 点得度盘读数 OR,故垂线偏差对水平方向的影响为 $\delta_1=(R-R_1)$。

由图,R_1MR 为球面直角三角形,根据正弦定理,得

$$\sin(\widehat{R_1R})=\sin(-\delta_1)=\sin(90-z_1)\sin q$$

z_1 为 M 方向的观测天顶距,又在三角形 MZZ_1 中,由正弦定理有

$$\sin q=\sin\mu\ \frac{\sin R}{\sin z_1}$$

代回上式，得

$$\sin(-\delta_1)=\cos z_1\sin\mu\ \frac{\sin R}{\sin z_1}$$

因 δ 和 μ 均为小量，故有

$$-\delta_1=\mu\sin R\cot z_1$$

而 $R=A-\theta$（A 为 A 点至 m 点的大地方位角），则

$$\begin{aligned}-\delta_1&=\mu\sin(A-\theta)\cot z_1\\&=\mu(\sin A\cos\theta-\cos A\sin\theta)\cot z_1\end{aligned}$$

已知 $\xi=\mu\cos\theta,\eta=\mu\sin\theta$，故

$$\begin{aligned}\delta_1&=-(\xi\sin A-\eta\cos A)\cot z_1\\&=-(\xi\sin A-\eta\cos A)\tan\alpha_1\end{aligned}\tag{5-55}$$

式中，α_1 为照准方向的垂直角。可见，垂线偏差改正主要与测站的垂线偏差和观测目标的天顶距（垂直角）有关。

图 5-31 中，与垂线垂直和与法线垂直的水平度盘应不重合，它们的夹角为 μ，但因 μ 是小量，对水平方向的读数影响可忽略，故视它们为重合。

μ 通常为几秒到十几秒，垂直角在一、二等三角测量中十分接近 0°，在平原地区通常为 $\pm30'$，在山区可能达到 $\pm3°$，因此 δ_1 的数值通常为十分之几秒。一、二等三角测量应加此项改正。如果垂线偏差和垂直角都较大，三、四等三角测量亦应顾及此项改正。

在下列情况下，垂线偏差改正为零：

(1)铅垂线与法线一致，即 $\mu=0$，则 $\delta_1=0$；

(2)照准点在 ZZ_1O 面内，即 $A=\theta$，则 $\delta_1=0$；

(3)照准点在水平面上，即 $z_1=90°$，则 $\delta_1=0$。

(二)标高差改正

加了 δ_1 后，方向值为图 5-32 中 Ab' 这一法截线的方向。此时，测站 A 的高程对这个水平方向值没有影响，为简单起见，设 A 在椭球面上。根据归算要求，照准点 B 在椭球面上的投影点应为 b，而非 b'。于是法截线 Ab' 与 Ab 之间存在角度差 δ_2，称之为标高差改正。显然这项改正是由于照准点 B 的高程引起的对归算方向值的影响。

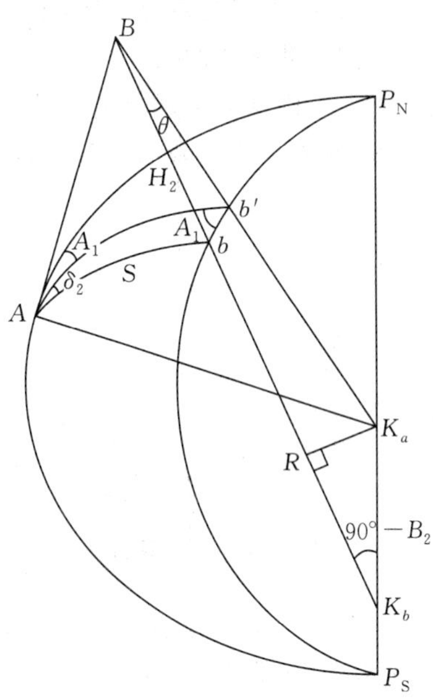

图 5-32　标高差改正

图 5-32 中，视椭球面三角形 Abb' 为平面三角形，按正弦定理有

$$\delta''_2=bb'\ \frac{\sin A_1}{S}\rho''$$

可见，要计算 δ_2，先要求出 bb'，而在 $\triangle Bbb'$ 和 $\triangle BRK_a$ 中

$$bb'=H_2\theta$$

$$\theta=\frac{K_aR}{BR}\approx\frac{K_aR}{N_2}$$

式中，下标“2”表示 B 点的相应值。以下公式中的下标“1”表示 A 点的相应值。又由图 5-32

显见

$$K_aR = K_aK_b\cos B_2$$

而

$$K_aK_b = OK_b - OK_a = N_2e^2\sin B_2 - N_1e^2\sin B_1$$
$$\approx N_2e^2(\sin B_2 - \sin B_1)$$

顾及大地线微分方程 $B_2 \approx B_1 + \frac{S \cdot \cos A_1}{M_1}$，有

$$K_aK_b = N_2e^2\cos B_1\frac{S\cos A_1}{M_1}$$

将以上公式回代并整理，有

$$\delta''_2 = \frac{e^2H_2\rho''}{2M_2}\cos^2B_2\sin 2A_1 \tag{5-56}$$

式中，B_2、M_2 为照准点的大地纬度和子午圈曲率半径，A_1 是观测方向的大地方位角，H_2 是照准点标的(观测中的实际照准部位)高出椭球面的高程，由三部分组成

$$H_2 = H_{2常} + \zeta_2 + a_2$$

式中，$H_{2常}$ 为照准点标石中心的正常高，ζ_2 为照准点的高程异常，a_2 为照准点的觇标高。

由式(5-56)可见，标高差改正主要与照准点的高程有关。

取 $B_2=45°$，$A_1=45°$，$\rho''/M_2=1/30$。当 $H_2=200$ m 时，$\delta''_2=0.01''$；当 $H_2=1\,000$ m 时，$\delta''_2=0.05''$。可见，在一、二等三角测量，以及海拔较高地区的三、四等三角测量中，应顾及标高差改正。

在下列情况时，标高差改正为零：

(1)照准点在椭球面上，即 $H_2=0$，则 $\delta_2=0$；

(2)照准点与观测点同经度或同纬度，即 $A_1=0°$、$90°$、$180°$、$270°$时，$\delta_2=0$。

(三)截面差改正

由于椭球面上两点的连线以大地线为准，故图 5-32 中正法截线 Ab 方向要化为大地线方向，这项改正称为截面差改正，以 δ_3 表示，如图 5-33 所示。

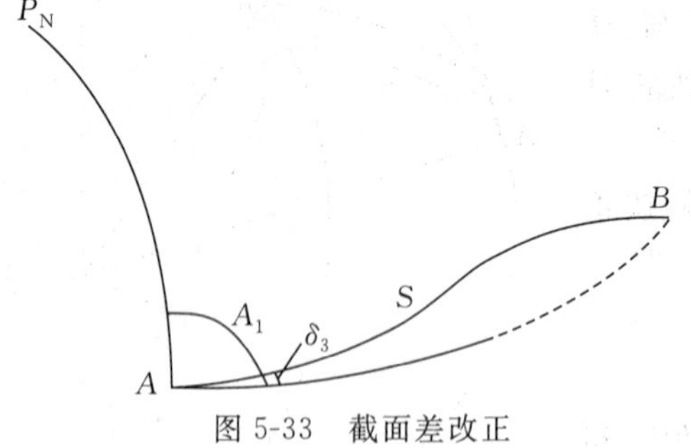

图 5-33　截面差改正

截面差改正公式为

$$\delta''_3 = -\frac{e^2S^2\rho''}{12N_1^2}\cos^2B_1\sin 2A_1 \tag{5-57}$$

可见，截面差改正主要与测站至照准点的距离有关。

取 $B_1=45°$，$A_1=45°$，则当 $S=30$ km 时，$\delta_3=-0.001''$；$S=60$ km 时，$\delta_3=-0.005''$。可见，一等三角测量中一般应加截面差改正，而二等以下无须顾及此项改正。

当 $A_1=0°$、$90°$、$180°$、$270°$时，$\delta_3=0$，即 A、B 两点在同一子午圈或接近于同一平行圈时，截面差改正等于零。

(四)三差改正的计算

三差改正属经典大地测量学的理论问题，表明了地面与椭球面角度间的关系，在现代大地测量中仍有实用价值。例如：边角测量工程控制网中，要对方向观测值进行归算；航天试验测

控站方位标的标定中，要将 GPS 测得的大地方位角改化为以垂线为准的方位角，将标石中心的方向改为照准目标的方向。

现行作业规范中规定，各等三角测量归算时，一等算至 0.001″，二等算至 0.01″，三、四等算至 0.1″。因此，三差改正并不是在各等三角测量中都要全部计算，这要根据各项改正的数值大小和计算位数的要求而定，特归纳如表 5-5 所示。

表 5-5 三差改正的计算

三差改正	归算意义	主要关系量	通常数值	一等	二等	三、四等
δ_1	化为法线为准的观测方向值	ξ、η	0.05″~0.1″	加	加	酌情
δ_2	化为椭球面上的法截线方向值	H_2	0.01″~0.7″			
δ_3	化为椭球面上的大地线方向值	S	0.001″~0.007″		不加	

下面给出三差改正的算例。

1. 计算公式

$$
\left.\begin{aligned}
\delta''_1 &= -(\xi''\sin A_1 - \eta''\cos A_1)\tan\alpha_1 \\
\delta''_2 &= \frac{e^2 H_2 \rho''}{2M_2}\cos^2 B_2 \sin 2A_1 \\
\delta''_3 &= -\frac{e^2 S^2 \rho''}{12N_1^2}\cos^2 B_1 \sin 2A_1 \\
V &= \sqrt{1+e'^2\cos^2 B} \\
N &= \frac{c}{V} \\
M &= \frac{N}{V^2} \\
\sum\delta &= \delta_1+\delta_2+\delta_3
\end{aligned}\right\} \tag{5-58}
$$

2. 计算实例

王村、张庄、龙山、高山四点构成的三角网略图如图 5-34 所示，已知数据表和观测方向值的三差改正计算表如表 5-6、表 5-7 所示(采用 1954 北京坐标系)。

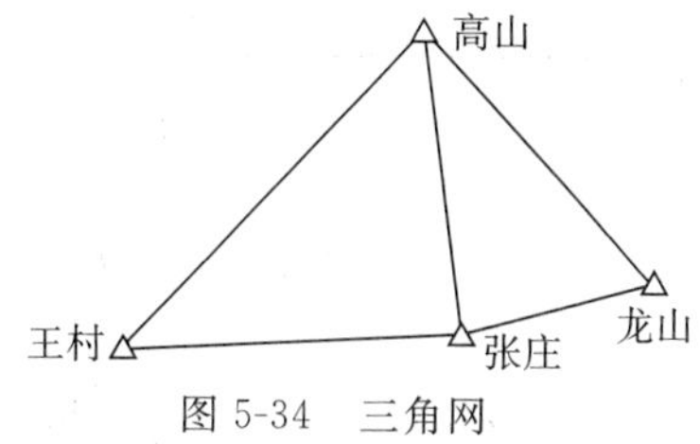

图 5-34 三角网

表 5-6 已知数据表

测站	照准目标的正常高 $H_常+a$ /m	高程异常 ζ /m	垂线偏差 ξ /(″)	垂线偏差 η /(″)	大地纬度 B /(° ′)	方向	化至标石中心的观测方向值 /(° ′ ″)	边长 S /km	大地方位角 A /(° ′)	垂直角 $90-z$ /(′ ″)
高山	3 579.8	+26.6	+5.5	−2.5	32 31	龙山	0 00 00.00	30.7	128 17	−16 51
						张庄	40 43 53.34	22.0	169 01	+23 02
						王村	102 36 11.45	38.1	230 53	+23 02

续表

测站	照准目标的正常高 $H_{常}+a$ /m	高程异常 ζ /m	垂线偏差		大地纬度 B /(° ′)	方向	化至标石中心的观测方向值 /(° ′ ″)	边长 S /km	大地方位角 A /(° ′)	垂直角 $90-z$ /(′ ″)
			ξ /(″)	η /(″)						
龙山	3 494.9	+29.1	+7.6	−1.6	32 20	张庄	0 00 00.00	20.1	262 42	+40 54
						高山	45 43 17.99	30.7	308 25	+02 04
张庄	3 759.2	+29.3	+6.8	−1.7	32 19	王村	0 00 00.00	33.8	265 58	+19 54
						高山	83 04 05.16	22.0	349 02	−33 00
						龙山	176 36 54.63	20.1	82 35	−49 51
王村	3 931.7	+29.2	+6.2	−1.9	32 17	高山	0 00 00.00	38.1	50 26	−40 54
						张庄	35 03 37.45	33.8	85 30	−25 06

表 5-7 观测方向值化至椭球面

测站	方向	化至标石中心的观测方向值 /(° ′ ″)	三差改正			$\sum\delta$ /(″)	归零 /(″)	椭球面上的方向值 /(° ′ ″)
			δ_1 /(″)	δ_2 /(″)	δ_3 /(″)			
高山	龙山	0 00 00.00	+0.014	−0.266	+0.002	−0.250	0.000	0 00 00.00
	张庄	40 43 53.34	+0.009	−0.110	0.000	−0.100	+0.150	40 43 53.49
	王村	102 36 11.45	+0.039	+0.301	−0.003	+0.337	+0.587	102 36 12.04
龙山	张庄	0 00 00.00	+0.092	+0.074	0.000	+0.166	0.000	0 00 00.00
	高山	45 43 17.99	+0.003	−0.271	+0.002	−0.267	−0.433	45 43 17.56
张庄	王村	0 00 00.00	+0.038	+0.043	0.000	+0.081	0.000	0 00 00.00
	高山	83 04 05.16	+0.004	−0.104	0.000	−0.100	−0.181	83 04 04.98
	龙山	176 36 54.63	+0.101	+0.070	0.000	+0.171	+0.090	176 36 54.72
王村	高山	0 00 00.00	+0.071	+0.274	−0.003	+0.342	0.000	0 00 00.00
	张庄	35 03 37.45	+0.046	+0.046	0.000	+0.092	−0.250	35 03 37.20

三、观测天顶距的归算

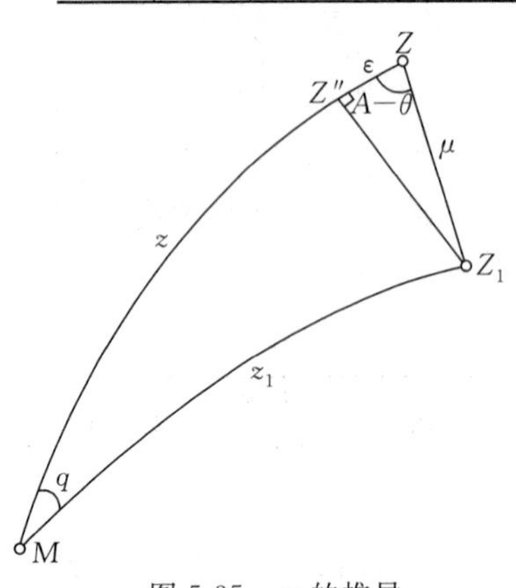

图 5-35 ε 的推导

按三角高程测量方法计算地面相邻两点的大地高高差时要用到天顶距。在三角点上观测时是以铅垂线为准的，测得的是天文天顶距 z_1，但在椭球面上计算高差时，要求以法线为准，计算用的是大地天顶距 z，由于垂线偏差的影响，这两种天顶距是有差异的，因此需要进行归算。设 $z-z_1=\varepsilon$，则有

$$z=z_1+\varepsilon \tag{5-59}$$

式中，ε 为观测天顶距的垂线偏差改正。下面推导它的表达式。

将图 5-31 中的球面三角形 ZZ_1M 取出(见图 5-35)。做 Z_1Z'' 垂直于 ZM，因 q 是一小量，故 $ZZ''=\varepsilon$，又由图知，在 $\triangle ZZ_1Z''$ 中

$$\begin{aligned}\varepsilon &= \mu\cos(A-\theta)\\ &= \mu\cos\theta\cos A + \mu\sin\theta\sin A\\ &= \xi\cos A + \eta\sin A\end{aligned}$$

于是得

$$z = z_1 + \xi\cos A + \eta\sin A \tag{5-60}$$

这就是观测天顶距的归算公式。式中，ξ、η 是测站点垂线偏差的子午分量和卯酉分量，A 是观测方向的大地方位角。

四、地面观测长度归算至椭球面

用测距仪测得的长度是连接地面两点间的直线斜距，须将其归算到椭球面，即由 D 化为大地线长 S（见图 5-36），称为斜距归算。

下面推导短距离的斜距归算公式，取以下两点近似：①认为 K_aK_b 重合；② 视大地线 S 为大圆弧。于是图 5-36 中的归算问题可转化为解平面三角形，如图 5-37 所示。在此基础上，进一步顾及以上两项近似产生的误差项，可推导长距离的斜距归算公式。

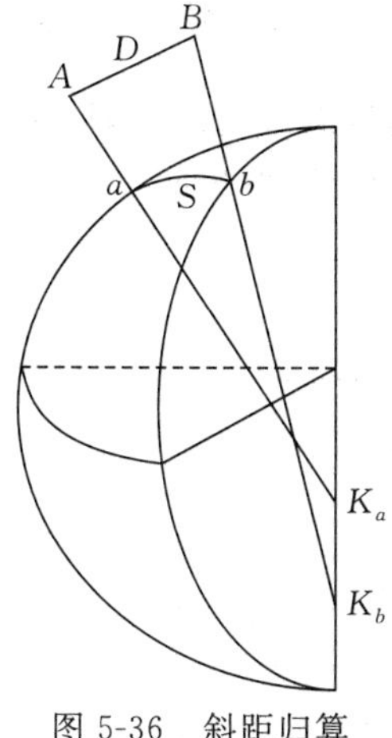

图 5-36　斜距归算

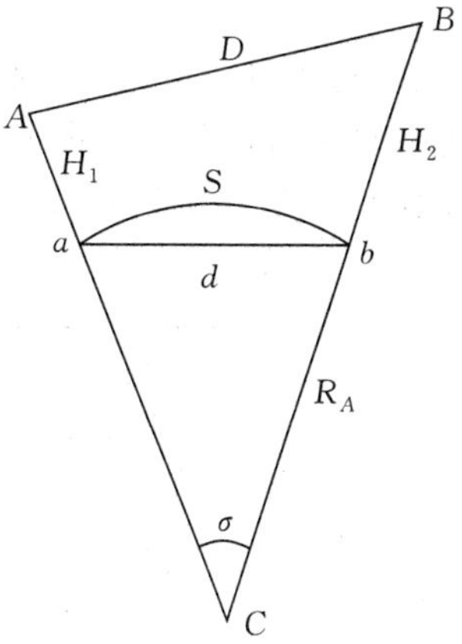

图 5-37　斜距归算的近似关系

由图 5-37，显见

$$S = R_A\sigma \tag{5-61}$$

σ 由余弦定理给出

$$D^2 = (R_A + H_1)^2 + (R_A + H_2)^2 - 2(R_A + H_1)(R_A + H_2)\cos\sigma \tag{5-62}$$

应用式(5-61)、式(5-62)即可编程完成斜距归算，还可对两式做进一步的改化。

顾及 $\cos\sigma = 1 - 2\sin^2\dfrac{\sigma}{2}$，式(5-62)变为

$$D^2 = (H_2 - H_1)^2 + 4R_A^2\left(1+\frac{H_1}{R_A}\right)\left(1+\frac{H_2}{R_A}\right)\sin^2\frac{\sigma}{2}$$

以弦长 $d = 2R_A\sin\dfrac{\sigma}{2}$ 及 $\Delta H = H_2 - H_1$ 代入，得

$$D^2 = \Delta H^2 + \left(1+\frac{H_1}{R_A}\right)\left(1+\frac{H_2}{R_A}\right)d^2$$

于是

$$S = R_A \sigma = 2R_A \sin^{-1} \frac{d}{2R_A}$$

将上式反正弦函数按泰勒级数展开后整理得

$$S = d + \frac{d^3}{24R_A^2} \tag{5-63}$$

式中，$d = \sqrt{\dfrac{D^2 - \Delta H^2}{\left(1+\dfrac{H_1}{R_A}\right)\left(1+\dfrac{H_2}{R_A}\right)}} = R_A \cdot \sqrt{\dfrac{D^2 - \Delta H^2}{(R_A + H_1)(R_A + H_2)}}$。

实用中采用精密的归算公式，其形式为

$$S = \frac{D' R_A}{R_A + H_m} + \frac{D^3}{24R_A^2} + 1.25 \times 10^{-16} H_m D^2 \sin 2B \cos A \tag{5-64}$$

式中，$D' = \sqrt{D^2 - (H_2 - H_1)^2}$，$H_m = \dfrac{1}{2}(H_1 + H_2)$，$N = \dfrac{c}{\sqrt{1 + e'^2 \cos^2 B}}$，$R_A = \dfrac{N}{1 + e'^2 \cos^2 B \cos^2 A}$。各符号的意义及计算时所需精度如下：$D$ 为已知斜距，取至 0.001 m；H_1、H_2 为测距边两端的大地高，取至 0.001 m；B 为测距边起点的大地纬度，取至整分；A 为测距边的大地方位角，取至整分；S 为斜距归算至椭球面的大地线长，取至 0.001 m。

计算实例见表 5-8(采用 CGCS 2000 椭球)。

表 5-8　斜距归算之计算

元素	实例 1	实例 2
D	5 432.321 m	9 876.543 m
H_1	826.93 m	4 254.23 m
H_2	837.65 m	4 876.47 m
B	36°42′	32°12′
A	63°47′	120°24′
S	5 431.600 m	9 849.871 m

五、天文经纬度与大地经纬度的关系(垂线偏差公式)

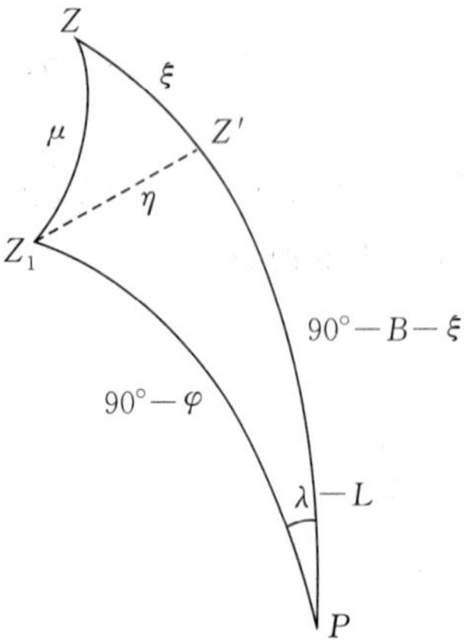

垂线偏差 ξ、η 是地面观测元素归算至椭球面的必需量。根据天文经纬度的定义，λ、φ 确定了所论点的垂线方向，而 L、B 确定了该点的法线方向，因而通过 λ、φ、L、B 便可确定 ξ、η。

已知法线与赤道面的交角是大地纬度 B，故法线与椭球短轴的夹角为 $90° - B$，即在图 5-31 中，$PZ = 90° - B$。同理，$PZ_1 = 90° - \varphi$。APZ 为大地子午面，APZ_1 为天文子午面，因而两面的夹角为 $\lambda - L$。又知 $PZ' = 90° - B - \xi$。以上各量如图 5-38 所示。

图 5-38　垂线偏差公式的推导

这里有两个前提条件：

(1)椭球短轴与地球自转轴平行，这样两轴平移至图 5-31 的点 A 才会与辅助球交出一个点 P。

(2)起始大地子午面与起始天文子午面平行，这样辅助球上大地子午面与天文子午面的夹角才为 $\lambda - L$。

在图 5-38 中，解球面三角形 $Z_1Z'P$，按内皮尔规则有

$$\cos(\lambda - L) = \tan(90° - B - \xi)\tan\varphi$$

$$\sin\eta = \sin(\lambda - L)\cos\varphi$$

式中，$(\lambda - L)$ 和 η 都是小量，取 $\sin(\lambda - L) = \lambda - L$，$\cos(\lambda - L) = 1$，$\sin\eta = \eta$，代入上式，得

$$\left.\begin{aligned} \xi &= \varphi - B \\ \eta &= (\lambda - L)\cos\varphi \end{aligned}\right\} \tag{5-65}$$

式(5-65)即为垂线偏差公式。

如果已知某点的天文经纬度和大地经纬度，就可算得该点的垂线偏差 ξ、η，因为这种垂线偏差是通过天文坐标和大地坐标求得的，所以也称为天文大地垂线偏差。中国一等三角锁(导线)布成的天文大地网中，每隔一定距离要测定天文经度和纬度，目的就在于计算垂线偏差，以满足观测方向的归算以及其他应用的需要。垂线偏差也可用重力测量资料求得，叫重力垂线偏差(也叫绝对垂线偏差)，它是相对于正常椭球的，而天文大地垂线偏差(也叫相对垂线偏差)是相对于参考椭球的。现代大地测量中的参考椭球采用地心定位，已与正常椭球一致，故不再有绝对垂线偏差和相对垂线偏差之分。

进行观测方向归算时，需要每个大地点的垂线偏差值，实际上又不可能在每个大地点上都进行天文测量，为此可采取下述方法解决：当没有重力测量资料时，就根据一部分已知垂线偏差的点，进行线性内插。当然这不符合客观实际，山区、大山区垂线偏差会有较大的非线性变化，即使在平原地区也会由于地球内部物质分布不均匀而存在非线性变化的情况。因此线性内插得到的数值是不精确的，甚至可能有较大的差异。要提高天文大地垂线偏差的精度必须应用重力数据。应用重力测量数据可以求得重力垂线偏差，重力垂线偏差可以转换为天文大地垂线偏差。因此，确定地面点的垂线偏差要综合天文、大地和重力测量资料共同解决。

与高程异常格网模型(§4.4)类似，可以建立某区域的垂线偏差格网模型，包括垂线偏差子午分量格网模型和垂线偏差卯酉分量格网模型。垂线偏差格网模型是一定范围内垂线偏差分量的离散化数字表达，是该范围内所有等间距格网点垂线偏差分量计算值的集合，在数据库中以格网数据结构的形式存储。导弹机动作战需已知机动区内任一点的垂线偏差，以使发射时导弹竖直(以垂线为准)和弹道设计(以法线为准)的偏差得到改正，故战前需建立机动区垂线偏差格网模型。

由式(5-65)可以得到

$$\left.\begin{aligned} B &= \varphi - \xi \\ L &= \lambda - \eta\sec\varphi \end{aligned}\right\} \tag{5-66}$$

这就是天文经纬度与大地经纬度的关系式。从公式形式看，理论上如果已知某点的天文经纬度以及该点的垂线偏差值，就可算得大地经纬度。但这样算得的 L、B 精度是很低的，实用中并不采用。我们进行如下分析：天文经纬度的观测中误差为 $m_\lambda = \pm 0.02\ \text{s}(\pm 0.3'')$，$m_\varphi = \pm 0.3''$，相当于地面距离为$\pm 9$ m，点位中误差为$\pm 9\ \text{m} \times \sqrt{2} = \pm 12.6$ m。用重力测量资料把垂线偏差改正到$\pm 1''$以内，点位中误差为$\pm 1'' \times \sqrt{2} = \pm 1.4''$，相当于$\pm 42$ m 的距离。综合这两项影响为± 44 m。

六、天文方位角与大地方位角的关系(拉普拉斯方位角公式)

天文测量的用途之一是确定大地方位角，以确定控制网的定向，控制方位误差的积累。因此要把测得的天文方位角归算为大地方位角。

由图 5-31 知，AM 方向的天文方位角为

$$\alpha = \theta_1 + R_1$$

AM 方向的大地方位角为

$$A = \theta + R$$

两式相减

$$\alpha - A = (\theta_1 - \theta) + (R_1 - R)$$

式中，$R_1 - R$ 是观测方向的垂线偏差改正，即式(5-55)。

为获得 $\theta_1 - \theta$ 的算式，在图 5-31 的球面直角三角形 $P\theta\theta_1$ 中取水平度盘与垂线垂直，则 θ_1 为直角，应用球面直角三角形的内皮尔规则，有

$$\sin\varphi = \tan(\theta_1 - \theta)\tan[90° - (\lambda - L)] = (\theta_1 - \theta)\cot(\lambda - L)$$

故

$$\theta_1 - \theta = (\lambda - L)\sin\varphi$$

于是

$$A = \alpha - (\lambda - L)\sin\varphi - (\xi\sin A - \eta\cos A)\cot z_1$$

上式右边最后一项，即垂线偏差改正项，其数值一般仅有百分之几秒或更小，而在一等天文测量中，天文方位角的观测中误差为±0.5″，因此垂线偏差的影响远远小于天文方位角的观测误差，完全可以忽略不计，故有

$$A = \alpha - (\lambda - L)\sin\varphi \tag{5-67}$$

顾及式(5-65)，式(5-67)可写成

$$A = \alpha - \eta\tan\varphi \tag{5-68}$$

式(5-67)或式(5-68)即是天文方位角与大地方位角的关系式，也是天文方位角的归算公式。按上式由天文方位角归算的大地方位角叫拉普拉斯方位角，也叫起始大地方位角。式(5-67)、式(5-68)称为拉普拉斯方位角公式，也常称之为拉普拉斯方程式，为避免与式(4-15)重名，本书不采用此称谓。

式(5-67)应用误差传播定律，有

$$m_A^2 = m_\alpha^2 + \sin^2\varphi \cdot m_\lambda^2 + \sin^2\varphi \cdot m_L^2 + \left(\frac{\lambda - L}{\rho}\right)^2 \cdot \cos^2\varphi \cdot m_\varphi^2$$

上式后两项为小量，舍去得

$$m_A^2 = m_\alpha^2 + \sin^2\varphi \cdot m_\lambda^2$$

取 $\varphi = 30°$，以 $m_\alpha = \pm 0.5''$，$m_\lambda = \pm 0.3''$代入上式，得 $m_A = \pm 0.6''$，即拉普拉斯方位角的精度约为±0.6″。

大地控制网中各点的大地方位角是通过逐点推算得到的，它受角度测量误差的积累影响，例如，单三角锁经过 16 条边传算，每条边的方向误差为±0.5″，则最后一条边的方位误差为 $\pm 0.5''\sqrt{16} = \pm 2.0''$。拉普拉斯方位角的中误差约为±0.6″，显然比推算的方位角精度要高。

因此，在经典大地控制网中，每隔一定距离进行天文测量，计算拉普拉斯方位角，可用以控制大地网方位误差的积累。

§5-6　大地坐标系与大地极坐标系的关系

一、大地极坐标系与大地问题解算的概念

大地极坐标系是建立在椭球面上的极坐标系。椭球面上某点的位置,用极点至该点的大地线长 S 和大地方位角 A 表示。如图 5-39 所示,以椭球面上某一已知点 P_1 为极点,以过点 P_1 的子午线 P_1P_N 为极轴,以连接 P_1 和所求点 P 的大地线长 S 为极径,以大地线在点 P_1 的大地方位角 A 为极角,则椭球面上点 P 的位置用(S,A)表示。

大地极坐标系是表示椭球面上两点间相对水平位置的坐标系,常应用于远程武器发射、航海等需解算相对位置的场合。

根据大地测量获得的角度和长度的观测成果,由已知点计算未知点在椭球面上的大地坐标;或者根据两点的大地坐标,计算它们之间的大地线长和大地方位角,这类大地坐标与大地极坐标的计算称为大地问题解算,又叫大地主题解算、大地坐标计算或大地位置计算。大地问题解算,包括大地问题正解和大地问题反解。

如图 5-40 所示,已知点 P_1 的大地坐标(L_1,B_1),点 P_1 至点 P_2 的大地线长 S 和大地方位角 A_1,计算点 P_2 的大地坐标(L_2,B_2)和大地线在点 P_2 的大地反方位角 A_2,称大地问题正解;已知 P_1 和 P_2 两点的大地坐标(L_1,B_1)和(L_2,B_2),反算 P_1P_2 的大地线长 S 和正反方位角 A_1、A_2,称大地问题反解。由大地极坐标的定义知,(S,A_1)、(S,A_2)分别是点 P_2、P_1 的大地极坐标,因此大地问题解算就是大地坐标和大地极坐标的互相换算问题。

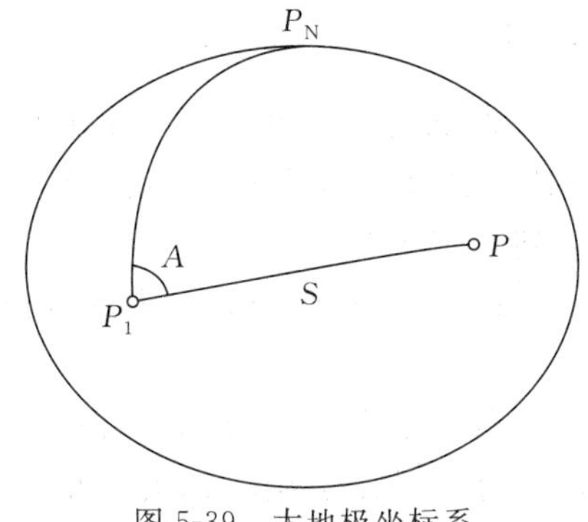

图 5-39　大地极坐标系

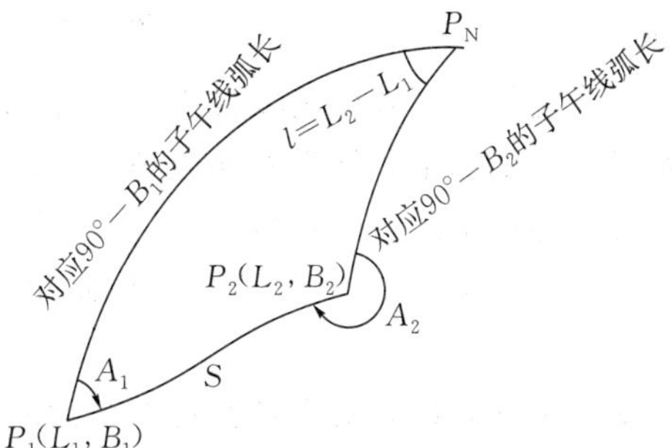

图 5-40　大地问题解算

大地问题解算的用途是多方面的,除了大地测量本身需要在椭球面上推算大地坐标(见图 5-29)外,随着现代空间技术和航空、航海等领域的发展,大地问题解算(尤其是反算)更有重要的作用。鉴于各种用途和要求的不同,产生了不同大地问题解算的方法和公式。

椭球面上大地坐标的解算,比平面上坐标的解算要复杂得多,这是因为椭球面的数学性质比平面要复杂得多的缘故。正是由于这种复杂性,导致了大地问题解算公式的多样化,其种类目前有几十种。若按解算的距离来分类,一般可分为短距离(400 km 以内),中距离(400～1 000 km)和长距离(1 000～20 000 km);若按解算精度来分类,又可分为精密公式和近似公式。

大地问题解算的公式,尽管形式多样,推导方法各有不同,但从原理来说大都是以大地线的三个微分方程为基础的,对于长距离大地问题解算,还要用到大地线的克莱罗方程。若按解

算的途径分类,解算公式基本可以归结为以下三类:

(1)以椭球面上大地线及其三个微分方程为基础,将大地线两端点的大地经差 l、大地纬差 b 和大地方位角差 a 展开为大地线长度 S 的升幂级数式。这类公式的特点在于解算精度与距离有关,距离越长,收敛越慢,甚至不收敛而不能解。因此,这类方法适用于短距离。

(2)利用球面做辅助面,将椭球面上的元素转换到球面上,在球面上应用球面三角公式进行解算,而后再把解算的结果转换回椭球面上。由于椭球面和球面之间只相差一个很小的扁率,所以椭球面和球面相应诸元素中一些转换关系式仅包含微小量 e^2 或 e'^2 的升幂级数式。本节研究的贝塞尔公式是这种类型公式的代表。这类公式不受距离限制,适用于任意距离的大地问题解算。

(3)利用数值积分方法在椭球面上完成大地问题解算。通常,其解由球面上的严密解加上数值积分方法确定的椭球面上的改正组成。数值积分的计算机程序可应用 MATLAB 等工具软件,并可达到所希望的精度。

大地问题解算精度的要求取决于不同问题的实际。以天文大地网平差为例。已知一等锁边长相对中误差约为 $\frac{m_s}{S}=1:20$ 万;方位角精度约为 $m_A=\pm 1.0''$,即 $\frac{m_A}{\rho}\approx 1:20$ 万。设 $S=20$ km,取坐标分量与纵横向误差相同,即

$$m_x=m_y=\pm 0.1\ \mathrm{m}$$

顾及一等锁系平差后,点位精度还能稍有提高。若用大地坐标表示,当 $B=45^\circ$ 时,则得

$$m_B=\frac{m_x}{M}\rho''=\pm 0.003''$$

$$m_L=\frac{m_y}{N\cos B}\rho''=\pm 0.004''$$

在确定解算公式的精度要求时,一般应遵循下述原则:保证由公式引起的计算误差,不再影响野外测量和平差结果的实际精度。按这个原则,加之考虑到沿一等三角锁逐点推算大地坐标时可能产生的误差积累,故要求大地经、纬度应计算到 $0.000\,1''$。

在一等三角测量中,方位角最后结果取至 $0.01''$,因此在大地问题解算中,大地方位角计算至 $0.001''$。

以上讨论的计算精度是针对天文大地网平差和推求一等大地点坐标的,至于其他方面的需要,其计算精度要根据其用途和实际情况来决定。例如,对于导航应用来说,大地经、纬度和大地方位角只要计算到 $0.1''$,解算距离精度至 10 m 即可。

作为对大地问题解算原理的理解,下面先介绍大地问题正算的逐点积累法。

将图 5-40 的 P_1、P_2 点间分成 n 个小区间。每个小区间两端点的经差、纬差和方位角差为 $\mathrm{d}L$、$\mathrm{d}B$、$\mathrm{d}A$,满足大地线微分方程,于是有

$$\left.\begin{aligned}
L_2-L_1&=\int_{L_1}^{L_2}\mathrm{d}L=\int_0^S\frac{\sin A}{N}\sec B\,\mathrm{d}S\approx\sum_{i=1}^{n}\frac{\sin A_i}{N_i}\sec B_i\,\Delta S_i\\
B_2-B_1&=\int_{B_1}^{B_2}\mathrm{d}B=\int_0^S\frac{\cos A}{M}\mathrm{d}S\approx\sum_{i=1}^{n}\frac{\cos A_i}{M_i}\Delta S_i\\
A_2-A_1\pm 180^\circ&=\int_{A_1}^{A_2\pm 180^\circ}\mathrm{d}A=\int_0^S\frac{\sin A}{N}\tan B\,\mathrm{d}S\approx\sum_{i=1}^{n}\frac{\sin A_i}{N_i}\tan B_i\,\Delta S_i
\end{aligned}\right\}\tag{5-69}$$

对于短距离大地问题解算，式(5-69)通过一段一段循环计算可以完成正算，且可以达到较高的精度。显然式中 n 越大精度越高。

二、大地问题解算的级数展开法

如图 5-40 所示，在已知点 $P_1(L_1, B_1)$ 处，大地线方位角 A_1 确定后，则大地线上任意点的大地经度、大地纬度和大地方位角是大地线长度 S 的函数，即

$$L = L(S),\ B = B(S),\ A = A(S)$$

显然，以上函数是连续可导的。将上式在 P_1 处按麦克劳林级数展开，得

$$\left.\begin{aligned}
l &= L_2 - L_1 = \left(\frac{\mathrm{d}L}{\mathrm{d}S}\right)_1 S + \left(\frac{\mathrm{d}^2 L}{\mathrm{d}S^2}\right)_1 \frac{S^2}{2} + \left(\frac{\mathrm{d}^3 L}{\mathrm{d}S^3}\right)_1 \frac{S^3}{6} + \cdots \\
b &= B_2 - B_1 = \left(\frac{\mathrm{d}B}{\mathrm{d}S}\right)_1 S + \left(\frac{\mathrm{d}^2 B}{\mathrm{d}S^2}\right)_1 \frac{S^2}{2} + \left(\frac{\mathrm{d}^3 B}{\mathrm{d}S^3}\right)_1 \frac{S^3}{6} + \cdots \\
a &= A_2 \mp 180^\circ - A_1 = \left(\frac{\mathrm{d}A}{\mathrm{d}S}\right)_1 S + \left(\frac{\mathrm{d}^2 A}{\mathrm{d}S^2}\right)_1 \frac{S^2}{2} + \left(\frac{\mathrm{d}^3 A}{\mathrm{d}S^3}\right)_1 \frac{S^3}{6} + \cdots
\end{aligned}\right\} \quad (5\text{-}70)$$

式中，下标“1”表示各阶导数取 $S=0$(即在点 P_1 上的值，$B=B_1, A=A_1$) 时的值。可见，推求 l、b、a 的展开式，关键在于求出式中各阶导数。其中三个一阶导数就是大地线微分方程，顾及 $N=\frac{c}{V}, M=\frac{c}{V^3}$，可得

$$\frac{\mathrm{d}L}{\mathrm{d}S} = \frac{V}{c}\sec B \sin A$$

$$\frac{\mathrm{d}B}{\mathrm{d}S} = \frac{V^3}{c}\cos A$$

$$\frac{\mathrm{d}A}{\mathrm{d}S} = \frac{V}{c}\tan B \sin A$$

对上式连续求导，可得式(5-70)的各阶导数，于是就得到了经差 l、纬差 b、方位角差 a 展为大地线长 S 的幂级数，通常称为勒让德级数。

勒让德级数收敛缓慢，但如果不在大地线的端点 P_1，而在大地线的中点 $P_{\frac{S}{2}}$ 将 l、b、a 展为 S 的幂级数，则将会明显加快收敛速度。

将大地经差在 $P_{\frac{S}{2}}$ 处按泰勒级数展开，有

$$\begin{aligned}
L_2 - L_{\frac{S}{2}} = &\left(\frac{\mathrm{d}L}{\mathrm{d}S}\right)_{\frac{S}{2}} \left(\frac{S}{2}\right) + \frac{1}{2}\left(\frac{\mathrm{d}^2 L}{\mathrm{d}S^2}\right)_{\frac{S}{2}} \left(\frac{S}{2}\right)^2 + \\
&\frac{1}{6}\left(\frac{\mathrm{d}^3 L}{\mathrm{d}S^3}\right)_{\frac{S}{2}} \left(\frac{S}{2}\right)^3 + \frac{1}{24}\left(\frac{\mathrm{d}^4 L}{\mathrm{d}S^4}\right)_{\frac{S}{2}} \left(\frac{S}{2}\right)^4 + \cdots \\
L_1 - L_{\frac{S}{2}} = &\left(\frac{\mathrm{d}L}{\mathrm{d}S}\right)_{\frac{S}{2}} \left(-\frac{S}{2}\right) + \frac{1}{2}\left(\frac{\mathrm{d}^2 L}{\mathrm{d}S^2}\right)_{\frac{S}{2}} \left(-\frac{S}{2}\right)^2 + \\
&\frac{1}{6}\left(\frac{\mathrm{d}^3 L}{\mathrm{d}S^3}\right)_{\frac{S}{2}} \left(-\frac{S}{2}\right)^3 + \frac{1}{24}\left(\frac{\mathrm{d}^4 L}{\mathrm{d}S^4}\right)_{\frac{S}{2}} \left(-\frac{S}{2}\right)^4 + \cdots
\end{aligned}$$

两式相减，得

$$l = L_2 - L_1 = \left(\frac{\mathrm{d}L}{\mathrm{d}S}\right)_{\frac{S}{2}} S + \frac{1}{24}\left(\frac{\mathrm{d}^3 L}{\mathrm{d}S^3}\right)_{\frac{S}{2}} S^3 + \cdots$$

同理可得大地纬差和大地方位角差的公式,将它们与上式合并后,得

$$\left.\begin{aligned} l &= L_2 - L_1 = \left(\frac{\mathrm{d}L}{\mathrm{d}S}\right)_{\frac{S}{2}} S + \frac{1}{24}\left(\frac{\mathrm{d}^3 L}{\mathrm{d}S^3}\right)_{\frac{S}{2}} S^3 + \cdots \\ b &= B_2 - B_1 = \left(\frac{\mathrm{d}B}{\mathrm{d}S}\right)_{\frac{S}{2}} S + \frac{1}{24}\left(\frac{\mathrm{d}^3 B}{\mathrm{d}S^3}\right)_{\frac{S}{2}} S^3 + \cdots \\ a &= A_2 - A_1 \mp 180^\circ = \left(\frac{\mathrm{d}A}{\mathrm{d}S}\right)_{\frac{S}{2}} S + \frac{1}{24}\left(\frac{\mathrm{d}^3 A}{\mathrm{d}S^3}\right)_{\frac{S}{2}} S^3 + \cdots \end{aligned}\right\} \tag{5-71}$$

式中,下标“$\frac{S}{2}$”表示括号内的各阶导数按大地线的中点 $P_{\frac{S}{2}}$ 处的大地纬度 $B_{\frac{S}{2}}$ 和大地方位角 $A_{\frac{S}{2}}$ 计算。式(5-71)虽然只列出两项,但实际上却有 S^4 项的精度,与勒让德级数相比其收敛较快。可以看出,式(5-71)中的大地纬度 $B_{\frac{S}{2}}$ 和大地方位角 $A_{\frac{S}{2}}$ 实际上是未知的,故并不能直接对该式解算,而需要对该式的导数加以改化。

设

$$B_m = \frac{1}{2}(B_1 + B_2)$$

$$A_m = \frac{1}{2}(A_1 + A_2 \mp 180^\circ)$$

显然,$B_{\mathrm{m}} \neq B_{\frac{S}{2}}$,$A_{\mathrm{m}} \neq A_{\frac{S}{2}}$,但由于椭球扁率很小,它们间的差异不大,可以导出 $B_{\mathrm{m}} - B_{\frac{S}{2}}$、$A_{\mathrm{m}} - A_{\frac{S}{2}}$ 的估算式,从而将以 $B_{\frac{S}{2}}$、$A_{\frac{S}{2}}$ 为依据的导数,改化成以 B_{m}、A_{m} 为依据的导数,具体公式不再推导。由于正解时 B_2 和 A_2 为未知,因此 B_{m} 和 A_{m} 的精确值也为未知,须通过逐次趋近的方法求得。

式(5-71)是大地问题正解公式,据此还可推出相应的大地问题反解公式。这些公式是对勒让德级数的改进,适合于短距离大地问题的解算,称为高斯平均引数公式。

三、贝塞尔大地问题解算公式

(一)基本思路

大地问题解算的级数展开式是将大地经差、纬差和方位角差表示为大地线长 S 的函数,显然在一定精度要求下,距离越长,公式的结构就越复杂,甚至不可求解,因此这种公式不适于解长距离大地问题。

由球面三角学可知,球面三角公式都是用角度的三角函数表示的,球面距离的大小对于解算球面三角形的精度并无关系。又地球椭球的扁率很小,若将其上的诸元素(经度、纬度、边长及方位角)化为球面上的对应球面元素并均用角度表示时,其对应的用角度表示的改正数一定是不大的,而且也和距离无关。因此,解算长距离大地问题的一般方法是通过球面过渡,就是按一定的投影条件,建立椭球面上元素和球面上对应元素间的投影关系,在球面上用球面三角公式建立各元素间的精确关系,再将解出的球面元素表示为椭球面元素。

可见,问题的关键是建立椭球面元素与球面元素间的对应关系。如图 5-40 所示,椭球面与球面的对应元素应包括以下 6 个:B_1、B_2、A_1、A_2、l、S。

(二)归化纬度

椭球面上元素化为球面上对应元素时,随着投影条件选择的不同或推求投影公式的积分

方法不同，会得出不同的长距离大地问题解算公式。本节讨论其代表公式，即1825年德国数学家、天文学家贝塞尔(F. W. Bessel)提出的一种长距离大地问题解算公式。首先介绍归化纬度及其与大地纬度间的变换关系。

如图5-41所示，点 P 所在椭圆表示一子午圈椭圆。今以椭圆中心 O 为中心，以赤道半径 a 为半径，做一辅助圆。延长点 P 的纵坐标线 $P'P$，与圆相交于 P''，连接 $P''O$，则 $\angle P''OP'$ 称为点 P 的归化纬度，以符号 u 表示。

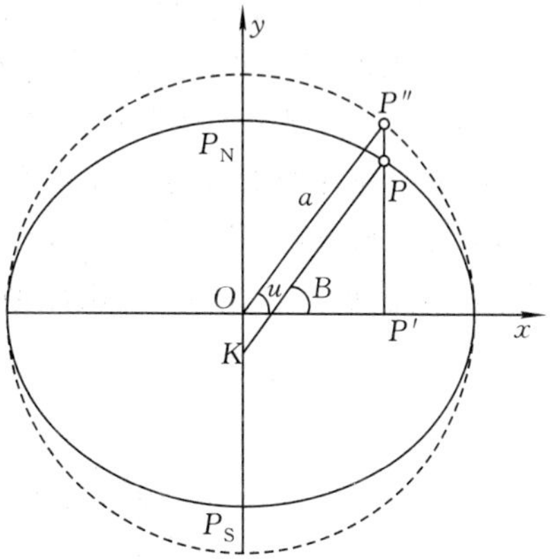

显然，子午线椭圆上任意一点 P 均有一归化纬度 u 与之对应。下面推导归化纬度与大地纬度间的变换关系式。

在图5-41中建立平面直角坐标系 xOy，则点 P 坐标为

$$\left.\begin{aligned} x &= \frac{a}{W}\cos B \\ y &= \frac{a}{W}(1-e^2)\sin B = \frac{b}{W}\sqrt{1-e^2}\sin B \end{aligned}\right\} \tag{5-72}$$

图5-41　归化纬度

又由图5-41可知 $x = a\cos u$，将 x 代入椭圆方程式 $\frac{x^2}{a^2}+\frac{y^2}{b^2}=1$ 可求得 y，于是有

$$\left.\begin{aligned} x &= a\cos u \\ y &= b\sin u \end{aligned}\right\} \tag{5-73}$$

比较式(5-72)和式(5-73)，得

$$\left.\begin{aligned} \cos u &= \frac{1}{W}\cos B \\ \sin u &= \frac{\sqrt{1-e^2}}{W}\sin B \end{aligned}\right\} \tag{5-74}$$

引入 $W = V\sqrt{1-e^2}$，有

$$\left.\begin{aligned} \cos u &= \frac{1}{V\sqrt{1-e^2}}\cos B \\ \sin u &= \frac{1}{V}\sin B \end{aligned}\right\} \tag{5-75}$$

式(5-74)或式(5-75)中的两式相除，得

$$\tan u = \sqrt{1-e^2}\tan B \tag{5-76}$$

式(5-76)是归化纬度 u 与大地纬度 B 间的换算公式。由式(5-76)可知，同一点的归化纬度 u 与大地纬度 B 有确定的对应关系。在一般情况下，大地纬度大于归化纬度。

对式(5-76)求导数，得 u 与 B 间的微分关系式为

$$\frac{\mathrm{d}u}{\cos^2 u} = \frac{\sqrt{1-e^2}}{\cos^2 B}\mathrm{d}B$$

顾及式(5-75)，得

$$\frac{\mathrm{d}B}{\mathrm{d}u} = V^2\sqrt{1-e^2} \tag{5-77}$$

(三)贝塞尔大地问题解算的基本原理

贝塞尔大地问题解算公式是首先建立起以椭球中心为球心，以任意长(讨论球面三角问题

与半径大小无关)为半径的辅助球,按以下三个步骤解算:

(1)按一定条件将椭球面元素投影到球面上。

(2)在球面上解算大地问题。

(3)将求得的球面元素按投影关系换算为相应的椭球面元素。

贝塞尔大地问题解算的三个投影条件是:

(1)使投影后球面上点的球面纬度等于椭球面上对应点的归化纬度。

(2)椭球面上两点间的大地线投影到辅助球面上为大圆弧。

(3)大地方位角 A_1 投影后数值不变。

如图 5-42 所示,当选定辅助球和按上述三个条件投影后,在椭球面上有一大地极三角形 $P_N P_1 P_2$,在球面上则对应有一确定的极三角形 $P'_N P'_1 P'_2$,其中 $P'_N P'_1=90°-u_1$,$P'_N P'_2=90°-u_2$,σ 为大圆弧,$\angle P'_N P'_1 P'_2=A_1$。设 P_1P_2 大地线在 P_2 的前进方位角为 A'_2,$P'_1P'_2$ 大圆弧在点 P'_2 的前进方位角为 α'_2,由球面三角形 $P'_N P'_1 P'_2$,按正弦定理得

$$\cos u_1 \sin A_1 = \cos u_2 \sin \alpha'_2 \tag{5-78}$$

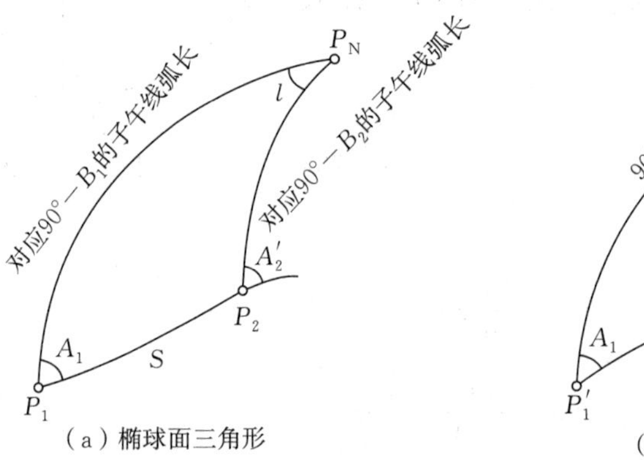

(a)椭球面三角形 (b)球面三角形

图 5-42 投影关系

又根据大地线的克莱罗方程 $r\sin A = C$,及式(5-73),$r = x = a\cos u$,有

$$\cos u \sin A_1 = C$$

则

$$\cos u_1 \sin A_1 = \cos u_2 \sin A'_2 \tag{5-79}$$

比较式(5-78)和式(5-79),则有

$$\alpha'_2 = A'_2 \tag{5-80}$$

式(5-80)表明,在贝塞尔大地问题解算中,该大地线上任一点的方位角投影后保持不变。

至此,椭球面与球面两个面的对应 6 个元素中已有 4 个元素(u_1、u_2、A_1 和 A_2)确定了,剩下的是 λ 与 l、σ 与 S 的关系尚未确定。为此,根据大地线微分方程写出在椭球面和辅助球面上子午线弧素和平行圆弧素的表达式,它们是

椭球面上

$$\left.\begin{aligned} dS\cos A &= M dB \\ dS\sin A &= N\cos B dl \end{aligned}\right\} \tag{5-81}$$

辅助球面上

$$\left.\begin{aligned} d\sigma\cos A &= du \\ d\sigma\sin A &= \cos u d\lambda \end{aligned}\right\} \tag{5-82}$$

式中，dσ 以角度表示。

由式(5-81)、式(5-82)可得

$$\frac{\mathrm{d}S}{\mathrm{d}\sigma}=M\ \frac{\mathrm{d}B}{\mathrm{d}u}$$

$$\frac{\mathrm{d}S}{\mathrm{d}\sigma}=N\ \frac{\cos B}{\cos u}\ \frac{\mathrm{d}l}{\mathrm{d}\lambda}$$

顾及 $M=\frac{a(1-e^2)}{W^3}=\frac{a}{V^3\sqrt{1-e^2}}$，$N=\frac{a}{W}$，以及式(5-77)和式(5-74)，得

$$\mathrm{d}S=\frac{a}{V}\mathrm{d}\sigma \tag{5-83}$$

$$\mathrm{d}l=\frac{1}{V}\mathrm{d}\lambda \tag{5-84}$$

又

$$\cos u=\frac{1}{V\sqrt{1-e^2}}\cos B$$

故

$$V^2=1+e'^2\cos^2 B=1+e'^2\cos^2 u V^2(1-e^2)=1+e^2\ V^2\cos^2 u$$

即

$$V=\frac{1}{\sqrt{1-e^2\ \cos^2 u}}$$

代入式(5-83)和式(5-84)，得

$$\mathrm{d}S=a\sqrt{1-e^2\ \cos^2 u}\,\mathrm{d}\sigma \tag{5-85}$$

$$\mathrm{d}l=\sqrt{1-e^2\ \cos^2 u}\,\mathrm{d}\lambda \tag{5-86}$$

式(5-85)和式(5-86)为椭球面上边长、经差与辅助球面上相应边长、经差的微分方程式，称为贝塞尔微分方程。解这组微分方程，即可求得 S 与 σ、l 与 λ 的关系式。对它们采用不同的积分方法，就得到不同的公式，这是贝塞尔大地问题解算公式和其他不少长距离大地问题解算公式的区别点。

贝塞尔公式适用于任何距离，在于其积分不表现为边长或经、纬差的幂级数式，而表现为偏心率平方 e^2(或 e'^2)的幂级数式。

(四)贝塞尔微分方程的解

1. S 与 σ 的关系式

对式(5-85)积分，即可求得 S 与 σ 的关系式。为了求解积分，首先将 u 化为 σ 的函数。如图 5-43 所示，延长大圆弧 $P_1'P_2'$ 与辅助球赤道交于 P_0'。设 $P_1'P_2'$ 在点 P_0' 的方位角为 m，而大圆弧 $P_0'P_1'=M$。显然，当点 P_1' 及大圆弧 $P_1'P_2'$ 固定时，m 和 M 的值也是固定的。延长大圆弧 $P_1'P_2'$ 的目的就是可找到与球面四边形相关的球面三角形，以能应用球面三角公式解算。

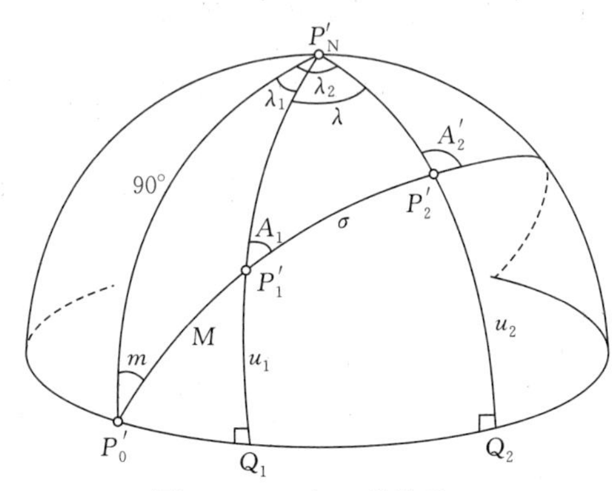

图 5-43　u 与 σ 的关系

设 $P'_1P'_2$ 弧上有一流动点 P'，如果 P' 变动，则 P' 到 P'_1 的距离 σ 及 P' 的球面纬度 u 也都相应地产生变动，由此建立 u 与 σ 的关系式。

视 P'_2 为动点 P'，由球面直角三角形 $P'_0Q_2P'_2$ 得

$$\sin u = \cos m \sin(M+\sigma)$$

即

$$\cos^2 u = 1 - \cos^2 m \sin^2(M+\sigma) \tag{5-87}$$

将式(5-87)代入式(5-85)，得

$$\begin{aligned} dS &= a\sqrt{1-e^2+e^2\cos^2 m\sin^2(M+\sigma)}\,d\sigma \\ &= a\sqrt{1-e^2}\sqrt{1+\frac{e^2}{1-e^2}\cos^2 m\sin^2(M+\sigma)}\,d\sigma \\ &= b\sqrt{1+e'^2\cos^2 m\sin^2(M+\sigma)}\,d\sigma \end{aligned}$$

或写成

$$dS = b\sqrt{1+k^2\sin^2(M+\sigma)}\,d\sigma \tag{5-88}$$

式中，$k^2 = e'^2\cos^2 m$。

为了求出式(5-88)的积分，将被积函数展开为 σ 的级数式如下

$$\sqrt{1+k^2\sin^2(M+\sigma)} = 1+\frac{1}{2}k^2\sin^2(M+\sigma)-\frac{1}{8}k^4\sin^4(M+\sigma)+\cdots$$

顾及

$$\sin^2(M+\sigma) = \frac{1}{2}-\frac{1}{2}\cos 2(M+\sigma)$$

$$\sin^4(M+\sigma) = \frac{3}{8}-\frac{1}{2}\cos 2(M+\sigma)+\frac{1}{8}\cos 4(M+\sigma)$$

$$\vdots$$

得

$$\begin{aligned} \sqrt{1+k^2\sin^2(M+\sigma)} &= \left(1+\frac{k^2}{4}-\frac{3}{64}k^4+\cdots\right)+\left(-\frac{k^2}{4}+\frac{k^4}{16}+\cdots\right)\cdot \\ &\quad \cos 2(M+\sigma)-\frac{k^4}{64}\cos 4(M+\sigma)+\cdots \end{aligned}$$

将上式代入式(5-88)积分，顾及

$$\int_0^\sigma \cos 2(M+\sigma)\,d\sigma = \frac{1}{2}[\sin 2(M+\sigma)-\sin 2M] = \sin\sigma\cos(2M+\sigma)$$

$$\int_0^\sigma \cos 4(M+\sigma)\,d\sigma = \frac{1}{2}\sin 2\sigma\cos(4M+2\sigma)$$

$$\vdots$$

得

$$S = b\left[\left(1+\frac{k^2}{4}-\frac{3}{64}k^4\right)\sigma-\left(\frac{k^2}{4}-\frac{k^4}{16}\right)\sin\sigma\cos(2M+\sigma)-\frac{k^4}{128}\sin 2\sigma\cos(4M+2\sigma)\right]$$

或

$$S = b[A\sigma - B\sin\sigma\cos(2M+\sigma) - C\sin 2\sigma\cos(4M+2\sigma)] \tag{5-89}$$

式中

$$A=1+\frac{k^2}{4}-\frac{3}{64}k^4$$

$$B=\frac{k^2}{4}-\frac{k^4}{16}$$

$$C=\frac{k^4}{128}$$

由式(5-89)还可得出由 S 求 σ 的关系式

$$\sigma''=\alpha S+\beta\sin\sigma\cos(2M+\sigma)+\gamma\sin2\sigma\cos(4M+2\sigma) \tag{5-90}$$

式中

$$\alpha=\frac{\rho''}{bA}=\frac{\rho''}{b}\left(1-\frac{k^2}{4}+\frac{7k^4}{64}\right)$$

$$\beta=\frac{B\rho''}{A}=\rho''\left(\frac{k^2}{4}-\frac{k^4}{8}\right)$$

$$\gamma=\frac{C\rho''}{A}=\rho''\left(\frac{k^4}{128}\right)$$

至于 k 中的 m 和式(5-89)、式(5-90) 中的 M，可由直角三角形 $P'_0Q_1\ P'_1$ 按下式确定

$$\left.\begin{aligned}\tan M&=\frac{\tan u_1}{\cos A_1}\\ \tan m&=\tan A_1\cos M\\ \sin m&=\cos u_1\sin A_1\end{aligned}\right\} \tag{5-91}$$

2. l 与 λ 的关系式

对式(5-86)积分，即可求得 l 与 λ 的关系式。以上已将 u 化为 σ 的函数，因此若将 $\mathrm{d}\lambda$ 用 $\mathrm{d}\sigma$ 表示，即可解微分方程式(5-86)。

由式(5-82)，有

$$\mathrm{d}\lambda=\frac{\sin A}{\cos u}\mathrm{d}\sigma$$

同样视 P'_2 为动点 P'，由直角三角形 $P'_0Q_2P'_2$ 有

$$\sin A=\frac{\sin m}{\cos u}$$

因而得

$$\mathrm{d}\lambda=\frac{\sin m}{\cos^2 u}\mathrm{d}\sigma$$

将上式代入式(5-86)得

$$\mathrm{d}l=\sqrt{1-e^2\cos^2 u}\ \frac{\sin m}{\cos^2 u}\mathrm{d}\sigma$$

为了求出积分，将上式按 u 的级数展开得

$$\begin{aligned}\mathrm{d}l&=\left(1-\frac{e^2}{2}\cos^2 u-\frac{e^4}{8}\cos^4 u+\cdots\right)\frac{\sin m}{\cos^2 u}\mathrm{d}\sigma\\ &=\mathrm{d}\lambda-\sin m\left(\frac{e^2}{2}+\frac{e^4}{8}\cos^2 u+\cdots\right)\mathrm{d}\sigma\end{aligned}$$

将式(5-87)代入上式得

$$\mathrm{d}l = \mathrm{d}\lambda - \sin m\left[\frac{e^2}{2} + \frac{e^4}{8} - \frac{e^4}{8}\cos^2 m\sin^2(M+\sigma) + \cdots\right]\mathrm{d}\sigma$$

$$= \mathrm{d}\lambda - \sin m\left[\frac{e^2}{2} + \frac{e^4}{8} - \frac{e^4}{16}\cos^2 m + \frac{e^4}{16}\cos^2 m\cos 2(M+\sigma) + \cdots\right]\mathrm{d}\sigma$$

积分上式(取至 e^4 项),得

$$l = \lambda - \sin m\left[\left(\frac{e^2}{2} + \frac{e^4}{8} - \frac{e^4}{16}\cos^2 m\right)\sigma + \frac{e^4}{16}\cos^2 m\sin\sigma\cos(2M+\sigma)\right]$$

或

$$l'' = \lambda'' - \sin m\left[\alpha'\sigma'' + \beta'\sin\sigma\cos(2M+\sigma)\right] \tag{5-92}$$

式中

$$\alpha' = \left(\frac{1}{2} + \frac{e^2}{8} - \frac{k'^2}{16}\right)e^2$$

$$\beta' = \frac{e^2}{16}k'^2\rho''$$

$$k'^2 = e^2\cos^2 m$$

式(5-89)或式(5-90)和式(5-92)就是贝塞尔大地问题解算中边长投影公式和经差投影公式。这些公式是按 e'^2 和 e^2 幂级数展开的,而不是按 S 展开的。解算的精度与展开项数有关,而与距离无关,它们适用于任意距离(特别是长距离)的大地问题解算。贝塞尔公式的主要缺点是:由 S 求 σ,由 l 求 λ,需要迭代计算,另外还要预先计算辅助量 m 和 M。

四、贝塞尔大地问题正解计算

(一)解算步骤

1. 将椭球面元素投影到球面上

1)由 B_1 求 u_1

$$\tan u_1 = \sqrt{1-e^2}\tan B_1 \tag{5-93}$$

2)计算辅助量 m 和 M

$$\left.\begin{aligned}\sin m &= \cos u_1\sin A_1\\ \tan M &= \frac{\tan u_1}{\cos A_1}\end{aligned}\right\} \tag{5-94}$$

3)将 S 化为 σ

$$\sigma = \alpha S + \beta\sin\sigma\cos(2M+\sigma) + \gamma\sin 2\sigma\cos(4M+2\sigma) \tag{5-95}$$

式(5-95)右端含有待求量 σ,为此需要进行迭代计算。

第 1 次近似值取

$$\sigma_0 = \alpha S$$

第 i 次取

$$\sigma_i = \alpha S + \beta\sin\sigma_{i-1}\cos(2M+\sigma_{i-1}) + \gamma\sin 2\sigma_{i-1}\cos(4M+2\sigma_{i-1})$$

直到满足所要求的精度为止。例如,欲使 $\Delta S < 0.3$ m,则需 $|\sigma_i - \sigma_{i-1}| < 0.01''$(即 $2.8^\circ\times10^{-6}$);欲使 $\Delta S < 0.03$ m,则需 $|\sigma_i - \sigma_{i-1}| < 0.001''$(即 $2.8^\circ\times10^{-7}$)。

精密解算时,α、β、γ 按下式计算

$$\alpha=\frac{\rho\sqrt{1+e'^2}}{a}\left(1-\frac{k^2}{4}+\frac{7k^4}{64}-\frac{15k^6}{256}\right)$$
$$\beta=\rho\left(\frac{k^2}{4}-\frac{k^4}{8}+\frac{37k^6}{512}\right)$$
$$\gamma=\rho\left(\frac{k^4}{128}-\frac{k^6}{128}\right)$$
$$k^2=e'^2\cos^2 m$$

米级近似解算时，上式取至 k^4 项；百米级近似解算时，还可舍弃 γ 项。

2. 解算球面三角形

1)求 A_2

因 $A_2=A'_2+180°$，由球面直角三角形 $P'_0Q_2P'_2$，得

$$\tan A_2=\tan A'_2=\frac{\tan m}{\cos(M+\sigma)} \tag{5-96}$$

2)求 u_2

仍由球面直角三角形 $P'_0Q_2P'_2$，得

$$\tan u_2=\cos A'_2\tan(M+\sigma)=-\cos A_2\tan(M+\sigma) \tag{5-97}$$

3)求 λ

由球面直角三角形 $P'_0Q_1P'_1$ 和 $P'_0Q_2P'_2$，得

$$\left.\begin{aligned}&\tan\lambda_1=\sin m\tan M=\sin u_1\tan A_1\\&\tan\lambda_2=\sin m\tan(M+\sigma)=\sin u_2\tan A_2\\&\lambda=\lambda_2-\lambda_1\end{aligned}\right\} \tag{5-98}$$

至此，球面上 A_2、u_2 和 λ 三个未知元素均已求出。

3. 将球面元素换算到椭球面上

1)由 u_2 求 B_2

$$\tan B_2=\sqrt{1+e'^2}\tan u_2 \tag{5-99}$$

2)将 λ 化为 l，求 L_2

$$l=\lambda-\sin m\left[\alpha'\sigma+\beta'\sin\sigma\cos(2M+\sigma)+\gamma'\sin2\sigma\cos(4M+2\sigma)\right] \tag{5-100}$$

式中

$$\alpha'=\left(\frac{e^2}{2}+\frac{e^4}{8}+\frac{e^6}{16}\right)-\frac{e^2}{16}(1+e^2)k'^2+\frac{3}{128}e^2k'^4$$
$$\beta'=\rho\left[\frac{e^2}{16}(1+e^2)k'^2-\frac{e^2}{32}k'^4\right]$$
$$\gamma'=\rho\frac{e^2}{256}k'^4$$
$$k'^2=e^2\cos^2 m$$

式中，γ' 最大值为 0.000 2″，故式(5-100)中 γ' 项通常可以略去。

米级近似解算时，α'、β' 可按式(5-92) 给出的公式计算。百米级近似解算时，可按式(5-92) 中舍去 k'^2 项进行计算，即此时 $\alpha'=\left(\frac{1}{2}+\frac{e^2}{8}\right)e^2$。

最后，得

$$L_2 = L_1 + l \tag{5-101}$$

(二)象限的判断

在计算中,m、M、λ_1、λ_2 和 A_2 都是通过三角函数求出的,因此还需要讨论它们的象限判断问题。

为了易于判断这些量的象限,特绘制图 5-44、图 5-45、图 5-46 和图 5-47。这些图表示,当点 P'_1 在北半球即 u_1 为正的情况下,A_1 分别为第Ⅰ、Ⅱ、Ⅲ、Ⅳ象限时,m、M、λ_1、λ_2 和 A_2 所在的象限。每个图中,点 P_2 都设有三个位置,分别以 P'_2、P''_2、P'''_2 表示,相应地 λ_2 分别在不同的三个象限。图中 P'_0、P''_0 为大圆弧与赤道的交点,球的背面展过来用虚线表示。图 5-44 是 A_1 在第Ⅰ象限的情况。这时,m、M、λ_1 均在第Ⅰ象限。在 P'_2 处,λ_2、A'_2 均在第Ⅰ象限;在 P''_2 处,λ_2、A'_2 均在第Ⅱ象限;在 P'''_2 处,λ_2 在第Ⅲ象限,A'_2 在第Ⅱ象限。因为 $A_2 = A'_2 \pm 180°$,可见,A_2 在第Ⅲ或第Ⅳ象限。同理,可以理解图 5-45、图 5-46 和图 5-47 的情况。

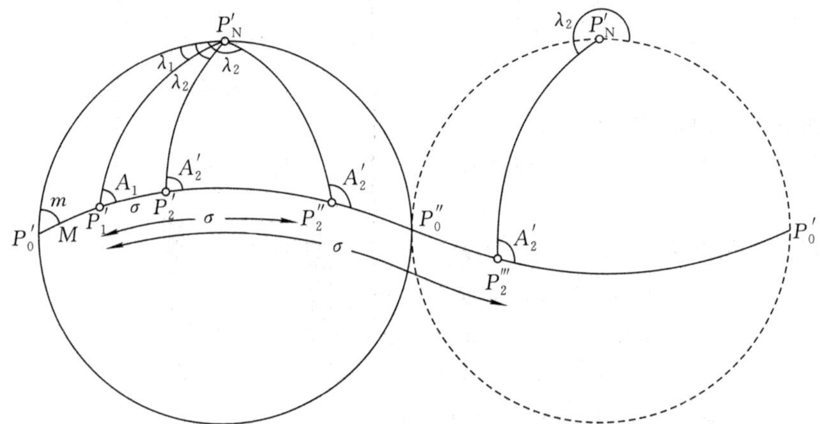

图 5-44 A_1 在第Ⅰ象限:m、M、λ_1 均在第Ⅰ象限,λ_2 与 $(M+\sigma)$ 同象限,A_2 在Ⅳ或Ⅲ象限

由图 5-44 可知,λ_2 与 $(M+\sigma)$ 是同象限的。至于 A_2 的象限可根据 $\tan A_2$ 的符号决定:$\tan A_2$ 为正时,A_2 在第Ⅲ象限;为负时在第Ⅳ象限。上述结论也适用于 A_1 在第Ⅱ象限的情况(见图 5-45)。

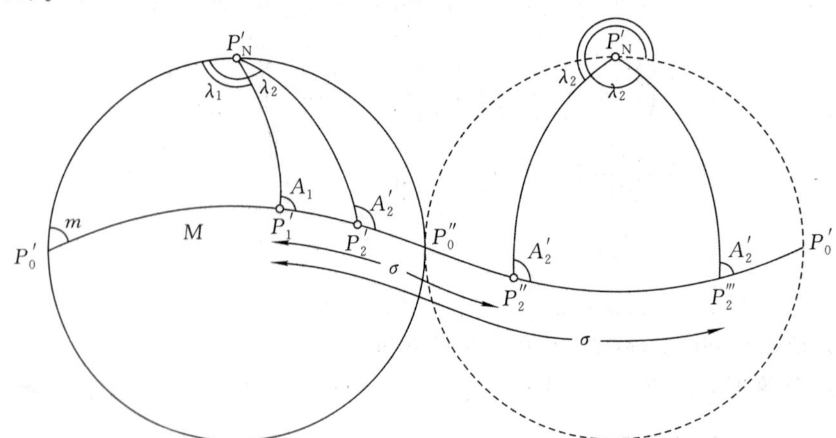

图 5-45 A_1 在第Ⅱ象限:m 在第Ⅰ象限,M、λ_1 在第Ⅱ象限,λ_2 与 $(M+\sigma)$ 同象限,A_2 在Ⅳ或Ⅲ象限

但当 A_1 在第Ⅲ、Ⅳ象限(见图 5-46、图 5-47)时，λ_2 则与 $360°-(M+\sigma)$ 同象限。$\tan A_2$ 为正时，A_2 在第Ⅰ象限，为负时在第Ⅱ象限。

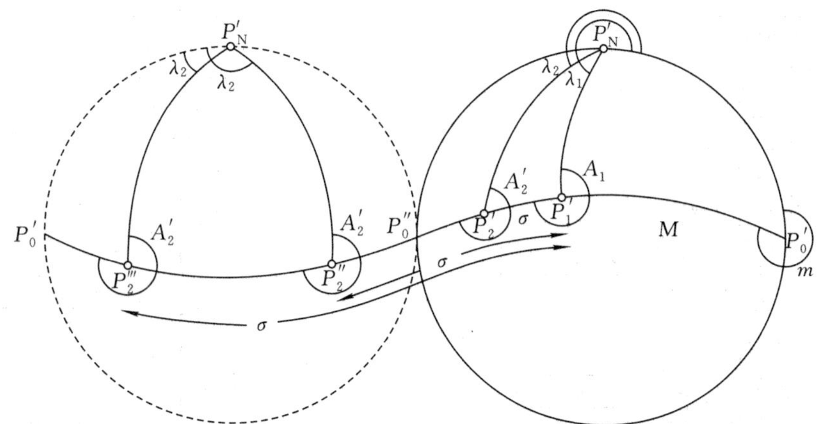

图 5-46　A_1 在第Ⅲ象限：m 在第Ⅳ象限，M 在第Ⅱ象限，λ_1 在第Ⅲ象限，λ_2 与 $360°-(M+\sigma)$ 同象限，A_2 在Ⅰ或Ⅱ象限

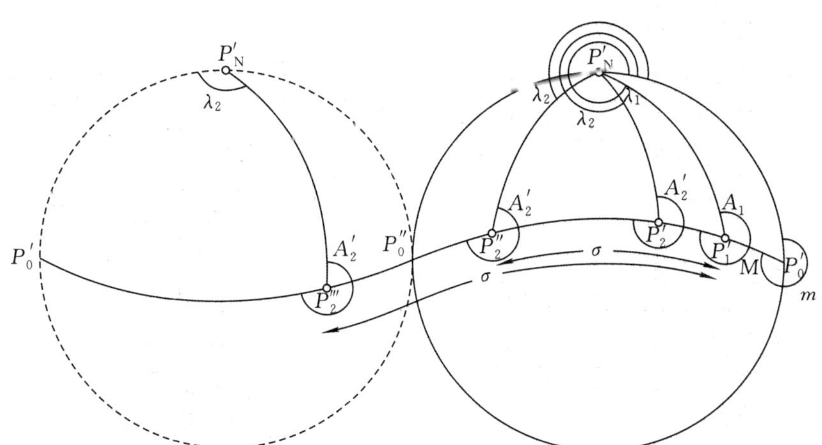

图 5-47　A_1 在第Ⅳ象限：m 在第Ⅳ象限，M 在第Ⅰ象限，λ_1 在第Ⅳ象限，λ_2 与 $360°-(M+\sigma)$ 同象限，A_2 在Ⅱ或Ⅰ象限

从以上 4 个图不难归纳出 u_1 为正(北半球)时，m、M、λ_1、λ_2 和 A_2 的象限表(见表 5-9)。u_1 为负(南半球)时，可得另一张表，从略。

表 5-9　大地问题解算中的象限判断($u_1>0$)

A_1	m	M	λ_1	λ_2	A_2
Ⅰ	Ⅰ	Ⅰ	Ⅰ	与 $(M+\sigma)$ 同象限	$\tan A_2$ 为正，在第Ⅲ象限
Ⅱ	Ⅰ	Ⅱ	Ⅱ		$\tan A_2$ 为负，在第Ⅳ象限
Ⅲ	Ⅳ	Ⅱ	Ⅲ	与 $360°-(M+\sigma)$ 同象限	$\tan A_2$ 为正，在第Ⅰ象限
Ⅳ	Ⅳ	Ⅰ	Ⅳ		$\tan A_2$ 为负，在第Ⅱ象限

(三)计算示例

长距离大地问题解算，在导航和远程导弹发射中非常有用。这里给出米级近似解算的框图和算例，按公式同样可编制精密解算或百米级近似解算的框图。

1. 框图

大地问题正解框图如图 5-48 所示。

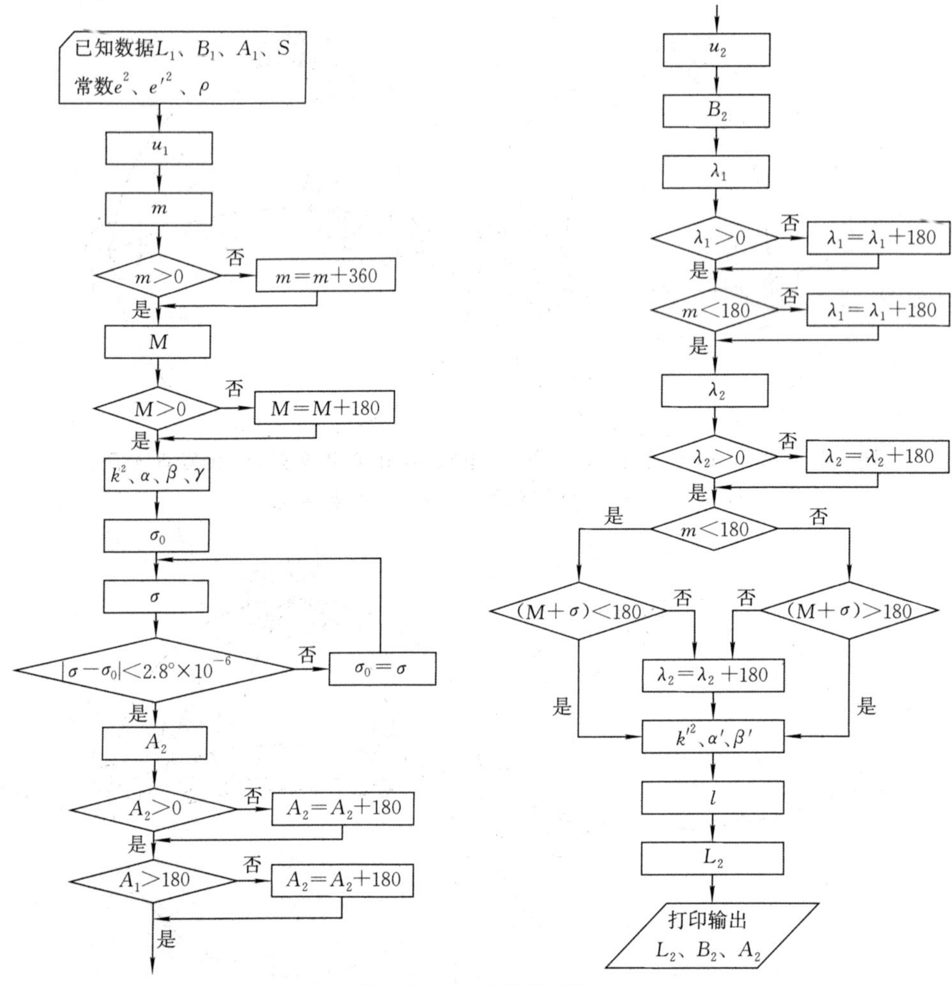

图 5-48 大地问题正解

2. 算例

大地问题正解计算算例如表 5-10 所示。

表 5-10 大地问题正解计算算例

已知数据	椭球参数	运算结果
$L_1=90°00'00.11''$ $B_1=35°00'00.22''$ $A_1=100°00'00.33''$ $S=15\,000\,000.2$ m	克拉索夫斯基椭球	$L_2=215°59'04.333''$
		$B_2=-30°29'20.964''$
		$A_2=290°32'53.389''$
	IUGG 1975 椭球	$L_2=215°59'13.059''$
		$B_2=-30°29'23.867''$
		$A_2=290°32'48.833''$
	CGCS 2000 椭球	$L_2=215°59'13.306''$
		$B_2=-30°29'23.947''$
		$A_2=290°32'48.708''$

五、贝塞尔大地问题反解计算

(一)解算步骤

1. 将椭球面元素投影到球面上

1)由 B 求 u

$$\left.\begin{aligned}\tan u_1 &= \sqrt{1-e^2}\tan B_1\\ \tan u_2 &= \sqrt{1-e^2}\tan B_2\end{aligned}\right\} \tag{5-102}$$

2)由 l 求 λ

在反解中，已知椭球面上的经差 l，球面上对应的经差 λ 暂不知，为了由 l 求 λ，由式(5-92)知，需首先计算 σ、m 和 M。由于它们都是参与计算改正项的，要求的精度不高，一般趋近两次即可。

由图 5-43 中三角形 $P_1'P_2'P_N'$，按余弦定理可得(以 l 近似代替 λ，故算得的是 σ 的近似值 σ_0)

$$\cos\sigma_0 = \sin u_1\sin u_2 + \cos u_1\cos u_2\cos l \tag{5-103}$$

又由三角形 $P_0'P_1'Q_1$ 和 $P_1'P_2'P_N'$ 可得

$$\sin m_0 = \cos u_1\sin A_1 = \cos u_1\cos u_2\frac{\sin l}{\sin\sigma_0} \tag{5-104}$$

由此算出 m 的近似值 m_0。

顾及式(5-92)，取 λ 的近似改正数

$$\Delta\lambda = \lambda - l \approx \alpha'\sigma_0\sin m_0 = 0.003\ 351\sigma_0\sin m_0 \tag{5-105}$$

于是有

$$\lambda_0 = l + \Delta\lambda$$

取式(5-103)，对 σ、l 微分，得

$$-\sin\sigma_0\Delta\sigma = -\cos u_1\cos u_2\sin\lambda_0\Delta\lambda$$

即

$$\Delta\sigma = \cos u_1\cos u_2\frac{\sin\lambda_0}{\sin\sigma_0}\Delta\lambda = \sin m_0\Delta\lambda \tag{5-106}$$

于是有

$$\sigma_1 = \sigma_0 + \Delta\sigma$$

将 λ_0、σ_1 代入式(5-104)，可得

$$\sin m = \cos u_1\cos u_2\frac{\sin\lambda_0}{\sin\sigma_1} \tag{5-107}$$

另外，由三角形 $P_1'P_2'P_N'$ 按余切定理，以 λ_0 代 λ，有

$$\cot A_1^\circ = \tan u_2\cos u_1\csc\lambda_0 - \sin u_1\cot\lambda_0$$

即

$$\tan A_1^\circ = \frac{\sin\lambda_0}{\cos u_1\tan u_2 - \sin u_1\cos\lambda_0} \tag{5-108}$$

由此算出 A_1 的近似值 A_1°。

再由直角三角形 $P_0'P_1'Q_1$，得

$$\cot M = \frac{\sin m\cot A_1^\circ}{\sin u_1}$$

即

$$\tan M = \frac{\sin u_1}{\sin m}\tan A_1^\circ \tag{5-109}$$

由此算出 M 的近似值。

依据式(5-107)求得 m,按式(5-100) 计算 α'、β',精度要求同正解一样。

最后,按下式计算球面经差

$$\lambda = l + \sin m\left[\alpha'\sigma + \beta'\sin\sigma\cos(2M+\sigma)\right] \tag{5-110}$$

2. 解算球面三角形

1) 求 σ

由图 5-43 中球面三角形 $P'_1P_2P'_N$,按余弦定理得

$$\cos\sigma = \sin u_1\sin u_2 + \cos u_1\cos u_2\cos\lambda \tag{5-111}$$

2)求 A_1、A_2

由图 5-43 中球面三角形 $P'_1P'_2P'_N$,按余切定理得

$$\left.\begin{aligned}\cot A_1 &= \tan u_2\cos u_1\csc\lambda - \sin u_1\cot\lambda\\ \tan A_1 &= \frac{\sin\lambda}{\cos u_1\tan u_2 - \sin u_1\cos\lambda}\end{aligned}\right\} \tag{5-112}$$

$$\left.\begin{aligned}\cot A_2 &= \sin u_2\cot\lambda - \tan u_1\cos u_2\csc\lambda\\ \tan A_2 &= \frac{\sin\lambda}{\sin u_2\cos\lambda - \tan u_1\cos u_2}\end{aligned}\right\} \tag{5-113}$$

3. 将球面元素换算到椭球面上

1)大地方位角 A_1、A_2 无须换算

2)将 σ 化为 S

$$S = \frac{1}{\alpha}\left[\sigma - \beta\sin\sigma\cos(2M+\sigma) - \gamma\sin 2\sigma\cos(4M+2\sigma)\right] \tag{5-114}$$

式中,α、β、γ 按精密解算公式计算,精度要求同正解一样。

(二)象限判断

在计算中,同样需要判断 A_1 和 A_2 的象限,可参考表 5-9 进行,不再赘述。

(三)计算示例

1. 框图

大地问题反解框图如图 5-49 所示。

2. 算例

大地问题正解计算算例如表 5-11 所示。

表 5-11 大地问题反解计算算例

已知数据	椭球参数	运算结果
$L_1=90°00'00.11''$ $B_1=35°00'00.22''$ $L_2=215°59'04.34''$ $B_2=-30°29'20.96''$	克拉索夫斯基椭球	$S=15\ 000\ 000.330$ m
		$A_1=100°00'00.321''$
		$A_2=290°32'53.392''$
	IUGG 1975 椭球	$S=14\ 999\ 751.047$ m
		$A_1=100°00'00.228''$
		$A_2=290°32'53.329''$
	CGCS 2000 椭球	$S=14\ 999\ 744.004$ m
		$A_1=100°00'00.229''$
		$A_2=290°32'53.329''$

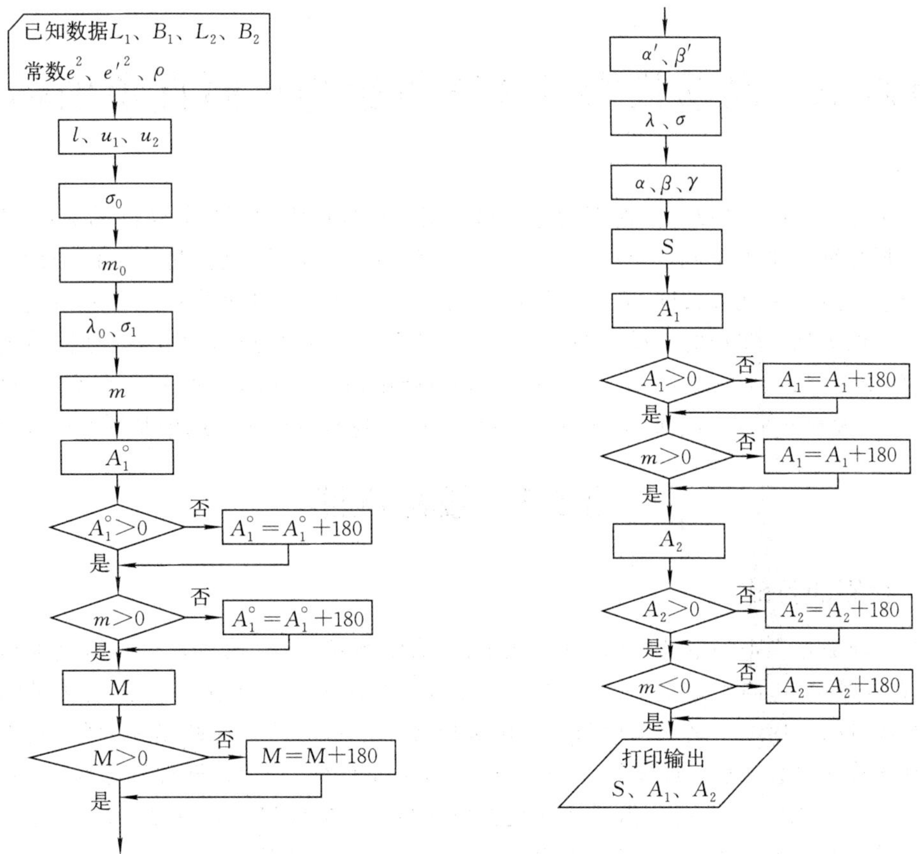

已知数据L_1、B_1、L_2、B_2
常数e^2、e'^2、ρ
l、u_1、u_2
σ_0
m_0
λ_0、σ_1
m
A_1°
$A_1^\circ>0$
否
$A_1^\circ=A_1^\circ+180$
是
$m>0$
否
$A_1^\circ=A_1^\circ+180$
是
M
M>0
否
M=M+180
是
α'、β'
λ、σ
α、β、γ
S
A_1
$A_1>0$
否
$A_1=A_1+180$
是
$m>0$
否
$A_1=A_1+180$
是
A_2
$A_2>0$
否
$A_2=A_2+180$
是
$m<0$
否
$A_2=A_2+180$
是
打印输出
S、A_1、A_2

图 5-49　大地问题反解

第六章　高斯投影、UTM投影与平面直角坐标系

在第五章中，我们已建立了地面大地测量元素与椭球面大地测量元素间的关系，本章将进一步建立椭球面大地测量元素与平面大地测量元素的对应关系，也就是讨论椭球面上的大地坐标、大地线方向、大地线长度、大地方位角与相应平面元素的对应关系。这种对应关系是通过数学投影的方法来实现的。投影的方法种类很多，本章主要讨论应用于大地测量的高斯投影、通用横墨卡托投影（universal transverse Mercatar projection，简称 UTM 投影）这两种正形投影，建立大地坐标系与平面坐标系、椭球面大地控制网与平面大地控制网间的投影关系。

§6-1　投影概述

一、投影的目的

参考椭球面是大地测量计算（计算大地坐标、大地方位角、大地线长等）、研究地球形状和大小（计算垂线偏差、高程异常）等工作的基准面，椭球面上的大地坐标是大地测量的基本坐标。大地测量的作用之一是测定地面点的坐标以控制地形测图。地图是平面的，用于控制测图的大地点坐标也必须是平面坐标。否则，一个是平面系统，一个是椭球面系统，两者各不相干，自然起不到控制作用。所以需要建立大地坐标与平面坐标间的对应关系，这就是投影。地球在小范围内可看成平面，但大范围内用平面表示就会产生变形。投影实质上就是通过构建函数模型来合理地分配这种变形。

此外，由第五章的贝塞尔大地问题解算公式等可知，尽管椭球面是个数学曲面，但是在它上面进行测量计算是较复杂的。如果能把椭球面上的元素归算到平面上来，在平面上进行计算，则问题就相当简单了。例如，平面上点的坐标计算就可按平面三角中的简单公式进行。

由此可见，进行椭球面至平面的投影，一是为了控制地形测图，二是为了简化测量计算。研究投影问题的专门学科叫地图投影学。在大地测量中研究的投影问题除了点位坐标的投影外，还要包括大地控制网的投影。

二、投影的定义

所谓投影，就是按照一定的数学法则，建立起椭球面上的大地测量元素和平面上相应元素的一一对应关系。椭球面上的大地测量元素包括大地坐标、大地线方向与长度、大地方位角等。显然，点位坐标的关系确定后，其他元素的对应关系也就确定了，因此确定投影关系的关键是确定点位坐标的投影关系。

定义中所说的“一定的数学法则”，可以表示为

$$\left.\begin{aligned} x &= F_1(B,L) \\ y &= F_2(B,L) \end{aligned}\right\} \tag{6-1}$$

式中，(B,L) 是椭球面上一点的大地坐标，(x,y) 是该点投影后在平面上的直角坐标。显然式(6-1)是单值、有限和连续的。

式(6-1)表示了椭球面上的点与投影平面上对应点之间的解析投影关系,并无几何意义。各种不同的投影实际上就是按其特定的条件来确定式中的函数形式 F_1、F_2，高斯投影(或UTM 投影)就有它本身的特定条件。一旦 F_1、F_2 确定后,则椭球面上各点的大地坐标和投影平面上各对应点的直角坐标也就一一确定了。

怎样确定 F_1、F_2? 根据需要对投影问题提出要求,把这些要求转化为特定的数学条件,使之反映到投影关系式中,从而得到具体的数学关系式。下面看看控制测图对投影有什么要求。

三、正形投影与正形特性

投影就是将椭球面上的量表示成平面上的量,必然会带来这样一个问题,这就是投影变形。投影变形是指投影前后的角度、距离或面积发生变化。圆柱面、圆锥面是可以直接展平的曲面,把这些曲面上的量表示在平面上不会发生变形。而椭球面、球面是不可展平的曲面,硬性压平必然产生褶皱和裂缝。投影变形当然是不利的,但通过确定式(6-1)的 F_1、F_2 可以合理地分配和控制变形。

投影变形可分为角度变形、长度变形和面积变形三种。对于各种变形,人们可以根据具体的需要进行掌握和控制。可以使某一种变形为零,如等角、等面积、等距离等;也可以使全部变形都存在,但减小到某一适当程度。企图使全部变形同时消失,显然是不可能的,因为椭球面不可展平,产生投影变形是必然的。

对于大比例尺地形测图,如果能在一定范围内使地图上的图形同椭球面上的原形保持相似,即投影前后角度不发生变形,则这样的地图在其上的各种地形、地物与实地是完全相似的,在使用时会有很大的便利。这种角度不发生变形的投影称为等角投影或正形投影。

如图 6-1 所示,椭球面上一个微小中点多边形 $OABCDE$,正形投影到平面上为 $O'A'B'C'D'E'$,图中椭球面上各线段是微分线段(弧素),认为是直线,投影后在平面上仍是微分线段,也是直线。根据正形投影的定义知,投影前后各三角形的内角不变,三角形相似,则三角形对应边成比例,故

$$\frac{O'A'}{OA}=\frac{O'B'}{OB}=\frac{O'C'}{OC}=\frac{O'D'}{OD}=\frac{O'E'}{OE}=m=\text{常数}$$

式中,m 称为长度比。由此可见,在正形投影中,对于确定的点,长度比 m 与方向无关。但是正形投影的这个特性是有条件的,只有在微小范围内才能成立。在广大面积上保持地图与实地相似是不可能的,否则,就意味着椭球面可以不变形的展开在平面上。所以,在大范围内,各点的长度比 m 是不一样的,即 m 与点的位置有关。综上所述可知,正形投影的正形特性是:在正形投影中,长度比 m 与方向无关,而与点位有关。

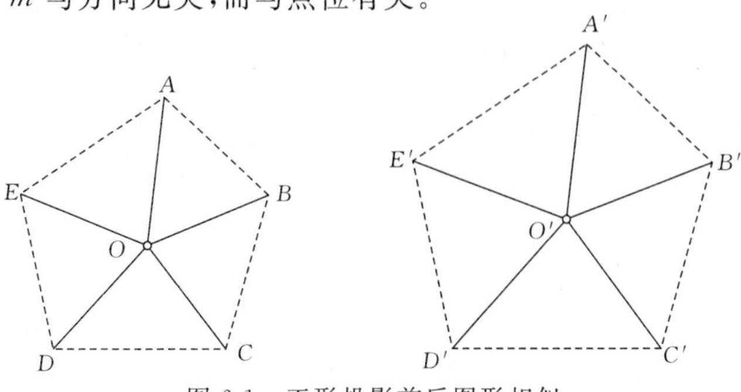

图 6-1　正形投影前后图形相似

地图投影的种类有很多种。按变形的性质区分,除上述正形投影外,还有等距离投影(沿特定方向任意两点间的投影平面上的距离与椭球面上的距离保持不变)和等面积投影(投影平面上的面积与椭球面上的原面积保持不变)。而正形投影又可根据不同投影的本身特定条件区分为多种,高斯投影(或 UTM 投影)则是正形投影中的一种。

正形特性是正形投影区别于其他投影的特殊的本质,下面将要讨论的正形投影的一般条件就是以此为基础的。

§6-2 正形投影的一般条件

一、基本思路

正形投影是地图投影中的一种,而高斯投影(或 UTM 投影)又是正形投影中的一种。因此,在研究高斯投影和 UTM 投影之前,必须先对正形投影有所研究。本节的任务是导出正形投影的一般条件,有了这个一般条件,再加入高斯投影或 UTM 投影本身的特定条件,就可以导出高斯投影或 UTM 投影公式。

要导出正形投影的一般条件,必须抓住正形投影区别于其他投影的特殊的本质,即在正形投影中长度比与方向无关。这是我们推导正形投影一般条件的基本思路,具体步骤为:

(1)由长度比 m 的定义 $m=\dfrac{\mathrm{d}s(\text{投影平面上的弧素})}{\mathrm{d}S(\text{椭球面上的弧素})}$,写出该式的具体表达式。

(2) 根据长度比 m 与方位角 A 无关,导出正形投影的一般条件。

二、长度比的表达式

如图 6-2 所示,左图为椭球面,右图为投影平面。在投影平面上建立直角坐标系,o 为原点,纵轴为 x 轴,横轴为 y 轴。这样定义的坐标系是左手坐标系,而不是常用的右手坐标系。原因如下:右手坐标系中角度的定义是从横轴起算逆时针方向量取为正,而大地测量中定义的方位角是从北方向起顺时针方向量取的角,这与左手系定义的角度是一致的。

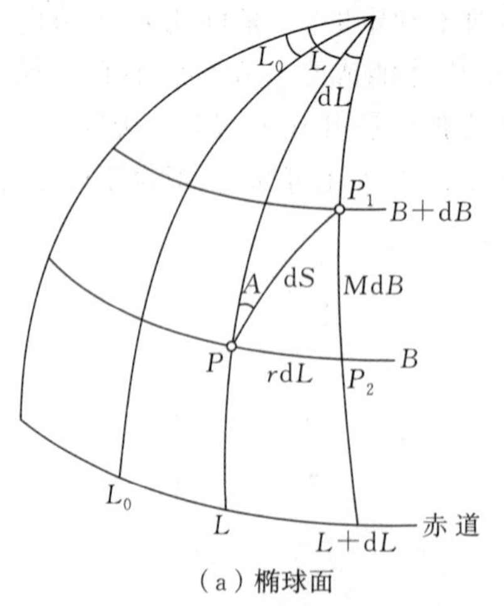

(a) 椭球面

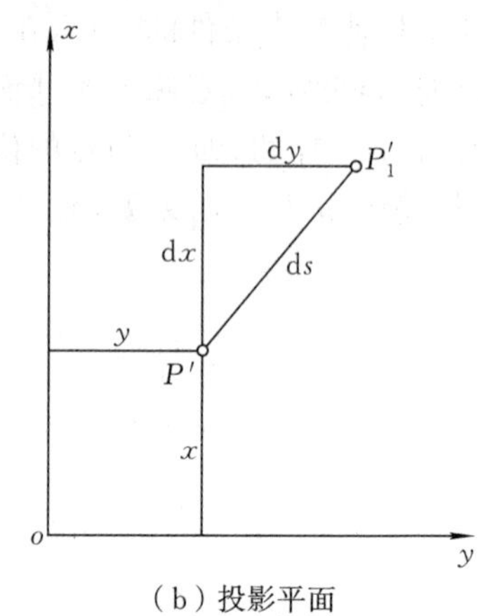

(b) 投影平面

图 6-2 长度比

在椭球面上有无限接近的两点 P 和 P_1，投影后为 P' 和 P_1'，其坐标如图 6-2 所示，dS 为大地线弧素，方位角为 A，投影后在平面上的弧素为 ds。在椭球面上，过 P 和 P_1 点分别做子午圈和平行圈，由微分三角形 PP_1P_2，根据子午圈和平行圈弧长微分公式，可以写出椭球面上弧素 dS 的表达式为

$$dS^2 = M^2 dB^2 + r^2 dL^2 = r^2\left[\frac{M^2}{r^2}(dB)^2 + (dL)^2\right] \tag{6-2}$$

式中，M 和 r 都是纬度 B 的函数，为简化公式推导过程，令

$$dq = \frac{M}{r}dB \tag{6-3}$$

则式(6-2)简化为

$$dS^2 = r^2[(dq)^2 + (dL)^2] \tag{6-4}$$

由式(6-3)可知，q 仅仅是 B 的函数，称为等量纬度。大地纬度 B 和等量纬度 q 的关系式可通过下式确定

$$q = \int \frac{M}{r}dB$$

也就是说，给出一个大地纬度就可以对应地求出一个等量纬度，但是等量纬度在实用中并无意义，因此并不要去计算它。这里所以要引入等量纬度，仅仅是为了公式推导的方便。

投影平面上的弧素 ds，根据平面曲线的弧素公式直接写出

$$ds^2 = (dx)^2 + (dy)^2 \tag{6-5}$$

则有

$$m^2 = \left(\frac{ds}{dS}\right)^2 = \frac{(dx)^2 + (dy)^2}{r^2[(dq)^2 + (dL)^2]} \tag{6-6}$$

由于推导正形条件要从长度比 m 与方向 A 无关出发，所以要在式(6-6)中引入方位角，为此对其加以改变。已知，所谓投影就是具体确定式(6-1)的函数 F_1 和 F_2，即建立平面坐标 (x,y) 和大地坐标 (L,B) 的函数关系，而纬度 B 和 q 有确定的关系，因此投影问题也就是建立 (x,y) 与 (L,q) 的函数关系。一点的大地经度 L 是对起始大地子午线而言的，如不以起始大地子午线为准而以另外某一子午线 L_0 为准，则 L 应换写为经差 l，$l = L - L_0$，$dl = dL$。因此，把建立 (x,y) 与 (L,q) 的关系进一步改成为建立 (x,y) 与 (q,l) 的关系。设其关系式为

$$\left.\begin{aligned} x &= f_1(q,l) \\ y &= f_2(q,l) \end{aligned}\right\} \tag{6-7}$$

对式(6-7)取全微分得

$$dx = \frac{\partial x}{\partial q}dq + \frac{\partial x}{\partial l}dl$$

$$dy = \frac{\partial y}{\partial q}dq + \frac{\partial y}{\partial l}dl$$

将上式代入式(6-5)得

$$\begin{aligned} ds^2 &= \left[\frac{\partial x}{\partial q}dq + \frac{\partial x}{\partial l}dl\right]^2 + \left[\frac{\partial y}{\partial q}dq + \frac{\partial y}{\partial l}dl\right]^2 \\ &= \left[\left(\frac{\partial x}{\partial q}\right)^2 + \left(\frac{\partial y}{\partial q}\right)^2\right](dq)^2 + \\ &\quad 2\left[\frac{\partial x}{\partial q}\frac{\partial x}{\partial l} + \frac{\partial y}{\partial q}\frac{\partial y}{\partial l}\right]dq \cdot dl + \left[\left(\frac{\partial x}{\partial l}\right)^2 + \left(\frac{\partial y}{\partial l}\right)^2\right](dl)^2 \end{aligned}$$

令

$$\left.\begin{aligned}E&=\left(\frac{\partial x}{\partial q}\right)^2+\left(\frac{\partial y}{\partial q}\right)^2\\F&=\frac{\partial x}{\partial q}\frac{\partial x}{\partial l}+\frac{\partial y}{\partial q}\frac{\partial y}{\partial l}\\G&=\left(\frac{\partial x}{\partial l}\right)^2+\left(\frac{\partial y}{\partial l}\right)^2\end{aligned}\right\}\tag{6-8}$$

则

$$\mathrm{d}s^2=E(\mathrm{d}q)^2+2F(\mathrm{d}q)(\mathrm{d}l)+G(\mathrm{d}l)^2\tag{6-9}$$

将式(6-9)代入式(6-6)得

$$m^2=\frac{E(\mathrm{d}q)^2+2F(\mathrm{d}q)(\mathrm{d}l)+G(\mathrm{d}l)^2}{r^2[(\mathrm{d}q)^2+(\mathrm{d}l)^2]}\tag{6-10}$$

式(6-10)中不包含与方向有关的元素，为引入“长度比 m 与方位角 A 无关”这个条件，对式(6-10) 还需做如下变换。

由图 6-2 可见

$$\tan(90^\circ-A)=\frac{P_1P_2}{PP_2}=\frac{M\mathrm{d}B}{r\mathrm{d}l}=\frac{\mathrm{d}q}{\mathrm{d}l}$$

即

$$\mathrm{d}l=\tan A\,\mathrm{d}q\tag{6-11}$$

将式(6-11)代入式(6-10)，得

$$\begin{aligned}m^2&=\frac{E(\mathrm{d}q)^2+2F\tan A(\mathrm{d}q)^2+G\tan^2A(\mathrm{d}q)^2}{r^2[(\mathrm{d}q)^2+\tan^2A(\mathrm{d}q)^2]}\\&=\frac{E+2F\tan A+G\tan^2A}{r^2\sec^2A}\\&=\frac{E\cos^2A+2F\sin A\cos A+G\sin^2A}{r^2}\end{aligned}\tag{6-12}$$

三、正形投影的一般条件

由式(6-12)可知，要使 m 与 A 无关，必须满足 $F=0,E=G$。

将式(6-8)代入，得

$$\left.\begin{aligned}&\frac{\partial x}{\partial q}\cdot\frac{\partial x}{\partial l}+\frac{\partial y}{\partial q}\cdot\frac{\partial y}{\partial l}=0\\&\left(\frac{\partial x}{\partial q}\right)^2+\left(\frac{\partial y}{\partial q}\right)^2=\left(\frac{\partial x}{\partial l}\right)^2+\left(\frac{\partial y}{\partial l}\right)^2\end{aligned}\right\}\tag{6-13}$$

由式(6-13)中的第一式得

$$\frac{\partial x}{\partial l}=-\frac{\dfrac{\partial y}{\partial q}\dfrac{\partial y}{\partial l}}{\dfrac{\partial x}{\partial q}}$$

代入式(6-13)第二式得

$$\left(\frac{\partial x}{\partial q}\right)^2+\left(\frac{\partial y}{\partial q}\right)^2=\frac{\left(\frac{\partial y}{\partial l}\right)^2}{\left(\frac{\partial x}{\partial q}\right)^2}\left[\left(\frac{\partial x}{\partial q}\right)^2+\left(\frac{\partial y}{\partial q}\right)^2\right]$$

消去共同项得

$$\left(\frac{\partial x}{\partial q}\right)^2=\left(\frac{\partial y}{\partial l}\right)^2$$

将上式开方，为使投影后除形状相似外，还保证位置的相似，开方后只取正，并代入式(6-13)的第一式，得

$$\left.\begin{aligned}\frac{\partial x}{\partial q}&=\frac{\partial y}{\partial l}\\ \frac{\partial x}{\partial l}&=-\frac{\partial y}{\partial q}\end{aligned}\right\}\tag{6-14}$$

式(6-14)即为椭球面到平面正形投影的一般条件，是由法国数学家柯西(A. L. Cauchy)和德国数学家黎曼(B. Riemann)导出的，称为柯西-黎曼微分方程。

柯西-黎曼微分方程是正形投影的充分必要条件。同理，也可以导出平面到椭球面正形投影的一般条件为

$$\left.\begin{aligned}\frac{\partial q}{\partial x}&=\frac{\partial l}{\partial y}\\ \frac{\partial l}{\partial x}&=-\frac{\partial q}{\partial y}\end{aligned}\right\}\tag{6-15}$$

顺便指出，在满足 $F=0$、$E=G$ 的条件后，椭球面正形投影到平面的长度比公式(6-12)可化简为

$$\left.\begin{aligned}m^2&=\frac{E}{r^2}=\frac{\left(\frac{\partial x}{\partial q}\right)^2+\left(\frac{\partial y}{\partial q}\right)^2}{r^2}\\ m^2&=\frac{G}{r^2}=\frac{\left(\frac{\partial x}{\partial l}\right)^2+\left(\frac{\partial y}{\partial l}\right)^2}{r^2}\end{aligned}\right\}\tag{6-16}$$

上面两个公式是等价的，只是表现形式不同，可以具体根据求导的方便进行选择。该式将用于今后研究高斯投影的长度比。

§6-3　高斯投影的一般概念

一、高斯投影的产生

高斯投影是高斯-克吕格投影的简称，也称为等角横切椭圆柱投影，是地球椭球面到平面上正形投影的一种。它是德国数学家、物理学家、天文学家、大地测量学家高斯首先提出的。高斯在 1820～1830 年对德国汉诺威地区的三角测量成果进行处理时，曾采用了由他本人研究的将一条中央子午线长度投影规定为固定比例尺度的椭球正形投影，可是他并没有把该成果

发表和公布。人们只是从他给朋友的部分信件中知道这种投影的结论性投影公式。

德国的施赖伯(O. Schreiber)于 1866 年出版的专著《汉诺威大地测量投影方法的理论》中进行了整理和加工,从而使高斯投影的理论得以公布于世。

更详细地阐明高斯投影理论并给出实用公式的是由德国大地测量学家克吕格(L. Krüger)在他 1912 年出版的专著《地球椭球向平面的投影》中给出的。在这部著作中,克吕格对高斯投影进行了比较深入地研究和补充,从而使之在许多国家得以应用。因此,人们将该投影称之为高斯-克吕格投影,简称高斯投影。

为了方便地实际应用高斯投影,德国学者巴乌盖尔(Boaga)在 1919 年建议采用 3°带投影,并把纵坐标轴西移 500 km,在纵坐标前冠以带号,投影带的划分是从格林尼治开始起算的。

高斯投影得到了世界许多测量学家的重视和研究。其中保加利亚的测量学者赫里斯托夫(W. K. Hristow)的研究工作最具代表性,他的两部专著,1943 年的《旋转椭球上的高斯-克吕格坐标》及 1955 年的《克拉索夫斯基椭球上的高斯和地理坐标》,在理论及实践上都丰富和发展了高斯投影。

二、高斯投影的条件

如图 6-3(a)所示,设想用一个椭圆柱横套在地球椭球体的外面,并与椭球面上某一子午线相切(此子午线称为中央子午线或轴子午线),椭圆柱的中心轴线通过椭球中心,将中央子午线两侧一定经差范围内的椭球面元素,按三个条件(见下文)投影到椭圆柱面上,将此椭圆柱面沿着通过椭球南极和北极的母线展开,即得到投影后的平面,该平面称为高斯投影平面。在此平面上,中央子午线和赤道的投影都是直线。以中央子午线与赤道的投影交点 O 为坐标原点;以中央子午线的投影直线为 x 轴,指向朝北;赤道的投影直线为 y 轴,指向朝东。这样就建立了高斯平面直角坐标系,如图 6-3(b)所示。

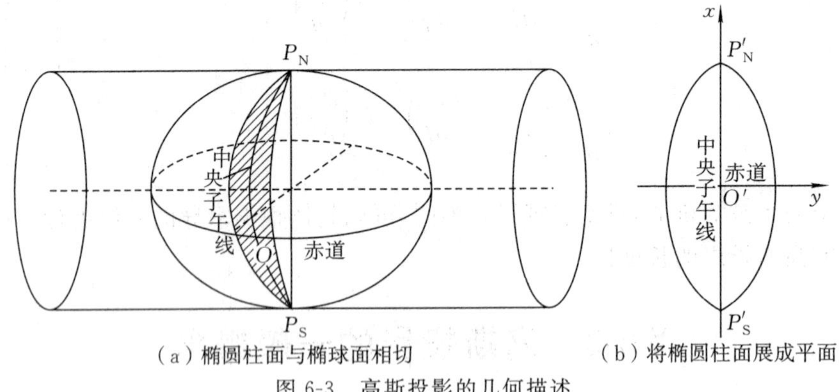

(a)椭圆柱面与椭球面相切　(b)将椭圆柱面展成平面

图 6-3　高斯投影的几何描述

高斯投影的三个条件是:

(1)正形条件。

(2)中央子午线投影为一直线。

(3)中央子午线投影后长度不变。

以上三个条件中,第一个条件是正形投影的一般条件,后面两个条件是高斯投影本身的特定条件。

以数学关系表示这三个条件，有：

(1) $\frac{\partial x}{\partial q}=\frac{\partial y}{\partial l},\frac{\partial x}{\partial l}=-\frac{\partial y}{\partial q}$。

(2) 当 $l=0$ 时，$y=0$。

(3) 当 $l=0$ 时，$x=X$（X 为由赤道起算的子午线弧长）。

从解微分方程的角度看，条件(1)只能解出该方程的通解，要解出其特解还需加初始条件，即条件(2)(3)。如何根据高斯投影这三个条件，确定投影公式(6-1)，将在下节讨论。

三、高斯投影的分带

(一)分带的原因

高斯投影中，除了中央子午线外，其他任何线段，投影后都会产生长度变形，而且离中央子午线越远，变形越大。长度变形是有害的，为此要对其加以限制，以使其在测图和用图上的影响很小，可以忽略。限制长度变形的最有效办法，就是"分带"投影。具体地说，就是将整个椭球面沿子午线划分成若干个经差相等（例如 6°或 3°）的瓜瓣形狭窄地带，各带分别进行投影，于是可得到若干不同的投影带。位于各带中央的子午线称为中央子午线，其投影后为纵坐标轴，所以又称其为轴子午线。用以分割投影带的子午线（投影带边缘的子午线），称为分带子午线。

由于分带把投影区域限定在中央子午线两旁狭窄范围之内，所以有效地限制了长度变形。显然，在一定的范围内，带数越多，各带越窄，长度变形也就越小。从限制长度变形这个角度来考虑，分带越多越好。

分带投影后，各投影带有各自不同的坐标轴和原点，从而形成彼此相互独立的高斯平面坐标系。这样，位于分带子午线两侧的点就分属于两个不同的坐标系。在生产作业中，作业区域往往分跨于不同的投影带内，需要将其化入同一坐标系中，因而必须进行不同投影带之间的坐标换算（称为邻带换算）。从这个角度考虑，则又要求分带不宜过多。

实际分带时，应当兼顾上述两方面的要求。中国投影分带主要有 6°带（每隔经差 6°分一带）和 3°带（每隔经差 3°分一带）两种分带方法。6°带可用于中小比例尺测图，3°带可用于大比例尺测图。国家大地点均按高斯投影计算其在 6°带内的平面直角坐标。在 1∶1 万和更大比例尺测图的地区，还应加算其在 3°带内的平面直角坐标。

(二)分带方法

如图 6-4 所示，高斯投影 6°带，自 0°子午线起自西向东划分，每隔经差 6°为一带，带号依次编为第 1、2、3、…、60 带。各带中央子午线的经度依次为 3°、9°、…、357°。设带号为 n，中央子午线经度为 L_0，则有

$$\left.\begin{aligned} L_0&=6^\circ n-3^\circ\\ n&=\frac{L_0+3^\circ}{6}\end{aligned}\right\}\tag{6-17}$$

已知某点大地经度 L 时，可按下式计算该点所在的 6°带投影带带号

$$n=\frac{L}{6}\text{ 的整数商}+1\text{（如果有余数）}$$

3°带是在 6°带的基础上划分的，其奇数带的中央子午线与 6°带中央子午线重合；偶数带的

中央子午线与6°带的分带子午线重合。具体的分带是自东经1.5°子午线起,向东划分,每隔经差3°为一带。带号依次编为3°带的第1、2、3、…、120带,如图6-4所示。设带号为n',则各带中央子午线的经度为

$$\left.\begin{aligned} L_0 &= 3^\circ n' \\ n' &= \frac{L_0}{3} \end{aligned}\right\} \tag{6-18}$$

已知某点大地经度L时,可按下式计算该点所在的3°带投影带带号

$$n' = \frac{L-1.5}{3} \text{的整数商} + 1$$

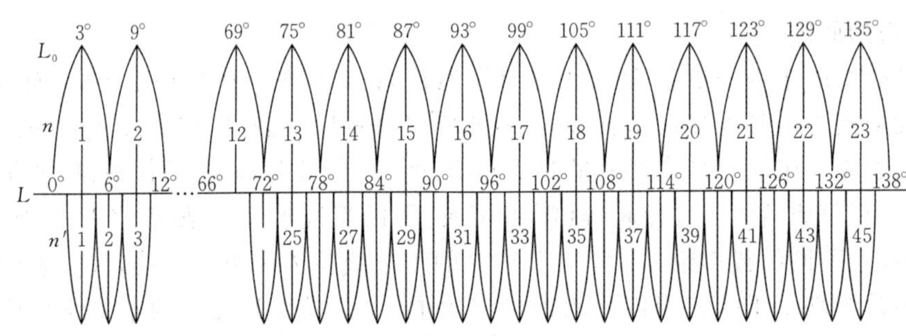

图6-4 高斯投影的分带

(三)投影带的重叠

分带投影后,相邻两带的直角坐标系是相互独立的。为了进行跨带控制网平差、跨带地形图的测制和使用、图幅外控制点(位于相邻投影带)的展点等,相邻投影带须有一定的重叠,如图6-5所示。

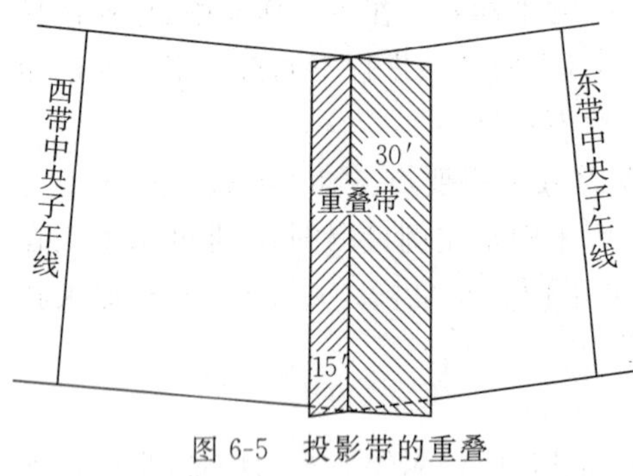

图6-5 投影带的重叠

所谓投影带的重叠就是在一定范围内控制点有相邻两带的坐标值,在这个范围内的地形图上有两套方里网(分别是本带和邻带坐标系的方里网)。

中国对投影带重叠做如下规定:西带向东带重叠经差为30′的范围(相当于1∶10万图幅的经幅),东带向西带重叠经差为15′的范围(相当于1∶5万图幅的经幅)。即每个投影带向东扩延30′,向西扩延15′,这样在分带子午线附近构成经差45′的重叠范围,如图6-5所示。

四、自然坐标与假定坐标

在北半球,分带投影后,高斯坐标的x值均为正值,而y值则有正有负。为了避免y值出现负号,规定将y值加上500 km,相当于将x轴西移了500 km。于是,y坐标也均为正的。又由于各带分别投影后,各自形成相互独立的平面直角坐标系。同一对坐标值(x,y)在每个投影带都有一点与其对应,很容易引起点位的混淆与错乱。为了说明某点位于哪一带,又规定在加了500 km的y值前面冠以带号。按上述规定形成的坐标,称为假定坐标,用符号$y_{假定}$表示。在点的成果表中均写为假定坐标的形式。实际应用时,需要去掉带号,减去500 km,恢复为原来的数值,称为该点的自然坐标。自然坐标与假定坐标的关系如图6-6所示。

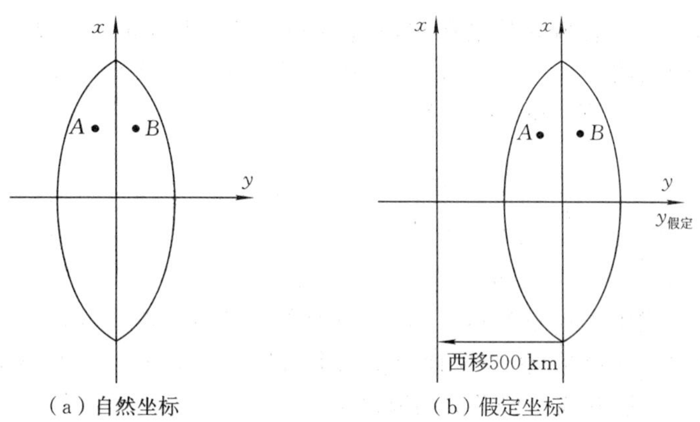

(a)自然坐标　(b)假定坐标

图 6-6　自然坐标与假定坐标

例如，在6°带第19带中，A、B 两点的自然坐标分别为

$$A:\begin{cases}x=4\ 485\ 076.81\ \text{m}\\ y=-2\ 578.86\ \text{m}\end{cases}\qquad B:\begin{cases}x=4\ 485\ 076.81\ \text{m}\\ y=2\ 578.86\ \text{m}\end{cases}$$

则它们的假定坐标分别是

$$A:\begin{cases}x=4\ 485\ 076.81\ \text{m}\\ y_{假定}=19\ 497\ 421.14\ \text{m}\end{cases}\qquad B:\begin{cases}x=4\ 485\ 076.81\ \text{m}\\ y_{假定}=19\ 502\ 578.86\ \text{m}\end{cases}$$

§6-4　高斯平面坐标系与大地坐标系的关系

一、高斯投影正算公式

(一)公式推导

高斯投影正算公式，就是由大地坐标 (L,B)，即(l,q)，计算高斯平面直角坐标(x,y)的公式，如图6-7所示。

椭球面到平面投影方程的一般形式是

$$\left.\begin{aligned}x&=f_1(l,q)\\ y&=f_2(l,q)\end{aligned}\right\}\tag{6-19}$$

已知高斯投影有三个条件，下面就利用这三个条件来推导高斯投影正算公式。

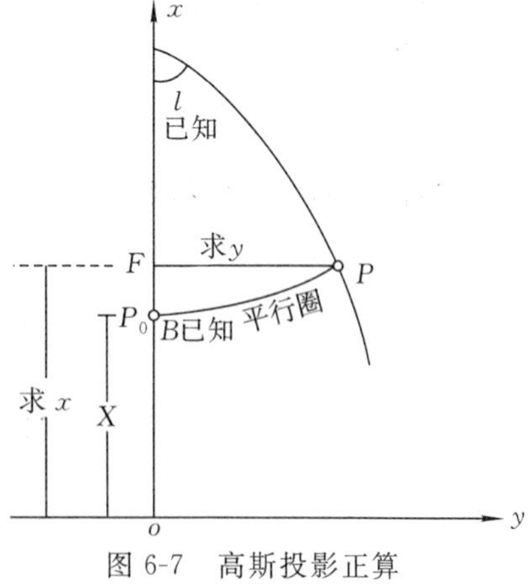

图 6-7　高斯投影正算

高斯投影是沿中央子午线东西各一定经度范围内的狭窄地带进行的，在每一个投影区域中，任意点相对于中央子午线的经差 l 是较小的，一般在0～3.5°以内，其弧度值 $\dfrac{l}{\rho}$ 为一微小量。按二元函数泰勒级数展开公式，对式(6-19)在$(0,q)$点展开。此时，任一点(l,q)对展开点$(0,q)$的自变量增量分别为 l 和0，即 q 对展开点的增量为0，故对 q 的偏导数及包含对 q 的混合偏导数的项均为0。x 式的展开式为

$$\begin{aligned}x&=f_1(0,q)+\frac{\partial f_1}{\partial l}\bigg|_{(0,q)}l+\frac{1}{2!}\frac{\partial^2 f_1}{\partial l^2}\bigg|_{(0,q)}l^2+\frac{1}{3!}\frac{\partial^3 f_1}{\partial l^3}\bigg|_{(0,q)}l^3+\frac{1}{4!}\frac{\partial^4 f_1}{\partial l^4}\bigg|_{(0,q)}l^4+\cdots\\ &=m_0+m_1l+m_2l^2+m_3l^3+m_4l^4+\cdots\end{aligned}$$

是经差 l 的幂级数。式中各偏导数是在$(0,q)$点的值,已不含变量 l 了,故 $m_i(i=0,1,2,3,4,\cdots)$ 是等量纬度 q 的函数;$m_0=f_1(0,q)$ 表示中央子午线上$(0,q)$点的 x 坐标值,由高斯投影第三个条件($l=0$ 时,$x=X$)知,$m_0=X$。

同理有

$$
\begin{aligned}
y&=f_2(0,q)+\left.\frac{\partial f_2}{\partial l}\right|_{(0,q)}l+\frac{1}{2!}\left.\frac{\partial^2 f_2}{\partial l^2}\right|_{(0,q)}l^2+\frac{1}{3!}\left.\frac{\partial^3 f_2}{\partial l^3}\right|_{(0,q)}l^3+\frac{1}{4!}\left.\frac{\partial^4 f_2}{\partial l^4}\right|_{(0,q)}l^4+\cdots\\
&=n_0+n_1l+n_2l^2+n_3l^3+n_4l^4+\cdots
\end{aligned}
$$

是经差 l 的幂级数。式中 $n_i(i=0,1,2,3,4,\cdots)$ 是等量纬度 q 的函数;$n_0=f_2(0,q)$ 表示中央子午线上$(0,q)$点的 y 坐标值,由高斯投影第二个条件($l=0$ 时,$y=0$)知,$n_0=0$。

至此已将式(6-19)展开成了经差 l 的幂级数

$$
\left.\begin{aligned}
x&=X+m_1l+m_2l^2+m_3l^3+m_4l^4+\cdots\\
y&=n_1l+n_2l^2+n_3l^3+n_4l^4+\cdots
\end{aligned}\right\}\tag{6-20}
$$

式中,m_1、$m_2\cdots$,n_1、$n_2\cdots$ 为待定系数,它们是等量纬度 q(或大地纬度 B)的函数。

为了引用高斯投影第一个条件,对式(6-20)求偏导数得

$$
\left.\begin{aligned}
\frac{\partial x}{\partial q}&=\frac{\mathrm{d}X}{\mathrm{d}q}+l\frac{\mathrm{d}m_1}{\mathrm{d}q}+l^2\frac{\mathrm{d}m_2}{\mathrm{d}q}+l^3\frac{\mathrm{d}m_3}{\mathrm{d}q}+l^4\frac{\mathrm{d}m_4}{\mathrm{d}q}+\cdots\\
\frac{\partial x}{\partial l}&=m_1+2m_2l+3m_3l^2+4m_4l^3+\cdots\\
\frac{\partial y}{\partial q}&=l\frac{\mathrm{d}n_1}{\mathrm{d}q}+l^2\frac{\mathrm{d}n_2}{\mathrm{d}q}+l^3\frac{\mathrm{d}n_3}{\mathrm{d}q}+l^4\frac{\mathrm{d}n_4}{\mathrm{d}q}+\cdots\\
\frac{\partial y}{\partial l}&=n_1+2n_2l+3n_3l^2+4n_4l^3+\cdots
\end{aligned}\right\}\tag{6-21}
$$

代入高斯投影的第一个条件,即正形投影的一般条件 $\frac{\partial x}{\partial q}=\frac{\partial y}{\partial l},\frac{\partial x}{\partial l}=-\frac{\partial y}{\partial q}$,得

$$
\frac{\mathrm{d}X}{\mathrm{d}q}+l\frac{\mathrm{d}m_1}{\mathrm{d}q}+l^2\frac{\mathrm{d}m_2}{\mathrm{d}q}+l^3\frac{\mathrm{d}m_3}{\mathrm{d}q}+l^4\frac{\mathrm{d}m_4}{\mathrm{d}q}+\cdots=n_1+2n_2l+3n_3l^2+4n_4l^3+\cdots
$$

$$
m_1+2m_2l+3m_3l^2+4m_4l^3+\cdots=-l\frac{\mathrm{d}n_1}{\mathrm{d}q}-l^2\frac{\mathrm{d}n_2}{\mathrm{d}q}-l^3\frac{\mathrm{d}n_3}{\mathrm{d}q}-l^4\frac{\mathrm{d}n_4}{\mathrm{d}q}+\cdots
$$

为使上面二式两端相等,其充分必要条件是 l 的同次幂的系数相等,因而有

$$
\left.\begin{aligned}
&m_1=n_2=m_3=n_4=\cdots=0\\
&n_1=\frac{\mathrm{d}X}{\mathrm{d}q}\\
&m_2=-\frac{1}{2}\frac{\mathrm{d}n_1}{\mathrm{d}q}\\
&n_3=\frac{1}{3}\frac{\mathrm{d}m_2}{\mathrm{d}q}\\
&m_4=-\frac{1}{4}\frac{\mathrm{d}n_3}{\mathrm{d}q}\\
&n_5=\frac{1}{5}\frac{\mathrm{d}m_4}{\mathrm{d}q}\\
&\vdots
\end{aligned}\right\}\tag{6-22}
$$

因为 $n_0=m_1=n_2=m_3=n_4=\cdots=0$，所以式(6-20)可化简成

$$\left.\begin{aligned}x&=X+m_2l^2+m_4l^4+\cdots\\y&=n_1l+n_3l^3+n_5l^5+\cdots\end{aligned}\right\}\tag{6-23}$$

由式(6-23)可以看出，高斯投影在中央子午线东西两侧的投影是对称于中央子午线的。

求定 n_1、m_2、n_3、m_4、n_5 等系数，显然主要在于求得导数$\frac{\mathrm{d}X}{\mathrm{d}q}$，由子午线弧长微分公式 $\mathrm{d}X=M\mathrm{d}B$ 和式(6-3) $\frac{\mathrm{d}B}{\mathrm{d}q}=\frac{r}{M}$ 得

$$n_1=\frac{\mathrm{d}X}{\mathrm{d}q}=\frac{\mathrm{d}X}{\mathrm{d}B}\frac{\mathrm{d}B}{\mathrm{d}q}=r$$

故

$$n_1=r=N\cos B=\frac{c}{V}\cos B\tag{6-24}$$

再求 $\frac{\mathrm{d}n_1}{\mathrm{d}q}$

$$\begin{aligned}\frac{\mathrm{d}n_1}{\mathrm{d}q}&=\frac{\mathrm{d}r}{\mathrm{d}q}=\frac{\mathrm{d}r}{\mathrm{d}B}\frac{\mathrm{d}B}{\mathrm{d}q}=\frac{\mathrm{d}}{\mathrm{d}B}\left(\frac{c}{V}\cos B\right)\frac{\mathrm{d}B}{\mathrm{d}q}\\&=\left(-\frac{c}{V^2}\frac{\mathrm{d}V}{\mathrm{d}B}\cos B-\frac{c}{V}\sin B\right)\frac{\mathrm{d}B}{\mathrm{d}q}\end{aligned}$$

式中

$$\begin{aligned}\frac{\mathrm{d}V}{\mathrm{d}B}&=\frac{\mathrm{d}}{\mathrm{d}B}(1+e'^2\cos^2B)^{\frac{1}{2}}\\&=\frac{1}{2}(1+e'^2\cos^2B)^{-\frac{1}{2}}\frac{\mathrm{d}}{\mathrm{d}B}(e'^2\cos^2B)\\&=\frac{1}{V}e'^2\cos B(-\sin B)\\&=-\frac{1}{V}e'^2\cos^2B\frac{\sin B}{\cos B}\end{aligned}$$

由于本章中有些公式较长，为了使公式书写简洁、易于阅读，特引入下列符号

$$\eta=e'\cos B$$
$$t=\tan B$$

于是

$$\frac{\mathrm{d}V}{\mathrm{d}B}=-\frac{1}{V}\eta^2t$$

因而得到

$$\begin{aligned}\frac{\mathrm{d}n_1}{\mathrm{d}q}&=\left[-\frac{c}{V^2}\left(-\frac{1}{V}\eta^2t\right)\cos B-\frac{c}{V}\sin B\right]\frac{\frac{c}{V}\cos B}{\frac{c}{V^3}}\\&=\left[\frac{c}{V^3}\sin B(\eta^2-V^2)\right]V^2\cos B\end{aligned}$$

$$=\left[-\frac{c}{V^3}\sin B\right]V^2\cos B$$

$$=-\frac{c}{V}\sin B\cos B=-N\sin B\cos B$$

代入式(6-22)第三式得

$$m_2=\frac{N}{2}\sin B\cos B \tag{6-25}$$

由 m_2 依次求导,并依次代入式(6-22) 可得 n_3、m_4、n_5 等为

$$\left.\begin{aligned}n_3&=\frac{N}{6}\cos^3 B(1-t^2+\eta^2)\\m_4&=\frac{N}{24}\sin B\cos^3 B(5-t^2+9\eta^2)\\n_5&=\frac{N}{120}\cos^5 B(5-18t^2+t^4)\\&\vdots\end{aligned}\right\} \tag{6-26}$$

将式(6-24)、式(6-25)、式(6-26)代入式(6-23),并略去 $\eta^2 l^5$ 及 l^6 以上各项,最后得出高斯投影正算公式如下

$$\left.\begin{aligned}x&=X+\frac{N}{2\rho''^2}\sin B\cos Bl''^2+\frac{N}{24\rho''^4}\sin B\cos^3 B(5-t^2+9\eta^2)l''^4\\y&=\frac{N}{\rho''}\cos Bl''+\frac{N}{6\rho''^3}\cos^3 B(1-t^2+\eta^2)l''^3+\frac{N}{120\rho''^5}\cos^5 B(5-18t^2+t^4)l''^5\end{aligned}\right\} \tag{6-27}$$

式中,$\rho''=206\,264.806\,25''$,$l''$ 为椭球面上 P 点与中央子午线的经差,以($''$)为单位。P 点在中央子午线的东侧 l 为正,西侧则 l 为负。B 为 P 点的大地纬度。X 为由赤道至纬度为 B 的子午线弧长。当 P 点的大地坐标(L,B)为已知时(中央子午线的经度 L_0 是已知的,则 $l=L-L_0$ 即可算出),即可按式(6-27)计算 P 点的高斯平面坐标(x,y)。

式(6-27)所表示的(x,y)和(L,B)的函数关系,即确定了式(6-19)中 f_1 和 f_2 的具体形式。

当 $l<3.5°$ 时,按式(6-27)计算的精度为 0.1 m。若要使计算精确至 0.001 m,可将式(6-27)的级数项继续扩充。过程略,现直接给出具体计算公式如下

$$\left.\begin{aligned}x&=X+\frac{N}{2\rho''^2}\sin B\cos B\cdot l''^2+\frac{N}{24\rho''^4}\sin B\cos^3 B(5-t^2+9\eta^2+4\eta^4)l''^4+\\&\quad\frac{N}{720\rho''^6}\sin B\cos^5 B(61-58t^2+t^4)l''^6\\y&=\frac{N}{\rho''}\cos Bl''+\frac{N}{6\rho''^3}\cos^3 B(1-t^2+\eta^2)l''^3+\frac{N}{120\rho''^5}\cos^5 B(5-18t^2+\\&\quad t^4+14\eta^2-58\eta^2t^2)l''^5\end{aligned}\right\} \tag{6-28}$$

(二)公式分析

分析式(6-27)可以得出椭球面上经纬线投影后的形状,如图 6-8 所示。

1. 中央子午线、赤道投影

当 $B=0$ 时,$x=0$,y 随 l 而变化,说明赤道投影为直线,即横坐标轴。当 $l=0$ 时,$y=0$,$x=X$,说明中央子午线投影为直线,即纵坐标轴,且长度不变。而中央子午线与赤道的交点投影后为平面坐标系的原点。

2. 子午线投影

令 $l=$ 常数，则得子午线投影曲线以 B 为参数的参数方程。当 B 值增大时，x 值增大，而 y 值减小；当 B 值为负时，$\sin(-B)=-\sin B$，$\cos(-B)=\cos B$，故 x 值反号而 y 值相同。因此，子午线的投影曲线弯向中央子午线并向两极收敛，还对称于中央子午线和赤道。

3. 平行圈投影

令 $B=$常数，x 和 y 仅随 l 而变化。当 l 值增大时，x 值增大，y 值也增大；当 l 值为负时，因为 x 是 l 的偶次幂函数，y 是 l 的奇次幂函数，故 x 值相同而 y 值反号。所以平行圈的投影是一条对称于 x 轴的曲线，并弯向极点。

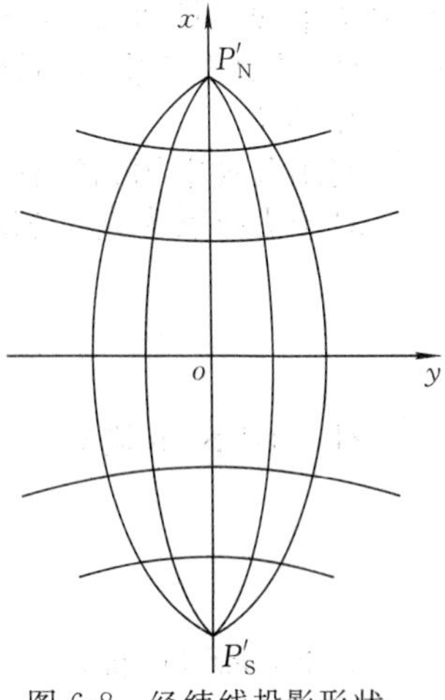

图 6-8　经纬线投影形状

4. 子午线、平行圈投影的对称性

综上所述，椭球面上对称于中央子午线和赤道的经纬线网，投影后仍保持对称性，即对称于 x 轴和 y 轴。

5. 任意大地线投影

任一大地线投影后为向中央子午线和两极弯曲的曲线。

6. 投影变形

由图 6-8 可见，离开中央子午线越远的子午线，投影后弯曲越厉害，长度变形也越大。可见，离中央子午线越远，变形越大。

(三)实用公式

这里介绍适合于用计算机编程计算的高斯投影正算的实用公式，并按克拉索夫斯基椭球、GRS 75 椭球和 GRS 80 椭球分别给出有关的参数，以便实际应用。

1. 高斯投影正算公式(精度为 0.001 m)

令

$$m=\cos B\cdot l^{\circ}\cdot\frac{\pi}{180^{\circ}}$$

由式(6-28)，得

$$\left.\begin{aligned}x&=X+Nt\left[\frac{1}{2}m^{2}+\frac{1}{24}(5-t^{2}+9\eta^{2}+4\eta^{4})m^{4}+\frac{1}{720}(61-58t^{2}+t^{4})m^{6}\right]\\y&=N\left[m+\frac{1}{6}(1-t^{2}+\eta^{2})m^{3}+\frac{1}{120}(5-18t^{2}+t^{4}+14\eta^{2}-58\eta^{2}t^{2})m^{5}\right]\end{aligned}\right\}\tag{6-29}$$

其中，子午线弧长 X，对于克拉索夫斯基椭球，按式(5-41)计算；对于 GRS 75 椭球，按式(5-42)计算；对于 GRS 80 椭球，按式(5-43)计算，计算至公式中的 8 次幂项。

2. 高斯投影正算公式(精度为 0.1 m)

令

$$m=\cos B\cdot l^{\circ}\cdot\frac{\pi}{180^{\circ}}$$

由式(6-27)，得

$$\left.\begin{aligned}x&=X+Nt\left[\frac{1}{2}m^{2}+\frac{1}{24}(5-t^{2}+9\eta^{2}+4\eta^{4})m^{4}\right]\\y&=N\left[m+\frac{1}{6}(1-t^{2}+\eta^{2})m^{3}+\frac{1}{120}(5-18t^{2}+t^{4})m^{5}\right]\end{aligned}\right\}\tag{6-30}$$

其中子午线弧长 X 的计算仍然根据不同的椭球参数分别按式(5.41)、式(5.42)或式(5.43)进行计算,计算至5次幂项即可。

3. 算例

实用公式中用到的有关参数如下:

对于克拉索夫斯基椭球

$$a = 6\,378\,245 \text{ m}$$
$$e^2 = 0.006\,693\,421\,622\,97$$
$$e'^2 = 0.006\,738\,525\,414\,68$$

对于GRS 75椭球

$$a = 6\,378\,140 \text{ m}$$
$$e^2 = 0.006\,694\,384\,999\,59$$
$$e'^2 = 0.006\,739\,501\,819\,47$$

对于GRS 80椭球

$$a = 6\,378\,137 \text{ m}$$
$$e^2 = 0.006\,694\,380\,022\,90$$
$$e'^2 = 0.006\,739\,496\,775\,47$$

采用式(6-29)上机编程运算的算例,如表6-1所示。

表6-1 高斯投影正算算例

已知数据	椭球参数	运算结果/m	
		6°带	3°带
$B = 40°58'32.33''$ $L = 100°10'20.11''$	克拉索夫斯基椭球	x = 4 538 610.951	x = 4 538 610.951
		y = 98 666.625	y = 98 666.625
		$y_{假定}$ = 17 598 666.625	$y_{假定}$ = 33 598 666.625
	GRS 75椭球	x = 4 538 532.847	x = 4 538 532.847
		y = 98 665.022	y = 98 665.022
		$y_{假定}$ = 17 598 665.022	$y_{假定}$ = 33 598 665.022
	GRS 80椭球	x = 4 538 530.729	x = 4 538 530.729
		y = 98 664.975	y = 98 664.975
		$y_{假定}$ = 17 598 664.975	$y_{假定}$ = 33 598 664.975
$B = 35°26'40.38''$ $L = 115°08'51.22''$	克拉索夫斯基椭球	x = 3 925 560.035	x = 3 924 588.054
		y = −168 198.578	y = 104 193.075
		$y_{假定}$ = 20 331 801.422	$y_{假定}$ = 38 604 193.075
	GRS 75椭球	x = 3 925 492.277	x = 3 924 520.313
		y = −168 195.836	y = 104 191.377
		$y_{假定}$ = 20 331 804.164	$y_{假定}$ = 38 604 191.377
	GRS 80椭球	x = 3 925 490.447	x = 3 924 518.483
		y = −168 195.757	y = 104 191.328
		$y_{假定}$ = 20 331 804.243	$y_{假定}$ = 38 604 191.328

二、高斯投影反算公式

(一)公式推导

如图6-9所示,高斯投影反算公式,是已知 P 点的高斯平面坐标 (x,y) 求该点的大地坐标 (L,B) 或对应的 (l,q) 的公式。

由平面到椭球面的投影方程是

$$\left.\begin{aligned} q &= f'_1(x,y) \\ l &= f'_2(x,y) \end{aligned}\right\} \tag{6-31}$$

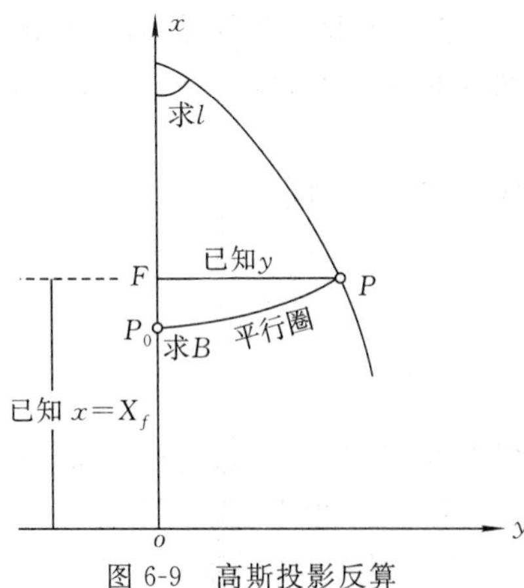

图 6-9　高斯投影反算

与高斯投影正算公式的推导思路相同。将平面到椭球面的投影方程式(6-31)展开成幂级数的形式，利用待定系数的方法根据高斯投影的三个条件，确定投影函数 f'_1 和 f'_2 的具体形式，进而导出高斯投影反算公式。

点 P 的 y 值与椭球半径相比是一微小量，所以可将式(6-31) 中的函数展开成 y 的幂级数。展开点选为点 $F(x,0)$，点 F 是点 P 向纵坐标轴所做垂线的垂足点，也称为底点，该点的纬度称为垂足纬度或底点纬度，用 B_f 表示，它相应的等量纬度为 q_f。赤道至 B_f 处的子午线弧长为 X_f，即点 F 的纵坐标 $x = X_f$，由 X_f 按子午线弧长公式可反求得到 B_f。

根据高斯投影的对称性及第二个条件，级数式可参照式(6-23)直接写成如下形式

$$\left.\begin{aligned} q &= m'_0 + m'_2 y^2 + m'_4 y^4 + \cdots \\ l &= n'_1 y + n'_3 y^3 + n'_5 y^5 + \cdots \end{aligned}\right\} \tag{6-32}$$

根据高斯投影的第一个条件，对式(6-32)求偏导数得

$$\left.\begin{aligned} \frac{\partial q}{\partial x} &= \frac{\mathrm{d}m'_0}{\mathrm{d}x} + y^2 \frac{\mathrm{d}m'_2}{\mathrm{d}x} + y^4 \frac{\mathrm{d}m'_4}{\mathrm{d}x} + \cdots \\ \frac{\partial q}{\partial y} &= 2m'_2 y + 4m'_4 y^3 + \cdots \\ \frac{\partial l}{\partial x} &= y \frac{\mathrm{d}n'_1}{\mathrm{d}x} + y^3 \frac{\mathrm{d}n'_3}{\mathrm{d}x} + y^5 \frac{\mathrm{d}n'_5}{\mathrm{d}x} + \cdots \\ \frac{\partial l}{\partial y} &= n'_1 + 3n'_3 y^2 + 5n'_5 y^4 + \cdots \end{aligned}\right\} \tag{6-33}$$

代入正形投影一般条件得

$$\frac{\mathrm{d}m'_0}{\mathrm{d}x} + y^2 \frac{\mathrm{d}m'_2}{\mathrm{d}x} + y^4 \frac{\mathrm{d}m'_4}{\mathrm{d}x} + \cdots = n'_1 + 3n'_3 y^2 + 5n'_5 y^4 + \cdots$$

$$y \frac{\mathrm{d}n'_1}{\mathrm{d}x} + y^3 \frac{\mathrm{d}n'_3}{\mathrm{d}x} + y^5 \frac{\mathrm{d}n'_5}{\mathrm{d}x} + \cdots = -2m'_2 y - 4m'_4 y^3 - \cdots$$

上式成立的条件是 y 的同次幂的系数相等，因而有

$$\left.\begin{aligned} n'_1 &= \frac{\mathrm{d}m'_0}{\mathrm{d}x} \\ m'_2 &= -\frac{1}{2} \frac{\mathrm{d}n'_1}{\mathrm{d}x} \\ n'_3 &= \frac{1}{3} \frac{\mathrm{d}m'_2}{\mathrm{d}x} \\ m'_4 &= -\frac{1}{4} \frac{\mathrm{d}n'_3}{\mathrm{d}x} \\ n'_5 &= \frac{1}{5} \frac{\mathrm{d}m'_4}{\mathrm{d}x} \\ &\vdots \end{aligned}\right\} \tag{6-34}$$

为要求得上述导数，首先得确定 m'_0。由高斯投影第三个条件知，当 $y=0$ 时，$x=X_f$，并设此时的 X_f 所对应的等量纬度 q_f，则从式(6-32)第一式有

$$q=m'_0=q_f \tag{6-35}$$

代入式(6-34)得

$$\begin{aligned} n'_1 &= \frac{\mathrm{d}q_f}{\mathrm{d}x}=\left(\frac{\mathrm{d}q}{\mathrm{d}x}\right)_f=\left(\frac{\mathrm{d}q}{\mathrm{d}B}\frac{\mathrm{d}B}{\mathrm{d}X}\right)_f \\ &=\left(\frac{M}{N\cos B}\frac{1}{M}\right)_f=\frac{1}{N_f\cos B_f}=\frac{\sec B_f}{N_f} \end{aligned} \tag{6-36}$$

在式(6-36)中 x 写成 X 只是在 $y=0$ 处成立，也即 $q=q_f$ 时成立，因此，求导数时，凡将 x 写成 X 时，均在导数外加一注脚“f”。

依次求导，并代入式(6-34)可得 m'_2、n'_3、m'_4、n'_5 等

$$\left.\begin{aligned} m'_2 &= -\frac{t_f\sec B_f}{2N_f^2} \\ n'_3 &= -\frac{\sec B_f}{6N_f^3}(1+2t_f^2+\eta_f^2) \\ m'_4 &= \frac{t_f\sec B_f}{24N_f^4}(5+6t_f^2+\eta_f^2) \\ n'_5 &= \frac{\sec B_f}{120N_f^5}(5+28t_f^2+24t_f^4) \\ &\vdots \end{aligned}\right\} \tag{6-37}$$

将式(6-35)、式(6-36)、式(6-37)代入式(6-32)得

$$\left.\begin{aligned} q &= q_f-\frac{t_f\sec B_f}{2N_f^2}y^2+\frac{t_f\sec B_f}{24N_f^4}(5+6t_f^2+\eta_f^2)y^4 \\ l &= \frac{\sec B_f}{N_f}y-\frac{\sec B_f}{6N_f^3}(1+2t_f^2+\eta_f^2)y^3+\frac{\sec B_f}{120N_f^5}(5+28t_f^2+24t_f^4)y^5 \end{aligned}\right\} \tag{6-38}$$

以上推导的步骤和方法与正算公式完全类同。但是，现在求得的还只是等量纬度 q，为了最终求出大地纬度 B，对式(6-38)第一式还要做进一步的化算。

前面指出，大地纬度和等量纬度有一定的关系，设其函数关系为

$$B=F(q) \tag{6-39}$$

同理

$$B_f=F(q_f) \tag{6-40}$$

又

$$B=F(q)=F(q_f+\overline{q-q_f})$$

按泰勒级数展开则有

$$B=F(q_f)+\left(\frac{\mathrm{d}B}{\mathrm{d}q}\right)_f(q-q_f)+\frac{1}{2!}\left(\frac{\mathrm{d}^2B}{\mathrm{d}q^2}\right)_f(q-q_f)^2+\cdots \tag{6-41}$$

由式(6-3)得

$$\left.\begin{aligned} \left(\frac{\mathrm{d}B}{\mathrm{d}q}\right)_f &= \left(\frac{r}{M}\right)_f=\left(\frac{N\cos B}{M}\right)_f=V_f^2\cos B_f \\ \left(\frac{\mathrm{d}^2B}{\mathrm{d}q^2}\right)_f &= -\cos B_f\sin B_f(1+4\eta_f^2) \end{aligned}\right\} \tag{6-42}$$

将式(6-40)和式(6-42)代入式(6-41)得

$$B = B_f + V_f^2 \cos B_f (q - q_f) - \frac{1}{2}\cos B_f \sin B_f (1 + 4\eta_f^2)(q - q_f)^2 \tag{6-43}$$

由式(6-38)第一式,得

$$\left.\begin{aligned} q - q_f &= -\frac{t_f \sec B_f}{2N_f^2} y^2 + \frac{t \sec B_f}{24N_f^4}(5 + 6t_f^2 + \eta_f^2) y^4 \\ (q - q_f)^2 &= \frac{t_f^2 \sec^2 B_f}{4N_f^4} y^4 \end{aligned}\right\} \tag{6-44}$$

再代入式(6-43),并经整理得

$$B = B_f - \frac{t_f}{2M_f N_f} y^2 + \frac{t_f}{24M_f N_f^3}(5 + 3t_f^2 + \eta_f^2 - 9\eta_f^2 t_f^2) y^4 \tag{6-45}$$

将式(6-45)和式(6-38)第二式合并,得高斯投影反算公式如下

$$\left.\begin{aligned} (B_f - B) &= \frac{t_f}{2M_f N_f} y^2 - \frac{t_f}{24M_f N_f^3}(5 + 3t_f^2 + \eta_f^2 - 9\eta_f^2 t_f^2) y^4 \\ l &= \frac{1}{N_f \cos B_f} y - \frac{1}{6N_f^3 \cos B_f}(1 + 2t_f^2 + \eta_f^2) y^3 + \\ &\quad \frac{1}{120N_f^5 \cos B_f}(5 + 28t_f^2 + 24t_f^4) y^5 \end{aligned}\right\} \tag{6-46}$$

当 $l < 3.5°$ 时,式(6-46)换算的精度为 0.01″。欲要换算精确至 0.000 1″的坐标公式,可将式(6-46)的级数项继续扩充,现直接给出如下

$$\left.\begin{aligned} (B_f - B) &= \frac{t_f}{2M_f N_f} y^2 - \frac{t_f}{24M_f N_f^3}(5 + 3t_f^2 + \eta_f^2 - 9\eta_f^2 t_f^2) y^4 + \\ &\quad \frac{t_f}{720M_f N_f^5}(61 + 90t_f^2 + 45t_f^4) y^6 \\ l &= \frac{1}{N_f \cos B_f} y - \frac{1}{6N_f^3 \cos B_f}(1 + 2t_f^2 + \eta_f^2) y^3 + \\ &\quad \frac{1}{120N_f^5 \cos B_f}(5 + 28t_f^2 + 24_f^4 + 6\eta_f^2 + 8\eta_f^2 t_f^2) y^5 \end{aligned}\right\} \tag{6-47}$$

最后,按下式计算 L、B

$$\left.\begin{aligned} L &= L_0 + l \\ B &= B_f - (B_f - B) \end{aligned}\right. \tag{6-48}$$

(二)实用公式

1. 精度为 0.000 1″的高斯投影反算公式(结果以(°)为单位)

由式(6-47)可得

$$\left.\begin{aligned} B° &= B_f° - \frac{1}{2}V_f^2 t_f \left[\left(\frac{y}{N_f}\right)^2 - \frac{1}{12}(5 + 3t_f^2 + \eta_f^2 - 9\eta_f^2 t_f^2)\left(\frac{y}{N_f}\right)^4 + \right. \\ &\quad \left. \frac{1}{360}(61 + 90t_f^2 + 45t_f^4)\left(\frac{y}{N_f}\right)^6\right]\frac{180}{\pi} \\ l° &= \frac{1}{\cos B_f}\left[\left(\frac{y}{N_f}\right) - \frac{1}{6}(1 + 2t_f^2 + \eta_f^2)\left(\frac{y}{N_f}\right)^3 + \right. \\ &\quad \left. \frac{1}{120}(5 + 28t_f^2 + 24t_f^4 + 6\eta_f^2 + 8\eta_f^2 t_f^2)\left(\frac{y}{N_f}\right)^5\right]\frac{180}{\pi} \end{aligned}\right\} \tag{6-49}$$

式中，B_f 是垂足纬度，即 $x=X$(自赤道起算的子午线弧长，这里 X 即为 X_f)所对应的大地纬度。垂足纬度 B_f 可用迭代法求得。现以对应于克拉索夫斯基椭球的式(5-41)为例说明之。

由 X 反求 B_f 迭代程序开始时初值设

$$B_f^{(1)}=X/111\,134.861\,1 \tag{6-50}$$

以后各次迭代计算程序是

$$B_f^{(i+1)}=[X-F(B_f^{(i)})]/111\,134.861\,1 \tag{6-51}$$

$$F(B_f^{(i)})=-(32\,005.779\,9\sin B_f^{(i)}+133.923\,8\sin^3 B_f^{(i)}+0.697\,3\sin^5 B_f^{(i)}+0.003\,9\sin^7 B_f^{(i)})\cos B_f^{(i)} \tag{6-52}$$

重复迭代直至 $|B_f^{(i+1)}-B_f^{(i)}|<1\times10^{-8}$ 止，以保证 B_f 精确至 0.000 1″。一般情况下，迭代 5 次即可达到要求的精度。在编程计算中需要注意是，由迭代公式得到的 B_f 是以(°)为单位的，而在迭代运算中，三角函数中的 B_f 则是以 rad(弧度)为单位，在迭代程序中需要进行化算。

同理，对应于 GRS 75 椭球，由 X 反求 B_f 可采用式(5-42)进行迭代求得。对应于 GRS 80 椭球，由 X 反求 B_f 可采用式(5-43)进行迭代求得。

2. 精度为 0.01″的高斯投影反算公式(结果以(°)为单位)

由式(6-46)可得

$$\left.\begin{aligned}B^\circ&=B_f^\circ-\frac{1}{2}V_f^2t_f\left[\left(\frac{y}{N_f}\right)^2-\frac{1}{12}(5+3t_f^2+\eta_f^2-9\eta_f^2t_f^2)\left(\frac{y}{N_f}\right)^4\right]\frac{180}{\pi}\\ l^\circ&=\frac{1}{\cos B_f}\left[\left(\frac{y}{N_f}\right)-\frac{1}{6}(1+2t_f^2+\eta_f^2)\left(\frac{y}{N_f}\right)^3+\right.\\&\left.\frac{1}{120}(5+28t_f^2+24t_f^4)\left(\frac{y}{N_f}\right)^5\right]\frac{180}{\pi}\end{aligned}\right\} \tag{6-53}$$

式中，B_f 可用迭代法求得，方法如上所述，计算位数可相应减少。

根据上述方法与公式上机编程运算，算例计算结果如表 6-2 所示(假定 6°带和 3°带均以 20 带为中央子午线的投影带)。

表 6-2 高斯投影反算算例

已知数据	椭球参数	运算结果	
		6°带	3°带
x =3 354 874.257 m y =386.564 m $y_{假定}$ =20 500 386.564 m	克拉索夫斯基椭球	B =30°18′46.92″	B =30°18′46.92″
		L =117°00′14.47″	L =60°00′14.47″
	GRS 75 椭球	B =30°18′48.80″	B =30°18′48.80″
		L =117°00′14.47″	L =60°00′14.47″
	GRS 80 椭球	B =30°18′48.85″	B =30°18′48.85″
		L =117°00′14.47″	L =60°00′14.47″
x =532 548.378 m y =−209.135 m $y_{假定}$ =20 499 790.865 m	克拉索夫斯基椭球	B =4°48′57.62″	B =4°48′57.62″
		L =116°59′53.21″	L =59°59′53.21″
	GRS 75 椭球	B =4°48′57.92″	B =4°48′57.92″
		L =116°59′53.21″	L =59°59′53.21″
	GRS 80 椭球	B =4°48′57.93″	B =4°48′57.93″
		L =116°59′53″.21″	L =59°59′53.21″

三、高斯平面坐标的邻带换算

(一)原理

为了限制高斯投影的长度变形,必须沿子午线进行分带。分带投影的结果,使椭球面上统一的坐标系分割成各带独立的平面直角坐标系。于是位于相邻两带的点就分属两个坐标系。如果把它们化为同一个坐标系,就需将一个带的高斯坐标换算为相邻带的高斯坐标,称为高斯坐标的邻带换算。

生产实践中有以下情况需要邻带换算:

(1)大地控制网分跨于不同的投影带,平差计算时,要将邻带的部分或全部坐标换算到同一带中。

(2)在投影带边缘地区测图时,往往需要用到另一带的控制点作为控制,因此必须将这些点换算到同一带中。

(3)大比例尺测图(1∶1万及更大比例尺)要求采用3°带,而国家控制点通常只有6°带的坐标,因此还产生3°带和6°带相互之间的换算。

在推导出了高斯投影正、反算公式后,邻带换算问题就很容易解决了。邻带换算的基本方法就是,首先按高斯投影反算公式,依据该点在Ⅰ带的高斯平面坐标$(x,y)_{\mathrm{I}}$求得该点的大地坐标(L,B),然后再按高斯投影正算公式,以Ⅱ带的中央子午线经度$(L_0)_{\mathrm{II}}$为准,算得该点在Ⅱ带的高斯平面坐标$(x,y)_{\mathrm{II}}$。其过程可表示为

$$(x,y)_{\mathrm{I}} \xrightarrow[\text{高斯投影反算}]{(L_0)_{\mathrm{I}}} (L,B) \xrightarrow[\text{高斯投影正算}]{(L_0)_{\mathrm{II}}} (x,y)_{\mathrm{II}}$$

(二)3°带与6°带的坐标换算

3°带的中央子午线,在奇数带与6°带中央子午线重合,在偶数带与6°带分带子午线重合。因此3°带与6°带的坐标换算分为两种情况。

1. 3°带中央子午线与6°带中央子午线重合

如图6-10所示,以123°经线为中央子午线的3°带第41带与6°带第21带的中央子午线重合。各投影带的坐标系不同是由于中央子午线的不同而造成的,二者的中央子午线一致了,它们的坐标系就是一致的。如果已知P_1在3°带第41带的坐标,求其在6°带第21带的坐标,则无须任何换算;反之亦然。

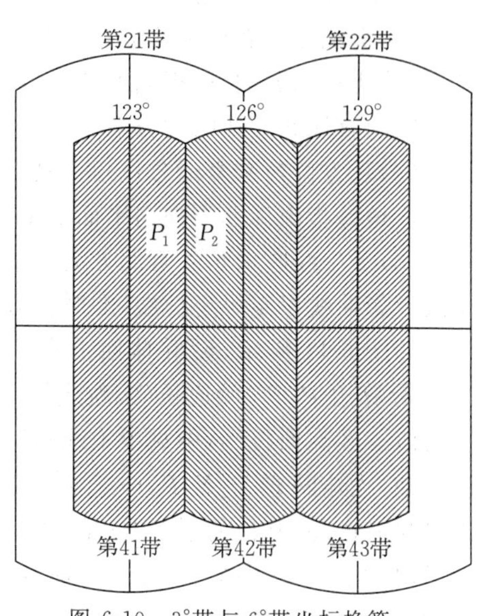

图6-10　3°带与6°带坐标换算

2. 3°带中央子午线与6°带分带子午线重合

如图6-10所示,3°带第42带的中央子午线与6°带第21带、第22带间的分带子午线重合。此时二者的坐标系不同。如果已知P_2点在3°带第42带的坐标欲求其在6°带第21带的坐标,则可以根据邻带换算的方法求出P_2点在3°带第41带的坐标,即可得到其在6°带第21带的坐标了。如果将6°带坐标化为3°带坐标,方法类同,不再重复。

(三)算例

具体算例如表 6-3 所示。

表 6-3 3°带与 6°带坐标换算算例 单位:m

椭球参数	3°带与 6°带中央子午线重合		3°带与 6°带重合分带子午线重合	
	3°带坐标	6°带坐标	3°带坐标	6°带坐标
克拉索夫斯基椭球	x =3 858 520.694 6 $y_{假定}$ =41 512 354.983 4	x =3 858 520.694 6 $y_{假定}$ =21 512 354.983 4	x =3 858 853.567 1 $y_{假定}$ =42 420 902.854 3	x =3 860 592.247 9 $y_{假定}$ =21 695 272.932 5
GRS 75 椭球		x = 3 858 520.694 6 $y_{假定}$ =21 512 354.983 4		x =3 860 592.177 1 $y_{假定}$ =21 695 266.464 4
GRS 80 椭球		x =3 858 520.694 6 $y_{假定}$ =21 512 354.983 4		x =3 860 592.175 1 $y_{假定}$ =21 695 266.281 3

§6-5 椭球面边角元素与高斯平面边角元素的关系

一、椭球面大地网至高斯平面的归算内容

根据第五章中“地面观测元素归算至椭球面”一节所介绍的方法,可以把野外的观测元素(水平方向、天顶距、地面长度和天文方位角等)归算到椭球面上,然后进行大地问题解算,从而就可以把由地面点构成的大地控制网化算成椭球面上由大地点构成的控制网了。然而由大地问题解算实践知,在椭球面上的大地问题解算非常复杂。此外,椭球面控制网也不能直接控制地形测图。为了满足控制地形测图及控制网计算简便的需求,需要利用高斯投影的方法进一步把椭球面上由大地线连接而成的大地网归算成平面上由直线段连接而成的平面大地网。下面具体分析这一归算过程应包含的计算内容。

首先介绍几个概念:

(1)真北方向和坐标北方向。所谓某点的真北方向就是指过该点的真子午线(大地子午线)北端所指的方向,即指向椭球北极的方向。坐标北方向则是指过高斯平面内一点平行于纵坐标轴的直线北端所指的方向。

(2)真方位角和坐标方位角。真方位角是指真子午线与大地线的夹角,即大地方位角。坐标方位角是指坐标北方向与平面上某一直线方向的夹角,从坐标北方向,顺时针量度为正。

(3)子午线收敛角。真北方向与坐标北方向间的夹角称为子午线收敛角,用 γ 表示。从子午线投影曲线量至纵坐标线,顺时针方向为正,逆时针方向为负。

如图 6-11 所示,设椭球面上有一大地网 $P_1P_2P_3P_4\cdots$,起算点 P_1 的大地坐标为(L_1, B_1),起算边 P_1P_2 的边长(大地线长)为 S_{12}、起始大地方位角为 A_{12},观测值为三角网各边的方向值。经高斯投影,中央子午线 OP_N 投影为纵坐标轴,即 x 轴,赤道 OP_E 投影为横坐标轴,即 y 轴,大地网 $P_1P_2P_3P_4\cdots$ 投影到平面上为 $P_1'P_2'P_3'P_4'\cdots$。由高斯投影正算知,除了中央子午线和赤道外,其他的子午线、平行圈及大地线均投影为曲线。因此,椭球面上由大地线连成的三角形各边投影后为相应的曲线(图中用虚线表示)。过 P_1 点的子午线 P_1P_N 投影为 $P_1'P_N'$,即真北方向,过 P_1' 做平行于纵坐标轴的直线 $P_1'L$,即坐标北方向。

因为高斯投影是正形投影,椭球面上三角形各角度投影后保持不变,所以高斯平面上由虚线组成的各角等于椭球面上对应的各角。大地线在平面上的投影通常不是直线而是曲线,即

图中的虚线，为了满足平面计算的要求，应首先用连接各点间的弦线（图中实线表示）代替曲线。为此必须在每个方向上加一定的改正，将曲线的方向改化成相应直线的方向。之后就要把大地网中的已知元素化算到平面上。将起算点的大地坐标化成平面坐标；然后，为了计算其他大地点的平面坐标，如求取 P'_2 的平面坐标（见图 6-11(b)）：

$$\left.\begin{aligned} x_2 &= x_1 + D_{12} \cdot \cos T_{12} \\ y_2 &= y_1 + D_{12} \cdot \sin T_{12} \end{aligned}\right\}$$

还应该确定平面三角形各平面边长及其坐标方位角，如 D_{12} 和 T_{12} 等。

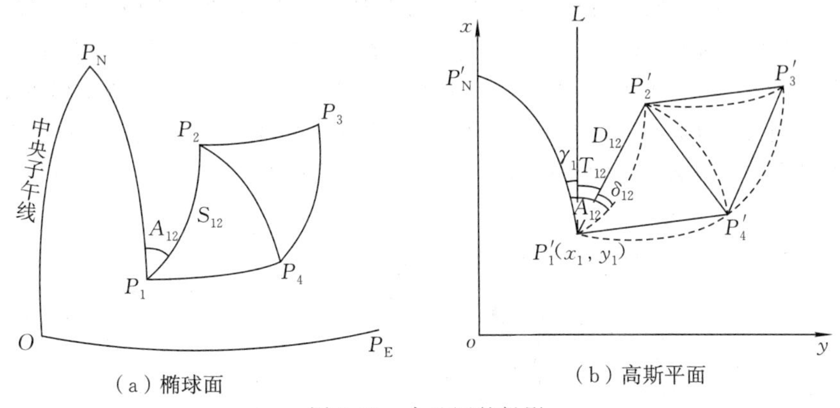

（a）椭球面　（b）高斯平面

图 6-11　大地网的投影

由上面的分析知，椭球面大地网归算到高斯平面，包括以下计算内容：

（1）高斯投影正算。将起算点 P_1 的大地坐标(L_1, B_1)，归算为相应投影点 P'_1的高斯平面直角坐标(x_1, y_1)，即高斯投影正算。

（2）方向改正。将椭球面三角形的各内角，归算为相应直线组成的平面三角形的各内角。此项计算内容实际上也就是将大地线投影曲线方向归算为它的弦线方向，即求投影曲线与弦线的夹角，称为方向改正或曲率改正，以 δ_{12}、δ_{13}、… 等表示。

（3）距离改正。将椭球面上起算边 P_1P_2 的大地线长度 S_{12}，归算为相应投影边 $P'_1P'_2$的平面线段的长度 D_{12}，将大地线长归算为平面弦长所加的改正，称为距离改正，以 ΔS 表示。

（4）平面子午线收敛角。将椭球面上起始边 P_1P_2 的大地方位角 A_{12}，归算为相应投影边 $P'_1P'_2$的平面坐标方位角 T_{12}，称为坐标方位角的计算，是通过计算该点的子午线收敛角 γ 及方向改正 δ 实现的。

经过上述计算，就将平面上由曲线组成的曲边三角形改成由直线组成的平面三角形了。于是三角形的解算和平面坐标的计算都可按平面三角公式进行，从而使大地测量计算大为简便。

由此可见，要将椭球面大地网归算到平面上，要进行坐标换算、方向改正、距离改正、子午线收敛角和坐标方位角等计算。坐标换算，即高斯投影正反算的内容，前面已经详细介绍过，下面分别讨论其余的计算内容。

二、方向改正

椭球面上两点间大地线方向归算至其平面上相应投影点间的弦线方向，所加的改正称为方向改正，以 δ_{ij} 表示。由于高斯投影的正形投影特性，大地线投影曲线的方向与原大地线方向一致,因此,方向改正也可理解为将大地线的投影曲线归算为相应两点间的弦线的过程,即求投影曲线与弦线的夹角。这个夹角是由于大地线投影曲线的弯曲而产生的,其大小和曲线曲率有关,所以又称其为曲率改正。可见,方向改正并不是由于投影变形引起的,而是投影后在平面上由曲线改为直线引起的。

高斯投影中的方向改正公式,其精度和形式随计算等级不同而不同。通常一等使用精密公式,二等使用较精密公式,三、四等使用近似公式。

(一)方向改正近似公式

如图 6-12(a)所示,将椭球近似为球,则大地线 P_1P_2 即为球面上的大圆弧,过 P_1、P_2 分别做正交于中央子午线的大圆弧 AP_1、BP_2,它们与赤道共同交于 P_E 点,ABP_2P_1 构成球面四边形。在图 6-12(b)中,大地线 P_1P_2 投影为曲线 $P'_1P'_2$。由于高斯投影的正形投影特性,大圆弧 AP_1 及 BP_2 投影为直线 $A'P'_1$ 及 $B'P'_2$,它们都垂直于 x 轴(因 P_E 点投影在无穷远处)。$A'B'P'_2P'_1$ 构成平面曲边四边形,其中 $P'_1P'_2$ 边为曲线。

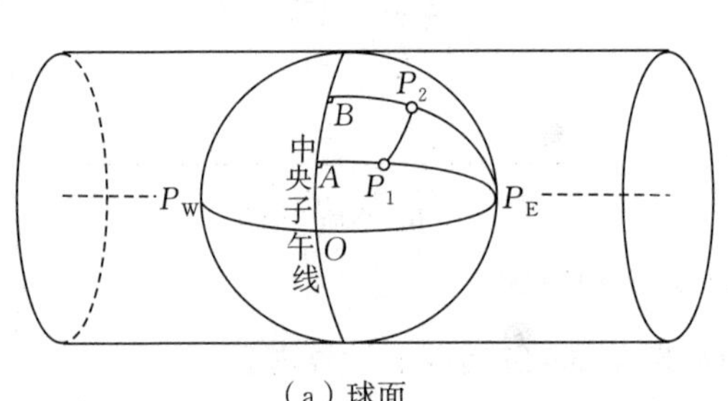

(a) 球面

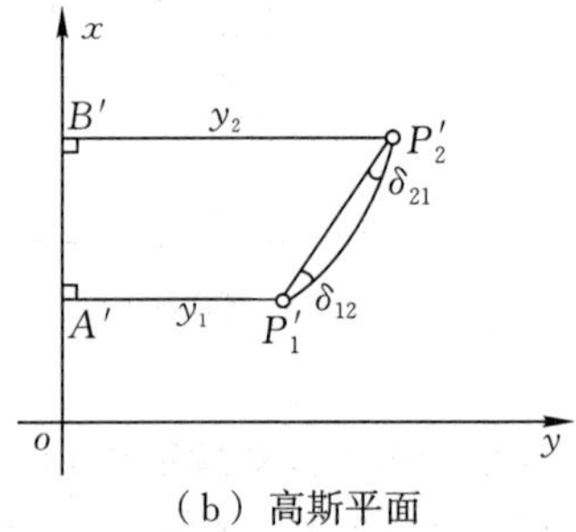

(b) 高斯平面

图 6-12　方向改正近似推导

设球面四边形的球面角超为 ε,大地线投影曲线 $P'_1P'_2$ 与其弦线 $\overline{P'_1P'_2}$ 的夹角为 δ_{12} 和 δ_{21},因是正形投影,所以有

$$360° + \varepsilon = 360° + \delta_{12} + \delta_{21} \tag{6-54}$$

设 $\delta_{12} = \delta_{21} = \delta$,则得

$$\delta = \frac{\varepsilon}{2}$$

式中,$\varepsilon = \frac{P}{R^2}$,其中 P 为球面四边形面积,因 ε 数值很小,P 可用平面四边形面积来代替,设 P'_1 和 P'_2 的平面坐标为 (x_1, y_1) 和 (x_2, y_2),则有

$$P = \frac{1}{2}(y_1 + y_2)(x_2 - x_1) = y_m(x_2 - x_1)$$

于是得

$$\delta = \frac{y_m}{2R_m^2}(x_2 - x_1) \tag{6-55}$$

式中,R_m 为两端点 P_1、P_2 平均纬度 B_m 处的平均曲率半径。

由上面推导得到的只是方向改正的绝对值。但实际上,由于大地线的位置和方向不同,δ 的数值可能为正也可能为负。为符合改正数以代数和形式出现的习惯,使计算所得的 δ 是加到观测方向上的改正数,必须顾及 δ 的符号。例如在图 6-12(b)中,因为方向观测值是顺时针方向增加的，由大地线方向 P_1P_2 归算至它的弦线方向 $\overline{P'_1P'_2}$ 时，其方向改正值 δ_{12} 的符号为负，同理，由 P_2P_1 归算至 $\overline{P'_2P'_1}$ 时，其方向改正值 δ_{21} 的符号为正。以(″)表示之，得方向改正的近似公式是

$$\left.\begin{aligned}\delta''_{12}&=-\frac{\rho'' y_{\mathrm{m}}}{2R_{\mathrm{m}}^{2}}(x_2-x_1)\\ \delta''_{21}&=\frac{\rho'' y_{\mathrm{m}}}{2R_{\mathrm{m}}^{2}}(x_2-x_1)\end{aligned}\right\}\tag{6-56}$$

该式的误差小于0.1″，通常用于三等及其以下三角测量计算。

由式(6-56)可见，边距中央子午线距离越远，方向改正值可能会越大。根据式(6-56)算出方向改正一些数值如表6-4所示。

表6-4　方向改正的数值列表

(x_2-x_1)/km δ''_{12}/(″) y_m/km	0	4	8	12	16	20	24	28	32	36	40
100	0.0	1.0	2.0	3.0	4.0	5.1	6.1	7.1	8.1	9.1	10.1
200	0.0	2.0	4.1	6.1	8.1	10.1	12.2	14.2	16.2	18.3	20.3
300	0.0	3.0	6.1	9.1	12.2	15.2	18.2	21.3	24.3	27.4	30.4

表中，(x_2-x_1) 大致与大地网的边长相当；y_{m} 大致为边距中央子午线的距离。由表6-4可以看出，对于各等三角测量计算，方向改正都不能忽略。

(二)方向改正精密公式

较精密公式的推导方法，多数文献都是采用近似公式作为微分方程，引入新坐标系和曲率半径公式，建立二阶微分方程，进而求解微分方程获解。推导过程比较繁琐，这里从略。

方向改正的较精密公式是

$$\left.\begin{aligned}\delta''_{12}&=-\frac{\rho''}{6R_{\mathrm{m}}^{2}}(x_2-x_1)(2y_1+y_2)\\ \delta''_{21}&=\frac{\rho''}{6R_{\mathrm{m}}^{2}}(x_2-x_1)(2y_2+y_1)\end{aligned}\right\}\tag{6-57}$$

中国二等三角网平均边长为13 km，当 $y_{\mathrm{m}}<250$ km时，式(6-57)精确至0.01″，常用于二等三角测量计算，若当 $y_{\mathrm{m}}>250$ km时，则需用精密公式(6-58)计算。

方向改正的精密公式是

$$\left.\begin{aligned}\delta''_{12}&=-\frac{\rho''}{6R_{\mathrm{m}}^{2}}(x_2-x_1)\left(2y_1+y_2-\frac{y_{\mathrm{m}}^{3}}{R_{\mathrm{m}}^{2}}\right)-\frac{\rho''\eta_{\mathrm{m}}^{2}t_{\mathrm{m}}}{R_{\mathrm{m}}^{3}}(y_2-y_1)y_{\mathrm{m}}^{2}\\ \delta''_{21}&=\frac{\rho''}{6R_{\mathrm{m}}^{2}}(x_2-x_1)\left(2y_2+y_1-\frac{y_{\mathrm{m}}^{3}}{R_{\mathrm{m}}^{2}}\right)+\frac{\rho''\eta_{\mathrm{m}}^{2}t_{\mathrm{m}}}{R_{\mathrm{m}}^{3}}(y_2-y_1)y_{\mathrm{m}}^{2}\end{aligned}\right\}\tag{6-58}$$

式(6-58)精确至0.001″，适用于一等三角测量计算。

(三)方向改正计算所需坐标的精度

计算方向改正必须预先知道点的平面坐标，然而要精确知道点的平面坐标，却又要先算出方向改正值，所以这是一对矛盾。解决这个矛盾的办法，就是采用逐次趋近计算。由于不同等级计算的精度要求不同，所以趋近次数也是不相同的，下面对所需的坐标精度做出分析。

由式(6-56),求全微分得

$$\Delta\delta''=\frac{\rho''}{2R^2}[y_m\cdot\Delta(x_2-x_1)+(x_2-x_1)\cdot\Delta y]$$

设

$$\Delta(x_2-x_1)=\Delta y=\Delta P$$

则有

$$\Delta\delta''=\frac{\rho''}{2R^2}\cdot\Delta P\cdot[y_m+(x_2-x_1)]$$

即

$$\Delta P=\frac{2R^2}{\rho''}\cdot\frac{\Delta\delta''}{y_m+(x_2-x_1)}$$

在三等三角测量中,要求 $\Delta\delta''=0.1''$,并设 $y_m=350$ km, $x_2-x_1=10$ km,则得 $\Delta P\approx 0.1$ km,由此可见,需将概略坐标计算到 0.1 km,即可满足三等方向改正计算的精度要求。同理,对于二等及一等来说,平面坐标精度分别要满足 10 m 和 1 m 的精度要求。事实上,对于大量的三等三角测量来说,由于对概略坐标的精度不高,因此可不必进行趋近计算。

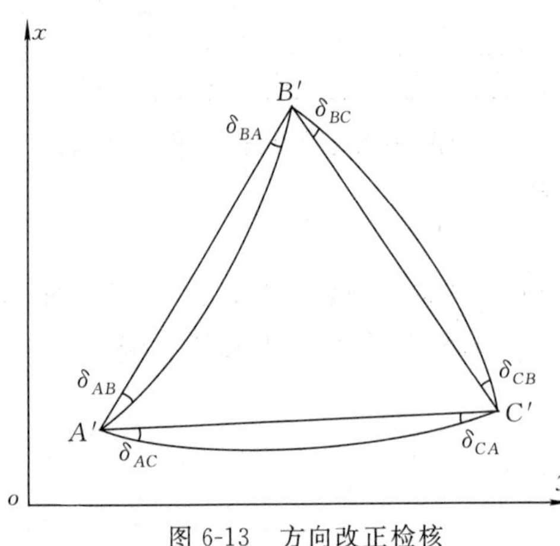

图 6-13　方向改正检核

(四)方向改正计算的检核公式

椭球面三角形内角之和为 $180°+\varepsilon$,正形投影至平面后由曲线组成的该三角形内角之和仍是 $180°+\varepsilon$。如图 6-13 所示,曲线边三角形 $A'B'C'$ 为椭球面三角形 ABC 在高斯平面上的投影,设各角的角度改正为 δ_A、δ_B、δ_C,它们分别等于相邻两边的方向改正之差,即

$$\left.\begin{aligned}\delta_A&=\delta_{AC}-\delta_{AB}\\\delta_B&=\delta_{BA}-\delta_{BC}\\\delta_C&=\delta_{CB}-\delta_{CA}\end{aligned}\right\}\tag{6-59}$$

椭球面三角形内角和为 $180°+\varepsilon$,加上角度改正后,成为直边三角形,其内角和为 180°,即

$$180°+\varepsilon+(\delta_A+\delta_B+\delta_C)=180°$$

则

$$\varepsilon=-(\delta_A+\delta_B+\delta_C)\tag{6-60}$$

式(6-60)表明,每一三角形的球面角超,等于该平面三角形各内角的角度改正之和的反号。利用式(6-60)可以检核方向改正和球面角超计算的正确性。

(五)实用公式

精确至 0.001″的公式是

$$\left.\begin{aligned}\delta''_{12}&=-\frac{\rho''}{6R_m^2}\left[(x_2-x_1)\left(2y_1+y_2-\frac{y_m^3}{R_m^2}\right)+\frac{6\eta_m^2t_m}{R_m}(y_2-y_1)y_m^2\right]\\\delta''_{21}&=-\delta''_{12}+\frac{\rho''}{6R_m^2}(x_2-x_1)(y_2-y_1)\end{aligned}\right\}\tag{6-61}$$

例如,已知 $x_1=3\ 602\ 547.8$, $y_1=298\ 960.0$, $x_2=3\ 584\ 223.0$, $y_2=323\ 655.4$, $R_m=$

32°25.5′，计算得 $\delta''_{12}=+14.294''$，$\delta''_{21}=-14.678''$。

检核

$$\sum\delta=\delta_1+\delta_2+\delta_3$$

$$=(16.430''-14.294'')+(-14.678''-2.577'')+(-2.523''+16.519'')=-1.123''$$

$$\varepsilon=+1.123''$$

两者绝对值相等，说明计算正确，如图 6-14 所示。由于舍入误差，有时两者可能相差 0.001″～0.002″，经检查无误后，可在大角度上进行配赋。

三、距离改正

高斯投影是一种正形投影，没有角度变形。但除中央子午线外，均存在长度变形。高斯投影的距离改正是与长度变形有关的，前面已经给出了长度比及长度变形的定义。下面导出长度比的具体数学解析式，来研究长度变形的规律、影响及限制变形的方法，进而导出距离改正公式。

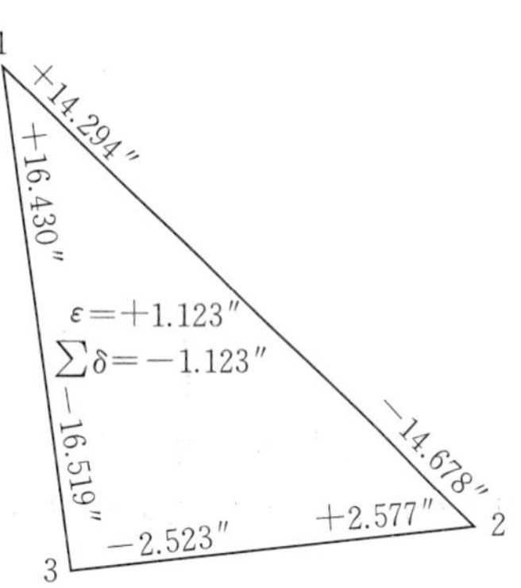

图 6-14　方向改正检核的实例

(一)长度比公式

前已指出，投影平面上某点处的弧素 $\mathrm{d}s$ 与椭球面上相应弧素 $\mathrm{d}S$ 之比，称为该点处的长度比，即 $m=\frac{\mathrm{d}s}{\mathrm{d}S}$。鉴于正形投影的长度比与方向无关，因此在推求长度比公式时，可以选择任意的方向。在式(6-16)中，给出了两个特殊方向的长度比公式。其中第一式是沿子午线方向的（$l=$常数），第二式是沿平行圈方向的($q=$常数)。结合高斯投影正算公式，显然对 l 求偏导数比较方便，因此在推导长度比公式时采用式(6-16) 的第二式比较简便。即

$$m^2=\frac{G}{r^2}=\frac{\left(\frac{\partial x}{\partial l}\right)^2+\left(\frac{\partial y}{\partial l}\right)^2}{N^2\cos^2B} \tag{6-62}$$

1. 由大地坐标 (B,l) 计算 m 的公式

由高斯投影正算公式(6-28)对 l 求偏导数得

$$\left.\begin{aligned}\frac{\partial x}{\partial l}&=N\sin B\cos Bl+\frac{N}{6}\sin B\cos^3B(5-t^2+9\eta^2+4\eta^4)l^3+\\&\quad\frac{N}{120}\sin B\cos^5B(61-58t^2+t^4)l^5\\\frac{\partial y}{\partial l}&=N\cos B+\frac{N}{2}\cos^3B(1-t^2+\eta^2)l^2+\\&\quad\frac{N}{24}\cos^5B(5-18t^2+t^4+14\eta^2-58\eta^2t^2)l^4\end{aligned}\right\} \tag{6-63}$$

式中，将求得的 $\frac{\partial x}{\partial l}$ 和 $\frac{\partial y}{\partial l}$ 略去 l^5 和 η^2l^3 项，除以 $N\cos B$，平方后可得

$$\frac{\left(\frac{\partial x}{\partial l}\right)^2}{N^2\cos^2B}=l^2\sin^2B+\frac{l^4}{3}\sin^2B\cos^2B(5-t^2)$$

$$\frac{\left(\frac{\partial y}{\partial l}\right)^2}{N^2\cos^2 B}=\left[1+\frac{l^2}{2}\cos^2 B(1-t^2+\eta^2)+\frac{l^4}{24}\cos^4 B(5-18t^2+t^4)\right]^2$$

$$=1+l^2\cos^2 B(1-t^2+\eta^2)+\frac{l^4}{4}\cos^4 B(1-t^2)^2+\frac{l^4}{12}\cos^4 B(5-18t^2+t^4)$$

$$=1+l^2\cos^2 B(1-t^2+\eta^2)+\frac{l^4}{3}\cos^4 B(2-6t^2+t^4)$$

上式代入式(6-62),得

$$m^2=1+l^2\cos^2 B(1-t^2+\eta^2)+l^2\sin^2 B+\frac{l^4}{3}\cos^4 B(2-6t^2+t^4)+\frac{l^4}{3}\sin^2 B\cos^2 B(5-t^2)$$

$$=1+l^2\cos^2 B(1+\eta^2)+\frac{l^4}{3}\cos^4 B(2-t^2)$$

$$m=\left[1+l^2\cos^2 B(1+\eta^2)+\frac{l^4}{3}\cos^4 B(2-t^2)\right]^{\frac{1}{2}}$$

上式即为由大地坐标(B,l)计算长度比 m 的近似公式。如果在推导公式时再多顾及一项,则可以得到精度更高的长度比 m 的计算公式。

按二项式定理 $(1+x)^{\frac{1}{2}}=1+\frac{1}{2}x-\frac{1}{8}x^2+\cdots$ 展开上式得

$$m=1+\frac{1}{2}\left[l^2\cos^2 B(1+\eta^2)+\frac{l^4}{3}\cos^4 B(2-t^2)\right]-\frac{l^2}{8}[\cos^2 B(1+\eta^2)]^2$$

$$=1+\frac{l^2}{2}\cos^2 B(1+\eta^2)+\frac{l^4}{6}\cos^4 B(2-t^2)-\frac{l^4}{8}\cos^4 B$$

$$=1+\frac{l^2}{2}\cos^2 B(1+\eta^2)+\frac{l^4}{24}\cos^4 B(5-4t^2)$$

如 l 以秒为单位,则得

$$m=1+\frac{l''^2}{2\rho''^2}\cos^2 B(1+\eta^2)+\frac{l''^4}{24\rho''^4}\cos^4 B(5-4t^2) \tag{6-64}$$

这就是用大地坐标表示的长度比公式。

2. 由高斯平面坐标(x,y)计算 m 的公式

由高斯投影正算公式(6-28)的第二式,略去 l^5 项,得

$$y=N\cos Bl+\frac{N}{6}\cos^3 B(1-t^2+\eta^2)l^3=Nl\cos B\left[1+\frac{l^2}{6}\cos^2 B(1-t^2+\eta^2)\right]$$

则

$$l\cos B=\frac{y}{N}\left[1+\frac{l^2}{6}\cos^2 B(1-t^2+\eta^2)\right]^{-1}=\frac{y}{N}\left[1-\frac{l^2}{6}\cos^2 B(1-t^2+\eta^2)\right]$$

式中右侧的 $l\cos B$ 以$\frac{y}{N}$ 代入得

$$\frac{l''}{\rho''}\cos B=\frac{y}{N}-\frac{y^3}{6N^3}(1-t^2+\eta^2)$$

从而有

$$\frac{l''^2}{\rho''^2}\cos^2 B=\frac{y^2}{N^2}-\frac{y^4}{3N^4}(1-t^2+\eta^2)$$

$$\frac{l''^4}{\rho''^4}\cos^4 B=\frac{y^4}{N^4}$$

代入式(6-64)，可得

$$m=1+\frac{1}{2}\left[\frac{y^2}{N^2}-\frac{y^4}{3N^4}(1-t^2+\eta^2)\right](1+\eta^2)+\frac{y^4}{24N^4}(5-4t^2)$$

即

$$m=1+\frac{y^2}{2N^2}(1+\eta^2)+\frac{y^4}{24N^4} \tag{6-65}$$

顾及

$$\frac{1}{R^2}=\frac{V^2}{N^2}=\frac{1}{N^2}(1+\eta^2)$$

代入上式，并以 R^4 代 N^4，于是得到用高斯平面坐标表示的长度比公式

$$m=1+\frac{y^2}{2R^2}+\frac{y^4}{24R^4} \tag{6-66}$$

表 6-5 给出了长度比的大约数值。

表 6-5　长度比的数值列表

m　B/(°)　y/km	20	30	40	50
50	1.000 031	1.000 031	1.000 031	1.000 031
100	1.000 124	1.000 123	1.000 123	1.000 123
200	1.000 494	1.000 493	1.000 492	1.000 491
300	1.001 112	1.001 110		
350	1.001 514			

(二)变形特性

将某点长度比与1之差 $(m-1)$ 称为该点处的长度变形。式(6-66)有助于进一步认识和分析高斯投影长度变形的规律。式(6-66)表明长度比 m 随点的位置不同而变化，但在一点上与方向无关(这同正形投影条件一致)。当 $y=0$ 时，$m=1$，即中央子午线投影后长度不变(这同高斯投影本身的条件是一致的)。当 $y\neq 0$ 时，不论 y 的值为正还是为负，m 恒大于1，即离开中央子午线的微分线段投影后均变长了。由式(6-66)，长度变形 $(m-1)$ 与 y^2 成比例地增大，说明对任一子午线来说，离开中央子午线越远，则长度变形越大，亦即对于除中央子午线外的任一子午线，在赤道处有最大变形。

长度变形是有害的，但它是客观存在的，不能违背这个规律使其完全消失。为此，在实际作业中，只好对长度变形加以适当的限制，使它在测图和用图时的影响很小，以至可以忽略。限制长度变形的方法，就是分带投影。

前已指出，中国投影分带主要有6°带和3°带两种。对于1∶2.5万至1∶10万比例尺的国家基本图采用6°带，在1∶1万和更大比例尺地形图，采用3°带。鉴于长度变形在低纬度地区比较大这一情况，在中国南部北纬20°及其以南地区，在测图和用图时应该注意这种影响。例如，由式(6-66)知 $m-1\approx\frac{y^2}{2R^2}$，在北纬20°位于6°分带子午线附近的地区，其长度变形 $m-1$

可达$\frac{1}{820}$。这个数值是较大的,对于1∶2.5万和1∶5万图都不能忽视。例如,此时10 km的边长将有12.2 m的长度变形。它在1∶2.5万地图上约为0.5 mm。通常要求图上的点位成图误差(绘图误差)小于0.2 mm,因此在测图或用图中必须顾及这种影响。

对于3°带,在纬度20°及其以南地区,3°带的边缘长度变形仍达到1/3 300。这一变形对于1∶5 000及更大比例尺的测图和用图来说仍然不能忽视,为此也必须加以相应的改正,或采用1.5°带或城市独立高斯直角坐标系(即选取测区中心的子午线作为投影的中央子午线),以使长度变形满足测图需要。

(三)距离改正公式

1. 公式推导

如图6-15所示,设S为椭球面上两点P_1、P_2间的大地线长,s为高斯投影平面上相应两投影点P'_1、P'_2间的投影曲线长,D为投影曲线P'_1、P'_2间的弦长。

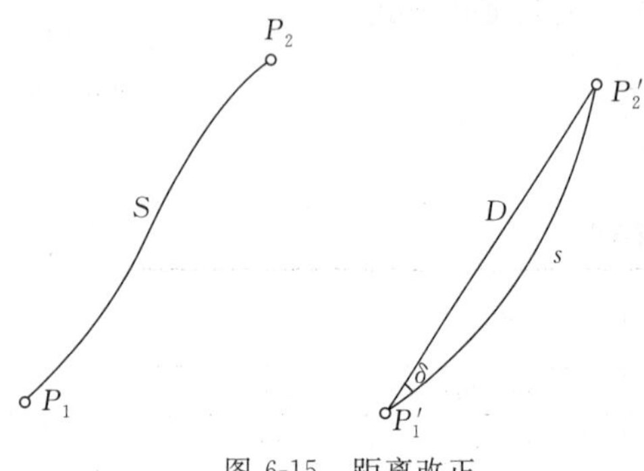

图6-15 距离改正

将大地线长S归算为平面弦长D所加的改正,称为距离改正,以ΔS表示。

由于高斯投影的长度比在一般情况下恒大于1,因此有如下的关系

$$S < s > D$$

我们的目的是要得出S与D的关系。在推证过程中,先研究S与s的关系,然后再研究s与D的关系。最后导出距离改正ΔS的计算公式。

由长度比的定义有

$$\mathrm{d}s = m\,\mathrm{d}S$$

积分之,得

$$s = \int_{P_1}^{P_2} m\,\mathrm{d}S = \int_0^S m\,\mathrm{d}S \tag{6-67}$$

实践中,有一些函数,当其积分不易求时,可按照所需的精度计算其定积分的近似值。式(6-67)中,m随点的位置而变,但是当投影区域不大时,它的变化是很缓慢的。例如,当$y=300$ km,P_1、P_2两点纬差达1°时,两点长度比之差小于4×10^{-7}。因此利用近似积分方法可以满足所需的精度。现按辛普森近似积分公式求解式(6-67)。

辛普森近似积分公式是用抛物线弧段代替积分区域$[x_1,x_2]$上的复杂曲线$y=f(x)$,从而求解定积分的一种近似公式。该抛物线经过$y_1=f(x_1)$,$y_2=f(x_2)$,$y_0=f(x_0)$三点,其中,$x_0=\frac{x_1+x_2}{2}$,即将$[x_1,x_2]$分成两个区段。易得,该抛物线在$[x_1,x_2]$上的定积分为$\frac{(x_2-x_1)}{6}(y_1+4y_0+y_2)$。将该抛物线的定积分作为$f(x)$的近似积分值,有

$$\int_{x_1}^{x_2} f(x)\,\mathrm{d}x = \frac{(x_2-x_1)}{6}(y_1+4y_0+y_2)$$

上式即为辛普森近似积分公式。

按辛普森近似积分公式,将式(6-67)的积分区间分为两段,每段长各为$\frac{S}{2}$,则有

$$s=\frac{S}{6}(m_1+4m_m+m_2) \tag{6-68}$$

式中，m_1、m_2分别为P_1及P_2点的长度比，m_m为大地线中点的长度比。

现在推导s与D的关系，如图6-16所示，曲线$P'_1P'_2$为大地线P_1P_2的投影曲线，近似为圆弧形，O为圆弧的圆心，F为圆弧的中点，δ表示曲率改正，于是$\angle P'_1OF$也为δ，因而有如下关系

$$\sin\delta=\frac{\frac{D}{2}}{R}=\frac{D}{2R},\quad R=\frac{s}{2\delta}$$

由上两式可得

$$D=\frac{s\sin\delta}{\delta}$$

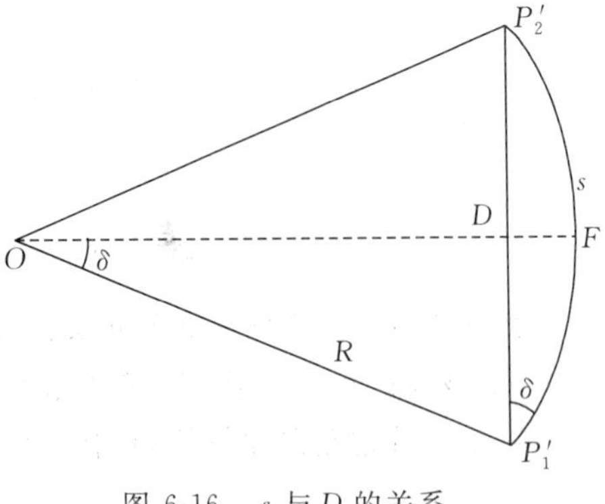

图 6-16　s与D的关系

而

$$\sin\delta=\delta-\frac{\delta^3}{3!}+\frac{\delta^5}{5!}-\frac{\delta^7}{7!}+\cdots$$

取$\delta=30''=0.000\,15$ rad，$s=40$ km，则$\frac{\delta^2}{3!}s=0.15$ mm，一等三角测量边长要求计算至毫米，故该项及更高阶项均可以略去，所以在计算中可视

$$D=s \tag{6-69}$$

将式(6-68)中s换成D得

$$D=\frac{S}{6}(m_1+4m_m+m_2) \tag{6-70}$$

又按式(6-66)有

$$m_1=1+\frac{y_1^2}{2R_1^2}+\frac{y_1^4}{24R_1^4}$$

$$m_m=1+\frac{y_m^2}{2R_m^2}+\frac{y_m^4}{24R_m^4}$$

$$m_2=1+\frac{y_2^2}{2R_2^2}+\frac{y_2^4}{24R_2^4}$$

代入式(6-70)，并将$\frac{1}{R_1^2}$和$\frac{1}{R_2^2}$以$\frac{1}{R_m^2}$近似替换，得

$$D=\frac{S}{6}\left(6+\frac{y_1^2}{2R_m^2}+4\frac{y_m^2}{2R_m^2}+\frac{y_2^2}{2R_m^2}+\frac{y_1^4}{24R_m^4}+4\frac{y_m^4}{24R_m^4}+\frac{y_2^4}{24R_m^4}\right)$$

设

$$y_m=\frac{y_1+y_2}{2},\quad \frac{\Delta y}{2}=\frac{y_2-y_1}{2}$$

则

$$y_1=y_m-\frac{\Delta y}{2},\quad y_2=y_m+\frac{\Delta y}{2}$$

$$y_1^2+y_2^2=2y_m^2+\frac{\Delta y^2}{2}$$

又 y^4 项甚小,故以 $y_m^4=\dfrac{y_1^4+y_2^4}{2}$ 代之,于是可得

$$D=S\left(1+\frac{y_m^2}{2R_m^2}+\frac{\Delta y^2}{24R_m^2}+\frac{y_m^4}{24R_m^4}\right) \tag{6-71}$$

即

$$\Delta S=D-S=S\left(\frac{y_m^2}{2R_m^2}+\frac{\Delta y^2}{24R_m^2}+\frac{y_m^4}{24R_m^4}\right) \tag{6-72}$$

式(6-72)就是高斯投影的距离改正公式。当 $S<70$ km 和 $y_m<350$ km 时,该式误差小于 0.001 m,故该式适用于一等边角测量计算。

对于二等边角测量计算,可将式(6-72)的末项去掉,即

$$\Delta S=D-S=S\left(\frac{y_m^2}{2R_m^2}+\frac{\Delta y^2}{24R_m^2}\right) \tag{6-73}$$

对于三等边角测量计算,仅取第一项即可

$$\Delta S=D-S=\frac{y_m^2}{2R_m^2}S \tag{6-74}$$

从以上公式看出:$y=0$ 时,$\Delta S=0$,即中央子午线上距离改正为0;当 $y\neq 0$ 时,$\Delta S>0$,即离开中央子午线,距离改正恒为正值。当 $y_m=300$ km,$S=5$ km,取 $R_m=6\,400$ km,则经过距离改正计算可得 $\Delta S=6$ m。可见距离改正在各等计算中都不容忽略。

顺便指出,欲要将平面弦长 D 化为大地线长 S,则有

$$S=D-\Delta S \tag{6-75}$$

2. *距离改正计算所需坐标的精度*

为了计算距离改正,就要知道点的平面坐标。由于距离改正的数值不大,对点的坐标精度的要求不高,只要知道坐标的近似值就可。下面分析坐标要求精确的程度。

由式(6-74)可得

$$\Delta(D-S)=\frac{2y_m}{2R_m^2}S\Delta y$$

即

$$\Delta y=\frac{R_m^2}{y_m S}\Delta(D-S)$$

设 $y_m=350$ km, $S=50$ km,取 $R_m=6\,400$ km,对于一等测量计算,令 $\Delta(D-S)=0.001$ m,则得 $\Delta y=2.34$ m;同时可以得出,对于二、三等测量计算,Δy 分别为 23.4 m 和 234 m。因此,坐标概略到 1 m、10 m、100 m,就能分别满足一、二、三等测量计算的要求。大量计算中,为防止坐标积累误差,往往将概略坐标计算到 0.1 m、1 m 和 10 m。由前分析可知,这种概略坐标精度,还可以满足同等级方向改正的测量计算要求。

3. *实用公式*

现给出精确至 0.001 m 的实用公式

$$D=S\left[1+\frac{1}{2}\left(\frac{y_m}{R_m}\right)^2+\frac{1}{24}\left(\frac{\Delta y}{R_m}\right)^2+\frac{1}{24}\left(\frac{y_m}{R_m}\right)^4\right] \tag{6-76}$$

式中，$R_m = \frac{c}{1+e'^2\cos^2 B_m}$。如果 B_m 未知，可取 $X=\frac{1}{2}(x_1+x_2)$ 按由子午线弧长反求纬度的公式求出 B_m。

例如：已知 $y_1 = 269\,759.6$ m，$y_2 = 297\,219.7$ m，$B_m = 31°27'$，$S = 34\,862.820$ m，算得 $D = 34\,897.394$ m。或：已知 $x_1 = 3\,496\,205.1$ m，$y_1 = 269\,759.6$ m，$x_2 = 3\,474\,669.9$ m，$y_2 = 297\,219.7$ m，$S = 34\,862.820$ m，算得 $D = 34\,897.394$ m。

四、平面子午线收敛角

在计算坐标方位角时，需用到平面子午线收敛角，下面导出其计算公式。

如图 6-17 所示，在高斯投影平面上，过 P' 点的子午线投影曲线 $P'P'_N$（$l=$常数的曲线）与纵坐标线 $P'L$ 间的夹角 γ，即为高斯平面子午线收敛角。因为高斯投影为正形投影，故子午线与平行圈投影后（即 $P'P'_N$ 与 $P'P'_E$ 曲线）仍正交，于是 $P'P'_E$ 与横坐标线 $P'R$ 间的夹角亦为 γ。平面子午线收敛角用于大地方位角和平面坐标方位角间的相互换算。平面子午线的收敛角可由大地坐标（L，B）算得，也可由平面坐标（x，y）算得。下面分别推导它们的公式。

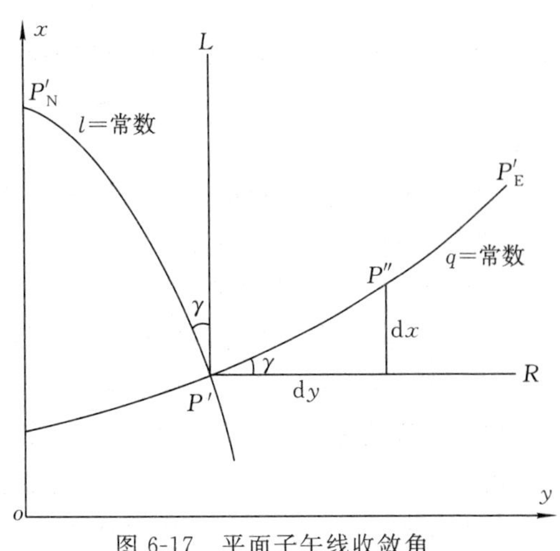

图 6-17　平面子午线收敛角

（一）由大地坐标（L，B）计算 γ 的公式

如图 6-17 所示，在平行圈投影曲线 P' 点上，根据一阶导数的几何意义可得

$$\tan\gamma = \frac{dx}{dy}$$

对 $x = f_1(q,l)$，$y = f_2(q,l)$ 取全微分得

$$dx = \frac{\partial x}{\partial q}dq + \frac{\partial x}{\partial l}dl$$

$$dy = \frac{\partial y}{\partial q}dq + \frac{\partial y}{\partial l}dl$$

在平行圈曲线 $P'P'_E$ 上，B 为常数，故此时 $dq=0$，于是

$$dx = \frac{\partial x}{\partial l}dl$$

$$dy = \frac{\partial y}{\partial l}dl$$

因此有

$$\tan\gamma = \frac{\dfrac{\partial x}{\partial l}}{\dfrac{\partial y}{\partial l}} \tag{6-77}$$

由式(6-63)已经求得了 x、y 对 l 的偏导数，代入式(6-77)，经整理后得

$$\tan\gamma = \sin B \cdot l + \frac{1}{3}\sin B\cos^2 B(1+t^2+3\eta^2+2\eta^4)l^3 + \frac{1}{15}\sin B\cos^4 B(2+4t^2+2t^4)l^5$$

设

$$\tan\gamma = x$$

则

$$\gamma = \tan^{-1}x = x - \frac{1}{3}x^3 + \frac{1}{5}x^5 + \cdots = \tan\gamma - \frac{1}{3}\tan^3\gamma + \frac{1}{5}\tan^5\gamma + \cdots$$

可得

$$\gamma'' = l''\sin B\left[1 + \frac{l''^2\cos^2 B}{3\rho''^2}(1+3\eta^2+2\eta^4) + \frac{l''^4\cos^4 B}{15\rho''^4}(2-t^2)\right] \tag{6-78}$$

式(6-78)即为由大地坐标(L,B)计算平面子午线收敛角γ的公式,由此可知:

(1) 当$l=0$时,$\gamma=0$,当$B=0$时,$\gamma=0$。即在中央子午线上和在赤道上,子午线收敛角均为0。

(2) γ为l的奇次函数,当点P在中央子午线以东时,l为正,则γ也为正;当点P在中央子午线以西时,l为负,则γ也为负。

(3)当纬度B不变时,点P与中央子午线的经差l越大,则γ值也越大。

(4)当l不变时,纬度越高,则γ值也越大,在极点处γ最大。

式(6-78)在$l \leqslant 3.5°$时,可精确至$0.001''$;当$l \leqslant 2°$时,l^5项小于$0.001''$,可略去。

(二)由平面坐标(x,y)计算γ的公式

由平面坐标x、y计算子午线收敛角的公式可直接用式(6-78)变化求得。在式(6-78)中把l换为直角坐标,把B换为B_f即得。下面推求至y^3项的公式。

B换为B_f的方法是用泰勒级数将$\sin B$展开,即

$$\sin B = \sin[B_f - (B_f - B)] = \sin B_f - \cos B_f(B_f - B) - \cdots$$

式中$(B_f - B)$由式(6-46)第一式取主项有

$$(B_f - B) = \frac{t_f}{2M_f N_f}y^2 = \frac{t_f}{2N_f^2}y^2(1+\eta_f^2)$$

代入得

$$\sin B = \cos B_f\left[t_f - \frac{t_f}{2N_f^2}y^2(1+\eta_f^2) - \cdots\right] \tag{6-79}$$

同理

$$\begin{aligned}\cos B &= \cos[B_f - (B_f - B)] = \cos B_f + \sin B_f(B_f - B) - \cdots \\ &= \cos B_f + \sin B_f\frac{t_f}{2M_f N_f}y^2 = \cos B_f\left[1 + \frac{t_f^2}{2M_f N_f}y^2\right]\end{aligned} \tag{6-80}$$

l换为直角坐标,采用式(6-46)第二式,即

$$\left.\begin{aligned} l''\cos B_f &= \frac{\rho''}{N_f}y - \frac{\rho''}{6N_f^3}y^3(1+2t_f^2+\eta_f^2) + \cdots \\ l''\cos^2 B_f &= \frac{\rho''^2}{N_f^2}y^2 - \cdots \end{aligned}\right\} \tag{6-81}$$

将式(6-79)、式(6-80)和式(6-81)代入式(6-78),略去$l^3\eta^4$以上的项得

$$\gamma''=\left[\frac{\rho''}{N_f}y-\frac{\rho''}{6N_f^3}y^3(1+2t_f^2+\eta_f^2)\right]\cdot\left[t_f-\frac{t_f}{2N_f^2}y^2(1+\eta_f^2)\right]\cdot\left[1+\frac{1}{3N_f{}^2}y^2(1+3\eta_f^2)\right]$$

$$=\frac{\rho''y}{N_f}t_f-\frac{\rho''y^3}{6N_f^3}t_f(1+2t_f^2+\eta_f^2)-\frac{\rho''y^3}{2N_f^3}t_f(1+\eta_f^2)+\frac{\rho''y^3}{3N_f^3}t_f(1+3\eta_f^2)$$

最后得

$$\gamma''=\frac{\rho''y}{N_f}t_f-\frac{\rho''y^3}{3N_f^3}t_f(1+t_f^2-\eta_f^2) \tag{6-82}$$

如将公式推求至 y^5，则有

$$\gamma''=\frac{\rho''y}{N_f}t_f-\frac{\rho''y^3}{3N_f^3}t_f(1+t_f^2-\eta_f^2)+\frac{\rho''y^5}{15N_f^5}t_f(2+5t_f^2+3t_f^4) \tag{6-83}$$

由式(6-82)计算 γ 精度可达 $1''$，由式(6-83)计算 γ 精度可达 $0.001''$。式中有下标“f”的，其意义同高斯投影反算公式，表示由底点纬度算得。

(三)实用公式

式(6-78)和式(6-83)均可作为计算机编程的实用公式，其精度为 $0.001''$。对于式(6-83)中的 B_f 值，可按 $x=X$，根据迭代公式或直接公式算得。

例如，已知 $L=113°50'26.268''$，$B=31°33'22.293''$，按式(6-78)计算得 $\gamma=+1°29'14.992''$。已知 $x=3\ 496\ 205.167$ m，$y=269\ 759.797$ m，按式(6-83)计算得 $\gamma=+1°29'14.992''$。

五、坐标方位角的计算

如图6-18所示，曲线 $P'_1P'_N$ 与直线 P'_1L 的夹角为 P'_1 点的平面子午线收敛角 γ_1，P'_1L 与 $\overline{P'_1P'_2}$ 弦线夹角为 P'_1 点在 $P'_1P'_2$ 方向的平面坐标方位角 T_{12}。由于高斯投影是正形投影，所以在平面上 $P'_1P'_N$ 与投影曲线 $\overset{\frown}{P'_1P'_2}$（见图6-18中虚线）的夹角和投影前椭球面上 P_1P_N 与 P_1P_2 的夹角相等，即大地方位角 A_{12}。由图6-18可得

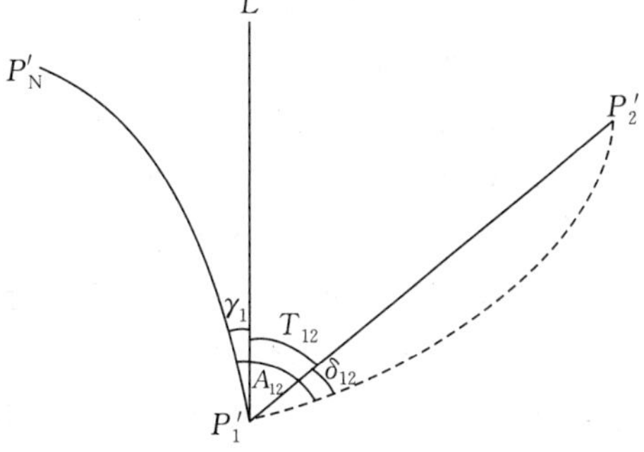

图6-18　坐标方位角的计算

$$T_{12}=A_{12}-\gamma_1-|\delta_{12}|$$

图6-18中的方向改正 δ_{12} 为负号，故由 A_{12} 求 T_{12} 按下式计算

$$T_{12}=A_{12}-\gamma_1+\delta_{12} \tag{6-84}$$

椭球面三角网归算到高斯平面时，在起算边上需要按式(6-84)计算坐标方位角，而大地方位角 A_{12}，按拉普拉斯方位角公式(5-67)，由实测天文方位角 α_{12} 求得，即

$$A_{12}=\alpha_{12}-(\lambda_1-L_1)\sin\varphi_1$$

综合以上两式得

$$T_{12}=\alpha_{12}-(\lambda_1-L_1)\sin\varphi_1-\gamma_1+\delta_{12} \tag{6-85}$$

式(6-85)即是由天文方位角计算平面坐标方位角的计算公式。式中 λ_1、L_1 为 P_1 点的天文经度和大地经度，γ_1 为 P_1 点的子午线收敛角。

§6-6 UTM 投影

一、UTM 投影的概念

高斯投影也称为横墨卡托投影,几何上可近似理解为等角横切圆柱投影。

通用横墨卡托投影,简称 UTM 投影,几何上可以理解为等角横轴割圆柱投影,圆柱割地球(视为球体)于南纬 80°、北纬 84°两条纬圈上,如图 6-19 所示。投影后,圆柱面与地球表面的两条交线(近似为两条子午线)上没有变形,中央子午线上长度比将小于 1。

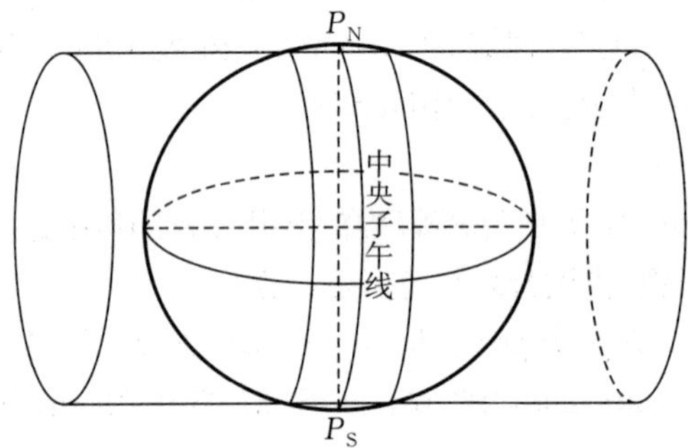

图 6-19 UTM 投影的几何描述

UTM 投影的条件是:

(1)正形条件。

(2)中央子午线投影为一直线。

(3)中央子午线投影后长度比为 0.999 6。

中央子午线投影长度比不等于 1,而等于 0.999 6,使得整个投影带的长度比普遍减小了万分之四,因而克服了高斯投影长度变形大的缺点,满足了地形图对长度变形的要求。

UTM 投影的分带方法与高斯投影相似,将北纬 84°至南纬 80°之间按经度分为 60 个带,每带 6°。从 180°经线开始向东将这些投影带编号,从 1 编至 60(北京处于第 50 带)。为了避免横坐标出现负值,UTM 投影规定将坐标纵轴西移 500 km,在南半球,还要将横轴南移 10 000 km。

目前,中国应用的某些国外软件(如 ArcInfo)和国外仪器的配套软件(如多波束测量数据处理软件),往往不支持高斯投影,但支持 UTM 投影。中国的卫星影像资料常采用 UTM 投影。

二、UTM 投影计算公式

UTM 投影与高斯投影之间没有实质性的差别,前两个条件与高斯投影相同,只是第三个条件与高斯投影不同,即中央子午线投影长度比不等于 1,而等于 0.999 6。可见 UTM 投影与高斯投影之间是一种相似变换关系,据此可以根据高斯投影的有关公式直接写出 UTM 投影的计算公式。

(1)UTM 投影正算可先按高斯投影正算公式计算出高斯平面坐标 $(x_{\text{Gauss}}, y_{\text{Gauss}})$,再按下式计算 UTM 平面坐标 $(x_{\text{UTM}}, y_{\text{UTM}})$

$$x_{UTM}=0.999\,6x_{Gauss}$$
$$y_{UTM}=0.999\,6y_{Gauss} \tag{6-86}$$

(2)UTM 投影反算可先按下式由 (x_{UTM},y_{UTM}) 计算相应的(x_{Gauss},y_{Gauss})

$$x_{Gauss}=x_{UTM}/0.999\,6$$
$$y_{Gauss}=y_{UTM}/0.999\,6 \tag{6-87}$$

再按高斯投影反算公式计算 (L,B)。

(3)UTM 投影的方向改正公式与高斯投影的方向改正公式是一致的，式中的坐标不需进行式(6-87)的化算，因为方向改正是投影后的曲线化为直线所加的改正，本质上与投影方法无关。

(4)UTM 投影的长度比 m_{UTM} 与高斯投影的长度比 m_{Gauss} 的关系式为

$$m_{UTM}=0.999\,6m_{Gauss} \tag{6-88}$$

(5)UTM 投影的距离改正计算可先按式(6-87)改化坐标后按高斯投影距离改正公式计算得高斯平面距离 D_{Gauss}，再按下式计算 UTM 平面距离

$$D_{UTM}=0.999\,6D_{Gauss} \tag{6-89}$$

(6)UTM 投影的平面子午线收敛角公式与高斯投影的子午线收敛角公式完全一致。

UTM 投影的长度变形可用式(6-88)加以分析，表 6-6 给出了不同经度和纬度情况下的长度变形值。

表 6-6　长度变形的数值列表

长度变形 / 经差 l/(°) / 纬度 B/(°)	0	1	2	3
90	−0.000 40	−0.000 40	−0.000 40	−0.000 40
80	−0.000 40	−0.000 40	−0.000 38	−0.000 36
70	−0.000 40	−0.000 38	−0.000 33	−0.000 24
60	−0.000 40	−0.000 36	−0.000 25	−0.000 06
50	−0.000 40	−0.000 34	−0.000 15	+0.000 17
40	−0.000 40	−0.000 31	−0.000 04	+0.000 41
30	−0.000 40	−0.000 28	+0.000 06	+0.000 63
20	−0.000 40	−0.000 27	+0.000 14	+0.000 81
10	−0.000 40	−0.000 26	+0.000 19	+0.000 94
0	−0.000 40	−0.000 25	+0.000 21	+0.000 98

由表(6-6)可知，中央子午线长度变形为−0.000 40，即中央子午线长度比为 0.999 6，这是为了使得 $B=0°$，$l=3°$ 处的最大变形值小于 0.001 而选择的数值。两条割线(它们在赤道上离中央子午线大约±180 km，即约±1°40′处)上没有长度变形，离开这两条割线越远，变形越大。在两条割线以内长度变形为负值，在两条割线之外长度变形为正值。

第七章 大地坐标系的建立

为了描述一个事件的状态，需指明以什么作为参考。在大地测量中，除了选择参考物外，还需要进行空间定位定向并规定度量单位（如时间尺度、空间尺度等），于是我们在地球上建立了参考坐标系（也称为参考系或坐标系，这里先将这些概念理解为同义词）。坐标系的选取完全是人为的，从数学观点看，并没有理由评价坐标系的优劣，但从物理和实用的观点来看，应视研究问题的可行和方便选取合理的参考系。

本章讨论了经典大地坐标系和现代大地坐标系的建立原理，推导了不同大地坐标系间的转换模型，并介绍了国际上的大地坐标系和中国的大地坐标系。

§7-1 大地坐标系中的欧拉角

一、用矢量分析法讨论坐标转换问题

如图 7-1 所示，设有两个空间直角坐标系，分别为 $O—XYZ$ 和 $O—X'Y'Z'$，我们只讨论坐标的旋转变换，故设其原点相同。$O—X'Y'Z'$ 的各坐标轴 OX'、OY'、OZ' 对 $O—XYZ$ 各坐标轴 OX、OY、OZ 的方向角分别为 α_1、β_1、γ_1；α_2、β_2、γ_2；α_3、β_3、γ_3。

设空间一点 M 对 $O—XYZ$ 的矢径用 $\boldsymbol{r}$ 表示，对于 $O—X'Y'Z'$ 的矢径用 $\boldsymbol{r}'$ 表示，显然

$$\boldsymbol{r}'=\boldsymbol{r}$$

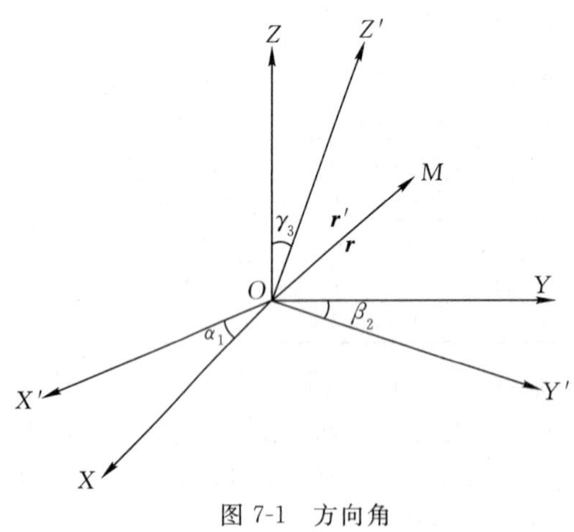

图 7-1 方向角

应用它们的分量表示式，上式变为

$$X'\boldsymbol{i}'+Y'\boldsymbol{j}'+Z'\boldsymbol{k}'=X\boldsymbol{i}+Y\boldsymbol{j}+Z\boldsymbol{k} \tag{7-1}$$

式中，$\boldsymbol{i}'$、$\boldsymbol{j}'$、$\boldsymbol{k}'$ 为 $O—X'Y'Z'$ 的基本单位矢量，而 $\boldsymbol{i}$、$\boldsymbol{j}$、$\boldsymbol{k}$ 为 $O—XYZ$ 的基本单位矢量，X'、Y'、Z' 与 X、Y、Z 分别为 $\boldsymbol{r}'$ 与 $\boldsymbol{r}$ 的分量。

以 $\boldsymbol{i}'$ 点乘式(7-1)的两端，再以 $\boldsymbol{j}'$、$\boldsymbol{k}'$ 依次点乘式(7-1)的两端，得

$$\begin{aligned}X'&=X\boldsymbol{i}'\cdot\boldsymbol{i}+Y\boldsymbol{i}'\cdot\boldsymbol{j}+Z\boldsymbol{i}'\cdot\boldsymbol{k}\\Y'&=X\boldsymbol{j}'\cdot\boldsymbol{i}+Y\boldsymbol{j}'\cdot\boldsymbol{j}+Z\boldsymbol{j}'\cdot\boldsymbol{k}\\Z'&=X\boldsymbol{k}'\cdot\boldsymbol{i}+Y\boldsymbol{k}'\cdot\boldsymbol{j}+Z\boldsymbol{k}'\cdot\boldsymbol{k}\end{aligned}$$

由两矢量的数量积定义知

$$\begin{aligned}\boldsymbol{i}'\cdot\boldsymbol{i}&=\cos(\boldsymbol{i}',\boldsymbol{i})=\cos\alpha_1,\\\boldsymbol{i}'\cdot\boldsymbol{j}&=\cos(\boldsymbol{i}',\boldsymbol{j})=\cos\beta_1,\\\boldsymbol{i}'\cdot\boldsymbol{k}&=\cos(\boldsymbol{i}',\boldsymbol{k})=\cos\gamma_1,\\&\vdots\\\boldsymbol{k}'\cdot\boldsymbol{k}&=\cos(\boldsymbol{k}',\boldsymbol{k})=\cos\gamma_3.\end{aligned}$$

于是上式可改写为

$$\begin{bmatrix} X' \\ Y' \\ Z' \end{bmatrix} = \begin{bmatrix} \cos\alpha_1 & \cos\beta_1 & \cos\gamma_1 \\ \cos\alpha_2 & \cos\beta_2 & \cos\gamma_2 \\ \cos\alpha_3 & \cos\beta_3 & \cos\gamma_3 \end{bmatrix} \begin{bmatrix} X \\ Y \\ Z \end{bmatrix} \tag{7-2}$$

式中的系数称为变换系数。由于系数阵中第一、二、三行分别为 $\boldsymbol{i}'$,$\boldsymbol{j}'$ 和 $\boldsymbol{k}'$ 在 $O—XYZ$ 中的坐标，而 $\boldsymbol{i}'\cdot\boldsymbol{i}'=1$,$\boldsymbol{j}'\cdot\boldsymbol{j}'=1$,$\boldsymbol{k}'\cdot\boldsymbol{k}'=1$,$\boldsymbol{i}'\cdot\boldsymbol{j}'=0$,$\boldsymbol{i}'\cdot\boldsymbol{k}'=0$,$\boldsymbol{j}'\cdot\boldsymbol{k}'=0$，于是式(7-2)中的九个方向角，要满足以下六个关系式

$$\left.\begin{aligned} &\cos^2\alpha_1+\cos^2\beta_1+\cos^2\gamma_1=1 \\ &\cos^2\alpha_2+\cos^2\beta_2+\cos^2\gamma_2=1 \\ &\cos^2\alpha_3+\cos^2\beta_3+\cos^2\gamma_3=1 \\ &\cos\alpha_1\cos\alpha_2+\cos\beta_1\cos\beta_2+\cos\gamma_1\cos\gamma_2=0 \\ &\cos\alpha_2\cos\alpha_3+\cos\beta_2\cos\beta_3+\cos\gamma_2\cos\gamma_3=0 \\ &\cos\alpha_3\cos\alpha_1+\cos\beta_3\cos\beta_1+\cos\gamma_3\cos\gamma_1=0 \end{aligned}\right\} \tag{7-3}$$

从理论上说，9 个方向角仅有 3 个是独立的。也就是说，可以用其中任意 3 个独立的方向角来表示其余 6 个方向角。在本章研究椭球定位和不同坐标系的转换时，关心的是相应坐标轴之间的夹角，因此选择 α_1(两个 X 轴间的夹角)、β_2(两个 Y 轴间的夹角)和 γ_3(两个 Z 轴间的夹角)。其中特别是 β_2 和 γ_3 是我们最关心的，因为 Z、Z' 轴分别和各自椭球的短轴重合，γ_3 即表示两个椭球短轴不平行所夹的角；ZOX、$Z'OX'$ 分别为各自的起始大地子午面，β_2 即表示两个起始大地子午面不平行所夹的角。

二、以欧拉角为旋转参数的坐标变换

直接选择 α_1、β_2 和 γ_3 作为独立的方向角，公式十分冗长，为此，选择另外 3 个互相独立的参数来表示所有的方向角。这 3 个参数是围绕坐标轴依次旋转的 3 个角，就是所谓欧拉角。欧拉角和两个空间直角坐标系相应轴间的夹角的含义不同，但它们之间构成一定的解析关系式。大地坐标系中的欧拉角也称为旋转参数。

常用的欧拉角的表示如图 7-2 所示，选择 ε_X、ε_Y、ε_Z 为欧拉角，坐标系的旋转过程如下：

首先，绕 OZ' 轴，将 OX' 轴旋转到 OX° 轴，相应的 OY' 轴旋转到 OY°，所转的角为 ε_Z；

其次，绕 OY° 轴，将 OZ' 轴旋转到 OZ° 轴，相应的 OX° 轴旋转到 OX，所旋的角为 ε_Y；

最后，绕 OX 轴，将 OZ° 轴旋转到 OZ 轴，相应的 OY° 轴旋转到 OY，所旋的角为 ε_X。

因此有

$$\begin{bmatrix} X \\ Y \\ Z \end{bmatrix} = \boldsymbol{R}_X(\varepsilon_X)\boldsymbol{R}_Y(\varepsilon_Y)\boldsymbol{R}_Z(\varepsilon_Z)\begin{bmatrix} X' \\ Y' \\ Z' \end{bmatrix} \tag{7-4}$$

式中，$\boldsymbol{R}_X(\varepsilon_X)$、$\boldsymbol{R}_Y(\varepsilon_Y)$ 和 $\boldsymbol{R}_Z(\varepsilon_Z)$ 为旋转矩阵，其表达式是

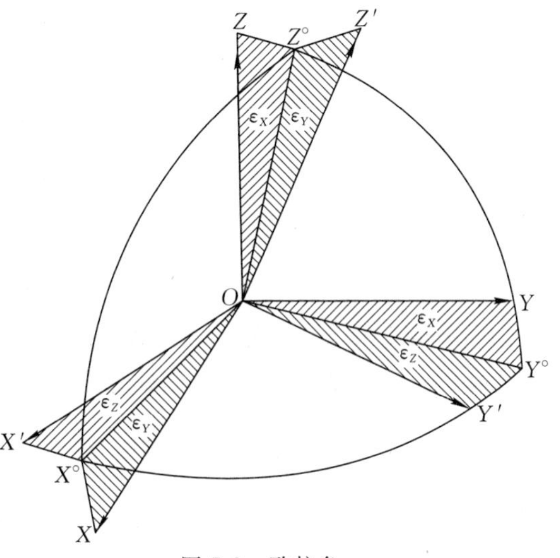

图 7-2　欧拉角

$$\left.\begin{aligned}\boldsymbol{R}_X(\varepsilon_X)&=\begin{bmatrix}1&0&0\\0&\cos\varepsilon_X&\sin\varepsilon_X\\0&-\sin\varepsilon_X&\cos\varepsilon_X\end{bmatrix}\\\boldsymbol{R}_Y(\varepsilon_Y)&=\begin{bmatrix}\cos\varepsilon_Y&0&-\sin\varepsilon_Y\\0&1&0\\\sin\varepsilon_Y&0&\cos\varepsilon_Y\end{bmatrix}\\\boldsymbol{R}_Z(\varepsilon_Z)&=\begin{bmatrix}\cos\varepsilon_Z&\sin\varepsilon_Z&0\\-\sin\varepsilon_Z&\cos\varepsilon_Z&0\\0&0&1\end{bmatrix}\end{aligned}\right\}\tag{7-5}$$

将式(7-5)代入式(7-4),得

$$\begin{bmatrix}X\\Y\\Z\end{bmatrix}=\begin{bmatrix}\cos\varepsilon_Y\cos\varepsilon_Z&\cos\varepsilon_Y\sin\varepsilon_Z&-\sin\varepsilon_Y\\-\cos\varepsilon_X\sin\varepsilon_Z+\sin\varepsilon_X\sin\varepsilon_Y\cos\varepsilon_Z&\cos\varepsilon_X\cos\varepsilon_Z+\sin\varepsilon_X\sin\varepsilon_Y\sin\varepsilon_Z&\sin\varepsilon_X\cos\varepsilon_Y\\\sin\varepsilon_X\sin\varepsilon_Z+\cos\varepsilon_X\sin\varepsilon_Y\cos\varepsilon_Z&-\sin\varepsilon_X\cos\varepsilon_Z+\cos\varepsilon_X\sin\varepsilon_Y\sin\varepsilon_Z&\cos\varepsilon_X\cos\varepsilon_Y\end{bmatrix}\begin{bmatrix}X'\\Y'\\Z'\end{bmatrix}\tag{7-6}$$

当 ε_X、ε_Y、ε_Z 很小时,忽略二阶小量,即有

$$\cos\varepsilon_X\approx\cos\varepsilon_Y\approx\cos\varepsilon_Z\approx1$$
$$\sin\varepsilon_X\approx\varepsilon_X,\sin\varepsilon_Y\approx\varepsilon_Y,\sin\varepsilon_Z\approx\varepsilon_Z$$
$$\sin\varepsilon_X\sin\varepsilon_Y\approx\sin\varepsilon_Y\sin\varepsilon_Z\approx\sin\varepsilon_Z\sin\varepsilon_X\approx0$$

则式(7-6)可写成

$$\begin{bmatrix}X\\Y\\Z\end{bmatrix}=\begin{bmatrix}1&\varepsilon_Z&-\varepsilon_Y\\-\varepsilon_Z&1&\varepsilon_X\\\varepsilon_Y&-\varepsilon_X&1\end{bmatrix}\begin{bmatrix}X'\\Y'\\Z'\end{bmatrix}\tag{7-7}$$

可见,忽略二阶小量后,旋转矩阵是可交换的。式(7-7)中的系数阵也称为微分旋转矩阵。

比较式(7-2)和式(7-6)可得

$$\left.\begin{aligned}\cos\gamma_3&=\cos\varepsilon_X\cos\varepsilon_Y\\\cos\beta_2&=\cos\varepsilon_X\cos\varepsilon_Z+\sin\varepsilon_X\sin\varepsilon_Y\sin\varepsilon_Z\\\cos\alpha_1&=\cos\varepsilon_Y\cos\varepsilon_Z\end{aligned}\right\}\tag{7-8}$$

略去式(7-8)中 ε_X、ε_Y、ε_Z 互乘积的三次以上微小项,可得

$$\left.\begin{aligned}\gamma_3&\approx\sqrt{\varepsilon_X^2+\varepsilon_Y^2}\\\beta_2&\approx\sqrt{\varepsilon_X^2+\varepsilon_Z^2}\\\alpha_1&\approx\sqrt{\varepsilon_Y^2+\varepsilon_Z^2}\end{aligned}\right\}\tag{7-9}$$

三个欧拉角 ε_Z、ε_Y 和 ε_X 在描述飞行器的姿态时分别称为偏航角、俯仰角和滚动角,在研究刚体转动时分别表示进动角、自转角和章动角。

三、广义垂线偏差公式和广义拉普拉斯方位角公式

§5-5 中在满足椭球短轴与地轴平行、起始大地子午面与起始天文子午面平行的条件下,推导了如下的垂线偏差公式

$$\xi = \varphi - B$$
$$\eta = (\lambda - L)\cos\varphi$$

和拉普拉斯方位角公式

$$A = \alpha - (\lambda - L)\sin\varphi = \alpha - \eta\tan\varphi$$

当椭球短轴和地球某一历元地轴不平行、起始大地子午面和起始天文子午面不平行时，将存在欧拉角 ε_X、ε_Y、ε_Z，此时以上公式中将引入相应的改正项。

下面不加推导地给出当存在 ε_X、ε_Y、ε_Z 时的垂线偏差公式和拉普拉斯方位角公式

$$\left.\begin{aligned} \xi &= \varphi - B + \sin\lambda\varepsilon_X - \cos\lambda\varepsilon_Y \\ \eta &= (\lambda - L)\cos\varphi - \cos\lambda\sin\varphi\varepsilon_X - \sin\lambda\sin\varphi\varepsilon_Y + \cos\varphi\varepsilon_Z \end{aligned}\right\} \tag{7-10}$$

$$A = \alpha - \eta\tan\varphi - (\varepsilon_Y\sin\lambda + \varepsilon_X\cos\lambda)\sec\varphi \tag{7-11}$$

式(7-10)称为广义垂线偏差公式，式(7-11)称为广义拉普拉斯方位角公式。

§7-2　不同大地坐标系的转换

一、不同大地空间直角坐标系的转换

由于大地坐标系建立时所采用的资料、模型、参数和处理方法等的不同，会产生不同的大地坐标系。实践中，常常需解决不同坐标系的统一问题。

如图 7-3 所示，$O_{新}-X_{新}Y_{新}Z_{新}$ 和 $O_{旧}-X_{旧}Y_{旧}Z_{旧}$ 分别为两个大地空间直角坐标系，它们的坐标原点不相一致，即存在三个平移参数 ΔX_0、ΔY_0、ΔZ_0，表示旧坐标系原点相对于新坐标系原点在三个坐标轴上的分量；两坐标系的各坐标轴相互不平行，即存在三个欧拉角 ε_x、ε_y、ε_z（称为旋转参数），对于经典大地坐标系可达角秒级。显然，这两个坐标系通过平移和旋转变换可取得一致。根据式(7-7)可得

$$\begin{bmatrix} X \\ Y \\ Z \end{bmatrix}_{新} = \begin{bmatrix} \Delta X_0 \\ \Delta Y_0 \\ \Delta Z_0 \end{bmatrix} + \begin{bmatrix} 1 & \varepsilon_Z & -\varepsilon_Y \\ -\varepsilon_Z & 1 & \varepsilon_X \\ \varepsilon_Y & -\varepsilon_X & 1 \end{bmatrix} \begin{bmatrix} X \\ Y \\ Z \end{bmatrix}_{旧} \tag{7-12}$$

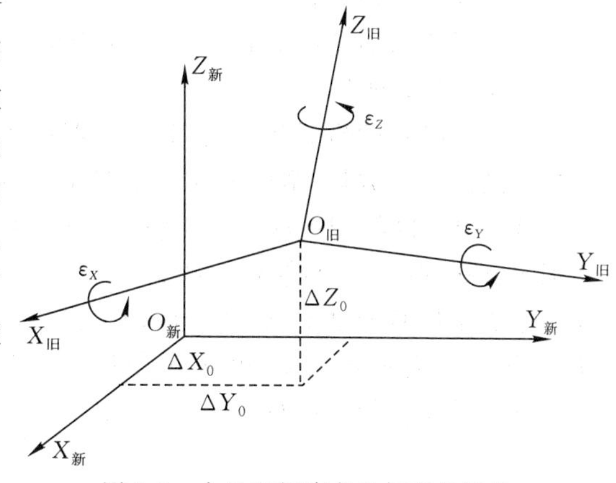

图 7-3　大地空间直角坐标系的转换

由于种种原因，两坐标系在建立过程中还会存在尺度的差异。设 $S_{新}$、$S_{旧}$ 是空间同一距离在新、旧坐标系中的度量，则定义 $\Delta m = \dfrac{S_{新} - S_{旧}}{S_{旧}} = m - 1$ 为两坐标系的尺度比。这里，Δm 是均匀的，与点位和方向无关。于是对旧坐标值应按新坐标系的尺度做如下改进：$X = X_{旧} + \Delta m X_{旧}$，$Y = Y_{旧} + \Delta m Y_{旧}$，$Z = Z_{旧} + \Delta m Z_{旧}$。

在式(7-12)中顾及尺度比影响，实际上就是对 $[X \quad Y \quad Z]^{\mathrm{T}}_{旧}$ 按以上关系进行改进，即

$$\begin{bmatrix}X\\Y\\Z\end{bmatrix}_{新}=\begin{bmatrix}\Delta X_0\\\Delta Y_0\\\Delta Z_0\end{bmatrix}+\begin{bmatrix}1&\varepsilon_Z&-\varepsilon_Y\\-\varepsilon_Z&1&\varepsilon_X\\\varepsilon_Y&-\varepsilon_X&1\end{bmatrix}\begin{bmatrix}X_{旧}+\Delta mX_{旧}\\Y_{旧}+\Delta mY_{旧}\\Z_{旧}+\Delta mZ_{旧}\end{bmatrix}$$

忽略二阶小量,并整理得

$$\begin{bmatrix}X\\Y\\Z\end{bmatrix}_{新}=(1+\Delta m)\begin{bmatrix}X\\Y\\Z\end{bmatrix}_{旧}+\begin{bmatrix}0&\varepsilon_Z&-\varepsilon_Y\\-\varepsilon_Z&0&\varepsilon_X\\\varepsilon_Y&-\varepsilon_X&0\end{bmatrix}\begin{bmatrix}X\\Y\\Z\end{bmatrix}_{旧}+\begin{bmatrix}\Delta X_0\\\Delta Y_0\\\Delta Z_0\end{bmatrix}\tag{7-13}$$

称为布尔莎模型。式中共有七个转换参数 ΔX_0、ΔY_0、ΔZ_0、ε_X、ε_Y、ε_Z、Δm,以此为参数的线性方程为

$$\begin{bmatrix}X\\Y\\Z\end{bmatrix}_{新}-\begin{bmatrix}X\\Y\\Z\end{bmatrix}_{旧}=\begin{bmatrix}1&0&0&0&-Z_{旧}&Y_{旧}&X_{旧}\\0&1&0&Z_{旧}&0&-X_{旧}&Y_{旧}\\0&0&1&-Y_{旧}&X_{旧}&0&Z_{旧}\end{bmatrix}\begin{bmatrix}\Delta X_0\\\Delta Y_0\\\Delta Z_0\\\varepsilon_X\\\varepsilon_Y\\\varepsilon_Z\\\Delta m\end{bmatrix}\tag{7-14}$$

在式(7-13)中,如 $\varepsilon_X=\varepsilon_Y=\varepsilon_Z=0$,$\Delta m=0$,则称为三参数公式,表示两个大地空间直角坐标系尺度一致且各坐标轴相互平行。同样,在式(7-13)中,略去某些参数,可分别得四参数、五参数和六参数转换公式。

为了求得式(7-14)中的七个转换参数,至少需要三个具有新、旧两套坐标的点(称为公共点),按平差原理解算。

由于公共点的坐标精度、公共点的点数和几何分布等因素对求解的转换参数均有影响,实践中应选择一定数量、精度较高且分布较均匀并有较大覆盖面的公共点。

式(7-14)以新、旧坐标差为观测量进行平差计算后,将得到观测量的改正数,表明对公共点旧坐标按式(7-14)转换得到的新坐标与公共点已知新坐标值不完全相同。而在实际工作中又常常要求所有的已知点坐标值保持固定不变。为了解决这一矛盾,可将公共点的转换值改正为已知值,而对非公共点的转换值进行相应的配置。例如,按如下公式采用加权平均数计算非公共点转换值的改正数

$$V'=\frac{\sum_1^n p_iv_i}{\sum_1^n p_i}$$

式中,n 为公共点的个数,p_i 为第 i 个公共点的权,根据非公共点与公共点的距离(S_i)来确定,可取 $p_i=\frac{1}{S_i^2}$,v_i 为第 i 个公共点坐标值的改正数,即 v_i = 已知值 − 转换值,公共点的坐标采用已知值。这是对残差进行内插的一种方法,显然这种处理方法已改变了原模型的相似变换特性。

二、不同大地坐标系的转换

前已指出,不同大地空间直角坐标系的转换公式一般涉及七个参数,即三个平移参数、三

个旋转参数和一个尺度变化参数。对于不同大地坐标系的换算，还应增加两个转换参数，这就是两种大地坐标系所对应的地球椭球参数的不同。不同大地坐标系的转换公式，又称为大地坐标微分公式或变换椭球微分公式。当包括旋转参数和尺度变化参数时，称为广义大地坐标微分公式或广义变换椭球微分公式。

已知空间一点的大地空间直角坐标与大地坐标间的关系式是

$$\begin{bmatrix} X \\ Y \\ Z \end{bmatrix} = \begin{bmatrix} (N+H)\cos B\cos L \\ (N+H)\cos B\sin L \\ [N(1-e^2)+H]\sin B \end{bmatrix}$$

可见，X、Y、Z 是 L、B、H、a、f（或 e^2）的函数。当这些变量各有 $\mathrm{d}L$、$\mathrm{d}B$、$\mathrm{d}H$、$\mathrm{d}a$、$\mathrm{d}f$ 的微分变化时，取 $\mathrm{d}X$、$\mathrm{d}Y$、$\mathrm{d}Z$ 的全微分为

$$\begin{bmatrix} \mathrm{d}X \\ \mathrm{d}Y \\ \mathrm{d}Z \end{bmatrix} = \boldsymbol{J}\begin{bmatrix} \mathrm{d}L \\ \mathrm{d}B \\ \mathrm{d}H \end{bmatrix} + \boldsymbol{A}\begin{bmatrix} \mathrm{d}a \\ \mathrm{d}f \end{bmatrix} \tag{7-15}$$

式中

$$\boldsymbol{J} = \begin{bmatrix} \frac{\partial X}{\partial L} & \frac{\partial X}{\partial B} & \frac{\partial X}{\partial H} \\ \frac{\partial Y}{\partial L} & \frac{\partial Y}{\partial B} & \frac{\partial Y}{\partial H} \\ \frac{\partial Z}{\partial L} & \frac{\partial Z}{\partial B} & \frac{\partial Z}{\partial H} \end{bmatrix}$$

$$= \begin{bmatrix} -(N+H)\cos B\sin L & -(M+H)\sin B\cos L & \cos B\cos L \\ (N+H)\cos B\cos L & -(M+H)\sin B\sin L & \cos B\sin L \\ 0 & (M+H)\cos B & \sin B \end{bmatrix}$$

$$\boldsymbol{A} = \begin{bmatrix} \frac{\partial X}{\partial a} & \frac{\partial X}{\partial f} \\ \frac{\partial Y}{\partial a} & \frac{\partial Y}{\partial f} \\ \frac{\partial Z}{\partial a} & \frac{\partial Z}{\partial f} \end{bmatrix} = \begin{bmatrix} \frac{N}{a}\cos B\cos L & \frac{M}{1-f}\cos B\cos L\ \sin^2 B \\ \frac{N}{a}\cos B\sin L & \frac{M}{1-f}\cos B\sin L\ \sin^2 B \\ \frac{N}{a}(1-e^2)\sin B & -\frac{M}{1-f}\sin B(1+\cos^2 B-e^2\ \sin^2 B) \end{bmatrix}$$

$\boldsymbol{J}$ 称为雅可比矩阵。由式(7-15)得

$$\begin{bmatrix} \mathrm{d}L \\ \mathrm{d}B \\ \mathrm{d}H \end{bmatrix} = \boldsymbol{J}^{-1}\begin{bmatrix} \mathrm{d}X \\ \mathrm{d}Y \\ \mathrm{d}Z \end{bmatrix} - \boldsymbol{J}^{-1}\boldsymbol{A}\begin{bmatrix} \mathrm{d}a \\ \mathrm{d}f \end{bmatrix} \tag{7-16}$$

式中

$$\begin{bmatrix} \mathrm{d}X \\ \mathrm{d}Y \\ \mathrm{d}Z \end{bmatrix} = \begin{bmatrix} X \\ Y \\ Z \end{bmatrix}_{\text{新}} - \begin{bmatrix} X \\ Y \\ Z \end{bmatrix}_{\text{旧}}$$

$$\begin{bmatrix} \mathrm{d}L \\ \mathrm{d}B \\ \mathrm{d}H \end{bmatrix} = \begin{bmatrix} L \\ B \\ H \end{bmatrix}_{\text{新}} - \begin{bmatrix} L \\ B \\ H \end{bmatrix}_{\text{旧}}$$

为了推导逆矩阵 $\boldsymbol{J}^{-1}$，将 $\boldsymbol{J}$ 分解为两个矩阵的乘积

$$\boldsymbol{J}=\boldsymbol{SH} \tag{7-17}$$

式中

$$\boldsymbol{S}=\begin{bmatrix} -\sin L & -\sin B\cos L & \cos B\cos L \\ \cos L & -\sin B\sin L & \cos B\sin L \\ 0 & \cos B & \sin B \end{bmatrix}$$

$$\boldsymbol{H}=\begin{bmatrix} (N+H)\cos B & 0 & 0 \\ 0 & M+H & 0 \\ 0 & 0 & 1 \end{bmatrix}$$

按矩阵求逆法则得

$$\boldsymbol{J}^{-1}=\boldsymbol{H}^{-1}\boldsymbol{S}^{-1} \tag{7-18}$$

$\boldsymbol{H}$ 为对角矩阵，其逆阵为

$$\boldsymbol{H}^{-1}=\begin{bmatrix} \dfrac{1}{(N+H)\cos B} & 0 & 0 \\ 0 & \dfrac{1}{M+H} & 0 \\ 0 & 0 & 1 \end{bmatrix} \tag{7-19}$$

$\boldsymbol{S}$ 为正交矩阵，有

$$\boldsymbol{S}^{-1}=\boldsymbol{S}^{\mathrm{T}}=\begin{bmatrix} -\sin L & \cos L & 0 \\ -\sin B\cos L & -\sin B\sin L & \cos B \\ \cos B\cos L & \cos B\sin L & \sin B \end{bmatrix} \tag{7-20}$$

将式(7-19)和式(7-20)代入式(7-18)得

$$\boldsymbol{J}^{-1}=\begin{bmatrix} -\dfrac{\sin L}{(N+H)\cos B} & \dfrac{\cos L}{(N+H)\cos B} & 0 \\ -\dfrac{\sin B\cos L}{M+H} & -\dfrac{\sin B\sin L}{M+H} & \dfrac{\cos B}{M+H} \\ \cos B\cos L & \cos B\sin L & \sin B \end{bmatrix} \tag{7-21}$$

在式(7-16)中代入布尔莎模型式(7-13)，得

$$\begin{bmatrix} \mathrm{d}L \\ \mathrm{d}B \\ \mathrm{d}H \end{bmatrix}=\boldsymbol{J}^{-1}\begin{bmatrix} \Delta X_0 \\ \Delta Y_0 \\ \Delta Z_0 \end{bmatrix}+\boldsymbol{J}^{-1}\boldsymbol{QB}+\boldsymbol{J}^{-1}\Delta m\boldsymbol{B}-\boldsymbol{J}^{-1}\boldsymbol{A}\begin{bmatrix} \mathrm{d}a \\ \mathrm{d}f \end{bmatrix} \tag{7-22}$$

式中

$$\boldsymbol{Q}=\begin{bmatrix} 0 & \varepsilon_Z & -\varepsilon_Y \\ -\varepsilon_Z & 0 & \varepsilon_X \\ \varepsilon_Y & -\varepsilon_X & 0 \end{bmatrix}$$

$$\boldsymbol{B}=\begin{bmatrix} X \\ Y \\ Z \end{bmatrix}_{旧}=\begin{bmatrix} (N+H)\cos B\cos L \\ (N+H)\cos B\sin L \\ [N(1-e^2)+H]\sin B \end{bmatrix}$$

上式中 L、B、H 为旧大地坐标，下角“旧”字均略写。将上式整理后得

$$\begin{bmatrix} dL \\ dB \\ dH \end{bmatrix} = \begin{bmatrix} -\frac{\sin L}{(N+H)\cos B}\rho'' & \frac{\cos L}{(N+H)\cos B}\rho'' & 0 \\ -\frac{\sin B\cos L}{M+H}\rho'' & -\frac{\sin B\sin L}{M+H}\rho'' & \frac{\cos B}{M+H}\rho'' \\ \cos B\cos L & \cos B\sin L & \sin B \end{bmatrix} \begin{bmatrix} \Delta X_0 \\ \Delta Y_0 \\ \Delta Z_0 \end{bmatrix} +$$

$$\begin{bmatrix} \tan B\cos L & \tan B\sin L & -1 \\ -\sin L & \cos L & 0 \\ -\frac{Ne^2\sin B\cos B\sin L}{\rho''} & \frac{Ne^2\sin B\cos B\cos L}{\rho''} & 0 \end{bmatrix} \begin{bmatrix} \varepsilon''_X \\ \varepsilon''_Y \\ \varepsilon''_Z \end{bmatrix} + \begin{bmatrix} 0 \\ -\frac{N}{M}e^2\sin B\cos B\rho'' \\ N(1-e^2\sin^2 B) \end{bmatrix} \Delta m +$$

$$\begin{bmatrix} 0 & 0 \\ \frac{N}{(M+H)a}e^2\sin B\cos B\rho'' & \frac{M(2-e^2\sin^2 B)}{(M+H)(1-f)}\sin B\cos B\rho'' \\ -\frac{N}{a}(1-e^2\sin^2 B) & \frac{M}{1-f}(1-e^2\sin^2 B)\sin^2 B \end{bmatrix} \begin{bmatrix} da \\ df \end{bmatrix} \tag{7-23}$$

式中，dL、dB 以(″)为单位。式(7-23)是顾及七个参数和椭球大小变化的广义大地坐标微分公式。由公式可见，da、df、ΔZ_0、Δm 对大地经度没有影响，即该部分的 $dL=0$，ε_Z 对大地纬度和大地高没有影响。略去旋转参数和尺度变化参数的影响，式(7-23)即为一般的大地坐标微分公式。

三、格网坐标转换模型

类似高程异常、垂线偏差格网模型，可建立坐标转换格网模型。

利用公共点上两个大地坐标系的坐标值，采用一定的数学模型(如最小曲率法、最小二乘配置、多元回归、布尔莎模型等)计算具有一定间隔的格网节点的经纬度坐标差，建立坐标转换格网模型。有了坐标转换格网模型后，只需根据待转换点所在位置周围四个格网节点的坐标转换量，利用双线性内插公式计算该点的坐标转换量(见图 7-4)。该方法一般用于地形图图廓线和方里网的高精度变换。

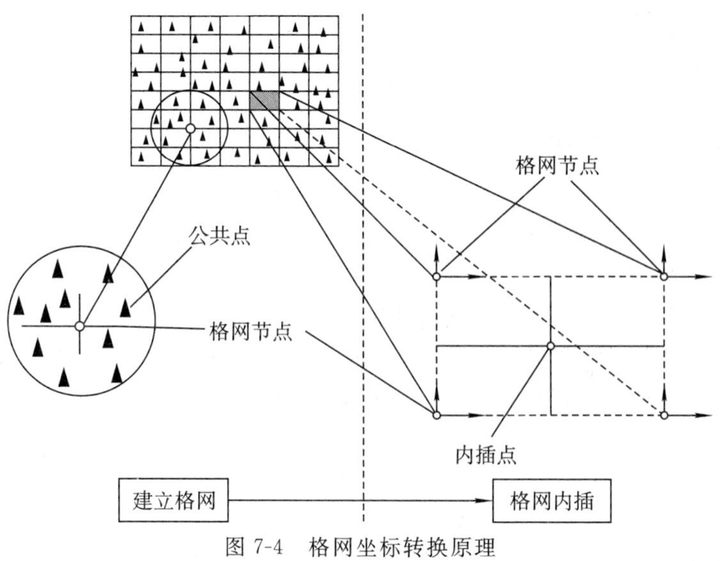

图 7-4　格网坐标转换原理

§7-3 椭球定位的经典方法

一、大地起算数据与椭球定位

在经典大地测量中,椭球定位,即建立大地坐标系,就是按一定条件将具有确定元素的地球椭球同大地体的相关位置固定下来,从而获得大地测量计算的基准面和大地起算数据。

“椭球定位”是椭球定位和定向的总称,包含:①确定椭球中心的位置(简称定位);②确定椭球中心为原点的空间直角坐标系坐标轴的方向,即确定椭球短轴的指向和起始大地子午面(简称定向)。

国家水平大地控制网中推算各点大地坐标的起算点,称为大地原点。大地原点的大地坐标值 L_0、B_0、H_0 以及它对某一方向的大地方位角 A_0,称为大地起算数据,它们是经典大地测量的坐标基准。

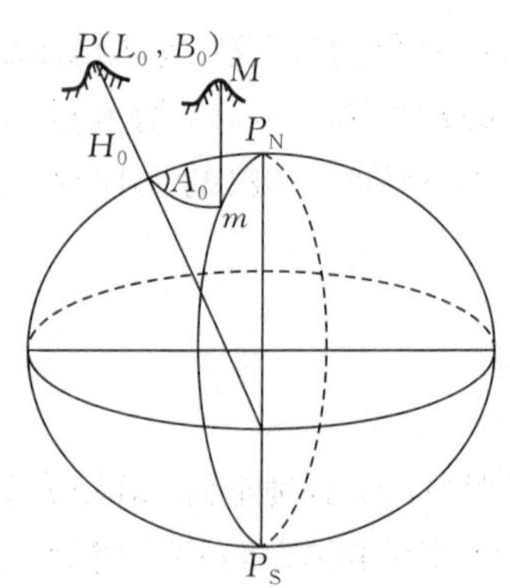

图 7-5 大地起算数据和椭球定位

椭球定位和确定大地起算数据是密切联系的,即定位就是确定大地起算数据,而确定了大地起算数据也就完成了定位。如图 7-5 所示,大地原点 P 的 L_0、B_0 确定了椭球过该点的法线,但此时椭球还可以绕这一法线旋转和平移,H_0 和 A_0 确定后则使椭球完全固定了。

从数学原理上讲,无论如何定位,即任意一组 L_0、B_0、H_0、A_0,都能使椭球与大地体的关系确定下来,但是,任意方式的定位绝不是合适的定位。参考椭球是大地体的数学化形状,要使之尽量接近大地体,这样在大地测量实践中,才能使观测元素归算到椭球上具有实际意义,同时也便于垂线偏差和起始大地方位角等的解算。于是,要求椭球定位满足以下条件:

(1)椭球的短轴与地球的自转轴平行;

(2)起始大地子午面与起始天文子午面平行;

(3)椭球面与某一区域的大地水准面最为密合。

用解析式表示这三个条件:

(1) $\varepsilon_X = 0, \varepsilon_Y = 0$;

(2) $\varepsilon_Z = 0$(在 $\varepsilon_X = 0$ 的基础上);

(3) $\sum N^2 =$ 最小。

式中,ε_X、ε_Y、ε_Z 为欧拉角,N 为大地水准面差距。

在以上三个条件中,前两个条件(简称“双平行”)得到满足,则椭球与真实地球的情况接近,能构成最为简单的垂线偏差公式和拉普拉斯方位角公式,即

$$\left.\begin{aligned} \xi &= \varphi - B \\ \eta &= (\lambda - L)\cos\varphi \end{aligned}\right\} \tag{7-24}$$

$$A = \alpha - (\lambda - L)\sin\varphi \tag{7-25}$$

第三个条件能保证椭球面与大地水准面很接近,从而使观测量归算所加的改正数很小,与

实际量更好地符合。

椭球定位中,可以通过以下方法使确定的 L_0、B_0、H_0、A_0 满足这三个条件。

式(7-24)、式(7-25)是在双平行的条件下得到的,由该两式确定的 L_0,B_0,A_0 为

$$\left.\begin{aligned}L_0&=\lambda_0-\eta_0\sec\varphi_0\\B_0&=\varphi_0-\xi_0\\A_0&=\alpha_0-\eta_0\tan\varphi_0\\H_0&=H_{正0}+N_0\end{aligned}\right\}\tag{7-26}$$

如果所确定的大地起算数据满足式(7-26),则一定满足双平行条件,即定位条件(1)、条件(2)。式(7-24)、式(7-25)是式(7-10)、式(7-11)取 $\varepsilon_X=\varepsilon_Y=\varepsilon_Z=0$ 时的形式。这里,ε_X、ε_Y、ε_Z 确定了椭球的定向,称为参考椭球的定向参数。

式(7-26)中 λ_0、φ_0、α_0 和 $H_{正0}$ 通过天文测量和水准测量方法得到,ξ_0、η_0、N_0 是大地原点上的垂线偏差和大地水准面差距。

怎样使所确定的 L_0、B_0、H_0、A_0 满足定位条件(3),这就是 ξ_0、η_0、N_0 的选择问题。ξ_0、η_0、N_0 的作用类似于布尔莎模型中的 ΔX_0、ΔY_0、ΔZ_0(由后面的式(7-28)知,如 ε_X、ε_Y、ε_Z、Δm 为 0,则 ξ_0、η_0、N_0 由 ΔX_0、ΔY_0、ΔZ_0 确定),它们确定了椭球的定位,称为参考椭球的定位参数。

根据所获得 ξ_0、η_0、N_0 的途径不同,分为一点定位和多点定位两种定位方法。

一点定位只是简单的取

$$\xi_0=0,\ \eta_0=0,\ N_0=0$$

上式表明,在大地原点处,椭球的法线方向和铅垂线方向重合,椭球面和大地水准面相切。由式(7-26)得

$$L_0=\lambda_0,\ B_0=\varphi_0,\ A_0=\alpha_0,\ H_0=H_{正0}$$

可见,一点定位实质上是将大地原点上所测的天文经纬度和天文方位角视为大地经纬度和大地方位角,大地原点上的正高(或正常高)视为大地高。一点定位的结果,在较大区域内往往难以使椭球面和大地水准面有较好地密合。所以,在基本完成全国天文大地测量后,往往利用所测成果,按"$\sum N^2=$最小"这一条件予以重新定位,这就是多点定位。

多点定位是在多个天文大地点上列出弧度测量方程,通过平差计算得到 ξ_0、η_0、N_0,从而完成椭球的定位。

二、弧度测量方程

弧度测量可以分成古代弧度测量、近代弧度测量和现代弧度测量。

在古代,当人们认识到地球是一个球体时,在技术上通过两点间的弧长和纬差测量,便可以推算地球的形状和大小,这就是弧度测量的早期含义。

第一个估算地球大小的是古希腊学者埃拉托色尼(Eratosthenes,公元前 276～194 年),他估算地球半径为 6 844 km。鉴于没有实地量测,所以这不能算是实地弧度测量。世界上第一次开展实地弧度测量的国家是中国。公元 724 年(唐开元十二年),在天文学家一行(本名张遂)的主持下,太史监南宫说在河南平原地区实测了滑县、浚仪(今开封)、扶沟和上蔡间的距离,并观测该四地的北极高度和夏至正午日影长度,得出子午线一度弧长为 351 里 80 步(唐代

长度 1 里等于 300 步)。由于 1 唐里等于 1 500 唐尺,1 唐尺等于 24.75 cm,可以算得一度弧长为 130.4 km。古代天文学家将圆周分为 365.25 度,折合 360 度制,得一度弧长为 132.3 km。这个数值与现在已知的每度弧长约为 111 km 相比,虽大了 21 km,但就当时的技术水平而言,得出这样的结果已经是很不简单了。

自牛顿提出地球形状是椭球体,加之斯涅耳创立了三角测量法后,从 18 世纪初开创了弧度测量的新纪元,弧度测量的含义扩展为确定地球椭球的两个元素,即长半径 a 和扁率 f。从 19 世纪初起,各国测量学家从事了大量弧度测量工作,前后推算出许多地球椭球的结果。由第五章的子午线弧长公式可知,子午线弧长是 a 和 e^2(或 f)的函数,通过地球上许多子午线弧段的测量结果,就可用最小二乘法解出 a 和 f(或 e^2)。目前所用的弧度测量方程式是由式(7-23)导出的。在实践中,推求新的椭球元素,是在原有旧的椭球的基础上,利用天文、大地、重力和卫星测量等资料完成的。因此,推算新椭球元素实际上是一个逐次趋近的过程。设旧椭球的元素为 $a_{旧}$ 和 $f_{旧}$,新椭球元素为 $a_{新}=a_{旧}+\mathrm{d}a$,$f_{新}=f_{旧}+\mathrm{d}f$。现在的问题就是要求出 $\mathrm{d}a$ 和 $\mathrm{d}f$。

由垂线偏差公式可以写出

$$\begin{bmatrix}\eta_{新}\\ \xi_{新}\\ N_{新}\end{bmatrix}=\begin{bmatrix}(\lambda-L_{新})\cos B_{新}\\ \varphi-B_{新}\\ N_{新}\end{bmatrix}=\begin{bmatrix}(\lambda-L_{旧})\cos B_{旧}\\ \varphi-B_{旧}\\ N_{旧}\end{bmatrix}+\begin{bmatrix}-\mathrm{d}L\cos B_{旧}\\ -\mathrm{d}B\\ \mathrm{d}N\end{bmatrix} \tag{7-27}$$

式中,$\mathrm{d}N=\mathrm{d}H$。将式(7-23)代入式(7-27),得

$$\begin{bmatrix}\eta\\ \xi\\ N\end{bmatrix}_{新}=\begin{bmatrix}\dfrac{\sin L}{(N+H)} & -\dfrac{\cos L}{(N+H)} & 0\\ \dfrac{\sin B\cos L}{M+H} & \dfrac{\sin B\sin L}{M+H} & -\dfrac{\cos B}{M+H}\\ \cos B\cos L & \cos B\sin L & \sin B\end{bmatrix}_{旧}\begin{bmatrix}\Delta X_0\\ \Delta Y_0\\ \Delta Z_0\end{bmatrix}+$$

$$\begin{bmatrix}-\sin B\cos L & -\sin B\sin L & \cos B\\ \sin L & -\cos L & 0\\ -Ne^2\sin B\cos B\sin L & Ne^2\sin B\cos B\cos L & 0\end{bmatrix}_{旧}\begin{bmatrix}\varepsilon_X\\ \varepsilon_Y\\ \varepsilon_Z\end{bmatrix}+\begin{bmatrix}0\\ \dfrac{N}{M}e^2\sin B\cos B\\ N(1-e^2\sin^2 B)\end{bmatrix}\Delta m+$$

$$\begin{bmatrix}0 & 0\\ -\dfrac{N}{(M+H)a}e^2\sin B\cos B & -\dfrac{M(2-e^2\sin^2 B)}{(M+H)(1-f)}\sin B\cos B\\ -\dfrac{N}{a}(1-e^2\sin^2 B) & \dfrac{M}{1-f}(1-e^2\sin^2 B)\sin^2 B\end{bmatrix}_{旧}\begin{bmatrix}\mathrm{d}a\\ \mathrm{d}f\end{bmatrix}+$$

$$\begin{bmatrix}(\lambda-L_{旧})\cos B_{旧}\\ \varphi-B_{旧}\\ N_{旧}\end{bmatrix} \tag{7-28}$$

式(7-28)称为广义弧度测量方程式。其未知数是 ΔX_0、ΔY_0、ΔZ_0、ε_X、ε_Y、ε_Z、Δm、$\mathrm{d}a$ 和 $\mathrm{d}f$。在实用上,根据定位条件(1)、条件(2)通常弃去 ε_X、ε_Y、ε_Z 和 Δm 值。利用式(7-28)就可以推求新的椭球元素和定位值。

在天文大地网中每一个天文大地点上都可以列出如式(7-28)的弧度测量方程式。依据

$$\sum(\xi_{新}^2+\eta_{新}^2)=最小 \tag{7-29}$$

或

$$\sum N_{新}^2=最小 \tag{7-30}$$

进行解算，就可以求出最适合于某一计算地区的椭球元素 $a_{新}=a_{旧}+\mathrm{d}a$，$f_{新}=f_{旧}+\mathrm{d}f$ 以及新椭球定位元素 ΔX_0、ΔY_0、ΔZ_0。将解得的值代回式(7-28)中，可以求出任一天文大地点的 $\xi_{新}$、$\eta_{新}$ 和 $N_{新}$ 值，当然也包括大地原点上的 ξ_0、η_0、N_0。

由于 ξ、η 和 N 的相关性，从理论上讲式(7-29)与式(7-30)是等价的。但是，由式(7-28)可以看到，如果改变椭球元素，η 值并不改变。这说明垂线偏差随椭球元素的变化并不显著。因此，按式(7-29)的条件解算弧度测量方程式，所得结果精度要低一些。另外，考虑到 N 的变化较 ξ、η 的变化平缓，因而可以较少受到局部异常的影响。因此，实践中一般采用"$\sum N_{新}^2=$最小"这一条件。当采用正常高系统时，则相应条件为"$\sum \zeta_{新}^2=$最小"。

应该指出，对于一个国家来说，即使幅员广大，但相对于全球而言，所占的比例总是有限，因此，用一国测量资料解算弧度测量方程得出的椭球元素往往和用全球资料得出的结果相差甚大。例如，仅仅根据中国天文大地测量资料算得的地球椭球长半径约为 6 378 670 m，扁率约为 1∶292.0。因此，在中国 1980 西安大地坐标系的建立中，取消了地球椭球大小这两个参数的求解，a 和 f 采用 GRS 75 推荐的数值，这样解算弧度测量方程就只是解决椭球定位问题了。

因此，多点定位就是在原来天文大地点上列出如下的弧度测量方程

$$\begin{aligned}N_{新}=&\cos B_{旧}\cos L_{旧}\,\Delta X_0+\cos B_{旧}\sin L_{旧}\,\Delta Y_0+\sin B_{旧}\,\Delta Z_0-\\&\frac{N_{旧}}{a_{旧}}(1-e_{旧}^2\sin^2 B_{旧})\Delta a+\frac{M_{旧}}{1-f_{旧}}(1-e_{旧}^2\sin^2 B_{旧})\sin^2 B_{旧}\,\Delta f+N_{旧}\end{aligned} \tag{7-31}$$

按 $\sum N_{新}^2=$最小，解得新、旧椭球中心的位置差 ΔX_0、ΔY_0、ΔZ_0，然后将其代入下式从而获得各个天文大地点上的 ξ、η、N，当然也得到了大地原点上的 ξ_0、η_0、N_0，最后得到新的大地起算数据。

$$\begin{aligned}\begin{bmatrix}\eta\\\xi\\N\end{bmatrix}_{新}=&\begin{bmatrix}\dfrac{\sin L}{(N+H)} & -\dfrac{\cos L}{(N+H)} & 0\\ \dfrac{\sin B\cos L}{(M+H)} & \dfrac{\sin B\sin L}{(M+H)} & -\dfrac{\cos B}{(M+H)}\\ \cos B\cos L & \cos B\sin L & \sin B\end{bmatrix}_{旧}\begin{bmatrix}\Delta X_0\\\Delta Y_0\\\Delta Z_0\end{bmatrix}+\\&\begin{bmatrix}0 & 0\\ -\dfrac{N}{(M+H)a}e^2\sin B\cos B & -\dfrac{M(2-e^2\sin^2 B)}{(M+H)(1-f)}\sin B\cos B\\ -\dfrac{N}{a}(1-e^2\sin^2 B) & \dfrac{M}{1-f}(1-e^2\sin^2 B)\sin^2 B\end{bmatrix}_{旧}\begin{bmatrix}\Delta a\\\Delta f\end{bmatrix}+\\&\begin{bmatrix}(\lambda-L_{旧})\cos B_{旧}\\\varphi-B_{旧}\\N_{旧}\end{bmatrix}\end{aligned}$$

多点定位结果表明，在大地原点处，椭球的法线方向和铅垂线方向不相重合，椭球面和大

地水准面不再相切,但在区域内,椭球面与大地水准面有最佳地密合。

在区域内(非全球)按"$\sum N^2=$最小"进行椭球定位,椭球的中心不会和地球质心重合,因此是局部定位或非地心定位,所建立的坐标系称为参心坐标系或局部坐标系。

与以上近代弧度测量方法不同,现代弧度测量的概念大大拓展,它是综合利用全球重力测量和空间大地测量资料,从几何和物理两个方面研究地球,因此不但包括地球椭球的几何形状和大小,而且包含地球重力场的研究,除提供描述地球的四个基本参数 a(椭球长半径)、GM(引力常数与地球质量的乘积)、J_2(地球重力场二阶带谐系数)、ω(地球自转角速度)以及由此导出的一系列几何和物理常数外,还有地球重力场模型等。

三、椭球定位经典方法对理解现代大地坐标系建立原理的意义

图 7-5 通过地面 P、M 点使坐标系与地球固连的原理是在假设地球是刚体这一前提下建立的。实际上地球并非刚体,而是结构复杂的黏弹体,因而地面点是在不断变化的。这种变化不仅有规则变化(如固体潮的规则项),还有不规则变化(如各种难以预测的形变等),因而仅仅由 P、M 点并不能使坐标系精确地确定下来,这种不确定性可通过增加定义坐标系的地面点数量并长期多次地重复观测而得到改善。当然,这些地面点的坐标之间不能相矛盾,比如,点间的距离具有客观约束,则可通过点间实施 GPS、VLBI 等相对测量方法使点间距离确定下来。

由此可见将人为选定的坐标系与地球这一客观实体固连起来,是通过确定地面一组点(称为基准点)的坐标来实现的(简单的理解就是多点取平均),或者说一组自洽的站坐标集隐含了(即确定了)一个坐标系。这些点就是 VLBI 网点、SLR 网点和 GPS 网点等。这就是现代大地坐标系建立的基本思路。

§7-4 协议地球参考系

一、地心坐标系及其应用需求

以地球质心为原点的一类坐标系称为地心坐标系。与此类似,可将以经典大地测量非地心定位的参考椭球的几何中心为原点的坐标系称为参心坐标系(或非地心坐标系)。与参心坐标系一样,地心坐标系可以分成地心大地坐标系和地心大地空间直角坐标系。在现代大地测量中,强调建立坐标系时所参考的物理基准,故也将地心坐标系称为地球参考系(terrestrial reference system, TRS)。由于极移的影响,使地球参考系坐标轴的指向发生变化,这将会对实际工作造成许多困难。因此,国际天文学联合会和国际大地测量学协会早在 1967 年便建议,采用国际上五个纬度服务站于 1900 年至 1905 年的平均纬度所确定的平均地极位置为基准点。平极的这个位置是相应于上述期间地球自转轴的平均位置,通常称为国际协议原点(conventional international origin, CIO)。与之相应的地球赤道面,称为平赤道面或协议赤道面。在实际工作中,至今仍普遍采用 CIO 作为协议地极(conventional terrestrial pole, CTP)。以协议地极为基准点的地球参考系,称为协议地球参考系(conventional terrestrial reference system, CTRS),而与瞬时极相应的地球参考系,称为瞬时地球参考系。

就区域范围的测制地形图和工程应用而言,地心坐标系并不是直接需要的,但是对于跨大

区域的测绘项目和集成应用，以及与物理因素有关的空间技术、地球动力学和地球重力场研究等，地心坐标系显得十分重要。

(一)地心坐标系在地球动力学、物理大地测量学和空间技术中的应用需求

20 世纪 60 年代以后，地球动力学作为一门交叉学科逐渐引起了大地测量学者的关注。人们发现，应用空间大地测量技术已能监测几乎所有地球动力学现象，如地壳运动、物质迁移、潮汐变化、地球自转等，因此大地测量已是现今研究地球动力学现象最基本的方法之一。一般地说，要系统地研究地球动力学问题，首先需建立稳定性较好的参考系，否则各种观测数据就没有参考基准，无法构造统一的理论或解释模型。为此，定义并实现适合于地球动力学研究目的的参考系极为重要。

与静态大地测量中建立参心坐标系不同，动力大地测量是将地球视为一个非刚性的、可形变的质体，因此就有将参考系的原点选在地球内的什么位置才是稳定的这一重要问题。如果把地球看作一质点系，其内部的合力为零，则根据质点系动力学理论，地球在其他天体的合外力作用下沿着某条确定的轨道运行，而地球质点的运动规律与假想的整个地球质量都集中在质心处的质点的运动规律完全相同。因此，无论地球内部的质量怎样迁移，地球形状发生怎样的变化，地球质心都沿着一条确定的轨道运行。这一推理的意义在于，尽管地面点的位置是随时变化的，但地球质心的位置从太空看是“固定”的。因此，就研究地球动力学问题来说，将参考系的原点选在地心最为理想。

在物理大地测量中，需要选择一个与全球大地水准面密合的正常椭球体，其几何中心与地球质心一致。同时，重力场的表示需借助于某一参考系，由 § 4-1 知，这一参考系是以地心为原点的。

在空间技术中，地心坐标系的意义十分重要。人造地球卫星和弹道导弹在围绕地球飞行时，其轨道平面随时通过地球质心，因此轨道计算是在地心系中进行的，自然，对它们的跟踪观测亦应在以地球质心为原点的坐标系中进行，否则就无法精确地推算它们的轨道并进行跟踪。导弹在实际发射时，弹上各个系统的装定诸元都是在解算弹道的基础上求取的，因而涉及导弹飞行中各点位的坐标，包括发射点和目标点坐标，必须属地心坐标系。

(二)地心坐标系在测绘工程中的应用需求

在测绘工程中，用户对测绘产品的应用需求也发生了深刻的变化。人们认识到，采用地心基准能使综合集成的地理信息应用简单化(不需转换接口)，并能确保地理信息在种类、空间、时间等方面的“无缝”衔接，以下分述之。

1. 导航、施工放样等集成应用的要求

地图常常与卫星导航应用相联系，如车载导航系统、动态指挥和管理等。以地心基准作为地图的数学基础，能使 GPS 等技术的空间导航结果直接在地图平台上定位，这一应用需求与传统的应用要求是不同的。传统应用中，人们使用地图只是关心相对位置，而非绝对位置，例如依据独立地物、居民地等判断位置和方位，自然，用户并无地心基准的需求。除不同种类地理信息的集成应用外，不同区域、不同时间的地理信息参考于同一基准后，同样能直接相互叠加，从而避免了附加的转换接口。

同样，在工程建设中，由于施工放样等实测过程应用了 GPS，故如工程设计图采用地心坐标系为基准，则可避免坐标系转换的麻烦。

2. 地理信息的应用在空间域上的整体性要求

地球是一个整体,社会和技术的发展,将使地理信息的应用打破以国界为应用范围的传统模式,而扩展至整个地球空间。以地心基准为参考是这种转变得以实现的基础。

地心基准是确保海图与地形图间“无缝”拼接的前提条件。国际海道测量组织已确定以WGS 84(1994年起该系已与ITRF一致)作为海图的基准,将各国海图统一为地心基准在航海应用中的现实意义是不言而喻的,如能使地形图的基准与海图一致,则有利于近海岸的舰船和航空导航。否则,导航系统与地图平台、海图与地形图之间均存在着额外的外部转换。

国际组织开展的跨国界洲际GIS、全球测图等计划的实施需要以地心系为基准。

高动态大地测量技术可确定遥感平台的瞬时地心坐标,这表明遥感信息将直接参考地心基准。

3. 地理信息的应用在时间域上的整体性要求

时态数据库要求参考基准能长期维持。参心基准是静态基准,而地心基准则可长期维持。在GIS中,历史信息、当前信息和未来信息应参考于同一基准,这就要求基准系统在时间域上是连续的。动态地心参考系能模拟地壳构造因素引起的位置漂移。虽然在制图应用等场合二三十年内可不顾及这项影响,但如果更长时间跨度要考虑此影响,地心基准可确保系统连续。

另一方面,数字化时代控制点的高精度信息均在空间数据库中保存,而手工模拟地图上所表示的控制点精度则受制于绘图精度。即数字地图并不损失高精度基准的信息量,相反,高精度基准的采用还会扩展空间数据库在地学研究中的应用价值。

GPS差分技术已使控制点随测随用成为现实,所对应的基准为地心系且要求在时序上连续,即不同时期测得的点应属于同一系统。

4. 大地测量技术发展的要求

GPS以及类似的卫星定位系统已经或将要渗透到人类社会的各个方面,GPS使用地心坐标系,这要求大地测量及其产品必须使用与之适应的坐标系。

精密大地测量的动态性要求以具有物理意义的高精度地心坐标系为基准。

二、协议地球参考系和协议地球参考框架的定义

(一)地极原点和经度原点

地球极点是地球自转轴与地球表面的交点。由于地球自转轴在地球本体内的运动,地球极点在地球表面上的位置随时间而变化,这种现象叫作地极移动,简称极移。随时间而变化的地球自转轴为瞬时轴,相应的极点叫瞬时极。

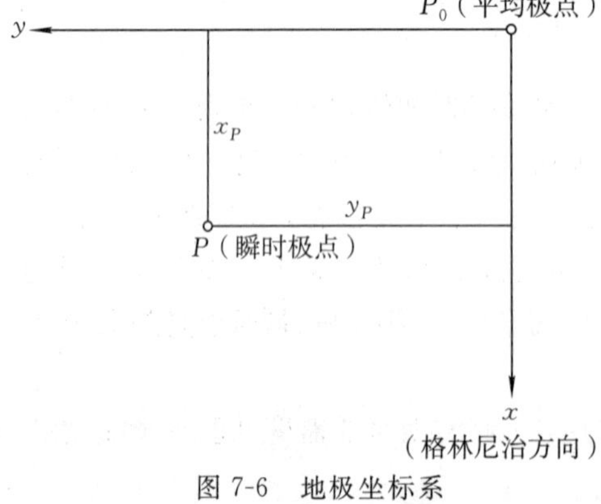

图7-6 地极坐标系

由于瞬时极在地球表面移动的范围较小,故可取一个通过地极轨迹线中心与地球表面相切的平面替代这一范围的地球表面。通常在此平面上建立平面直角坐标系来确定极点的瞬时位置,此坐标系称为地极坐标系。取切点为原点,令其为P_0,此点为某时期瞬时极的平均位置(称为平均极点),并作为地极原点,如图7-6所示。习惯上取过P_0点的格林尼治子午线方向为x轴的正方向,取格林尼治以西90°的子午线方向为y轴的正向,则瞬时极P的坐标可以用直角坐标(x_P,y_P)表示。

以极移矩阵 $\boldsymbol{A}=\boldsymbol{R}_Y(-x_P)\boldsymbol{R}_X(-y_P)$（见图 7-2，$x_P$、$y_P$ 即为图中的欧拉角 ε_Y、ε_X）建立协议地球参考系（以下标"协议"表示）与瞬时地球参考系（以下标"瞬时"表示）的关系为

$$\begin{pmatrix} X \\ Y \\ Z \end{pmatrix}_{\text{协议}} = \boldsymbol{A}\begin{pmatrix} X \\ Y \\ Z \end{pmatrix}_{\text{瞬时}} \tag{7-32}$$

测定极移的机构曾经有国际纬度服务（International Latitude Service，ILS）、国际极移服务（International Polar Motion Service，IPMS）和国际时间局（Bureau International de l'Heure，BIH）。20 世纪 70 年代以来，鉴于先后产生了卫星激光测距（satellite laser ranging，SLR）、激光测月（lunar laser ranging，LLR）、甚长基线干涉测量（very long baseline interferometry，VLBI）和 GPS 等新技术，使测定极移的传统的光学天体测量方法被先进的空间大地测量方法所替代。于是国际机构决定从 1988 年起，采用由新技术组建的国际地球自转服务（International Earth Rotation Service，IERS，2003 年起该机构改称为国际地球自转与参考系统服务）替代 IPMS 和 BIH 等机构。

几十年来，对极移的研究不断深入，产生了多种地极系统。1968 年在意大利，国际天文学联合会（International Astronomical Union，IAU）和国际大地测量与地球物理学联合会（International Union of Geodesy and Geophysics，IUGG）共同召开的 32 次讨论会上，建议平极的位置用五个台站的"1900～1905 年新系统"的平均纬度来确定，平极的这个位置相对于 1900～1905 年平均历元（1903.0），叫作国际协议原点，简称 CIO。ILS、IPMS 和 BIH 等机构都先后用不同的光学仪器和数学处理方法，分别保持这个地极原点，故有不同的 CIO 系统。属 BIH 系统的 CIO 有 $\text{BIH}_{1968.0}$、$\text{BIH}_{1979.0}$ 和 $\text{BIH}_{1984.0}$ 等。

当前，CIO 系统由 IERS 维持。IERS 根据全球观测台站的资料，解算并定期出版公报向用户提供瞬时极资料。图 7-7 描述了 1971～1975 年间瞬时极相对于 CIO 的运动轨迹。

大地经度不像大地纬度那样有赤道这样的自然起点。为了确定大地经度和全球时刻而采用的标准参考子午线，称为起始子午线，起始子午线与赤道的交点称为经度原点。

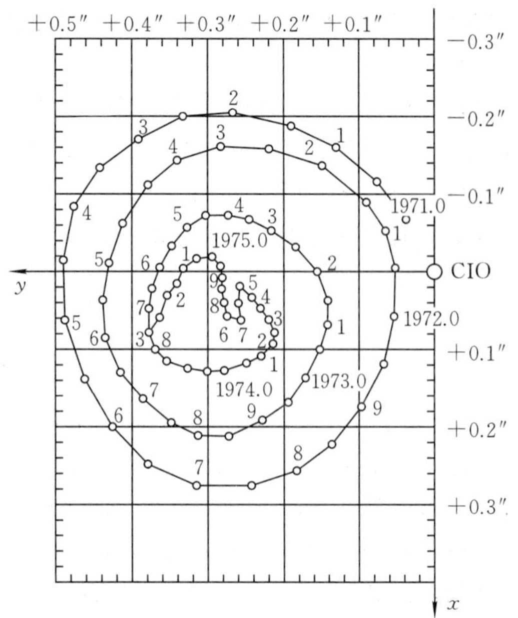

图 7-7 1971～1975 年瞬时极相对于 CIO 的运动轨迹

1884 年，在华盛顿召开的国际天文学家代表会议决定，以经过英国伦敦东南格林尼治天文台的经线为起始子午线，全球经度测量均以起始子午线与赤道的交点作为经度原点。1957 年后，国际上改用若干个长期稳定性好的天文台来保持经度原点，由这些天文台原来的经度采用值反求各自的经度原点，再取平均，称为平均天文台经度原点。1968 年，CIO 作为地极原点后，把通过 CIO 和平均天文台经度原点的子午线称为起始子午线。各种新技术确定的经度零点都尽量与起始子午线一致，但往往有不到 1″的零点差别。

(二)参考系与坐标系

为了描述一个事件的发生,比如确定一个粒子的位置、描述一个粒子或质体(地球或卫星)的运动规律,必须选定一个参考系(或称为参照系)。没有参考系,谈论运动规律是没有意义的。

参考系与坐标系的区别在于,坐标系着重考虑数学表示形式,更注重数学意义;而参考系着重考虑参照物,不考虑参考系本身所采用的数学表示形式,更注重物理意义。比如,以地球质量中心为原点建立一个与地球固结在一起的参考系(即地球参考系)。在这个参考系中,为了描述一个粒子或质点体系的运动规律,可以采用笛卡儿直角坐标系,也可以采用球面坐标系或其他坐标系。这些坐标系的原点都在地心,且它们间相对静止,因而所描述的粒子的运动规律是完全相同的,不会因选用不同的坐标形式而变。因此,一种参考系包含了许多本质上相同的坐标系,如大地直角坐标系(X,Y,Z)、大地坐标系(L,B,H)、高斯平面坐标系(x,y)等,可将它们称为等价同类坐标系,从中任意选取一个坐标系都不会影响对客观规律的描述。

在大地测量中,如果提到选定了一个坐标系,那同时也隐含着选定了参考系。如果说选定了参考系,那也就意味着选定了该参考系下的任意一种坐标系。在概念上区分参考系与坐标系是有意义的,但当所论系统用于描述地形的几何表示等测图应用时,人们习惯将该系统称为坐标系,而用于形变监测、航天试验等具有物理意义的场合,则称之为参考系更为贴切。在测绘工程中,常常将参考系和坐标系两者混用。

(三)理想的地球参考系

地球参考系是以某种确定的方式联系到地球的参考系,是与地球上选作标准的参考体(如地心、北极等)相固联的整个延伸空间。要对物体运动做定量描述,须在地球参考体上设置坐标系,称为地球参考坐标系。同一地球参考系可对应不同的地球参考坐标系。实用中常把地球参考系与地球参考坐标系这两个概念混用。如果地球是理想的刚体,则固定于地球的任何三轴坐标系都是合适的,地球参考系的选择仅取决于应用的方便。但实际上地球是个形变体,地壳各部分存在着相对运动,因此以一种理想的方式把坐标系固定于地球就成为一个十分重要的问题。

地球的整体运动(如极移)和局部运动(如地壳形变)是迭加在一起被观测到的,要分离它们可借助于一个固定于地球的参考系,这样的参考系应按如下的理论概念定义:相对于它,地壳只存在形变,不存在整体的旋转和平移;而它相对于惯性参考系只包含地球的公转和自转等整体运动。这一理论概念可采用如下的 Tisserand 条件来描述

$$\int_c \boldsymbol{v}\,\mathrm{d}m = 0$$

$$\int_c \boldsymbol{x} \times \boldsymbol{v}\,\mathrm{d}m = 0$$

式中,$\boldsymbol{x}$、$\boldsymbol{v}$ 是点质量 $\mathrm{d}m$ 相对于所定义的参考系的位置和速度,积分区间 c 是指整个地球。第一个条件表示相对于所定义的参考系,地球的线动量为 0,表明地球不存在整体的平移;第二个条件表示相对于所定义的参考系,地球的角动量为 0,表明地球不存在整体的旋转。如此定义参考系,则分离了地球的整体运动和局部运动,称为理想的地球参考系。如果这样的参考系得以实现,就有理由认为这个参考系中描述的测站的运动属于该测站自身的运动。

(四)协议地球参考系

要实际建立地球参考系,需选择一些物理基准(即具有物理意义的几何量,原点、尺度、定

向等)，这些物理基准的选择具有一定的不完全和随意性，为了统一，需要协议约定。于是，用术语“协议”来描述这种特定的选择，这就是协议地球参考系(CTRS)的概念。

协议地球参考系的定义是：

(1)原点——在地心，地心定义为包括海洋和大气的整个地球的质量中心。

(2)尺度——单位为m(国际单位制)，即在引力相对论意义下的局部地球框架内定义的米。

(3)定向——由 $BIH_{1984.0}$ 给定。

(4)定向的时间演化——相对于地壳不产生残余的全球性旋转。

(五)协议地球参考框架

参考框架是参考系的具体实现。一旦协议地球参考系选定了，便要使之能为各类用户可用。为此，系统要通过许多实际的地面点具体化。因为，一组全球分布点的三维直角坐标，隐含着一个原点的位置、一组正交笛卡儿坐标轴的指向和一个尺度参数。这样一组协议选定的使系统具体化的地面点及其坐标就定义了协议地球参考框架(CTRF)。因此，我们熟知的“大地控制网”就属于参考框架的概念，经典大地坐标系就是通过大地原点和大地网使大地坐标系具体化的。

在形变地球上建立地球参考框架可通过转换参数改变测站的坐标得到。随时而变的测站坐标由国际服务机构重复确定，由于任何全球性的系统误差都可以归纳为尺度、平移或旋转误差并归入7个转换参数中，因而在 Tisserand 条件的约束下，由国际服务机构计算和发布的转换参数定义了所实现系统的框架。

三、协议地球参考框架的建立和维持

地球参考系从定义到实现需要完成以下几步工作：

(1)如上所述，给出地球参考系的理论定义和协议约定；

(2)建立地面观测台站，并进行空间大地测量；

(3)根据对协议地球参考系的约定，采用国际推荐的一组模型和常数，对观测数据进行数据处理，解算出各观测台站在某一历元的站坐标，即建立协议地球参考框架；

(4)对于影响地面台站稳定的各种形变因素进行分析处理，建立相应的时变模型，以维持协议地球参考框架的稳定。

关于地球质心位置的确定，我们先假想地球是一刚体，通过激光测卫(SLR)等卫星动力学方法确定了 $n(n \geqslant 3)$ 个地面点至地球质心的距离，然后再采用 GPS、VLBI 等测量方法把这几个点之间的距离确定下来，于是通过几何约束条件即可确定地心的位置。然而，由于地球并非刚体，而是结构复杂的黏弹性体，因而这几个点是在不断变化的。这种变化不仅有规则变化，如固体潮的规则项，还有不规则变化，如各种难以预测的形变等，因而通过地面点测定地球质心的精确位置具有不确定性，这种不确定性可通过长期多次地重复观测而得到改善。不难理解，采用最小二乘法解算出的地心相对于地面的几个台站的位置精度不仅取决于测量精度，还与台站的个数和图形结构有关。

关于地球参考系坐标轴指向的确定，我们知道这与地球自转轴有关。首先说明，地球瞬时自转轴必定通过地球质心，因为如果不通过地心，则地球质心必定要绕瞬时自转轴转动，这与质点系动力学定律不符。由于极移运动，瞬时自转轴运动轨道构成了一个近似的圆锥面，以地球质心为其锥顶。取平均自转轴，即圆锥面的对称轴，为 Z 轴，将 X 轴限定在格林尼治天文台的子午面内，再选定 Y 轴，使 $O—XYZ$ 构成右手直角坐标系。这样就建立了地球质心参考系。

实用中参考系的三轴指向由 BIH/IERS 提供的地球自转参数(ERP)确定。

利用 SLR 技术,可以独立地完成地球参考框架的建立和维持。对于不同的 SLR 网,由于在解算中采用的各种模型不一、台站个数不一和资料多少不一等因素,各网建立的参考框架间存在着一定的差异。

利用 VLBI 技术可以高精度地确定参考坐标系的定向和尺度,但其原点不定,因此往往用 SLR 技术确定某一台站的坐标作为起算点,如 VLBI 网采用美国 Westford 站为其起算点。同样,各 VLBI 网建立的参考系间也存在着一定的差异。

GPS 等技术也可以按各自的技术特点建立地球参考框架。

对上述全球各个 SLR 网、VLBI 网、GPS 网和其他空间大地网联合平差,就可建立国际地球参考框架(ITRF)。

联合平差的方程形式是

$$\begin{bmatrix} X \\ Y \\ Z \end{bmatrix}_{\text{obs}} = \begin{bmatrix} \delta X \\ \delta Y \\ \delta Z \end{bmatrix} + \begin{bmatrix} X \\ Y \\ Z \end{bmatrix}_{\text{CTRF}} + \begin{bmatrix} V_x \\ V_y \\ V_z \end{bmatrix} \tag{7-33}$$

式中,$[\delta X \quad \delta Y \quad \delta Z]^{\mathrm{T}}$ 是测站的形变位移,$[X \quad Y \quad Z]_{\text{obs}}^{\mathrm{T}}$ 是在观测技术“O”(如 SLR、VLBI 或 GPS 等)对应的地球参考框架中确定的观测坐标 $[X^o \quad Y^o \quad Z^o]^{\mathrm{T}}$ 通过平移(ΔX^o、ΔY^o、ΔZ^o)、旋转(ε_X^o、ε_Y^o、ε_Z^o)和尺度比(Δm^o)改正得到的测站坐标,即

$$\begin{bmatrix} X \\ Y \\ Z \end{bmatrix}_{\text{obs}} = \begin{bmatrix} \Delta X^o \\ \Delta Y^o \\ \Delta Z^o \end{bmatrix} + \boldsymbol{R}_Z(\varepsilon_Z^o) \cdot \boldsymbol{R}_Y(\varepsilon_Y^o) \cdot \boldsymbol{R}_X(\varepsilon_X^o) \begin{bmatrix} X^o \\ Y^o \\ Z^o \end{bmatrix} + \Delta m^o \begin{bmatrix} X^o \\ Y^o \\ Z^o \end{bmatrix} \tag{7-34}$$

式(7-33)、式(7-34)是用于实现 CTRF 的观测方程。式中未知参数是 $[X \quad Y \quad Z]_{\text{CTRF}}^{\mathrm{T}}$ 和 $[\delta X \quad \delta Y \quad \delta Z]^{\mathrm{T}}$,它们定义了 CTRF;$\Delta X^o$、$\Delta Y^o$、$\Delta Z^o$、$\varepsilon_X^o$、$\varepsilon_Y^o$、$\varepsilon_Z^o$ 和 Δm^o 则给出了 CTRF 与技术“O”对应的地球参考框架间的关系。

ITRF 是 CTRF 的实例。实际应用中,通常对新建立的 ITRF 的原点、尺度和定向给出某种具体的要求。

对于 ITRF 的坐标原点,按照 CTRS 的定义,应位于整个地球的质量中心。由于 SLR 是动力学技术,能以较高精度确定地球质心,所以 ITRF 的坐标原点可由该技术确定。方法是使参加平差的某个 SLR 网的平移参数为 0;或使参加平差的几个 SLR 网的平移参数的加权和为 0。

对于 ITRF 的尺度,按定义应为引力相对论意义下的局部地球框架的尺度。实用中是由各分析中心在数据处理时采用的光速 c、地球引力常数 GM 以及某种相对论改正模型来确定。上述数值和模型不同,各网的尺度也不同,目前各分析中心一般都采用 IERS 规范的推荐值,所以各网的尺度差并不大。新的 ITRF 的尺度一般是选用某个网的尺度,或多个网的尺度的带权平均。

对于 ITRF 的定向,一般是将定向参数作为已知值处理。

当前的 ITRF 实现,如 ITRF2000、ITRF2005、ITRF2008、ITRF2014,其输入数据、数学模型、解算参数类型以及解算方法等,都较早期的 ITRF 实现要复杂得多,但基本思想却是相似的。为便于理解原点、尺度和定向的实现方法,下面以 ITRF91(该框架首次应用了 GPS 数据)的建立为例说明 ITRF 的实现过程。

表 7-1 列出了参加建立 ITRF91 的全部 16 个网,表中序号 1 至 5 为 VLBI 网,6 至 12 为 SLR 网,13 至 15 为 LLR 网,16 为 GPS 网。对全部数据实施联合平差最终建立 ITRF91。

联合平差所采用的参考系定义为：

参考系原点由 SLR 确定；尺度也由 SLR 确定（因 SLR 的尺度已与 VLBI 一致）；定向与 ITRF90 一致。

联合平差实现该参考系的方法是：

(1)令 SSC(CSR)92L01 网(表 7-1 序号 6)的转换参数均为 0，即在 SSC(CSR)网所实现的参考系中实施平差，平差结果是使原点、尺度、定向均与 SSC(CSR)一致。其结果定义为 ITRF91A。显然除定向外，ITRF91A 的原点及尺度已满足了 ITRF91 的定义。

(2)解 ITRF91A 与 ITRF90 的 7 个转换参数，以获得定向改正参数，其值见表 7-2。

(3)取 SSC(CSR)的平移参数和尺度比参数均为 0，旋转角取表 7-2 的 $\varepsilon_X^o=-0.4$、$\varepsilon_Y^o=0.4$、$\varepsilon_Z^o=-0.9$(列入表 7-1 序号 6)，对全部数据再次实施联合平差。平差结果所得各网的转换参数见表 7-1。

表 7-1　参加 ITRF91 联合平差的大地网及其转换参数

序号	网名	ΔX^o /cm	ΔY^o /cm	ΔZ^o /cm	Δm^o /(10^{-8})	ε_X^o /(0.001″)	ε_Y^o /(0.001″)	ε_Z^o /(0.001″)
1	SSC(GSFC)92R03	0.3	−1.2	−2.8	−0.05	1.1	1.2	−2.5
2	SSC(NOAA)92R01	2.1	0.4	−2.2	0.08	4.6	9.9	−0.2
3	SSC(USNO)92R01	1.9	−4.4	0.8	−0.42	−0.4	−0.2	−0.2
4	SSC(NAOMZ)92R01	3.3	−2.9	−4.8	0.06	−1.3	−1.0	−0.5
5	SSC(JPL)92R01	−1.9	1.1	−1.7	−0.50	2.5	1.1	0.7
6	SSC(CSR)92L01	0.0	0.0	0.0	0.00	−0.4	0.4	−0.9
7	SSC(GSFC)92L01	−2.9	−1.4	0.3	0.31	−0.3	5.7	−7.3
8	SSC(DGFII)92L01	0.7	−3.0	0.0	−0.37	−284.4	−44.5	5.7
9	SSC(DUT)92L01	0.1	0.6	−3.8	−0.65	0.8	1.7	−4.6
10	SSC(GFZ)92L01	−0.1	−0.2	3.0	0.06	0.1	0.1	−0.2
11	SSC(GAOUA)92L01	−1.4	0.4	−7.2	−0.52	0.3	0.4	−1.4
12	SSC(NAL)92L01	0.4	−0.6	−3.5	0.08	1.0	1.6	0.6
13	SSC(UTXMO)92M01	−0.1	−3.5	17.6	−3.20	−6.5	0.8	38.5
14	SSC(JPL)92M01	−6.5	−1.2	4.7	−1.97	−1.0	1.4	−44.7
15	SSC(SHA)92M01	−6.8	−0.5	1.9	−2.75	−0.3	0.1	3.2
16	SSC(JPL)01P01	−6.7	14.8	−17.0	−0.14	−0.4	−0.7	61.5

表 7-2　ITRF91A 、 ITRF 90 间的转换参数

ΔX^o /cm	ΔY^o /cm	ΔZ^o /cm	Δm^o /(10^{-8})	ε_X^o /(0.001″)	ε_Y^o /(0.001″)	ε_Z^o /(0.001″)
−0.1	0.4	1.5	−0.02	−0.4	0.4	−0.9

不同时期 ITRF*yy*(*yy* 为该框架的年序，指明了该框架所使用有效观测数据的最终时间)所采用的基准定义参见表 7-3。由表可知：从 BTS87(BTS 为国际时间局 BIH 建立的参考系)始，ITRF 的原点和尺度由所选择的 SLR、GPS、VLBI 解算的平均值确定。ITRF 的定向与 BIH 发布的地球定向参数 EOP 对准，但 ITRF93 的定向是与 IERS 发布的 EOP 对准的。定向的时间演化，在 ITRF90 之前没有解算全球速度场，当时推荐使用 AM0-2 板块运动模型；ITRF91 之后，相对于前一年序的 ITRF 或 NNR-NUVEL1、NNR-NUVEL1A 板块运动模型，

满足全球无整体旋转条件(NNR 条件),但 ITRF93 的定向演化是与 IERS 发布的 EOP 序列(EOP series)对准的。

表 7-3 ITRF*yy* 所采用的基准定义

ITRF 解	原点	尺度	定向	定向演化
ITRF0	BTS87	BTS87	BIH EOP	
ITRF88	ITRF0	ITRF0	ITRF0	推荐使用 AM0-2
ITRF89	SLR(SSC(CSR))	SLR(SSC(CSR))	ITRF88	推荐使用 AM0-2
ITRF90	SLR(SSC(CSR))	SLR(SSC(CSR))	ITRF89	推荐使用 AM0-2
ITRF91	SLR(SSC(CSR))	SLR(SSC(CSR))	ITRF90	NNR(相对于 NNR-NUVEL1)
ITRF92	SLR(SSC(CSR))	SLR(SSC(CSR))	ITRF91	NNR (相对于 NNR-NUVEL1A)
ITRF93	SLR	SLR	IERS EOP	IERS EOP 序列
ITRF94	SLR+GPS	SLR+GPS+VLBI	ITRF92	NNR (相对于 NNR-NUVEL1A)
ITRF96	SLR+GPS	SLR+GPS+VLBI	ITRF94	NNR (相对于 ITRF94)
ITRF97	SLR+GPS	SLR+GPS+VLBI	ITRF96	NNR (相对于 ITRF96)
ITRF2000	SLR(含原点速率定义)	SLR+VLBI(含尺度速率定义)	ITRF97	NNR (相对于 NNR-NUVEL1A)
ITRF2005	SLR(含原点速率定义)	VLBI(含尺度速率定义)	ITRF2000	NNR (相对于 ITRF2000)
ITRF2008	SLR(含原点速率定义)	VLBI+SLR(含尺度速率定义)	ITRF2005	NNR (相对于 ITRF2005)
ITRF2014	SLR(含原点速率定义)	VLBI+SLR(含尺度速率定义)	ITRF2008	NNR (相对于 ITRF2008)

协议地球参考框架(CTRF)是四维的,或者说是动态的,其动态特征表现在 CTRF 是由具有参考历元的坐标和速度构成。随时间变化(即动态性)是 CTRF 的固有性质。一方面,板块运动、地壳形变等地球动力学因素的影响使固体地球表面点的瞬时位置不断变化,需要同时给出点的站坐标和站速度;另一方面,新的观测资料不断精化、新的观测站点不断增加,需要定期发布新的坐标和速度计算结果。

CTRF 的维持,即其动态特征的保持,目前主要依靠实测速度场来体现。例如,GPS 连续运行基准站(CORS)网具有大量连续观测的数据,可计算出站点的运动速度,为地球参考框架的维持提供实测数据。

四、 国际地球参考框架 ITRF 和世界大地坐标系 WGS 84

(一)ITRF

1. ITRF 的建立

国际地球参考框架(ITRF)是国际地球参考系统(ITRS)的实现。ITRS 的定义与 CTRS 的定义一致。ITRF 的建立是通过一组站的坐标 SSC(sets of station coordinate)和速度来完成的,这些站的坐标和速度通过 VLBI、SLR、LLR、GPS(起于 1991 年)和 DORIS(起于 1994 年)等空间大地测量手段得到。计算的 ITRF 解发表在 IERS 的年度报告上,已有的 ITRF 解有 ITRF0、ITRF88、ITRF89、ITRF90、ITRF91、ITRF92、ITRF93、ITRF94、ITRF96、ITRF97、ITRF2000、ITRF2005、ITRF2008、ITRF2014。

计算 ITRF 的基本步骤如下：首先，利用站集的速度模型将各分析中心提供的 SSC 解归化至某一参考历元 t_0；然后进行联合平差，得到 ITRF 站坐标和每一组 SSC 相对于 ITRF 联合解的七个转换参数；ITRF 点的速度通过两种方式算得，一种方法是同计算站坐标一样，不过它的模型是由坐标转换公式导出的，另一种方法是通过对两个历元的位置求导得到。

ITRF 站点坐标如需用大地坐标形式表示，IERS 推荐采用全球通用的 GRS(geodetic reference system)的大地测量基本常数，目前采用 GRS 80 椭球。

2. ITRF 与 IGS

随着国际 GPS 服务(已改名为 GNSS 服务，IGS)的建立，ITRF 与 GPS 的关系变得更加密切。IGS 同 ITRF 紧密合作，一方面 ITRF 为 IGS 提供绝对的长期基准，另一方面 IGS 提供全球 GPS 观测数据并改进 ITRF 解。

假设某一 GPS 会战的参考历元是 T_c，要求利用这一会战的观测数据和精密星历计算测站坐标。人们可能会遇到两种精密星历：一种是基于 WGS 84 坐标系的星历，另一种是基于 ITRF 的星历(如 IGS 精密星历)。使用坐标系不同的精密星历，得到的测站坐标将属于不同的坐标系。

如果使用 IGS 精密星历(假设它的参考框架为 ITRFyy)，则应该采用已知点在 ITRFyy 参考框架中的坐标(参考历元为 T_0)，并根据已知点在 ITRFyy 中的速度将坐标从 T_0 归化至观测历元 T_c，如果必要的话，此时再对归化后的已知点坐标施加约束，这样得到的未知点坐标属于 IGS 精密星历所采用的 ITRF 参考框架。

3. ITRF 在建立和维持地区性大地坐标系中的作用

按定义，地心坐标系应该是唯一的，但由于实现方法和资料的不同，会产生各个地心坐标系。由于 ITRF 地心精度高，全球分布且权威性大，其他地心系都在向它靠拢，如 WGS 84 的两次改进、欧洲的 EUREF 融入 ITRF 等。世界各国在处理本国 GPS 数据时，也都将 ITRF 站坐标以强约束，使国家坐标系接近或属于 ITRF 框架。

目前 ITRF 站点的点位精度优于 1 cm，点位速度精度优于 3 mm/a。利用这些点作为起始站，采用 GPS 相对定位技术，在某一地区进行 GPS 观测，经过数据处理，便可以获得该地区高精度的点位站坐标，即在该地区建立了基于 GPS 技术的地心坐标系。

ITRF 在地区坐标系的建立和维持中起着重要的作用：

(1)地区坐标系建立时用到了 IGS 的精密星历和地球定向参数(EOP)，而 IGS 精密星历的参考框架是属于 ITRF 的。

(2)地区坐标系建立所用的起始站为 ITRF 框架中的站点，计算时大多给这些站以很强的约束，这样建立的坐标系应与 ITRF 有很好的一致性。因此，所建立的各种地区坐标系都明确指出，该坐标系与 ITRF 一致，如 EUREF 固联于欧洲板块并且同 ITRF 在参考历元 1989.0 一致等。

虽然地区性地心坐标系在建立时均采用 ITRF 站作为起始站，但这些站点的选择方案却大有不同。可以是将该地区内和其周围 ITRF 点给予强约束，如南美洲参考框架 SIRGAS；也可以选择不同板块上部分稳定的 ITRF 点给予强约束，如 EUREF。起始点选择的不同，所建立的参考系也就有所不同，而且这些差异常常是系统性的。

(二)WGS 84

从 20 世纪 60 年代开始，为建立全球统一的大地坐标系，原美国国防部制图局(DMA)就曾建立了 WGS 60，随后又推出了改进的 WGS 66 和 WGS 72。20 世纪 80 年代中期，推出了

WGS 84 坐标系。WGS 84 坐标系是一个协议地球参考系,此外,WGS 84 还包括参考椭球、基本常数、地球重力场模型和全球大地水准面模型,所以实际上 World Geodetic System(WGS)应直译为世界大地测量系统。

WGS 84 参考框架是由一组全球分布的监测站坐标实现的。为了建立与 ITRF 相一致的 WGS 84 参考系,美国在 1987 年、1994 年、1996 年、2002 年、2012 年和 2013 年六次对 WGS 84 进行了精化。2013 年的再次精化,其成果标以 WGS 84(G1762),历元为 2005.0,与 ITRF 每一坐标分量的符合精度优于 1 cm。因此对于大多数精度要求低于厘米级的应用而言,WGS 84 与 ITRF 可以认为是同一参考框架。

WGS 84 椭球的四个常数见表 4-1。

§7-5 中国的大地坐标系

一、1954 北京坐标系

1954 北京坐标系(简称"BJS 54")实际上是苏联 1942 年普尔科沃(Pulkovo)坐标系在中国的延伸。因此,先讨论后者。

1946 年以前,苏联采用 1932 年普尔科沃坐标系。该坐标系大地原点设在普尔科沃天文台圆形大厅中心,采用贝塞尔椭球参数,基本上是一点定位,只是起始大地方位角是根据天文大地网中 45 个拉普拉斯方位角,通过平差计算得到的。

这个坐标系对苏联来说并不合适。首先,贝塞尔椭球的长半轴太小,误差约有 800 m;其次,参考椭球的定位也不合适,在远东地区大地水准面偏离参考椭球面差达 410 m。为此,在 1932 年普尔科沃坐标系的基础上,改用克拉索夫斯基椭球参数,仍以普尔科沃为大地原点,进行多点定位,建立了 1942 年普尔科沃坐标系。

20 世纪 50 年代,在中国天文大地网建立初期,为了迅速发展中国测绘事业,全面开展测图工作,迫切需要建立一个大地坐标系。为此,1954 年总参谋部测绘局在有关方面的建议与支持下,鉴于当时的历史条件,采取先将中国一等锁与苏联远东一等锁相连接,然后以连接处呼玛、吉拉林两基线网扩大边端点和绥芬河地区两个三角点的苏联 1942 年普尔科沃坐标系的坐标为起算数据,平差中国东北及东部地区一等锁,这样传算来的坐标系,定名为 1954 北京坐标系。由此可见,1954 北京坐标系是苏联 1942 年普尔科沃坐标系在中国的延伸。但是,严格说来和 1942 年普尔科沃坐标系还存有一些小的差异,例如,其中高程异常是以苏联 1955 年大地水准面重新平差结果为起算值,按中国天文水准路线推算出来的;大地点高程是以 1956 年青岛验潮站求出的黄海平均海水面为基准等。

总结 1954 北京坐标系的要点是:

(1)属参心大地坐标系。

(2)采用克拉索夫斯基椭球参数(见表 4-1)。

(3)多点定位。η_0、ξ_0 由 900 个点(在苏联)按 $\sum_1^{900}[(\eta-\eta_g)^2+(\xi-\xi_g)^2]=$ 最小解得。式中 η_g、ξ_g 是用重力方法得出的重力垂线偏差分量。大地原点的大地水准面差距 N_0 由 43 点(在苏联天文大地网中均匀选取)按 $\sum_1^{43}N^2=$ 最小解得。

(4) $\varepsilon_X = \varepsilon_Y = \varepsilon_Z = 0$。

(5)大地原点在苏联的普尔科沃。

(6)高程异常是以苏联1955年大地水准面重新平差结果为起算值，按中国天文水准路线推算出来的。

(7)1954北京坐标系建立后，提供的大地点成果是局部平差结果。

1954北京坐标系在全国的测绘生产中发挥了巨大的作用。15万个国家大地点以及数十万个军控点、炮控点、测图控制点均按此坐标系统计算。以1954北京坐标系为基础的测绘成果和文档资料，已应用到经济建设和国防建设的许多领域，特别是用它测制的全国1∶5万及1∶10万比例尺地形图的任务已基本完成，1∶1万比例尺地形图也在相当范围内得以完成。

1954北京坐标系存在的缺点和问题是：

(1)克拉索夫斯基椭球参数同现代精确确定的椭球参数相比，长半轴约大108 m(与GRS 80比较)。

(2)只涉及两个几何性质的椭球参数(a，f)，满足不了当今理论研究和实际工作中所需的描述地球椭球的四个基本参数(长半轴a，地球重力场二阶带球谐系数J_2，地心引力常数GM和地球自转角速度ω)的要求。

(3)大地测量计算中采用克拉索夫斯基椭球，而处理重力数据时采用的是赫尔默特1901～1909年正常重力公式

$$\gamma_0 = 978\,030(1 + 0.005\,302\sin^2\varphi - 0.000\,007\sin^2 2\varphi)$$

因此，不能把克拉索夫斯基椭球的两个几何参数a和f，同赫尔默特正常重力公式两个物理参数$\gamma_e = 978\,030$ mGal，$\beta = 0.005\,302$合并在一起，作为几何大地测量和物理大地测量统一使用的参数。

(4)1954北京坐标系所对应的参考椭球面与中国大地水准面存在着自西向东明显的系统性倾斜，在东部地区高程异常最大达+65 m，全国范围平均为29 m，参见图7-8。

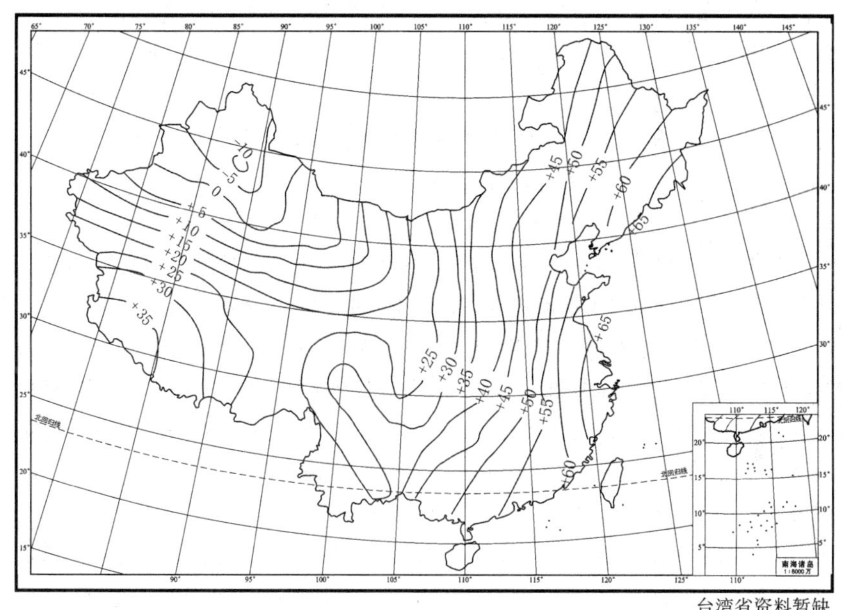

图7-8　1954北京坐标系大陆部分的大地水准面

(5)定向不明确。椭球短轴的指向既不是国际上普遍采用的国际协议原点 CIO,也不是中国地极原点 $JYD_{1968.0}$;起始大地子午面也不是平行于国际时间局 BIH 所定义的格林尼治平均天文台子午面,从而给坐标换算带来一些不便和误差。

(6)1954 北京坐标系坐标与 1980 西安坐标系坐标相比较,前者未经整体平差,是局部平差值,后者是整体平差值,因此,前者精度不及后者高。按局部平差逐级提供大地点成果,不可避免地会出现一些矛盾和不合理的情况。

(7)并非是中国独立建立的坐标系,大地原点不在北京,名不副实,容易引起一些误解。在解释其定义时,也不够简单明了。

当然应该指出,这些问题是由于历史原因造成的,对于一个初建天文大地网的国家是难以避免的。

二、1980 西安坐标系

早在 20 世纪 60 年代初期,全国天文大地测量初具规模时,针对 1954 北京坐标系存在的缺点和问题,一些专家、学者已开始着手研究利用中国天文大地测量资料,推算和中国大地水准面较为密切的椭球参数,并获得了一些初步结果。

1978 年 4 月在西安召开了"全国天文大地网整体平差会议",与会专家、学者对建立中国新的大地坐标系做了充分的讨论和研究,认为 1954 北京坐标系在技术上存在一些缺点,建立中国新的大地坐标系是必要的、适时的。在会议纪要中,关于建立大地坐标系的问题,明确了以下原则:

(1)全国天文大地网整体平差要在新的参考椭球面上进行。为此,首先建立一个新的大地坐标系,并命名为 1980 国家大地坐标系(后来在实用中人们常称为 1980 西安坐标系,简称 XAS80)。

(2)1980 西安坐标系的大地原点建在中国中部西安附近,具体地点是陕西省泾阳县永乐镇。

(3)国际大地测量与地球物理联合会 1975 年推荐的地球椭球参数,综合了世界上的最新数据,1980 西安坐标系采用其四个基本参数 (a、J_2、GM、ω)。并根据这些参数推算地球扁率,赤道正常重力值和正常重力公式的各项系数。

(4)1980 西安坐标系的椭球短轴平行于由地球质心指向地极原点 $JYD_{1968.0}$ 方向,大地起始子午面平行于格林尼治平均天文台的子午面。

(5)椭球定位参数以中国范围内高程异常值平方和最小为条件求定。

(6)考虑到经典大地测量和空间大地测量的不同需求,本着独立自主、自力更生、有利保密、方便使用的原则,分别建立两套坐标系,即 1980 西安坐标系和地心坐标系。前者根据定位条件,必然属参心坐标系,应该保持其在相当长时期内稳定不变,供全国各部门使用;后者在 1980 西安坐标系的基础上,通过精确求定坐标转换参数,换算成地心坐标,以满足中国远程武器和空间技术发展的需要。地心坐标转换参数,可随着测绘技术的不断发展和通过综合利用不断增加的天文、大地、重力和卫星大地测量资料而不断精化。

会后,有关部门按上述原则,建立了 1980 西安坐标系。

1980 西安坐标系的建立是在 1954 北京坐标系的基础上完成的。其建立原理见§7-3。

采用的弧度测量方程是式(7-31),由于采用正常高系统,故以 ζ 代 N,又采用 Δe^2 代 Δf,得

$$\zeta_{1980} = \cos B_{1954}\cos L_{1954}\Delta X_0 + \cos B_{1954}\sin L_{1954}\Delta Y_0 + \sin B_{1954}\Delta Z_0 - W_{1954}\Delta a + \frac{1}{2}N_{1954}\sin^2 B_{1954}\Delta e^2 + \zeta_{1954} \tag{7-35}$$

由于已明确采用GRS 75椭球，故 $\Delta a = a_{\text{GRS 75}} - a_{\text{克氏}}$，$\Delta e^2 = e^2_{\text{GRS 75}} - e^2_{\text{克氏}}$ 均为已知值。

ζ_{1954} 的求解方法是：用1 167个天文点和约15万个重力点成果，在全国由天文重力水准路线、短边天文水准路线和天文水准加均衡改正的路线构成21个环，进行不等权平差求得各路线高程异常差，再以原点的 ζ 为起算值逐一推求，最后绘制成全国高程异常 ζ_{1954} 图。

在全国按1°×1°间隔，均匀选取922点，组成如式(7-35)的弧度测量方程式，按

$$\sum_{1}^{922}\zeta^2_{1980} = 最小$$

解算得定位元素 ΔX_0、ΔY_0 和 ΔZ_0。再代入式(7-28)，进而得大地原点上的 $\eta_{0(1980)}$、$\xi_{0(1980)}$ 和 $\zeta_{0(1980)}$ 值。根据大地原点上测得的天文经度 λ_0、天文纬度 φ_0、大地原点至另一点的天文方位角 α_0 和正常高 $H_{正0}$，按式(7-26)最后得大地原点上的 $L_{0(1980)}$、$B_{0(1980)}$、$A_{0(1980)}$ 和 $H_{0(1980)}$，作为1980西安坐标系的大地起算数据。

中国在1980西安坐标系中没有采用CIO，而是采用 $\text{JYD}_{1968.0}$ 作为地极坐标的原点。其中JYD为极原点三个字的汉语拼音字头。这个地极坐标系统，是中国极移协作小组(参加单位有南京大学天文系、上海天文台、陕西天文台、武昌时辰站和天津纬度站等)，在1977年利用1949～1977年期间的国外36个台站的光学仪器的测纬资料，分别就地极的长期与周期分量进行分析研究后建立起来的，并由天津纬度站以基本上相同的台站、仪器的后续测纬资料与数学处理方式，进行着系统的保持工作。

应当肯定，就利用光学技术确定地极系统而言，$\text{JYD}_{1968.0}$ 的精度是比较好的，系统也相当稳定。其内部精度和BIH的CIO系统相当，同BIH和IPMS等比较，外部符合的平均偏差小于0.02″。

$\text{JYD}_{1968.0}$ 虽然用于中国1980西安坐标系，但是在天文界和测绘界，对它的采用一直存在着争议，特别是随着空间大地测量技术的完善，传统的光学天体测量方法已被新技术所替代。鉴于JYD系统是依靠光学手段保持的地极系统，不能适应当代建立高精度参考系的要求；加之，JYD并不是真正的独立的地极系统，而国外光学测纬资料已濒于枯绝，因此该系统很难得以维持。所以，变更地极原点使之与国际系统相一致是必然的。

还要说明，1980西安坐标系是在明确采用IUGG 1975年推荐的椭球参数基础上，按中国范围内的高程异常值平方和为最小进行椭球定位的，即只解算式(7-35)中 ΔX_0、ΔY_0、ΔZ_0 3个未知数。如果对椭球参数事先不加固定，按式(7-35)解算，则可得 ΔX_0、ΔY_0、ΔZ_0、Δa、Δe^2 等5个参数。这样定位的结果，显然椭球面和中国大地水准面(或似大地水准面)更为密合。据1964～1977年几次计算结果表明，a 值在6 378 666～6 378 685 m间，f 值在1：291.6～1：292.2间。从中可见，仅根据中国局部地区大地水准面推算的椭球和当代按全球资料推得的椭球，其长半轴要大500多米，扁率的分母相差达6个单位左右，这是由于中国范围内地形环境极其复杂的缘故。所以，在1980西安坐标系中，没有采用根据中国局部地区大地水准面推算的椭球参数。

总结1980西安坐标系的要点是：

(1)属参心大地坐标系。

(2)采用既含几何参数又含物理参数的 GRS 75 椭球的 4 个椭球基本参数(见表 4.1)。

(3)多点定位。在中国按 $1^\circ \times 1^\circ$间隔,均匀选取 922 点,组成弧度测量方程,解得大地原点上的 ξ_0、η_0 和 ζ_0 的值是

$$\xi_0 = -1.9'', \eta_0 = -1.6'', \zeta_0 = -14.0 \text{ m}$$

(4)定向明确。地球椭球的短轴平行于由地球质心指向 $JYD_{1968.0}$ 的方向,起始大地子午面平行于中国起始天文子午面,$\varepsilon_X = \varepsilon_Y = \varepsilon_Z = 0$。

(5)大地原点在中国中部地区,推算坐标的精度比较均匀,位于陕西省泾阳县永乐镇,在西安市以北 60 km,简称西安原点。大地经纬度的概略值是 $L_0 = 108^\circ 55'$, $B_0 = 34^\circ 32'$。

(6)1980 西安坐标系建立后,用它计算了全国天文大地网整体平差近 5 万个点的成果。

将 1980 西安坐标系和 1954 北京坐标系相比较,前者优于后者是比较明显的。例如:完全符合建立经典参心大地坐标系的原理,容易解释;地球椭球的参数个数和数值大小更加合理、准确;坐标系轴的指向明确;椭球面与大地水准面密合较好,全国平均差值由 1954 北京坐标系 29 m 减至 10 m,最大值出现在西藏西南角,全国广大地区多数在 15 m 以内,见图 7-9。

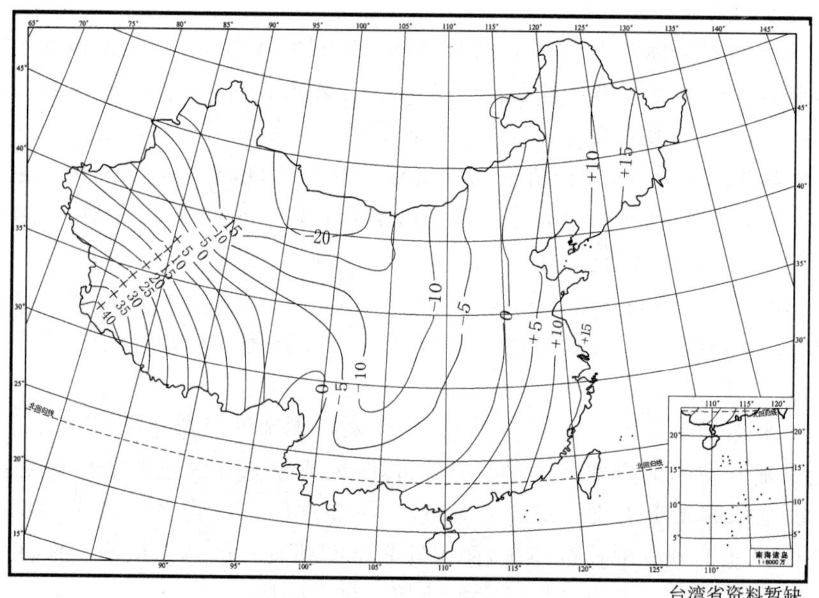

台湾省资料暂缺

图 7-9　1980 西安坐标系大陆部分的大地水准面

此外,由于严格地进行观测数据归算,全国统一整体平差,消除了分区局部平差不合理的控制影响,提高了平差结果的精度。

椭球参数和定位的改变,必将引起大地坐标的变化。显然,这将使图廓线的位置改变。改变大小随点位而异,对于中国东经 102°以东地区,其变化最大约为 80 m,平均约为 60 m。图廓线位置的变化,使新测地形图接边时产生裂隙。如 80 m 的变化,在 1 : 5 万地形图上表现为 1.6 mm。方里线位置的改变,不仅与大地坐标的变化有关,而且还将包括因椭球参数的改变所带来的投影后平面坐标变化的附加影响。如当大地经度为 116°、大地纬度为 46°时,方里线在 x、y 方向上分别变化值为 46 m 和 55 m,在 1 : 5 地形图上分别产生 0.9 mm 和 1.1 mm 的改变。启用 1980 西安坐标系后,带来的最大问题就是地形图图廓线和方里线位置的改变,给新旧大地坐标系所测地形图的拼接带来麻烦。

三、新 1954 北京坐标系

1980 西安坐标系在当时所具备的科学性、严密性和先进性是大家一致公认的。而 1954 北京坐标系提供的是局部平差成果，弊病很多，不宜再继续采用。但是，如将 1980 西安坐标系代替 1954 北京坐标系用作为测图坐标系（特别是大于 1∶5 万比例尺地形图），则新旧坐标系的衔接存在较大工作量问题。因此，启用一个新的测图坐标系，既要考虑其科学性、严密性，又要考虑实用性、可行性、经济效益和社会效益；既要考虑三十多年来测绘历史和现状，又要考虑今后的发展。

新 1954 北京坐标系，又称 1954 北京坐标系（整体平差转换值），就是在这样的背景下产生的。这个坐标系提供的成果，是在 1980 西安坐标系的基础上，将 GRS 75 椭球改换成原来的克拉索夫斯基椭球，通过在空间三个坐标轴上进行平移转换而得到的。因此，其坐标不但体现了整体平差成果的优越性，即其精度和 1980 西安坐标系坐标精度一样，克服了原 1954 北京坐标系局部平差的缺点；又由于椭球参数恢复为原 1954 北京坐标系的椭球参数，定位接近于原 1954 北京坐标系，从而使其坐标值和原 1954 北京坐标系局部平差坐标值相差较小。据统计，对于投影平面坐标来说，两者坐标差值在全国约 80％地区在 5 m 以内，超过 5 m 的主要集中在东北地区，其中大于 10 m 的点仅在少数边沿地区，最大差值 12.9 m。纵坐标 x 差值在 −6.5～＋7.8 m；横坐标 y 差值在 −12.9～＋9.0 m。这样的差异实际并没有超过以往使用坐标与平差坐标之差的范围。反映在 1∶5 万地图上，绝大部分不超过 0.1 mm，这样新旧图拼接将不会产生明显裂隙。因此，新图既实现了使用精度高的整体平差成果作为控制基础，又不必做特殊处理就能和旧图互相拼接，具有明显的经济效益。特别是在军队系统，因为用图量、存图量最多的是 1∶5 万以下比例尺地图，采用这种坐标系作为制图坐标系，对于地图更新、战时快速保障和方便广大指战员用图等方面，具有明显的优点。

1954 北京坐标系、1980 西安坐标系和新 1954 北京坐标系间的关系，可以形象地用图 7-10 表示。

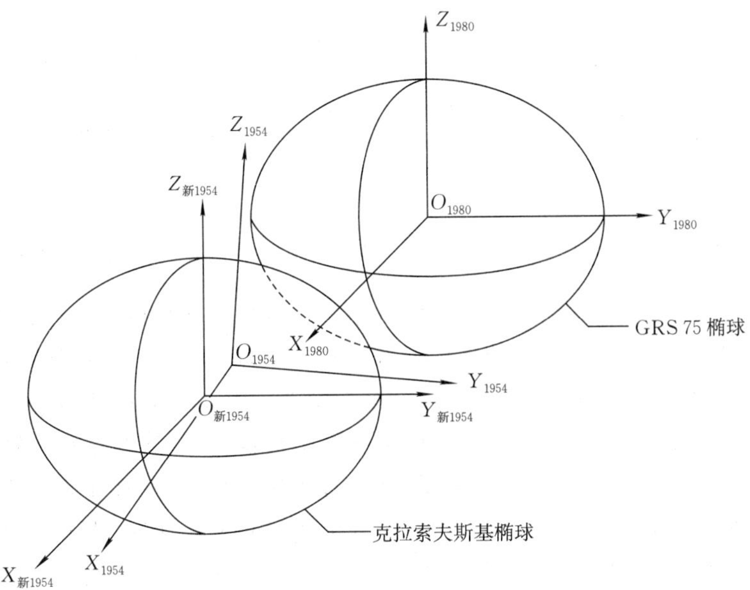

图 7-10　中国三种参心大地坐标系的关系

图 7-10 中，$O_{1980}—X_{1980}Y_{1980}Z_{1980}$ 为 1980 西安坐标系对应的空间直角坐标系。$O_{新1954}—X_{新1954}Y_{新1954}Z_{新1954}$ 为新 1954 北京坐标系对应的空间直角坐标系。$O_{1954}—X_{1954}Y_{1954}Z_{1954}$ 为原1954北京坐标系对应的空间直角坐标系，Z_{1954} 轴指向不明确，它不是指向平行于地球质心至$JYD_{1968.0}$ 方向，它采用克拉索夫斯基椭球参数，为使图清晰，未绘出椭球大小。$O_{新1954}—X_{新1954}Y_{新1954}Z_{新1954}$ 和 $O_{1980}—X_{1980}Y_{1980}Z_{1980}$ 坐标轴平行，它们的 Z 轴指向平行于地球质心至$JYD_{1968.0}$ 方向，X 轴位于起始大地子午面。

由图可见，新 1954 北京坐标系是将 1980 西安坐标系采用的 IUGG 1975 椭球参数换成克拉索夫斯基椭球参数后，在空间平移后的一种参心大地坐标系，其平移量为 1980 西安坐标系按式(7-35)解得的定位参数 ΔX_0、ΔY_0、ΔZ_0(本身有正负)的值反号。

因此，对于两种空间直角坐标系的变换公式是

$$\left.\begin{aligned}X_{新1954}&=X_{1980}-\Delta X_o\\Y_{新1954}&=Y_{1980}-\Delta Y_o\\Z_{新1954}&=Z_{1980}-\Delta Z_o\end{aligned}\right\}\tag{7-36}$$

对于两种参心大地坐标的变换公式是

$$\left.\begin{aligned}L_{新1954}&=L_{1980}-\mathrm{d}L\\B_{新1954}&=B_{1980}-\mathrm{d}B\\H_{新1954}&=H_{1980}-\mathrm{d}H\end{aligned}\right\}\tag{7-37}$$

式中

$$\begin{bmatrix}\mathrm{d}L\\\mathrm{d}B\\\mathrm{d}H\end{bmatrix}=\begin{bmatrix}-\dfrac{\sin L}{(N+H)\cos B}\rho'' & \dfrac{\cos L}{(N+H)\cos B}\rho'' & 0\\-\dfrac{\sin B\cos L}{M+H}\rho'' & -\dfrac{\sin B\sin L}{M+H}\rho'' & \dfrac{\cos B}{M+H}\rho''\\\cos B\cos L & \cos B\sin L & \sin B\end{bmatrix}_{1980}\begin{bmatrix}\Delta X_o\\\Delta Y_o\\\Delta Z_o\end{bmatrix}+$$

$$\begin{bmatrix}0 & 0\\\dfrac{N}{(M+H)a}e^2\sin B\cos B\rho'' & \dfrac{M(2-e^2\sin^2B)}{(M+H)(1-f)}\sin B\cos B\rho''\\-\dfrac{N}{a}(1-e^2\sin^2B) & \dfrac{M}{1-f}\rho''(1-e^2\sin^2B)\sin^2B\end{bmatrix}_{1980}\begin{bmatrix}\Delta a\\\Delta f\end{bmatrix}\tag{7-38}$$

应该指出，在按式(7-35)依据“$\sum_{1}^{922}\xi_{1980}^2=$最小”解得定位元素 ΔX_0、ΔY_0、ΔZ_0 时，并没有顾及 1980 西安坐标系和 1954 北京坐标系间轴向不一致带来的欧拉角，因此，所得 ΔX_0、ΔY_0、ΔZ_0 值，严格说来，不是上述两种大地坐标系参心 O_{1980} 和 O_{1954} 间三个直角坐标分量，为此，当将 ΔX_0、ΔY_0、ΔZ_0 值反号转换至新 1954 北京坐标系时，其参心位置是 $O_{新1954}$，而不是 O_{1954}，即新 1954 北京坐标系和 1954 北京坐标系两个参心不重合，虽然其差异是十分微小的。

1980 西安坐标系的大地原点在西安，以原点大地起算数据，整体平差了全国大地网。而新 1954 北京坐标系坐标是从 1980 西安坐标系坐标转换而来的，因此新 1954 北京坐标系大地原点仍是西安原点，但两种参心坐标系大地起算数据不同，其差异可以按式(7-38)计算，据计算两者大地经度相差$-2.19''$，两者大地纬度相差 $0.39''$。

总结新 1954 北京坐标系的要点是：

(1)属参心大地坐标系。

(2)采用克拉索夫斯基椭球参数(见表 4-1)。

(3)多点定位。参心虽和 1954 北京坐标系参心不相一致，但十分接近。

(4)定向明确。地球椭球的短轴平行于由地球质心指向 JYD1968.0 方向，起始大地子午面平行于中国定义的起始天文子午面，$\varepsilon_X=\varepsilon_Y=\varepsilon_Z=0$。

(5)大地原点位于陕西省泾阳县永乐镇，但和 1980 西安坐标系的大地起算数据不同。

(6)提供的坐标是 1980 西安坐标系整体平差转换值。坐标精度和 1980 西安坐标系完全一样。

(7)用它作为测图坐标系，对于 1∶5 万以下比例尺测图，新旧图接边，不会产生明显裂隙。

新 1954 北京坐标系的优点在于不但避免了原 1954 北京坐标系局部平差成果精度不高等矛盾，而且用它测制的新地形图和旧地形图相拼接，在一般情况下，对于 1∶5 万以下比例尺地图，不产生明显的裂隙。但是，采用新 1954 北京坐标系对于 1∶2.5 万、1∶1 万等大比例尺测图，在新旧地形图拼接时仍会产生裂隙；加之，从生产和科学发展需求来看，数字产品将代替模拟产品。因此，新 1954 北京坐标系在测图领域并未实际应用。

四、1978 地心坐标系

1978 地心坐标系是将 1954 北京坐标系通过地心一号(DX-1)坐标转换参数转换得到的地心坐标系。

DX-1 共有三个参数，即平移参数 $(\Delta X_0,\Delta Y_0,\Delta Z_0)$。DX-1 转换参数是 1978 年 11 月在有关会议上确定建立的。鉴于当时卫星大地测量技术刚刚起步，无法直接测得地心坐标，DX-1 是通过五种方法建立的。这五种方法是：

(1)天文重力法。

(2)全球天文大地水准面差距法。

(3)天文大地水准面与重力大地水准面差距之差法。

(4)用 MX-702A 等多普勒接收机测定子午卫星系统建立地心坐标。

(5)用 CMA-722B 多普勒接收机测定子午卫星系统建立地心坐标。

各种方法均可独立获得平移参数，分别给这五种方法以不同的权值，取权中数得 DX-1 三个平移参数 ΔX_0、ΔY_0、ΔZ_0。

ΔX_0、ΔY_0、ΔZ_0 三个平移参数表示 1954 北京坐标系中心相对于地心坐标系中心的位移，即 1954 北京坐标系中心在地心坐标系中的三个坐标分量。利用这组参数得到的地心坐标系就定名为 1978 地心坐标系。

有了 DX-1 转换参数，可以将 1954 北京坐标系的大地空间直角坐标变换为 1978 地心坐标系的地心大地空间直角坐标

$$\begin{bmatrix}X\\Y\\Z\end{bmatrix}_{1978}=\begin{bmatrix}X\\Y\\Z\end{bmatrix}_{1954}+\begin{bmatrix}\Delta X_0\\\Delta Y_0\\\Delta Z_0\end{bmatrix}_{\text{DX-1}} \tag{7-39}$$

DX-1 不包含旋转参数和尺度变化参数。它只是一个初步结果，以满足当时空间技术的急需。在建立过程中不可避免地存在不足，例如，在计算中使用的资料、数据既不广泛也不精确，

处理方法还不够完善等。因此,应用 DX-1 转换参数所得的地心坐标,其相应坐标轴的指向没有明确的定义。据估计,1978 地心坐标系的坐标分量中误差约为±10 m。

五、1988 地心坐标系

从 1979 年起,有关部门在开展空间大地测量方面又做了大量的工作。例如:1980 年布设了全国 37 个点的多普勒网;1982 年布测了卫星动力测地网,从而获得了全国范围稀疏的较高精度地心坐标。与此同时,全国天文大地网整体平差工作完成,确定了约五万点的精密大地坐标,采用天文重力水准法求得了较高精度的全国地区的高程异常。在国际上,各种地心坐标系不断精化,出现了不少新的资料。凡此种种,为精化中国地心坐标转换参数创造了条件。

在多年准备的基础上,有关部门在 1987 年 5 月成立了 DX-2 数据综合处理领导小组。最后,于 1988 年底,完成了地心坐标转换参数 DX-2 的工作。

DX-2 转换参数是按三种方法建立地心坐标参数的综合结果。这三种方法是:

(1)用 MX-1502 多普勒接收机测定子午卫星系统得到的地心坐标(全国 37 点多普勒网)。

(2)卫星动力测地得到的地心坐标(全国 7 点)。

(3)全球天文大地水准面差距法(均以 1980 西安坐标系为准)。

DX-2 由七个转换参数组成。利用 DX-2 转换参数可以将 1980 西安坐标系坐标或新 1954 北京坐标系坐标,化算成地心坐标系坐标,所对应的坐标系定名为 1988 年地心坐标系。因此,地心二号有两套转换参数,即 $DX\text{-}2_{新1954}$ 和 $DX\text{-}2_{1980}$,所得地心坐标结果完全相同。

1988 地心坐标系的原点是地球的质心,Z 轴指向国际协议原点 CIO($BIH_{1968.0}$),X 轴指向国际经度原点($BIH_{1968.0}$),Y 轴和 Z、X 轴构成右手坐标系。

当将 1980 西安坐标系或新 1954 北京坐标系的空间直角坐标换算为 1988 地心坐标系的空间直角坐标时,其计算公式为

$$\left.\begin{aligned} X_D &= X(1+\Delta m) + Y\cdot\varepsilon''_Z/\rho'' - Z\cdot\varepsilon''_X/\rho'' + \Delta X_0 \\ Y_D &= Y(1+\Delta m) - X\cdot\varepsilon''_Z/\rho'' + Z\cdot\varepsilon''_X/\rho'' + \Delta Y_0 \\ Z_D &= Z(1+\Delta m) + X\cdot\varepsilon''_Y/\rho'' - Y\cdot\varepsilon''_X/\rho'' + \Delta Z_0 \end{aligned}\right\} \tag{7-40}$$

式中,X_D、Y_D、Z_D 表示 1988 地心坐标系中的坐标,X、Y、Z 分别表示 1980 西安坐标系或新 1954 北京坐标系中的坐标,对应的转换参数是 $DX\text{-}2_{1980}$ 或 $DX\text{-}2_{新1954}$。

据估计,由 DX-2 所得地心坐标任一分量中误差优于±5 m。

六、2000 国家大地坐标系

20 世纪 80 年代以后,在国家测绘局、总参测绘局、中国地震局和中国科学院等单位的共同努力下,中国先后建立了全国 GPS 一、二级网,GPS A、B 级网,GPS 连续运行参考站网,以及中国地壳运动观测网络,开展了大规模地面网和空间网联合平差工作,这些成果标志着构建中国新的地心坐标系基本框架的技术条件已经成熟。

(一)2000 国家大地坐标系的定义

中国新一代国家大地坐标系为 2000 国家大地坐标系,又称 2000 中国大地坐标系,英译为 China Geodetic Coordinate System 2000,缩写为 CGCS 2000。其定义与协议地球参考系的定义一致,即

(1)原点:包括海洋和大气的整个地球的质量中心。

(2)定向:初始定向由 1984.0 时 BIH(国际时间局)定向给定。

(3)定向时间演化:定向的时间演化使得地壳无整体旋转。

(4)长度单位:引力相对论意义下局部地球框架中的米。

CGCS 2000 的参考历元为 2000.0。

参考椭球采用 CGCS 2000 参考椭球,其定义常数见表 4-1。

正常椭球与参考椭球一致。

需要说明以下几点:

(1)CGCS 2000 参考椭球的 4 个常数中,a、f、ω 3 个常数是与 GRS 80 一致的,GM 是 IERS 的推荐值,目前世界上其他地心椭球也多是如此。

(2)CGCS 2000 椭球的 a、f 值与 IERS 推荐的更精确值(a =6 378 136.6 m,$1/f$ = 298.256 42)有微小差异,但对实用目的不致造成影响。

(3)CGCS 2000 椭球与 WGS 84 椭球的区别仅在其 f 值有微小差异(引起地面坐标在赤道上仅差 1 mm),可以认为两个椭球实用上是一致的。

(二)2000 国家大地坐标系的实现

CGCS 2000 由三个层次的站网坐标和速度具体实现。

第一层次——连续运行参考站网(CORS)。构成 CGCS 2000 的基本骨架,其坐标精度为毫米级,速度精度为 1 mm/a。连续运行参考站还为静态、动态定位和导航提供坐标基准。

GPS 连续运行参考站是长期连续跟踪接收 GPS 卫星信号的永久性地面观测站。利用数据通信和互联网技术,实时地向不同类型、不同需求、不同层次的用户自动地提供经过检验的 GPS 观测值(载波相位、伪距)、各种改正数、状态信息以及其他有关 GPS 服务项目。目前维持 2000 国家大地坐标系的基准站为 260 个,其坐标精度为毫米级。

第二层次——GPS 大地网。包括国家 GPS A、B 级网,全国 GPS 一、二级网以及中国地壳运动 GPS 观测网络工程,还有其他地壳形变 GPS 监测网中除了 CORS 站以外的所有站。其三维地心坐标精度为厘米级,速度精度为 2～3 mm/a。

国家 GPS A、B 级网由国家测绘局于 1991～1997 年组织观测。A 级网由 30 个主点和 22 个副点组成,B 级网由 818 个点组成。A、B 级网平差中采用的坐标框架为 ITRF 93,历元为 1996.365。平差后的点位地心坐标精度为 10^{-7} 量级。

全国 GPS 一、二级网由总参测绘局于 1991～1997 年实测,其中一级网 44 个点,二级网 534 个点。一、二级网平差采用的坐标框架为 ITRF 96,历元为 1997.0。平差后的点位地心坐标精度为 10^{-8} 量级。

中国地壳运动 GPS 观测网络工程由中国地震局、总参测绘局、中国科学院、国家测绘局于 1998～2002 年共同布测,包括基准网、基本网和区域网。其中基准网点 29 个,基本网点 56 个,区域网点 1 000 个。网络工程平差中采用的坐标框架为 ITRF 96,历元为 1998.680。平差后的点位地心坐标精度总体优于 10^{-8} 量级。

GPS 大地网和连续运行参考站经整体平差构成了 CGCS 2000 的框架。

第三层次——天文大地网。包括经空间网与地面网联合平差的约 5 万个一、二等天文大地点,其大地经纬度误差不超过 0.3 m,大地高误差不超过 0.5 m。

由于当时中国 GPS 大地网的密度远不如天文大地网,仅为后者的 1/20 左右,所以 GPS 大地网所提供的低密度的三维地心坐标框架不能完整地实现用于工程目的的三维地心坐标系。国家测绘局和总参测绘局分别进行了中国天文大地网与 GPS 大地控制网观测数据的联合平差,获得了中国 48 919 个一、二等天文大地网点的高精度地心坐标,其平均点位精度达到 ±0.11 m,提高了全国天文大地网的精度和现势性,改善了 CGCS 2000 坐标框架的密度和分布。

(三)CGCS 2000 与 ITRF 的差异

从定义上看,CGCS 2000 与 ITRF 属同一坐标系。CGCS 2000 的坐标通过 GPS 相对定位技术确定,而基准站坐标属于 ITRF 框架,因此,CGCS 2000 与 ITRF 应属同一参考框架。通过合理的观测和计算,可以尽量使 CGCS 2000 与 ITRF 的一致性保持在 2cm 以内。于是,CGCS 2000 相当于 ITRF 在中国的加密,在厘米量级上可忽略 CGCS 2000 与 ITRF 的差异。

(四)CGCS 2000 与现行参心坐标系的差异

1. 椭球定位方式不同

参心坐标系是通过多点定位,建立与局部区域的大地水准面最为密合的椭球而实现的坐标系,如 1980 西安坐标系,在全国范围内,参考椭球面和大地水准面符合很好,高程异常为零的两条等值线穿过中国东部和西部,大部分地区高程异常在 20 m 以内,它对距离的影响小于 1/30 万。CGCS 2000 是地心坐标系,是通过现代大地测量手段,按地球参考框架的建立技术实现的,它所定义的椭球中心与地球质心重合,且椭球定位与全球大地水准面最为密合。与全球大地水准面密合的椭球其与局部地区大地水准面的密合就不一定最好。

2. 实现技术不同

参心坐标系是通过经典大地测量技术建立的。CGCS 2000 是通过空间大地测量技术建立的。

3. 坐标系维数不同

参心坐标系为二维坐标系,而 CGCS 2000 为三维坐标系。

4. 坐标系原点不同

参心坐标系的原点与地球质量中心有较大偏差,而 CGCS 2000 原点位于地球质量中心。

5. 实现精度不同

参心坐标系缺乏高精度的外部控制,长距离精度较低。CGCS 2000 精度比现行参心坐标系精度提高了 10 倍,相对精度可达 $10^{-7} \sim 10^{-8}$。

(五)启用 CGCS 2000 的影响及对策

大地坐标系是整个测绘工作的基础。改变坐标系涉及诸多方面,但最直接的影响还是旧坐标系下的测绘数据、成果和测绘产品的利用问题。这主要涉及以下几个方面:

(1)旧坐标系下的大地点成果(20 多万)。

(2)旧坐标系下的地形图、海图、航空图和地籍图。

(3)城市独立坐标系的成果(包括控制点坐标和地形图)。

(4)已建成的地理空间数据基础设施和地理信息系统。

(5)基于其他椭球的重力异常、高程异常和垂线偏差。

(6)特殊应用的测绘成果。

关于测量成果和测绘产品的过渡使用问题,需采取以下技术对策:

(1)实施空间网与地面网联合平差,将未参加 CGCS 2000 建立的各等级大地网点严密纳入 CGCS 2000。没有条件进行联合平差的大地网点,通过精密坐标转换将其改算到

CGCS 2000。

(2)精确求定 1954 北京坐标系、1980 西安坐标系及各独立坐标系到 CGCS 2000 的转换参数，并编制相应的坐标转换软件，提供公众使用。坐标转换精度指标分为以下三类：用于大众化导航应用的低精度转换，坐标分量中误差为 5～10 m；用于三维坐标相似变换的中精度转换，坐标分量中误差为 0.5～5 m；用于地形图图廓线和坐标网转换的高精度转换，坐标分量中误差不超过 0.5 m。

(3)对已出版的旧坐标系下的纸质地图，可通过重新标注图廓线和方里网的方式改正到 CGCS 2000。计算表明，坐标系的更换对比例尺大于 1∶100 万的地图(实际应用时取大于 1∶25 万比例尺地图)，图上点的地理位置的改变值超过了制图精度，必须重新给予标记；各种比例尺地图一幅图内任意两点间的长度和方位变动在制图精度以内，可以忽略不计。因此，对于已有纸质地图的改化，只需将每幅图的图廓线和方里网做平移处理。

(4)对于数字地图，采用软件将各图层各要素的坐标进行坐标转换，然后重新进行分幅截幅处理。

(5)对基于其他椭球的重力异常，通过正常重力公式用软件改化为基于 2000 参考椭球的重力异常。类似地，将参考于其他椭球的高程异常和垂线偏差改化为参考于 CGCS 2000。

按中国现有的技术条件，通过周密计划和妥善实施，实现新老坐标系的平稳过渡是完全可行的。中国已于 2008 年 7 月 1 日起正式启用了 2000 国家大地坐标系(军事测绘部门已于 2007 年 8 月 1 日起启用了该坐标系)，按照规定，2000 国家大地坐标系与 1954 北京坐标系、1980 西安坐标系转换和衔接的过渡期为 8～10 年。2018 年 7 月 1 日，我国已全面启用 2000 国家大地坐标系。

参考文献

陈俊勇，1999. 改善和更新我国大地坐标系统的思考[J]. 测绘通报(6)：2-4.

陈俊勇，2002. 对我国建立现代大地坐标系统和高程系统的建议[J]. 测绘通报（18）：1-5.

陈俊勇，2003. 关于中国采用地心 3 维坐标系统的探讨[J]. 测绘学报，32(4)：283-288.

陈俊勇，2003. 邻近国家大地基准的现代化[J]. 测绘通报(9)：1-3.

陈俊勇，2003. 现代大地测量在大地基准，卫星重力以及相关研究领域的进展[J]. 测绘通报，29(6)：1-7.

陈俊勇，2004. 大地基准的现代化和卫星大地测量新成果[J]. 地球科学进展，19(1)：12-16.

陈俊勇，2004. 关于我国采用三维地心坐标系统和潮汐改正的讨论[J]. 武汉大学学报(信息科学版)，29(11)：941-944.

陈俊勇，2004. 空间定位技术和国家大地基准的现代化[J]. 中国测量(1)：36-38.

陈俊勇，2007. 大地坐标框架理论和实践的进展[J]. 大地测量与地球动力学，27(1)：1-6.

陈俊勇，2008. 与动态地球和信息时代相应的中国现代大地基准[J]. 大地测量与地球动力学，28(4)：1-6.

陈俊勇，2008. 中国现代大地基准——中国大地坐标系统 2000(CGCS 2000)及其框架[J]. 测绘学报，37(3)：269-271.

陈俊勇，杨元喜，王敏，等，2007. 2000 国家大地控制网的构建和它的技术进步[J]. 测绘学报，36(1)：1-8.

陈俊勇，张鹏，武军郦，等，2007. 关于在中国构建全球导航卫星国家级连续运行站系统的思考[J]. 测绘学报，36(4)：366-369.

程鹏飞，成英燕，文汉江，等，2008. 2000 国家大地坐标系实用宝典[M]. 北京：测绘出版社.

党亚民，成英燕，薛树强，2010. 大地坐标系统及其应用[M]. 北京：测绘出版社.

董鸿闻，李国智，陈士银，等，2004. 地理空间定位基准及其应用[M]. 北京：测绘出版社.

杜玉柱，明东权，刘安伟，等，2013. GNSS 测量技术[M]. 武汉：武汉大学出版社.

段定乾，1996. 电子速测技术[M]. 北京：解放军出版社.

郭充，2009. 面向 CGCS 2000 的格网坐标转换方法及应用研究[D]. 郑州：解放军信息工程大学.

郭群长，李仲勤，李辉，2009. 大地测量学概论[M]. 成都：西南交通大学出版社.

国家测绘局，2004. GB/T 17942—2000 国家三角测量规范[S]. 北京：中国标准出版社.

国家测绘局，2009. GB/T 18314—2009 全球定位系统(GPS)测量规范[S]. 北京：中国标准出版社.

国家自然科学基金委，1994. 大地测量学[M]. 北京：科学出版社.

焦文海，2000. 地心大地坐标系与高程基准研究[D]. 郑州：解放军信息工程大学.

金标仁，申文斌，晁定波，1994. 地球动力学参考系理论[M]. 武汉：武汉测绘科技大学出版社.

孔祥元，郭际明，刘宗泉，2002. 大地测量学基础[M]. 武汉：武汉大学出版社.

孔祥元，梅是义，2002. 控制测量学(上册，第二版)[M]. 武汉：武汉大学出版社.

孔祥元，梅是义，2002. 控制测量学(下册，第二版)[M]. 武汉：武汉大学出版社.

李国藻，杨启和，胡定荃，1991. 地图投影[M]. 北京：解放军出版社.

李征航，魏二虎，王正涛，2010. 空间大地测量学[M]. 武汉：武汉大学出版社.

刘大杰，施一民，过静珺，等，1996. 全球定位系统(GPS)的原理与数据处理[M]. 上海：同济大学出版社.

刘海颖，王惠南，陈志明，等，2013. 卫星导航原理与应用[M]. 北京：国防工业出版社.

陆仲连，1996. 地球重力场理论与方法[M]. 北京：解放军出版社.

吕志平，李健，张西光，2012. 2000 中国大地坐标系[M]. 北京：解放军出版社.

孟维晓，韩帅，迟永钢，2013. 卫星定位导航原理[M]. 哈尔滨：哈尔滨工业大学出版社.

宁津生，陈俊勇，李德仁，等，2004. 测绘学概论[M]. 武汉：武汉大学出版社.

宁津生,刘经南,陈俊勇,等,2006. 现代大地测量理论与技术[M]. 武汉:武汉大学出版社.
佩利年,ЛП,1983. 大地测量学(理论大地测量学)[M]. 北京:测绘出版社.
钱志瀚,李金岭,2012. 甚长基线干涉测量技术在深空探测中的应用[M]. 北京:中国科学技术出版社.
乔书波,2011. 深空探测器 VLBI 跟踪定位归算[D]. 北京:中国科学院研究生院.
魏子卿,2006. 关于 2000 中国大地坐标系的建议[J]. 大地测量与地球动力学,26(2):1-4.
魏子卿,2003. 我国大地坐标系的换代问题[J]. 武汉大学学报(信息科学版),28(2):138-143.
魏子卿,2008. 2000 中国大地坐标系[J]. 大地测量与地球动力学,28(6):1-5.
魏子卿,2008. 2000 中国大地坐标系及其与 WGS84 的比较[J]. 大地测量与地球动力学,28(5):1-5.
魏子卿,黄维彬,杨捷中,等,2000. 全国天文大地网和空间大地网联合平差[J]. 测绘学报,29(4):283-288.
夏一飞,黄天衣,1995. 球面天文学[M]. 南京:南京大学出版社.
熊介,1989. 椭球大地测量学[M]. 北京:解放军出版社.
徐绍铨,张华海,杨志强,等,1998. GPS 测量原理及应用[M]. 武汉:武汉测绘科技大学出版社.
徐正扬,刘振华,吴国良,1991. 大地控制测量学[M]. 北京:解放军出版社.
许其凤,2001. 空间大地测量学[M]. 北京:解放军出版社.
杨元喜,2005. 中国大地坐标系建设主要进展[J]. 测绘通报(1):6-9.
杨元喜,2009. 2000 中国大地坐标系[J]. 科学通报,54(1):1-6.
杨元喜,刘念,2002. 拟合推估两步极小解法[J]. 测绘学报,31(3):192-195.
杨元喜,徐天河,2001. 不同坐标系综合变换法[J]. 武汉大学学报(信息科学版),26(6):509-513.
杨元喜,曾安敏,吴富梅,2011. 基于欧拉矢量的中国大陆地壳水平运动自适应拟合推估模型[J]. 中国科学(地球科学),41(8):1-10.
杨元喜,张丽萍,2007. 坐标基准维持与动态监测网数据处理[J]. 武汉大学学报(信息科学版),32(11):967-971.
叶叔华,黄诚,2000. 天文地球动力学[M]. 济南:山东科学技术出版社.
张建军,刘波,李建文,2010. 控制测量学[M]. 北京:解放军出版社.
张西光,2009. 地球参考框架的理论与方法[D]. 郑州:解放军信息工程大学.
赵铭,2011. 天体测量学导论[M]. 北京:中国科学技术出版社.
郑祖良,2002. 全球大地测量坐标系综述[M]. 北京:解放军出版社.
朱华统,1986. 大地坐标系的建立[M]. 北京:测绘出版社.
朱华统,黄继文,1993. 椭球大地计算[M]. 北京:八一出版社.
总参测绘局,2002. 2000 国家重力基本网建立工作报告[R]. 北京:总参测绘局.
总装备部,2006. GJB 5604—2006 军事大地测量基本原则[S]. 北京:总装军标出版社.
总装备部,2008. GJB 6304—2008 2000 中国大地测量系统[S]. 北京:总装军标出版社.
ALTAMIMI Z, COLLILIEUX X, 2009. IGS contribution to ITRF[J]. Journal of Geodesy, 83(3/4
375-383.
BOUCHER C, ALTAMIMI Z, SILLARD P, et al., 2004. The ITRF 2000[R]. Paris: Observatoire de
FEATHERSTONE W E, CLAESSENS S J, 2008. Closed-form transformation between geode
ellipsoidal coordinates [J]. Studia Geophysica et Geodaetica, 52(1):1-18.
MORITZ H, MUELLER I I, 1987. Earth rotation: Theory and observation[M]. New Yor
Publishing Company.
NGA, 2002. Addendum to NIMA TR 8350.2: Implementation of the World Geodetic System 198
reference frame G1150[R]. Fort Belvoir: National Geospatial-Intelligence Agency.
NIMA, 2000. Department of Defense World Geodetic System 1984: Its definition and relations
geodetic systems[R]. Bethesda: National Imagery and Mapping Agency.

SJÖBERG L E, SHIRAZIAN M, 2012. Solving the direct and inverse geodetic problems on the ellipsoid by numerical integration[J]. Journal of Surveying Engineering, ASCE, 138(1):9-16.

SJÖBERG L E, 2006. New solutions to the direct and indirect geodetic problems on the ellipsoid[J]. Zeitschrift fuer Vermessungswesen, 131:35-39.

TORGE W, MÜLLER J, 2012. Geodesy[M]. 4th ed. Berlin, Boston: Walter de Gruyter GmbH & Co. KgG.

TORGE W, 1991. Geodesy(2nd edition)[M]. Berlin, New York: Walter de Gruyter.

VERMEILLE H, 2004. Computing geodetic coordinates from geocentric coordinates[J]. Journal of Geodesy, 78:94-95.